数学の知識

3 弧度法

・弧度法とは

角度をπを用いて表す方法を弧度法といいます。$360°$を2πとするので，$180°=\pi$，

$90°=\dfrac{\pi}{2}$，$60°=\dfrac{\pi}{3}$，$45°=\dfrac{\pi}{4}$，$30°=\dfrac{\pi}{6}$などと表されます。

・弧度法と弧の長さ

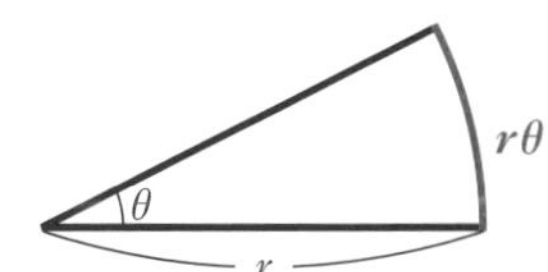

半径rで中心角がθ（弧度法）のおうぎ形の，
弧の長さℓは$\ell=r\theta$となります。
θに2π（$=360°$）を入れると，円になり，
その弧の長さ（円周）は$2\pi r$，
θにπ（$=180°$）を入れると，半円になり，その弧の長さはπr，
θに$\dfrac{\pi}{2}$（$=90°$）を入れると，中心角が直角のおうぎ形になり，
その弧の長さは$\dfrac{\pi r}{2}$などとなります。

4 三角関数のグラフ

縦軸にy，横軸に角度（弧度法）をとって三角関数のグラフをかくと，次のようになります。

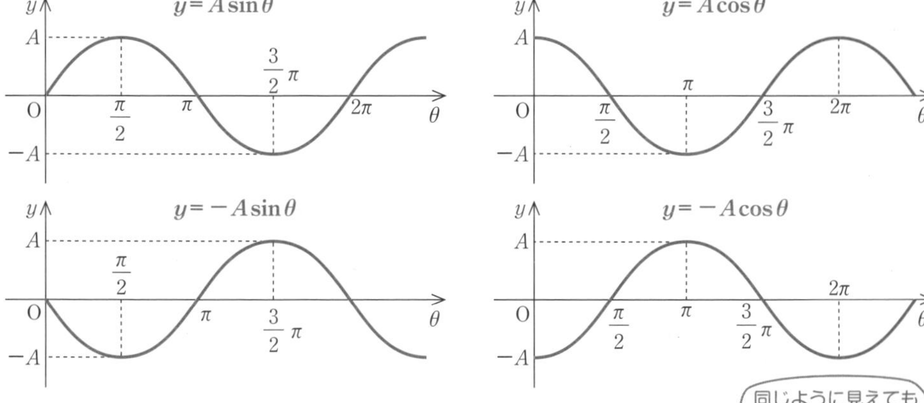

$-1\leqq\sin\theta\leqq1$，$-1\leqq\cos\theta\leqq1$なので，上のグラフはすべて最小値が$-A$，最大値がAの波形になります。

同じように見えても
少しだけ形が
違うんだよ

鯉沼 拓

Gakken

はじめに

本書を手にとっていただきありがとうございます。

今，この本を読んでくれている人の中にはこういう人も多いのではないでしょうか？
「物理でいちばんはじめに勉強する力学で，つまずいて苦手意識を持ってしまった」
「イメージしにくい波動で，物理がわからなくなってしまった」
自分も昔，「波動」を頭の中で想像することができず，苦手としていました。
物理を勉強するはじめの段階で大事なのは，現象を具体化してイメージすることです。
そのイメージと公式を結びつけ, 実際に問題を解いてみると理解が深くなっていきます。
そういったことを踏まえて，この本では
・最初でつまずきがちな力学では，簡単な例を通して徐々に理解を深めていく
・イメージしづらい波動では，波のキャラクターを用いて，噛み砕きながら説明する
・例題や別冊では，基本をおさえるとともに，考えかたがわかる問題を掲載する
ということを意識して執筆しました。
この参考書は別冊を含めると500ページ以上になっており，「分厚いっ！」とビックリした人もいるかと思いますが，それだけ丁寧に解説したつもりです。
ぜひ，ハカセとリスと一緒に最後まで学んでいってください！

鯉沼　拓

「物理」という学問に対して「なんとなく難しい！」,「数式ばかりでおもしろくない！」などという印象を持っている人は多いでしょう。
しかし，実際には我々の身の回りにたくさんの物理が隠れており，わかってしまえば大変おもしろく，興味深いものなのです。
この「わかってしまえば…」のハードルをいかに低くするかが，物理を教える者にとって大変で大切なことなのだと思います。
「物理を学ぶ取っかかり」を気楽なものにしてしまうことが重要ということです。
そのためには，起きている現象の具体化が欠かせません。
この本は，図やイラストをふんだんに使い，数式で表現する前に，徹底的に現象を具体化してあるので, その数式が何を示すためのものなのかがわかりやすくなっています。
この本を読み終えた読者の方には
「物理って結構おもしろいね」,「物理ってそんなに難しくないね」
きっとそう思っていただけるはずです。
あせらず，じっくり，そして楽しみながら物理の世界を堪能してください。

為近　和彦

本書の特長と使いかた

■ 左が説明，右が図解の使いやすい見開き構成

本書は左ページがたとえ話を多用したわかりやすい解説，右ページがイラストを使った図解となっており，初学者の人も読みやすく勉強しやすい構成になっています。

左ページを読んでから右ページの図解に目を通すもよし，まず右ページをながめてから左ページの解説を読むもよし，ご自身の勉強しやすいように自由にお使いください。

■ 別冊の問題集と章末のチェックで実力がつく！

本冊はところどころに別冊の確認問題への誘導がついています。そこまで読んで得た知識を，実際に自分で使えるかどうかを試してみましょう。確認問題の中には難しい問題も入っています。最初は解けなかったとしても，時間をおいて再度挑戦し，すべての問題を解ける力をつけるようにしてください。

章末の「ハカセの宇宙一キビしいチェック」は，その章に学んだ大事なことのチェック事項です。よくわからないところがあれば，該当箇所を読み直してみましょう。

■ 東大生が書いた，物理受験生に必要なエッセンスが満載の本格派

本書にはユルいキャラクターが描かれており，一見したところ，あまり本格的な参考書には見えないかもしれません。

しかし，受験物理において重要な要素はしっかりとまとめてあり，他の参考書では教えてくれないような目からウロコの考えかたや解法も掲載されています。

侮るなかれ，東大生が自分の学習法を体現した本格派の物理の参考書なのです。

■ 楽しんで物理を勉強してください

上記の通り，実は本格派である物理の参考書をなぜこんな体裁にしたのかというと，読者のみなさんに楽しんで勉強をしてもらいたいからです。「勉強はつらく面倒なもの」というのは，たしかにそうなのですが，「少しでも勉強の苦労を軽減させ，みなさんに楽しんでもらえるように」という著者と編集部の想いで本書は作られました。

みなさんがハカセとリスの掛けあいを楽しみながら，物理の力をつけていけることを願っております。

ここは「宇宙ハカセ学園」…
宇宙の各地から「宇宙一わかりやすい授業」を求めて優秀な学生が集まってくる名門学園
とてもわかりやすい授業なので滅多に落ちこぼれる生徒が出ないと評判の学校である
しかし数年に１人の確率で落ちこぼれ生徒が現れてしまうのだった…
ああ…気が重い…
今日は成績表が
発表される…
あ〜クマ先輩は
どこへ行ってしまったんだ…
学園で唯一の落ちこぼれ仲間
だったのに…
まさか…
成績が悪くて…
退学とか…!?
ガクブル
よ〜し，みんな〜
成績を配るぞ〜
ビクビク

それぞれのノートに
成績が表示されるからな～
それで…今回の成績が
「Z」だった人は…
え～～！
「Z」なんて
いないでしょ～！
担任の指導ではなくて
校長先生に面談を
してもらいます…
ビクビク
「Z」なんて評価
ついたことあるの？？
去年１人いた
らしいよ
「Z」なんて
伝説だよな～
ざわざわ
では
配信します
ピッ
!!!!!
パッ！
Z
あわわ
うーん
リスくん!!
だ…
大丈夫!?

トボ
トボ
校長先生と
面談しにきました…
ああ…
はいどうぞ
あっ
Zの…
失礼します〜
ドキ
ドキ
おお
よく来たね
こ…
校長先生…
キミは「地球の物理」で
Zか…他も
ギリギリの成績だね〜
どうしてかな？
あのあの…
ボクは…その…
CCDE
FFFD
ZHYO
OWJO
…ものすごく
気が小さくて……
テストは緊張して
頭が真っ白…
授業は
当てられるのが怖くて
集中できないんです…
苦手な
「地球の物理」の
授業は失神寸前です…
ビク
ビク

なるほど～
それはなかなか大変じゃのう
こ…校長先生！
ボクは落第ですか？
た……退学ですか？
校長先生に
お会いしたいん
ですよ～
ワイ
ワイ
あの！
まだ生徒指導中
ですので…～
校長先生！
今日こそ
話を聞いてください～！
ガチャ！
タントウくん…！
あ…すみません
本当に指導中でしたか…
んもう！
困ります！
校長先生…前からいっていた
本のお話を…ぜひ！
??
リスくんすまんね
彼は宇宙出版の
タントウくんだ
ハカセ校長のお兄さんがまとめた
『宇宙一わかりやすい高校化学』
ヒット中です！
よろしくどうぞ！
?

あ！ それ！ クラスのみんなが
持ってました！
「地球の化学」もニガテだから
読んでみようかな～
むむっ？
本当だ！
校長先生にも
ぜひ本を執筆して
頂きたいんです…！
ダメです！
校長は学校の仕事が
ありますから…！
ヒショくん…実は…
学校のことはそろそろ
後進に任せようかと
思うんじゃ
ええっ
兄をみていたら
わしも冒険心が
うずいての…
校長先生！
リスくん…キミは
地球で特別補習を
受ける気があるかね？
やります！
ら…落第も退学も
したくないです…！
落ちこぼれ生徒だった
クマくんを…兄は立派な
カガックマにした…
というじゃないか！
きみもワシの手で
立派なブツリスにして
みせよう！
ブ…
ブツリス!?

クマ先輩は
お兄さんの
助手になってたん
ですか…！
てっきり
退学になったのかと…
ボクが校長先生に
助手として
紹介してもらったん
ですよ～
補習の
代わりに
わしも１回地球に
行ってみたかったんじゃ～
宇宙のニガテを
克服するのが
ハカセ一族の使命…
ワシも「地球の物理」の
ニガテを克服するぞぃ！
明日から学園は
長期休暇じゃし
いいじゃろ
そ…そんな
校長先生～
宇宙船をただちに
手配致します
うむうむ
そうしてくれ
ではリスくん！
地球へ出発じゃ！
大丈夫かなぁ…
そんなわけでハカセ校長とリスは
物理の「ニガテ」を克服するために
地球に飛び立ったのでした…

もくじ

力学

こここ校長先生だと思うと……キンチョーして…しまままいい
この子は人見知りなのか…

もくじ

波動

ねぇねぇ
ひまわりの種も
くれる？
昼寝もしていい？
勉強ばかりじゃなくて
たまには一緒に遊びたいなぁ
こ，こやつ…
気を許すと
甘えてくるタイプか…
ぐい
ぐい
う…

Chapter

1

変位と速度と加速度

Chapter 1 変位と速度と加速度

はじめに

物体が，ある時刻に，どれくらいの速さで動いているのか。
それがわかれば，私たちは物体が，いつ，どこにあるのかを予測できてしまいます。

それってすごいことだと思いませんか？
まるで予言者になったかのような気持ちになりますよね。

このChapterで扱う「変位」，「速度」，「加速度」という物理量は，
私たちが，予言者になるために必要な道具とでもいえましょうか。

ぜひ，これらの道具を使いこなせるようになってください。

この章で勉強すること

まず，物体の運動を表すのに必要な「変位」，「速度」，「加速度」を紹介していきます。
そして，それらにまつわる性質や公式を学んだあと，重力や相対運動についても掘り下げていきます。

物体が
「いつ」,「どこで」,「どの方向に」,「どれくらいの速さ」で
動いているのかを知りたい。

ボクも予言者に
なれる…!?

変位，速度，加速度を使って物体の運動が予測できる！

たった3つの要素で
運動がわかるんだね！

変位……物体の位置の変化。

速度……1秒あたりの変位。

加速度…1秒あたりの速度の変化。

たのしんで
学んで
いってくれ！

1-1　変位，速度，加速度とは？

ココをおさえよう！

変位……物体の位置の変化。xやyで表されることが多い。
速度……単位時間あたりの変位。vで表されることが多い。
加速度…単位時間あたりの速度の変化。aで表されることが多い。

「物体が，いつ，どこにあるのか」を表すのに必要なのが，
変位，**速度**，**加速度**です。

変位は，文字通り「位」置の「変」化のことです。
例えば，物体が$x=+2$ mから$x=+7$ mの位置に移ったとすると，変位は$+5$ m，
$x=+6$ mから$x=-3$ mの位置に移ったとすると変位は-9 mですね。

次に速度ですが，**速度とは，単位時間あたりの変位**のことです。

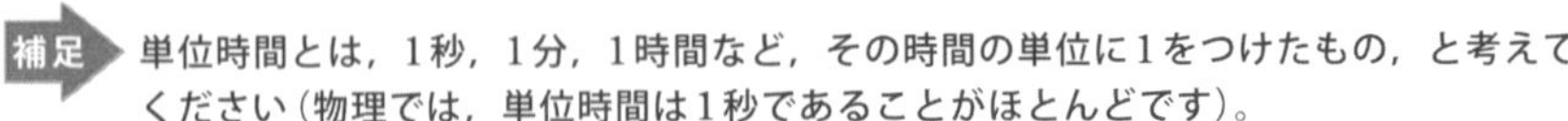
補足　単位時間とは，1秒，1分，1時間など，その時間の単位に1をつけたもの，と考えてください（物理では，単位時間は1秒であることがほとんどです）。

速度が$+3$ m/sならば，1秒間で正の方向に3 m進むということですね。
速度は，変位を，その移動にかかった時間で割ることで得られます。
物体が$x=-5$ mから$x=+5$ mの位置に2秒で移動したとすると，
変位は$+10$ mですから，速度は，$(+10)\div 2=+5$ m/sとなります。
物体が$x=+5$ mから$x=-5$ mの位置に2秒で移動したとすると，
変位は-10 mですから，この場合の速度は同様に計算して，-5 m/sになります。

最後に，**加速度とは，単位時間あたりの“速度の変化”**のことです。
「1秒間で速度がどれだけ変化しているかを表したもの」と考えればよいでしょう。
加速度$+4$ m/s^{2}とは，1秒間に速度が4 m/sずつ増加していくということです。
車の加速，減速を思い出すと，イメージしやすいでしょう。
車が止まった状態（0 m/s）から，アクセルを踏み，10秒後に20 m/sになるときの
加速度は，$(20-0)\div 10=+2$ m/s^{2}で，
30 m/sで走っている車が，ブレーキを踏み，6秒後に停止（0 m/s）したときの加速度は，
同様に計算して，-5 m/s^{2}といった具合です。

変位 …物体の位置の変化。

$x=+2\ \mathrm{m}$ から $+7\ \mathrm{m}$ へと移動したら

➡ 変位は $+5\ \mathrm{m}$

速度 …単位時間あたりの変位。
「変位 ÷ 時間」で得られる。

$+3\ \mathrm{m/s}$ だったら

➡ 1 秒間で正の方向に $3\ \mathrm{m}$ 進む。

加速度 …単位時間あたりの速度の変化。
「速度の変化 ÷ 時間」で得られる。

$-5\ \mathrm{m/s^2}$ だったら

➡ 1 秒間に $5\ \mathrm{m/s}$ 遅くなる。

速度と加速度はまったく違うものですが，
物理が苦手な人は混同してしまっていることが多いようです。
混同したままでは物体の運動をイメージできませんので，
軽く説明しておきましょう。

速度が正で加速度は負になる運動はイメージできますか？
例えば，こんな運動です。東を正の向きとします。
東に6 m/sの速さで進んでいる物体があり，この物体に西向きの加速度2 m/s^2が与えられたとすると，1秒間に2 m/sずつ減速するということなので，
最初の3秒間は速度が正で加速度は負になります。
3秒以降は速度が負に変わるので，速度も加速度も負になります。

車でいうと，「最初は減速，やがて停止し，今度はバックで進む」という感じです。
こういった具体的なイメージを持つことが大事ですよ。

また，「**等速度運動（等速直線運動）**」と「**等加速度運動**」の違いも理解しておきましょう。
等速度運動（等速直線運動）は，**同じ方向に同じ速さ**でずっと進む運動です。
それに対して等加速度運動は，**同じ方向に常に同じだけ加速しながら**進む運動です。
常に加速するのですから，等加速度運動では，速度は変化しています。

車でいうと，等速度運動はよくありますが，等加速度運動はあまり見かけませんね。
ずっと加速し続けると，スピード違反になってしまいますので。

言葉が似ているから混同してしまいがちですが，
イメージをしっかり持って区別をしましょう。

速度 ≠ **加速度**

例えば…

東に 6 m/s で進んでいる物体に
西向きに 2 m/s² の加速度を与えると…

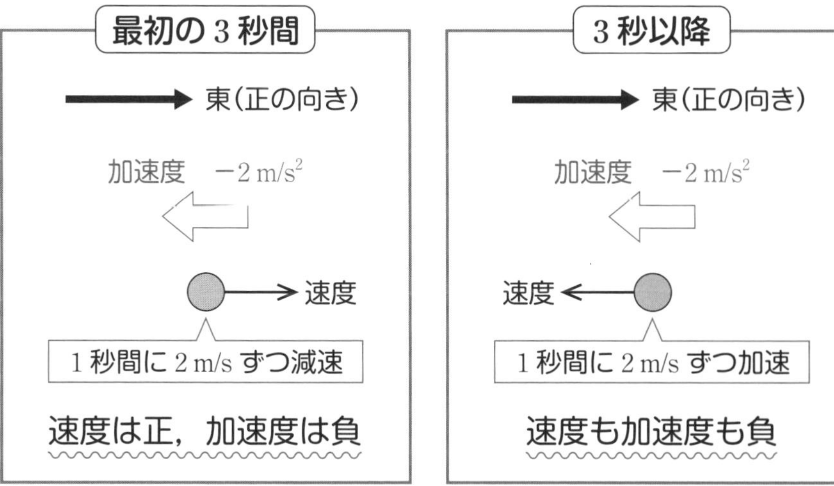

等速度運動……同じ方向に，同じ速さで進む運動。
(等速直線運動)

等加速度運動…同じ方向に，同じだけ加速しながら進む運動。

物理では“大きさ”と“向き”を考えることがとても大事です。

「物体が5 m移動した」といわれた場合，動いた距離（大きさ）は5 mとわかりますが，「東に5 m」なのか「西に5 m」なのか「北に5 m」なのかはわかりません。
“向き”を示さないと，物体の運動を正確には表せないということです。

このように“大きさ”と“向き”の2つを持った量を**ベクトル**といいます。
ベクトルとは，簡単にいえば矢印のことです。物理では矢印をよく使いますね。
矢印の長さで“大きさ”を，矢印の指す向きで“向き”を表しています。

さて，“向き”を考えなければならない物理の問題を解くうえで，
大事なのはまず（座標軸の）正の向きを決めることです。
例えば「東に速さ10 m/sで5秒間進んだあと，西に速さ8 m/sで7秒間進んだ。もとの位置から何mの位置にいるか。」という問題では，“向き”を考えて計算しないといけません。
そこで，東か西かのどちらかを（座標軸の）正の向きに設定します。
今回は，両方の場合を考えてみましょう。

東を正の向きとすると

$10 \times 5 + (-8) \times 7 = -6$ m　　西に6 mの位置にいる …答

（(-8) と -6 に注記：西なのでマイナス）

西を正の向きとすると

$-10 \times 5 + 8 \times 7 = 6$ m　　西に6 mの位置にいる …答

（-10 に注記：東なのでマイナス）

同じ問題を解くのでも，出てくる値の正負が異なりましたね。
しかし，どちらも正しい計算で，出てくる答えは同じです。
計算をするうえでは，**どっちの方向を正の向きとするかを決めて，逆方向の物理量にはマイナスをつけなければなりません**。
計算で出てきた値にマイナスがついた場合は，逆の方向になったということです。
（そういう場合もよくあります）

問題を解くときは「どちらを正の向きとするか決める」というのを，必ず最初に行いましょう。とても大事な考えかたですよ。

物理では“大きさ”と“向き”が重要!!

問題に取り組むときは，まず正の向きを決めよう！

例「東に 10 m/s で 5 秒進んだあと，西に 8 m/s で 7 秒間進んだ。
もとの位置からは，何 m のところにいるか？」

東を正とすると　$10\times5+(-8)\times7=-6$ m
（-8：西なのでマイナス，-6 m：西なのでマイナス）

よって，西に 6 m のところにいる。

西を正とすると　$-10\times5+8\times7=6$ m
（-10：東なのでマイナス）

よって，西に 6 m のところにいる。

1-2 v-tグラフ

ココをおさえよう！

v-tグラフは速度vが時間tとともに変化する様子を表したグラフ。グラフの傾きは加速度a，グラフとt軸で囲まれた面積は移動距離を表す。

物体の運動を表現する代表的なグラフにv-tグラフがあります。
v-tグラフは，縦軸に運動する物体の速度v，横軸に時間tをとったグラフです。とても重要なグラフなので，慣れていきましょう。

右ページのようなv-tグラフをもとに，物体の運動の様子をイメージしてみましょう。
$t=0$ sでは$v=8$ m/sなので，物体が最初に持っていた速度，**初速度**は8 m/sです。

$t=0$ s～3 sでは，v-tグラフが右上がりになっています。
時間を追うごとに速度が増加しているということですから，加速しているということです。

$t=3$ sで物体の速度は$v=20$ m/sに達し，その後の3秒間はグラフは横ばいです。
物体は$t=3$ s～6 sでは20 m/sの等速度運動をしているということです。

$t=6$ s～12 sの6秒間では，v-tグラフは右下がりになっています。
時間を追うごとに速度が減少しているということですから，減速しているということです。加速度が負の運動ということですね。

ここで$t=0$ s～3 sに注目し，v-tグラフの傾きを求めてみましょう。

$$\frac{20\ \mathrm{m/s}-8\ \mathrm{m/s}}{3\ \mathrm{s}-0\ \mathrm{s}}=4\ \mathrm{m/s^2}$$

単位からも明らかな通り，これは加速度を表しています。
v-tグラフの傾きの大きさは，1秒あたりにどれだけ速度が増減したか，ということを計算しているので，**加速度の大きさそのものになる**わけです。

$t=6$ s～12 sの物体の加速度は，v-tグラフの傾きから，次のようになります。

$$\frac{-10\ \mathrm{m/s}-20\ \mathrm{m/s}}{12\ \mathrm{s}-6\ \mathrm{s}}=-5\ \mathrm{m/s^2}$$

v-tグラフ … 縦軸に運動する物体の速度 v
横軸に時間 t をとったグラフ。

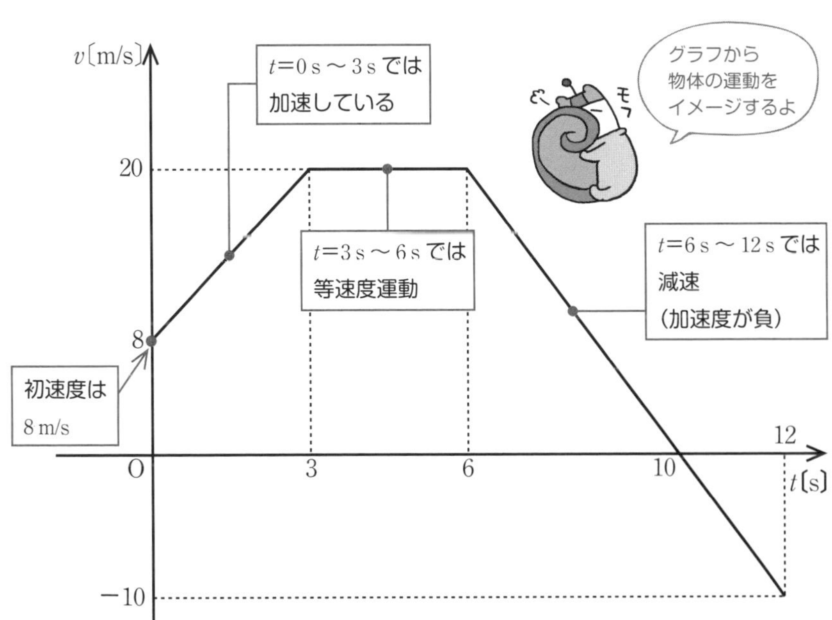

v-tグラフの傾き＝加速度

t=0 s〜3 s では

$$\frac{20\ \mathrm{m/s}-8\ \mathrm{m/s}}{3\ \mathrm{s}-0\ \mathrm{s}}=4\ \mathrm{m/s^2}$$

t=6 s〜12 s では

$$\frac{-10\ \mathrm{m/s}-20\ \mathrm{m/s}}{12\ \mathrm{s}-6\ \mathrm{s}}=-5\ \mathrm{m/s^2}$$

さて，前ページのv-tグラフを使って，引き続き話をしていきましょう。
今度はグラフの面積についてです。

v-tグラフの縦軸は速度，横軸は時間ですから，掛け算をすると

（速度）×（時間）＝移動距離

となります。これは小学校のときにも習った計算ですね。
つまり，**v-tグラフ（とt軸で囲まれた部分）の面積は，移動距離を表す**ということです。

では，右ページのv-tグラフのような運動をした物体の，$t=0\text{ s}\sim12\text{ s}$の間の変位を，面積から求めてみましょう。

まずは$t=0\text{ s}\sim10\text{ s}$です。
補助線を引き，三角形や長方形，台形など，面積を求めやすい形を見つけましょう。
右下の図のように$t=3\text{ s}$のところで区切って，2つの台形にして計算すると

$$(8+20)\times3\times\frac{1}{2}\quad+\quad(3+7)\times20\times\frac{1}{2}=142\text{ m}$$

よって，$t=0\text{ s}\sim10\text{ s}$では142 m進んだということです。

次に10 s～12 sです。面積は三角形の面積公式から　$10\times2\times\frac{1}{2}=10\text{ m}$　となります。
ここで注意が必要です。$t=10\text{ s}$で$v=0\text{ m/s}$となり，その後はvの値がマイナスになっています。
$t=10\text{ s}$を境に，物体はターンし，運動方向が逆向きになったということです。
物体は逆戻りをしているので，物体の変位を求めるには，この間の移動距離については引き算をしなければなりません。

ここまでをふまえると，$t=0\text{ s}\sim12\text{ s}$の物体の変位（位置の変化）はこうなります。

$$\underbrace{(8+20)\times3\times\frac{1}{2}}_{t=0\text{ s}\sim3\text{ s}}\quad+\quad\underbrace{(3+7)\times20\times\frac{1}{2}}_{t=3\text{ s}\sim10\text{ s}}\quad-\quad\underbrace{2\times10\times\frac{1}{2}}_{t=10\text{ s}\sim12\text{ s}}\quad=132\text{ m}$$

v-tグラフでは「傾きは加速度を表す」，「面積は移動距離を表す」，「グラフから物体の運動をイメージできるようにする」という3つが重要です。
運動の様子からv-tグラフをかくという練習も別冊でしてみましょう。

v-tグラフ(とt軸で囲まれた部分)の面積　=　移動距離

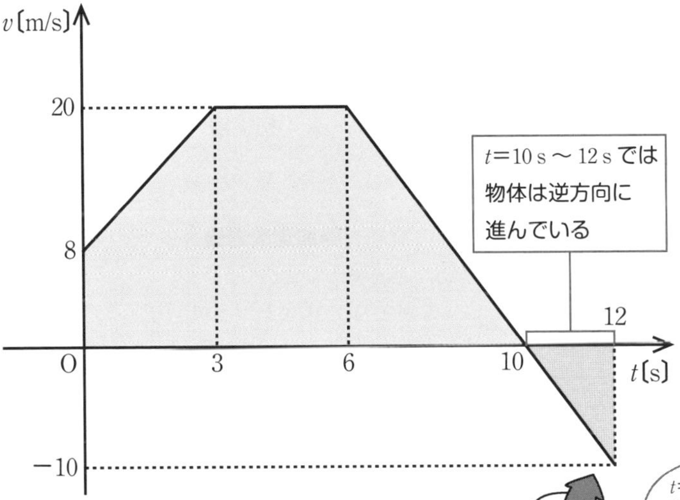

t=10 s ～ 12 s では
物体は逆方向に
進んでいる

t=10 s で
物体はターンして，
運動の方向が
逆になったんじゃ

t=0 s～12 s の変位は？

t=0 s～3 s の面積　　t=3 s～10 s の面積　　t=10 s～12 s の面積

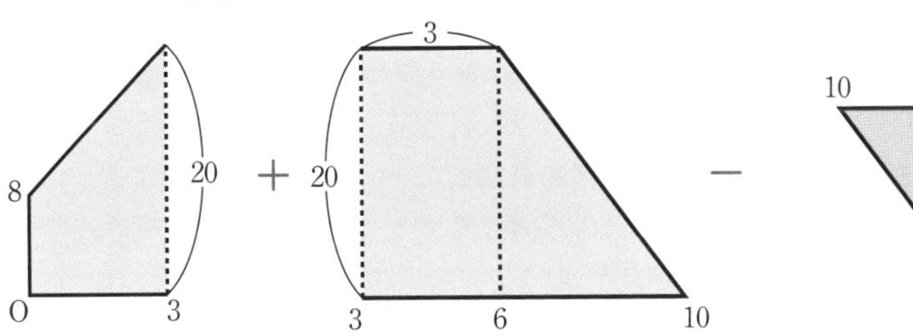

$$(8+20)\times3\times\frac{1}{2}\quad+\quad(3+7)\times20\times\frac{1}{2}\quad-\quad2\times10\times\frac{1}{2}=132\ \text{m}$$

ここまでやったら
別冊 P. 1へ

1-3 等加速度運動

ココをおさえよう！

等加速度運動の公式

- $v = v_0 + at$
- $x = v_0 t + \frac{1}{2}at^2$
- $v^2 - v_0{}^2 = 2ax$

（v：速度　x：変位　a：加速度　t：時間　v_0：初速度）

加速度が，常に一定であるときの運動を**等加速度運動**というのでしたね。
速度の変化がずっと一定の運動，とイメージしましょう。
この運動には，上に記した3つの重要な公式があります。
いきなり文字がたくさん登場して驚いたでしょうか。
1つ1つ説明するので安心してくださいね。

まず，「$v = v_0 + at$」です。v_0は初速度を指します。
（初速度とは，$t = 0$ sのときの物体が持つ速度のことでしたね）
例えば，＋20 m/sで走っている車を想像してください。
この車が加速度＋5 m/s^{2}で走り，2秒経つと，車は（＋5×2）m/sだけ速度が変化します。そうすると，車の速度は$\underset{v_0}{\underline{20}} + \underset{a}{\underline{5}} \times \underset{t}{\underline{2}} = 30$ m/sになりますね。

次に，「$x = v_0 t + \frac{1}{2}at^2$」です。

ちょっと難しそうなこの式は，v-tグラフの面積を計算することで得られます。
この式はx，つまり変位を求める式ですから，v-tグラフの面積から求められるのです（p.26でやりましたね）。
右ページの等加速度運動のグラフの面積を計算してみましょう。
求める図形の面積は下の長方形と，上の三角形を足し合わせたものですね。
三角形の高さはt秒で速度が変化した分なので，atです。

すると$v_0 t$が下の長方形の面積，$\frac{1}{2}at^2$が上の三角形の面積とわかります。

つまり，$x = v_0 t + \frac{1}{2}at^2$なのです。

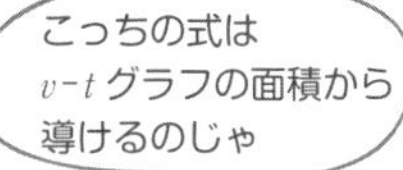

等加速度運動の 3 公式

$$v=v_0+at$$

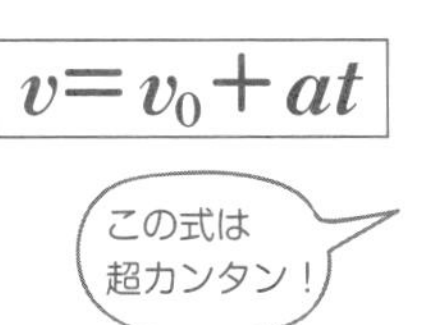

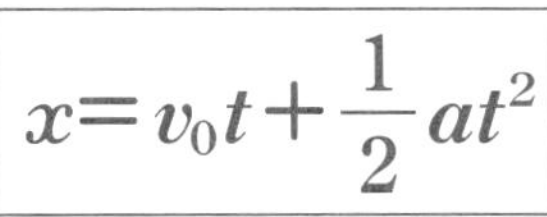

$$x=v_0t+\frac{1}{2}at^2$$

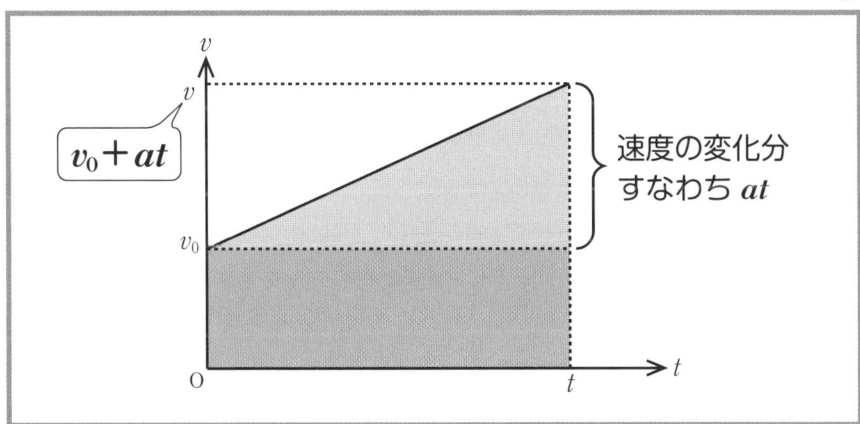

時間 t 経過後の変位 x は…

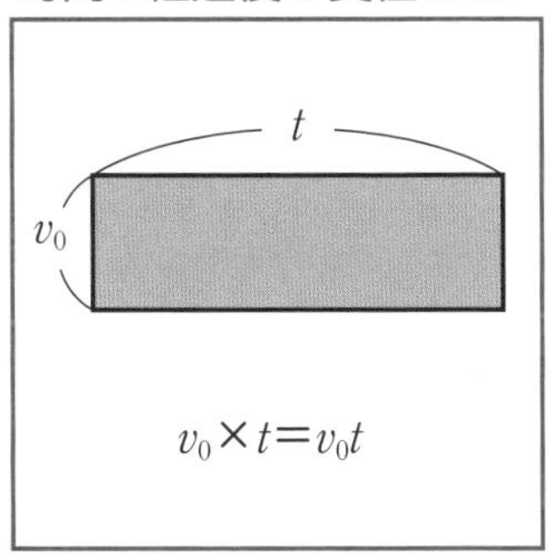

$v_0\times t=v_0t$

＋

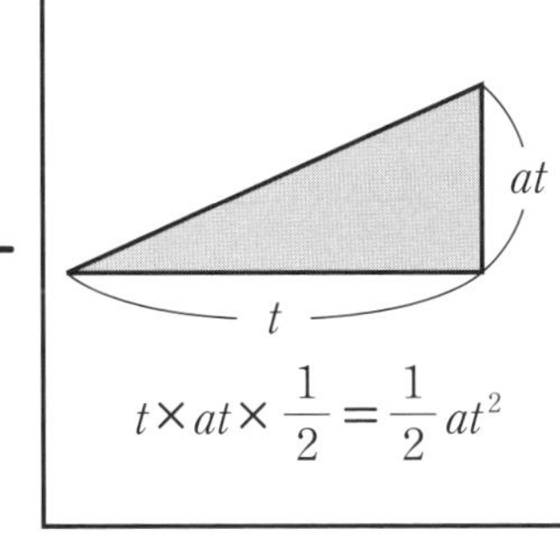

$t\times at\times\frac{1}{2}=\frac{1}{2}at^2$

$$=v_0t+\frac{1}{2}at^2$$

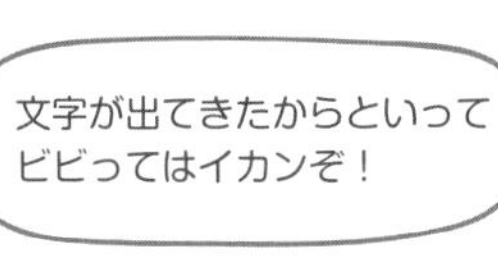

最後に「$v^2 - v_0{}^2 = 2ax$」です。この等式は，p.28の

$$v = v_0 + at$$

$$x = v_0 t + \frac{1}{2}at^2$$

の2式からtを消去して整理することで得られたものです。
つまり，どういうことかというと，物理の現象的な意味は特にないということです。
意味がないので，この式はイメージしにくくて当然なのですが，覚えておくとすぐに答えが求められる可能性があるので，避けてはいけません。
（問題文に時間tの記述がないときに使います。使用頻度としては　$v = v_0 + at$，$x = v_0 t + \frac{1}{2}at^2$　の2つよりも低いですが）

この式の導きかたを右ページで確認しておくので，自分でも導けるように
練習してください。

式変形の練習をするのを面倒がっていてはいけませんよ。
この公式は，高校物理全体の中でも，最もややこしい公式の1つです。
物理脱落者を生む1つの大きな山場といえるでしょう。
2回3回と練習して不安なら，5回10回と練習して導けるようにしましょう。
$v = v_0 + at$と$x = v_0 t + \frac{1}{2}at^2$の2式は覚えておくことが大前提ですけどね。

別冊の問題を解いて，3つの公式に慣れてください。

さて，3つの公式を紹介したわけですが，これらの公式は等加速度運動でしか使えないことに注意しておきましょう。

「等速度運動→等加速度運動」のように，途中で運動の様子が変わってしまうときや，途中で加速度がaからa'に変わってしまうような運動では使えません。
むやみに上の公式にあてはめようとせず，問題の条件と公式の意味を照らし合わせて，自分で考えながら計算していくことが，間違いをなくすことにつながります。

等加速度運動の 3 公式（つづき）

$$v^2 - v_0{}^2 = 2ax$$

$$v = v_0 + at \quad \cdots\cdots ①$$

$$x = v_0 t + \frac{1}{2}at^2 \quad \cdots\cdots ②$$

1

①より　$t = \dfrac{v - v_0}{a}$　（$a \neq 0$ のとき）

これを②式に代入

$$x = v_0 \times \frac{v - v_0}{a} + \frac{1}{2}a \times \left(\frac{v - v_0}{a}\right)^2$$

$$= \frac{v_0 v - v_0{}^2}{a} + \frac{1}{2} \times \frac{(v - v_0)^2}{a}$$

$$= \frac{1}{a}\left(\cancel{v_0 v} - v_0{}^2 + \frac{1}{2}v^2 - \cancel{v_0 v} + \frac{1}{2}v_0{}^2\right)$$

$$= \frac{1}{a}\left(\frac{1}{2}v^2 - \frac{1}{2}v_0{}^2\right)$$

$$= \frac{1}{2a}(v^2 - v_0{}^2)$$

よって　$\underline{v^2 - v_0{}^2 = 2ax}$

問1-1　電車が，速度40 m/sで走っている。ブレーキをかけ加速度$-5\ \mathrm{m/s^2}$で走行したところ，何秒かして停止した。電車が停止するのはブレーキをかけてから何秒後か。また，ブレーキをかけてから停止するまでに進んだ距離は何mか。

解きかた　電車の動いている方向を正の向きとします。

ブレーキをかけた瞬間を$t=0\ \mathrm{s}$とすると，これは$v_0=40\ \mathrm{m/s}$，

$a=-5\ \mathrm{m/s^2}$の等加速度運動として扱えますね。

$v=v_0+at$で，$v=0\ \mathrm{m/s}$として，tについて解けば，$v=0\ \mathrm{m/s}$のときのtの値，

つまり停止したときの時刻tが求められます。

$$0=40+(-5)\times t \qquad t=\underline{\underline{\mathbf{8\ s}}}\ \cdots 答$$

ブレーキをかけてから停止するまでに進んだ距離は，$t=8\ \mathrm{s}$での電車の位置と等しいので，$x=v_0t+\dfrac{1}{2}at^2$の関係を使うと，$t=8\ \mathrm{s}$のときの電車の位置xは

$$x=\underset{v_0}{\underline{40}}\times\underset{t}{\underline{8}}+\frac{1}{2}\times\underset{a}{\underline{(-5)}}\times\underset{t^2}{\underline{8^2}}=\underline{\underline{\mathbf{160\ m}}}\ \cdots 答$$

すなわち，電車は停止するまでに160 m進んだということになります。

求めるものは距離ですからv-tグラフの面積を利用しても求められます。

v-tグラフは右ページの図のようになるので，三角形の面積を求めて

$$x=8\times 40\times\frac{1}{2}=\underline{\underline{\mathbf{160\ m}}}\ \cdots 答$$

また，$v^2-v_0{}^2=2ax$を使っても求められます。$v=0\ \mathrm{m/s}$，$v_0=40\ \mathrm{m/s}$，$a=-5\ \mathrm{m/s^2}$として$v^2-v_0{}^2=2ax$に代入してxを求めると

$$0^2-40^2=2\times(-5)\times x$$

$$-1600=-10x$$

$$x=\underline{\underline{\mathbf{160\ m}}}\ \cdots 答$$

状況に応じてラクな方法で答えを求めましょう。

この問題ではv-tグラフの面積を計算するのがいちばんラクかもしれません。

問1-1

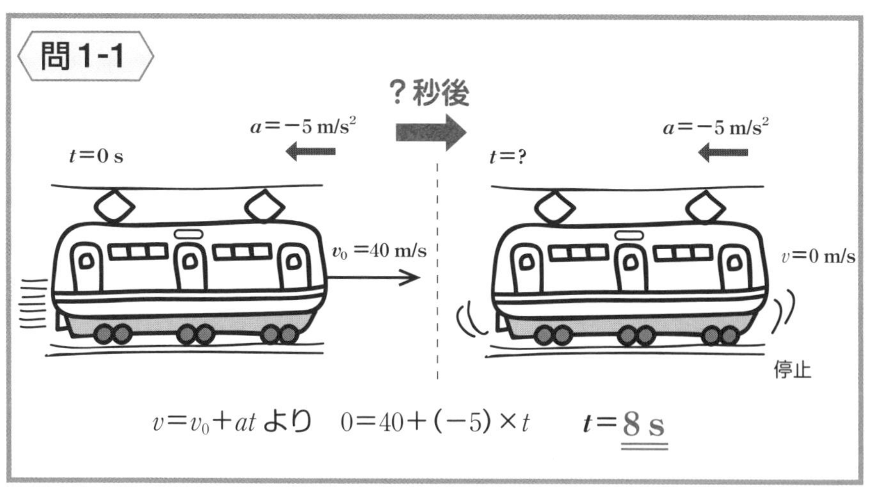

$v=v_0+at$ より　$0=40+(-5)\times t$　　$t=$ **8 s**

$t=0$ s ～ 8 s で進んだ距離 x は？

① 公式 $x=v_0t+\frac{1}{2}at^2$ で求める！

$$x=40\times8+\frac{1}{2}\times(-5)\times64=\mathbf{160\ m}$$

② v-t グラフの面積で求める！

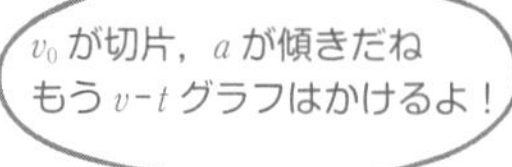

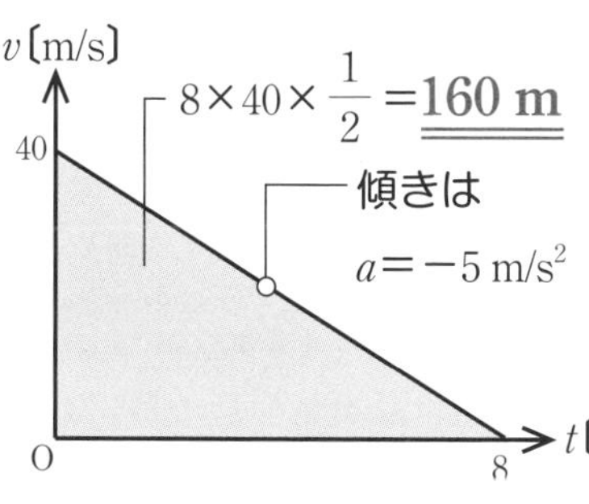

③ 公式 $v^2-v_0^2=2ax$ から求める！

$0^2-40^2=2\times(-5)\times x$　　$x=$ **160 m**

問1-2 電車が，速度40 m/sで走っている。電車が駅を通過して2秒後に停止信号が出たため，ブレーキをかけ加速度−5 m/s^{2}の走行に切り替えた。電車が止まるのは駅を通過してから何秒後か。また，駅を通過してから停止するまでの間に進んだ距離は何mか。

解きかた 駅を通過した時刻を$t=0$ sとしましょう。

「電車が止まるということは求めるのは$v=0$ m/sのときの時刻tだ。

$v=v_0+at$の式に$v=0$ m/sを代入してtについて解いて…」とやってはいけません。

この問題は等加速度運動の公式をそのまま適用できない場合です。

実際に等加速度運動をしているのは，$t=2$ s以降ですが，等加速度運動が始まる時点を$t'=0$ sと考えて等加速度運動の式を使ってみましょう。

等加速度運動が始まる時点を$t'=0$ sとすると

$\underset{v}{0}=\underset{v_0}{40}+\underset{a}{(-5)}\times t'$より，$t'=8$ s

$t'=t-2$より　$t=t'+2=$ **10 s** …答

等加速度運動をしているのは，$(t-2)$ sのときと考えることができるので

$(t-2)$を公式に代入して，次のように求めることもできます。

$0=40+(-5)\times(t-2)$　　$t=$ **10 s** …答

次に，進んだ距離です。v-tグラフの面積で求められるのでしたね。

(もちろん，$x=v_0t+\frac{1}{2}at^2$や$v^2-v_0{}^2=2ax$を利用しても求められますが)

右ページのようなv-tグラフを自分でかいて求めましょう。

$t=2$ sのところまでは長方形で，$t=2$ s〜10 sでは三角形になっていますね。

$0\leqq t\leqq 2$のときのv-tグラフの面積は　$40\times 2=80$ m

$2\leqq t\leqq 10$のときのv-tグラフの面積は　$8\times 40\times\frac{1}{2}=160$ m

よって　$x=80+160=$ **240 m** …答

v-tグラフの面積が移動距離を表すというのは，等加速度運動以外の運動でも成り立ちますので，使ってください。

〈問1-2〉

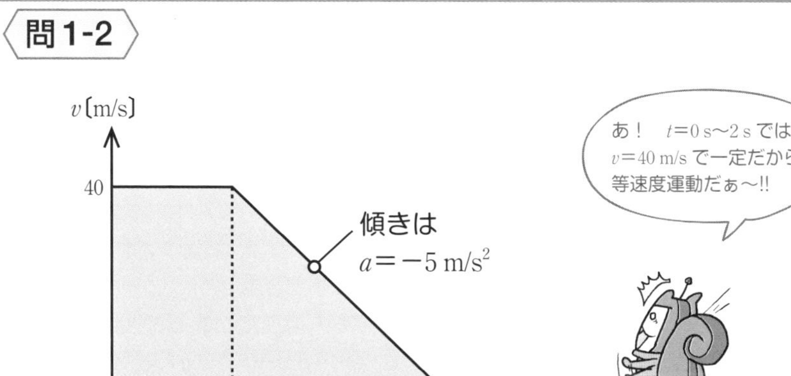

$v = v_0 + at'$ と考えて

$$0 = 40 + (-5)t'$$

$t' = 8$ より　$t = \underline{\underline{10\ \mathrm{s}}}$

t′＝0 s から等加速度運動
と考えればよいんじゃ

$t = 0\mathrm{s}$〜 $10\mathrm{s}$で進んだ距離 x は？

v-t グラフの面積から

$$\underbrace{40 \times 2}_{\text{長方形}} + \underbrace{8 \times 40 \times \frac{1}{2}}_{\text{三角形}} = \underline{\underline{240\ \mathrm{m}}}$$

v-t グラフ
得意になったかも

ここまでやったら
別冊 P.3へ

1-4 落体運動

ココをおさえよう！

鉛直投げ上げと自由落下では，座標軸のとり方が異なり，重力加速度の正負が変わる。

物体は，重力を受けると，地面に向かって落下しますよね。
その落下スピードは，時間とともに速くなるので，加速度があることになります。
この加速度を**重力加速度**といい，その大きさは約9.8 m/s^{2}で，gと表します。
重力を受け，大きさgの加速度で物体が落下する運動を落体運動といい，
「鉛直投げ上げ」，「自由落下」，「鉛直投げ下ろし」の3つがあります。

「鉛直投げ上げ」は，地面から物体を上向きに投げ上げる，初速度を持った運動です。
「自由落下」は，空中で物体をそっと放し，初速度0で落下させる運動です。
「鉛直投げ下ろし」は，自由落下と似ているのですが，こちらは，物体を地面に向かって投げ下ろす，すなわち物体に下向きの初速度を持たせている運動です。

これらの運動は，どれも加速度の大きさがgで一定であるので，等加速度運動です。
したがって1-3で説明した，**等加速度運動の3つの公式が適用できます。**

ここで注意してほしいのは，**座標軸のとりかたにより，速度や加速度の正負が変わる**ということです（p.22でもやりましたね）。

鉛直投げ上げを考えてみましょう。
投げ上げる場所を原点にして，**上向きを正として座標軸を設定する**ことが多いです。
そうすると，物体は下向き，すなわち負の方向に加速することになりますから，
重力加速度は$-g$と，マイナスの符号がつきます。

自由落下と鉛直投げ下ろしの場合はどうでしょうか。
この場合は，投げ下ろす場所を原点として，**下向きを正として座標軸をとります。**
そうすると，物体は下向き，すなわち正の方向に加速するので，
重力加速度は$+g$になるわけですね。

落下地点を原点として，上向きを正として座標をとることもできます。
そのときは，重力加速度は$-g$になりますし，求めた速度や変位も負の値になります。
しかし，ややこしいので，座標軸は物体のはじめに進む向きを正とするというのが，基本的にはわかりやすいと思います。

物体は空中では…

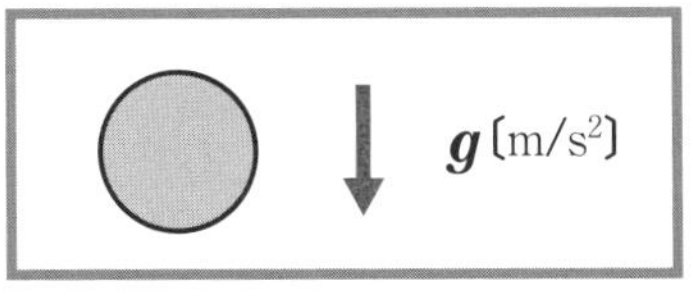

地面に向かって加速度の大きさgで運動する。

鉛直投げ上げでは上向きを正にとり，加速度は$-g$とする。

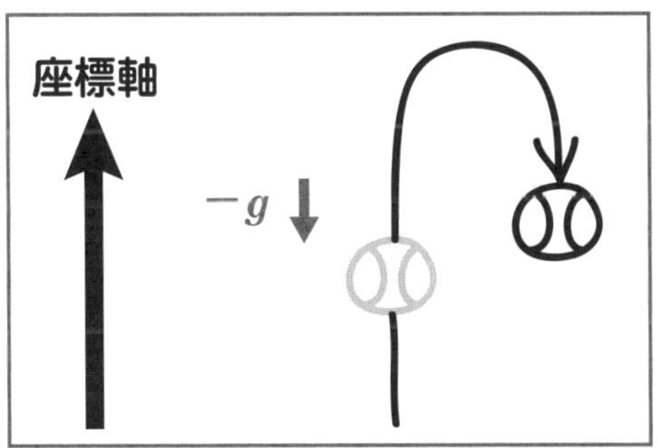

自由落下，鉛直投げ下ろしでは，下向きを正にとり，加速度はgとする。

1

問1-3 ボールを速さ19.6 m/sで地上から鉛直方向に投げ上げた。ボールが最高点に達するのは，投げてから何秒後か。さらに，最高点は何mか。また，ボールが地面に落ちるのは投げてから何秒後か。重力加速度の大きさは9.8 m/s²とする。

解きかた 投げ上げた場所を原点とし，鉛直上向きを正方向としてy軸をとりましょう。
また，投げ上げの瞬間を$t=0$ sとします。
さて，これは$v_0=+19.6$ m/s，$a=-g=-9.8$ m/s^{2}の等加速度運動ですね。
符号は上向きを正としていることに対応していますよ。
これらの値を，等加速度運動の公式 (p.28) に代入します。

$$v=19.6-9.8t \quad \cdots\cdots①$$

$$y=19.6t-\frac{1}{2}\times 9.8t^2 \quad \cdots\cdots②$$

まず，ボールが最高点に達する時間から求めます。
ボールが最高点に達したとき，ボールは空中で一瞬止まります。
よって，①式で$v=0$ m/sとおいたときのtの値が求める時間となるので

$$0=19.6-9.8t \qquad t=\mathbf{2\ s} \cdots 答$$

すなわち，2秒後にボールが最高点に達するというわけです。

その最高点の高さは，$t=2$ sのときのy座標なので，②式に代入して

$$y=19.6\times 2-\frac{1}{2}\times 9.8\times 2^2=\mathbf{19.6\ m} \cdots 答$$

最後に，ボールが地面に落ちる時刻です。
ボールが地面に落ちたとき，座標は$y=0$ mなので②式に代入して

$$0=19.6t-\frac{1}{2}\times 9.8t^2 \qquad t=0\ \text{s},\ 4\ \text{s}$$

tの値が2つ出てきたのは$y=0$ mの座標にボールがあるという状況が，投げ上げる瞬間と，ボールが地面に落ちたときの，2回あるからです。
$t=0$ sは，投げ上げる瞬間を表しているので，答えとして不適当です。
したがって，ボールが地面に落ちるのは　$t=\mathbf{4\ s} \cdots$ 答

このときのボールの運動の様子を表したのが，右ページのy-tグラフです。
$t=2$ sを軸に対称になっていますね。
この対称性に注目すると，ボールが地面に落ちるのは，最高点に達する時間の2倍になるということがわかります。ぜひ，この「対称性」を意識してみてください。

問1-3

最高点に達するのは何秒後？
➡ **最高点の高さは何 m ？**
落下するのは何秒後？

1

高さと時間の関係をグラフで表すと…

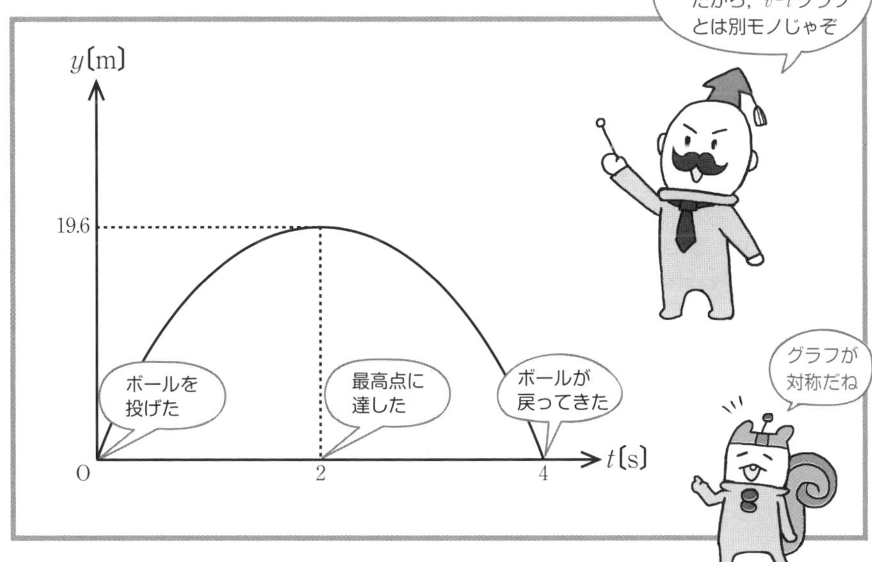

グラフは $t=2$〔s〕を軸に対称

対称性は
問題を解く
テクニックの1つ
として使えるぞ

① 「投げ上げから最高点到達まで」と「最高点到達から地面に落下まで」の時間は同じ。

② 同じ高さでは速さは等しい（向きは逆）。

ここまでやったら
別冊 P. 4 へ

1-5 放物運動

ココをおさえよう！

放物運動は，水平方向が等速度運動，鉛直方向が等加速度運動。

ボールを斜め上に向かって投げると，ボールは放物線の軌道を描きますね。
ここでは，この現象を物理の目線で分析します。

放物運動は，一直線上（1次元）の運動ではなく平面内での運動です。
よって，直交する2方向の平面座標をとって2次元で表現することで，物体がいつ，どこにあるのかを表します。
放物運動は基本的に水平方向と鉛直方向の2方向の運動に分けて考えます。

まず水平方向の運動を考えてみましょう。
実は，放物運動をしている物体の水平方向の速度は，空気抵抗を無視した場合，まったく変化しません（高校物理では，空気抵抗はほとんどの場合無視します）。
したがって，**放物運動で物体は，水平方向には，初速度と同じ速度で運動し続ける等速度運動**ということになりますね。

これは次のChapterの内容になってしまうのですが，物体は力を受けることで，その速度に変化が生じます。水平方向にはまったく力がはたらいていないので，水平方向の速度は変わらないというわけです。

鉛直方向はどうなるのでしょうか。
物体は重力を受けているので，鉛直方向には，下向きに大きさgの加速度を持った運動をします。
つまり，**鉛直方向に関しては上向きを正とすると，加速度$-g$の等加速度運動をする**ということです。
鉛直投げ上げ運動と同じというわけですね。

物体を斜めに投げ上げると，水平方向は等速度運動，鉛直方向は加速度$-g$の等加速度運動とわかりました。
p.42では，具体的な例で考えてみましょう。

放物運動を扱うには？

➡ 水平方向と鉛直方向に**運動を分解する。**

水平方向 …等速度運動。

鉛直方向 …加速度 $-g$ の等加速度運動。

（符号は鉛直上向きを正にしたことに対応）

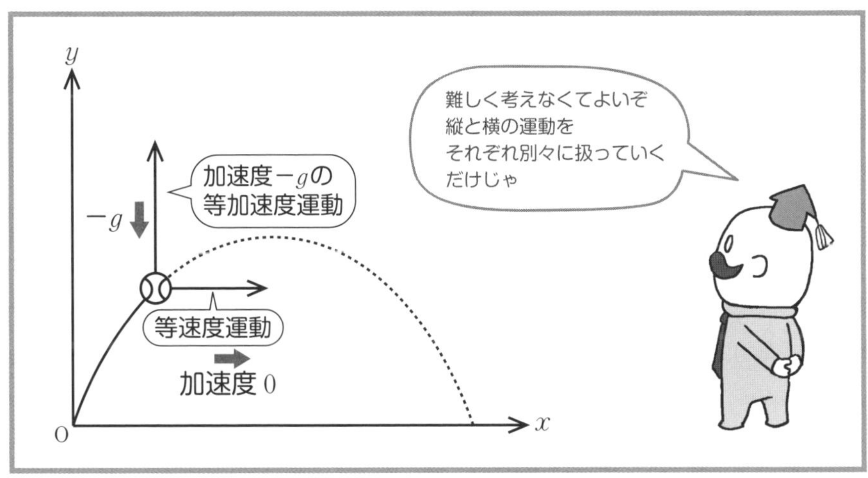

例として，初速度v_0で，地面から角度θ（$0° < \theta < 90°$）の方向に物体を投げたときの運動を考えてみます。空気抵抗は無視します。

初速度v_0を直交する2方向に分解すると，x軸方向（水平方向）の速度は$v_0\cos\theta$，y軸方向（鉛直方向）の速度は$v_0\sin\theta$になります。

水平方向の速度は一定ですから，x軸方向の速度をv_xとおけば　$\boldsymbol{v_x = v_0\cos\theta}$ ……①
さらに，時間tが経過したとき，物体はx軸方向に$v_0\cos\theta\cdot t$だけ進んでいるので，時刻tにおける物体のx軸方向の位置は $\boldsymbol{x = v_0\cos\theta\cdot t}$ ……② となります。

鉛直方向には，初速度$+v_0\sin\theta$，加速度$-g$の等加速度運動をします。
符号は，鉛直上向きを正としていることに対応していますね。
物体のy軸方向の速度をv_yとすると，等加速度運動の公式（p.28）より

$$\boldsymbol{v_y = v_0\sin\theta - gt} \quad \cdots\cdots③$$

$$\boldsymbol{y = v_0\sin\theta\cdot t - \frac{1}{2}gt^2} \quad \cdots\cdots④$$

また，物体が最高点に達する時刻はy軸方向の速度が，
ちょうど正から負へ変わる境目，すなわち0になっています。

③式で$v_y = 0$とすると$t = \dfrac{v_0\sin\theta}{g}$のときに最高点に達するということです。

運動の対称性を考えると，$t = \dfrac{2v_0\sin\theta}{g}$のときに着地するのも想像できますね？
だって放物運動も，鉛直投げ上げも「投げてから最高点に達するまで」と「最高点に達してから着地するまで」は同じ時間かかりますから。
④式で$y = 0$ mとしても$t = 0$ s（投げた瞬間），$\dfrac{2v_0\sin\theta}{g}$（着地）と出てきますよ。

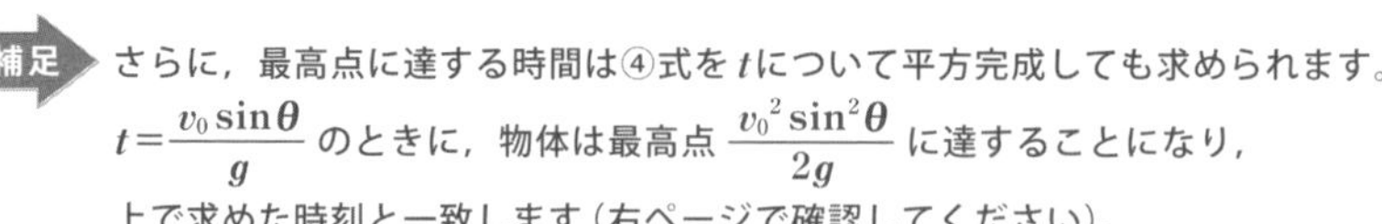
補足　さらに，最高点に達する時間は④式をtについて平方完成しても求められます。
$t = \dfrac{v_0\sin\theta}{g}$のときに，物体は最高点$\dfrac{{v_0}^2\sin^2\theta}{2g}$に達することになり，
上で求めた時刻と一致します（右ページで確認してください）。

式をいろいろと変形して，tを求めることもできますが，なるべく物体の運動を想像して求めたほうが，物理はたのしく感じられ，身につきます。
また，この例で出てきた①～④の式は暗記してはいけません。
物理は「その式がどのような考えで導かれたか」を理解することで上達するのです。

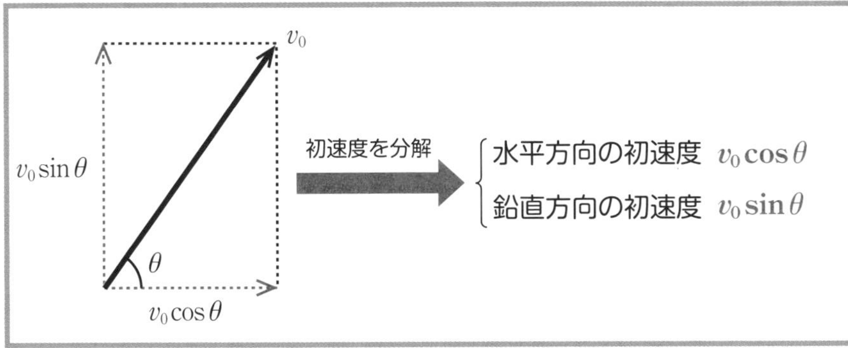

1

水平方向 … 初速度 $v_0\cos\theta$ のまま運動を続ける。

➡ $v_x = v_0\cos\theta$ ……①

$x = v_0\cos\theta \cdot t$ ……②

鉛直方向 … 初速度 $v_0\sin\theta$，加速度 $-g$ の等加速度運動。

➡ $v_y = v_0\sin\theta - gt$ ……③

$y = v_0\sin\theta \cdot t - \frac{1}{2}gt^2$ ……④

運動を想像すると上向きの速度が 0，
つまり $v_y = 0$ m/s のとき最高点に達して，
その 2 倍の時間のときに，着地するね

①～④式を覚えるんじゃなく
それぞれの運動を理解し，
自分で導くんじゃ

補足 ④式を t について平方完成すると…

$$y = -\frac{1}{2}g\left(t^2 - \frac{2v_0\sin\theta}{g}t\right) = -\frac{1}{2}g\left(t - \frac{v_0\sin\theta}{g}\right)^2 + \frac{1}{2}g\cdot\left(\frac{v_0\sin\theta}{g}\right)^2$$

$$= -\frac{1}{2}g\left(t - \frac{v_0\sin\theta}{g}\right)^2 + \underbrace{\frac{v_0{}^2\sin^2\theta}{2g}}_{\text{最高点}}$$

ここまでやったら
別冊 p. 5へ

1-6 相対運動

ココをおさえよう！

Aから見たBの速度・加速度
＝(Bの速度・加速度)－(Aの速度・加速度)
Aに自分を置いて，「－(自分の速度・加速度)」をする！

道路を走っている車を思い浮かべてみてください。
道路脇に立っている人と，バイクで並走している人とでは，その車のスピードはずいぶん違うように感じられますね。
バイクで並走している人には，車がゆっくり走っているように見えるはずです。
「相対運動」などといわれると，何やら難しそうな印象を受けてしまいますが，実際は，このような運動のことをいっているだけです。

では，この例をもうちょっと具体的に見ていきましょう。
車が，道路を25 m/sの速さで走行しているとします。
バイクは，20 m/sの速さで，車と同じ方向に走っています。
このとき，バイクに乗っている人からは，車は$25-20=5$ m/sの速さで走行しているように見えています。

逆に車がバイクより遅い場合，例えば15 m/sで走行しているとするとバイクに乗った人から見た車の速度は，$15-20=-5$ m/sになります。
少しずつ後ろに車が下がっていくように見えるということですね。

一般的に，Aから見たBの速度(**相対速度**と呼びます)は
(Bの速度)－(Aの速度)と表されます。
ちょっとわかりにくいですよね？　こう考えるとよいでしょう。
「○○から見た」といわれたら，自分をその状態に置き換えてしまいましょう。
そして，「自分の速度を引く」のです。
そうすると自分がどんな速度でも，自分の速度を0として考えられますからね。

「Aから見たBの速度」は「Aに対するBの速度」と表現されることも多いです。
後者は慣れないとわかりにくい表現なので，前者に置き換えて考えるとよいでしょう。

Aから見たBの加速度(**相対加速度**)を求める場合も同様に「○○から見た」という状況に自分を置いて，自分の加速度を引きましょう。

相対運動 … ある物体の運動を，他の物体から見たときの運動。

1

相対速度・加速度の表しかた

A から見た B の速度・加速度（A に対する B の速度・加速度）
＝（B の速度・加速度）−（A の速度・加速度）

例 20 m/s の速度で走行しているバイクから見ると，25 m/s の速度で同じ方向に走っている車の速度は…

（その状態に自分を置く）

25 − 20 ＝ +5 m/s

相手の速度　自分の速度を引く

ここまでやったら
別冊 p. 7 へ

ハカセの宇宙一キビしいチェック!!

理解できたものに，☑チェックをつけよう。

- [ ] 変位，速度，加速度の意味を説明できる。
- [ ] v-tグラフの傾きは加速度を表す。
- [ ] v-tグラフで，グラフとt軸で囲まれた部分の面積は移動距離を表す。
- [ ] v-tグラフで，t軸の下の部分の面積はマイナス方向への移動距離なので，変位を求める場合には引き算をする。
- [ ] 等加速度運動の公式を3つすべて使うことができる。
- [ ] 途中で加速度が変わる運動では，変わる時刻をまたいで等加速度運動の公式は使えない。
- [ ] 鉛直投げ上げ運動では上向きを正，落体運動や鉛直投げ下ろし運動では下向きを正とすることが多い。
- [ ] 座標のとりかたによって，速度や加速度の正負が変わる。
- [ ] 放物運動では，水平方向には等速度運動を，鉛直方向には等加速度運動をしており，それぞれの運動を独立に考える。
- [ ] AからみたBの相対速度は「Bの速度－Aの速度」である。

Chapter

2

力のつり合い

2 力のつり合い

はじめに

私たちの世界には，実はいろいろな力が存在します。
地球からの重力や，床からの摩擦力，さらには浮力などなど……。

力をかき出して現象を見てみると，今まで私たちが住んでいた世界が
ちょっと違って見えるようになるかもしれません。
そうなると物理がたのしくなってきます。

力に関する基本的な法則，考えかたを学んで
たのしい物理の世界に足を踏み入れてくださいね。

この章で勉強すること

力とはどういうものかを紹介したあと，作用・反作用の法則や，
力のつり合いの関係を学んでいきます。
そして，弾性力や摩擦力などの，さまざまな力を，個別に勉強していきます。

私たちの世界にある“力”

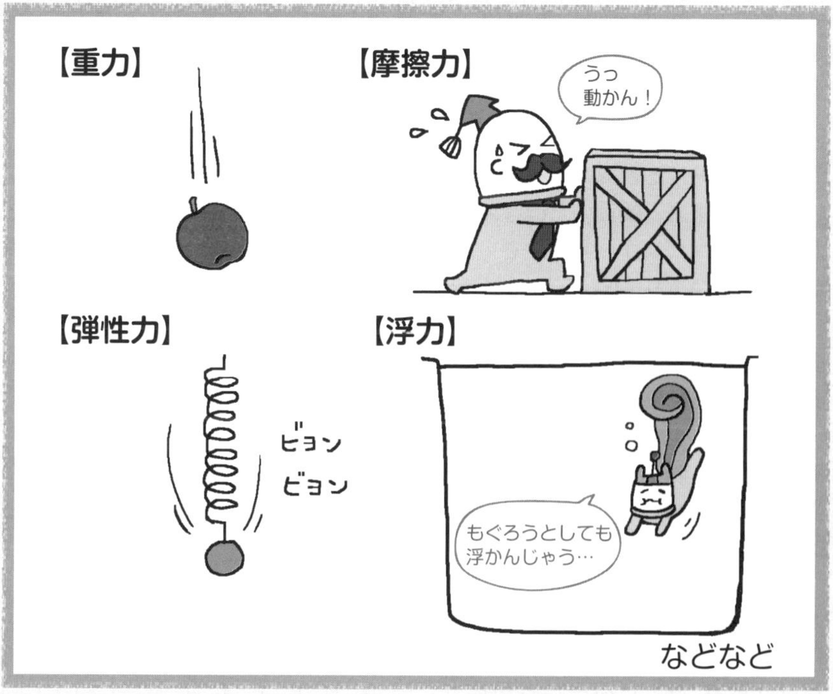

【重力】

【摩擦力】

うっ
動かん！

【弾性力】

ビヨン
ビヨン

【浮力】

もぐろうとしても
浮かんじゃう…

などなど

ハカセが静止しているのは，ハカセにはたらく力が
つり合っているから！

2-1　力とは？

ココをおさえよう！

力には，重力，接触力，慣性力，電気的な力，磁気的な力がある。重力の大きさはmgであり，これらの力は矢印で表される。

ざっくりいうと，**物体の運動に変化を及ぼすもの**が力といえます。
逆に，物体の運動が変化しているとき，そこには力が存在しています。
力を大きく分けると**重力**，**接触力**，**慣性力**，**電気的な力**，**磁気的な力**の5つですが，しばらくは重力と接触力だけ考えましょう。
力の単位はN（**ニュートン**）で，**1 Nの力は1 kgの物体に1 m/s^{2}の加速度を生じさせます。**つまり1 N＝1 kg·m/s^{2}ということです。

重力は，地球上のすべての物体が地球から受ける力で，
重力の大きさは物体の質量mに重力加速度gを掛けたmg〔N〕です。

接触力とは，物体が，接触している他の物体から受ける力です。
物体が何かに接触していれば，そこから力を受けていますから，力を考えるときは物体の接触しているところに注目しましょう！

また，物理ではしばしば力を矢印で表現します。矢印の向きで力が加わる方向を，長さで力の大きさを示すのです(p.22で説明しました。**ベクトル**というのでしたね)。
基本的には，物体にはたらく力は

- **物体から鉛直下向きに矢印を引き，重力を表す**
- **接触力があれば，それを表す**

というステップを踏めば，すべての力をかき出すことができます。

例えば，ひもでぶら下げられた球にはたらく力を考えてみましょう。
球には，重力がはたらいているので，重力を表す矢印を下向きにかきます。
接触力はどうでしょうか。
球はひもに吊り上げられていますから，ひもから上向きの力を受けるので，ひもとの接触点から上向きに矢印をかきます(この引っ張る接触力を張力といいます)。
球と接触しているものは他にはありませんから，これで力はすべて図示されたということになります。

物理で扱う力

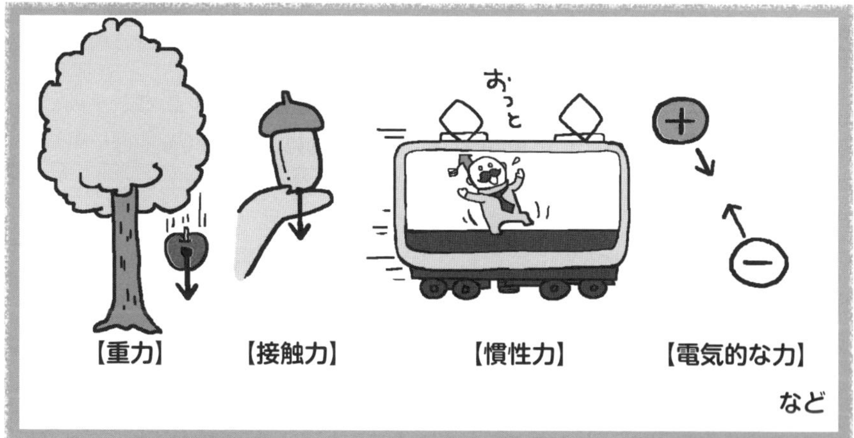

力の表しかた

① 物体から鉛直下向きに矢印を引き，重力を表す。

② 接触力があれば，それを表す。

➡ このステップで，基本的にはすべての力をかき出せる！

例 ひもでぶら下げられた球

① 球にはたらく重力をかく。

② 球はひもと接触しているので，ひもから受ける力をかく。

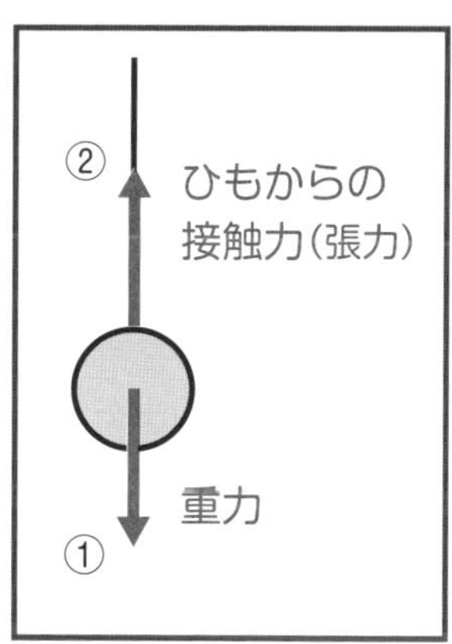

2-2 力のつり合い

ココをおさえよう！

「力がつり合う」とは物体にはたらく合力が0であること。
力はベクトル量なので，向きを考えなければならない。

綱引きを思い浮かべてみてください。
紅組と白組が左右から綱を同じ力で引っ張っているとき，
綱はまったく動きません。
この状態を，物理っぽくいうと「綱にはたらく力がつり合っている」となります。

「力がつり合う」とは，その物体にはたらく力の合力が0であるということです。
その物体に加えられる，**右方向の力と左方向の力の大きさが同じ**であったり，
上方向の力と下方向の力の大きさが同じであったりして，
お互いの力を完全に打ち消し合ってしまった状態のことです。
ですから，物体に何も力がはたらいていないときと同じ状態にあるとみなせます。
したがって，力がつり合っているときは，物体の運動は変化しません。
物体が**静止していたなら，静止し続け，ある速度で運動していたならば，その速度で運動し続けます**（速度の変化がない，つまり，**加速度はゼロ**ということです）。
逆に，物体が静止していたり，等速度で運動しているときは，力がつり合っているともいえます。

力がつり合っているとき，必ずしも物体が静止しているとは限らず，等速度で運動している場合もあるということに注意しましょう。

物理では，力がつり合っているという関係を使って式を立てて，
値がわかっていない力を求めるという問題が多く扱われます。

2-1で挙げた，ひもでぶら下げられた球のように，物体にはたらく力が鉛直方向のみであったりすると，力のつり合いの議論は単純です。
しかし，力がいろいろな方向から加わると，なかなかややこしくなってきます。
その話は2-4でします。
p.54では基本的な問題で，力のつり合いの式を立てる練習をしていきましょう。

「力がつり合う」とは…

その物体にはたらく力の合力が 0 であること。
つまり，物体にはたらく力がお互いに打ち消し合ってしまうこと。

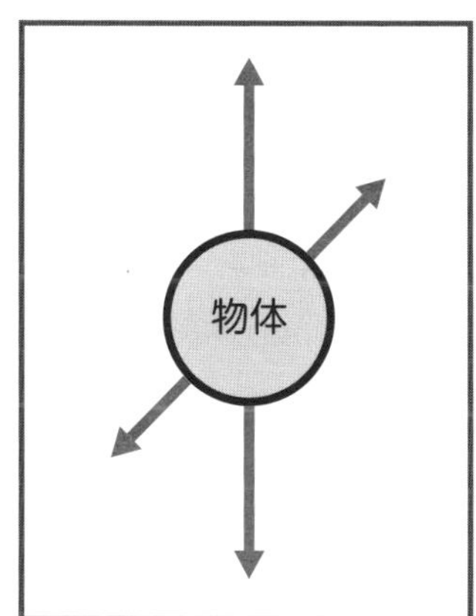

すべての力を
合わせると…

力のつり合いは綱引きのイメージ

では，力のつり合いの式を利用する簡単な問題を解いていきましょう。物体にはたらく力を図示し，求めたい力を文字でおいて，力のつり合いの式を立てていきます。

問2-1 質量mのおもりが，天井から糸で吊るされている。このとき，糸がおもりを引く力（張力）の大きさを求めよ。ただし，重力加速度の大きさをgとする。

解きかた 求める張力をTとして，まずおもりに加わる力を図示しましょう。
おもりにはたらく重力の大きさはmgですから，これらの力を図示すると，右ページの図のようになります。
おもりには鉛直上向きに接触力（張力）T，鉛直下向きに重力mgがはたらいています。
このとき，おもりにはたらく力はつり合っており，力のつり合いの式を立てると

$$T = mg$$

よって，求める張力の大きさは　$\underline{\underline{\boldsymbol{mg}}}$ …答

「そんな面倒な解きかたをしないでも，糸は質量mのおもりをぶら下げているんだから張力はmgだよ」という人もいるかもしれません。
しかし，「物体にはたらく力を図示する」，「求めたい力を文字でおく」という手順をおろそかにすると，少し問題が難しくなったときに対処できなくなりますから，この2つの手順は必ず踏んでくださいね。

問 2-1

質量 m のおもりが，天井から糸で吊るされている。
このとき，糸がおもりを引く力(張力)の大きさを求めよ。

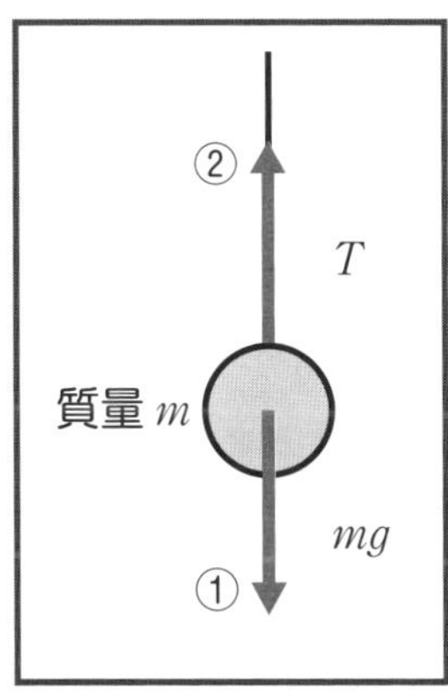

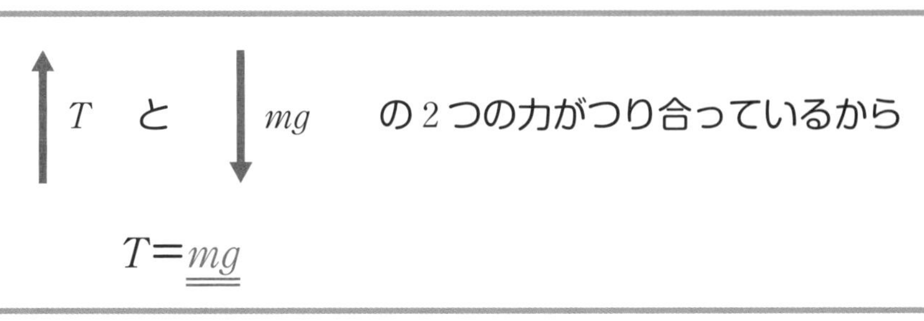

2-3 作用・反作用の法則

ココをおさえよう！

作用・反作用の法則…物体Aが物体Bに力を加えるとき，物体Aはそれと逆向きで同じ大きさの力を物体Bから受ける。

ローラースケートを履いて壁を押すと，自分も壁から押し返され，後退します。この現象には，**作用・反作用の法則**というルールが関わっています。
作用・反作用の法則とは，**物体Aが物体Bに力を加える（作用）とき，物体Aはそれと逆向きに同じ大きさの力を物体Bから受ける（反作用）**というものです。

この作用・反作用の法則は2つの物体に着目したときに成り立つ法則です。
「AがBをFの力で押している」ときは「BがAをFの力で押している」も成立し，
「AがBをFの力で引いている」ときは「BがAをFの力で引いている」も成立します。

〈問2-2〉 質量mのおもりが，天井から糸で吊るされている。このとき，天井が糸を引く力の大きさを求めよ。糸の質量は考えないものとし，重力加速度の大きさをgとする。

〈解きかた〉 〈問2-1〉と状況はほぼ同じですが，求める力が違います。
糸の張力をT，天井が糸を引く力をXとでもおきましょう。
おもりに着目します。重力と糸の張力がはたらくので力のつり合いの式は

$$T = mg \quad \cdots\cdots ①$$

ここまでは先ほどの問題と同じです。この問題では「天井が糸を引く力」を求めたいのですから，ここで着目する物体を，おもりから糸に変えましょう。
着目する物体を変えたときに忘れてはいけないのが作用・反作用の法則です。
「糸がおもりを引く力がT」のとき「おもりが糸を引く力がT」も成立しています。
糸に着目します。糸に成り立つ力のつり合いの式は（糸の質量を無視するので）

$$X = T \quad \cdots\cdots ②$$

①，②式から天井が糸を引く力の大きさは　$X = \boldsymbol{mg}$ …答

力のつり合いの式は1つの物体に着目して立てるものです。
着目する物体そのものが変わるときは，作用・反作用の法則から，はたらく力を見つけて図示し，また新たに力のつり合いを求めましょう。

問 2-2

質量 m のおもりが，天井から糸で吊るされている。
このとき，天井が糸を引く力を求めよ。糸の質量は考えないものとする。

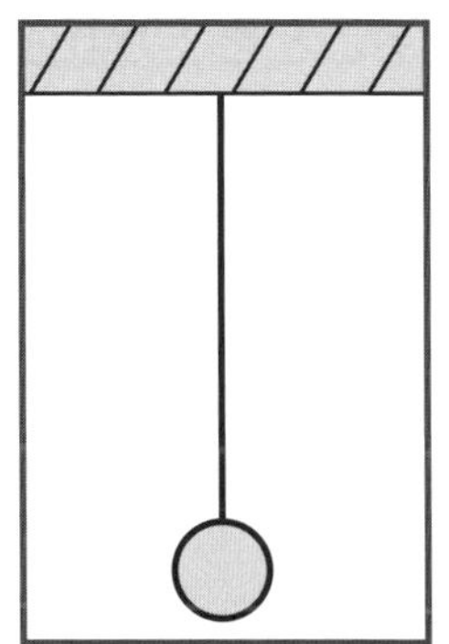

1 つ 1 つの物体に分けて考えると…

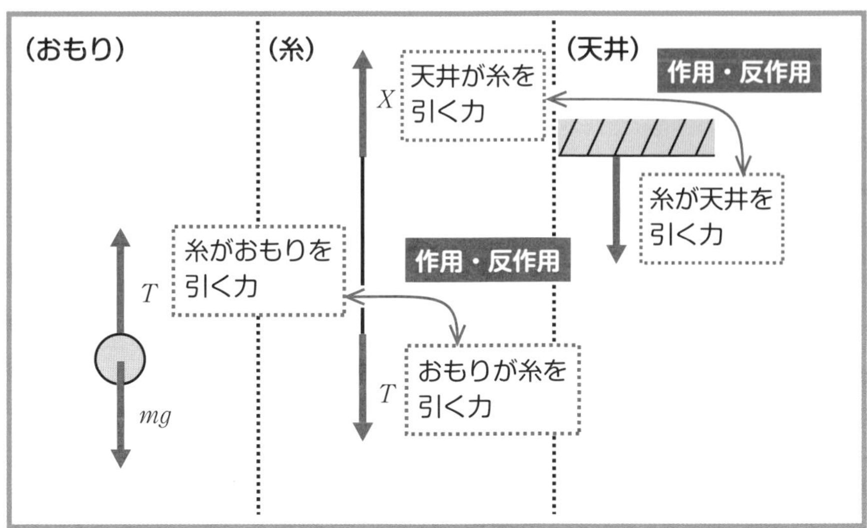

おもりについての力のつり合い　$T=mg$

糸についての力のつり合い　$X=T$

よって　$X=\underline{\underline{mg}}$

ここまでやったら
別冊 P. 8 へ

2-4 力の分解

ココをおさえよう！

物体にはたらく力を2方向に分けることを「力の分解」という。分解する方向は，水平・鉛直にすると便利なことが多い。

着目する物体にはたらく力が一直線上にあるときは，力のつり合いの式を立てるのは簡単ですね。
しかし，物体に，いろいろな方向から力がはたらいていた場合，
そのまま力のつり合いの式を立てることはできません。
こういうときは，どうしたらいいのでしょうか。

この場合，**力の分解**という考えかたが威力を発揮します。
力の分解とは，**物体にはたらく力を2方向に分けること**です。
力は，方向ごとに分解することが可能なのです。

例えば，右ページ上図のように物体が斜め方向から引っ張られている状況を考えましょう。
このとき，物体にはたらく力は一直線上にはありませんよね。
そこで，斜め方向にはたらく力を，「水平方向にはたらく力」と，
「鉛直方向にはたらく力」に分解してみましょう。
そうすると，力は右ページ下図のように「水平方向の力」と「鉛直方向の力」の2つに分けられたことになります。
これらの2つの方向について，別々に力のつり合いの式を立てれば，
全体としての力のつり合いを考えたことになりますね。

p.60では具体例で，考えかたを確認していきましょう。

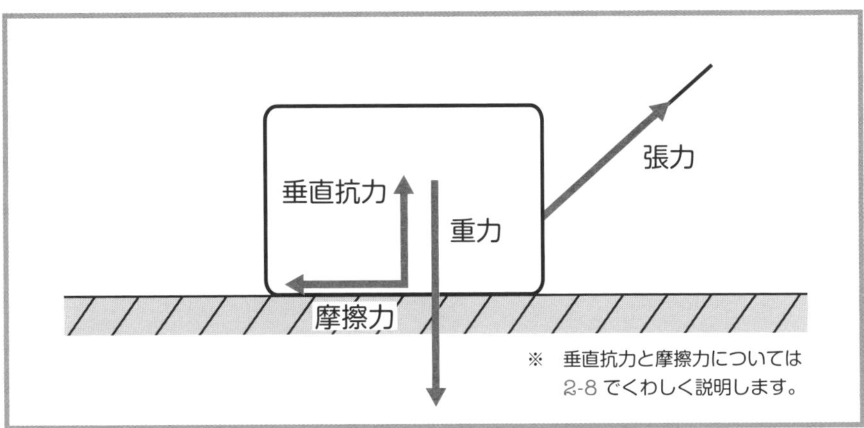

斜め方向にはたらく張力を
水平方向と鉛直方向に分解

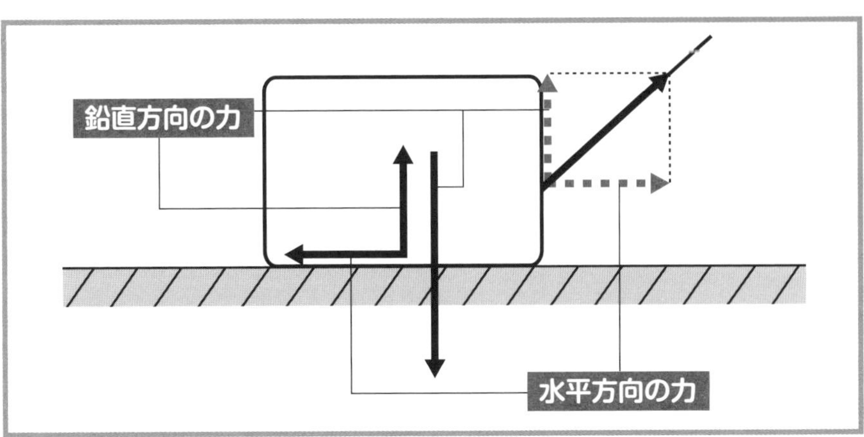

〈問2-3〉 右ページ上図のように，2本の糸がそれぞれ角度45°で質量mのおもりを吊るしている。このときの2本の糸の張力の大きさをそれぞれ求めよ。ただし，重力加速度の大きさをgとする。

〈解きかた〉 この場合は，〈問2-1〉のように単純に力のつり合いの式を立てることができませんね。
そこで，力を鉛直方向と水平方向に分解してつり合いの式を立てるわけです。

まず，おもりにはたらく力を図示するという手順は同じです。
求める張力の大きさをそれぞれT_1，T_2とすると，おもりにはたらく力は右ページ真ん中の図のようになります。
そして，張力を鉛直方向と水平方向に分解して，そのそれぞれについて
力のつり合いの式を立てると

鉛直方向：$T_1 \sin 45^\circ + T_2 \sin 45^\circ = mg$ ……①
水平方向：$T_1 \cos 45^\circ = T_2 \cos 45^\circ$ ……②

$\sin 45^\circ = \cos 45^\circ = \dfrac{1}{\sqrt{2}}$ ですから，①，②式を解いて

$$T_1 = T_2 = \underline{\underline{\boldsymbol{\frac{mg}{\sqrt{2}}}}}$$ …答

このように，力のつり合いを考えるうえで，力を分解する方法はよく使われます。
この例のように，鉛直と水平に分解するのがいちばんオーソドックスですが，
他の分解のしかたでも問題は解けます。
どのように分解すれば，いちばんきれいに解けるかを意識するようにしましょう。

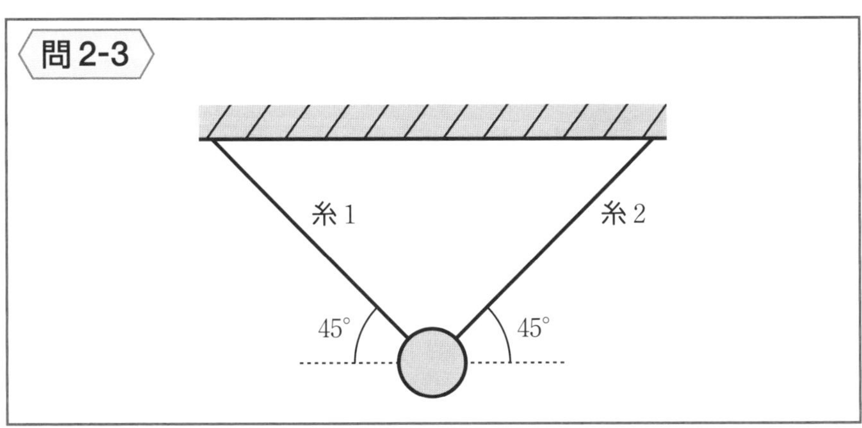

物体にはたらく力を分解すると…

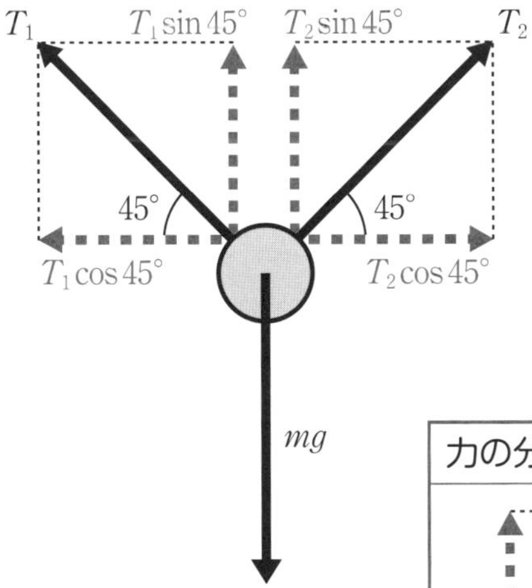

T_1　$T_1 \sin 45°$　$T_2 \sin 45°$　T_2

45°　45°

$T_1 \cos 45°$　$T_2 \cos 45°$

mg

ここを理解したら
どんぐりを
食べようっと

力の分解成分

F

$F \sin\theta$

θ

$F \cos\theta$

角 θ をなす力 F の
水平，鉛直成分は
$F\cos\theta$，$F\sin\theta$ に
なるのじゃ

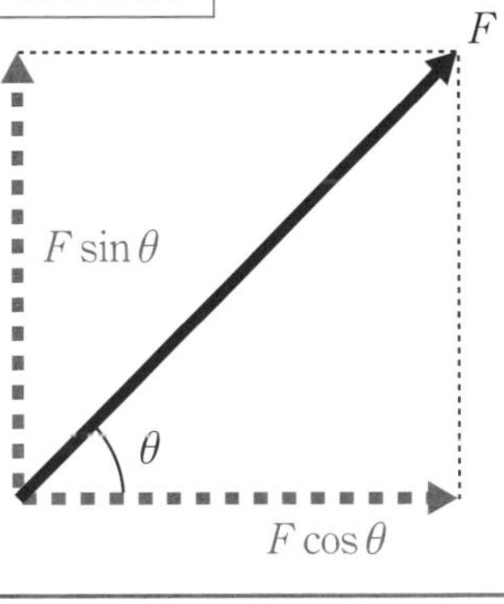

ここまでやったら
別冊 P. 9 へ

2-5 弾性力

ココをおさえよう！

ばねの自然長からの伸びをxとすると，弾性力はkxと表される。（フックの法則）
ただし，kはばね定数。

接触力の1つとして，ばねから受ける弾性力というものがあります。
ばねは，伸ばせば伸ばすほど，あるいは押し縮めれば押し縮めるほど，もとに戻ろうとする力が強くなりますよね。
ばねがもとに戻ろうとする力（弾性力）の大きさは，ばねの伸びに比例するのです。
これを提唱者であるロバート・フックの名前をとって，**フックの法則**といいます。

ばねの伸びとは，何の力も加えていないときの長さ（自然長）からの伸びのことです。
例えば，何もしていない状態で20 cmのばねを，力を加えて25 cmにしたとき，ばねの伸びは5 cmとなるわけです。
ばねの伸びをx（$x>0$），比例定数をkとすると，弾性力の大きさはkxになります。
この比例定数は，**ばね定数**と呼ばれ，ばねによって異なる数値をとります。
硬いばねとやわらかいばねでは，同じ長さだけ伸ばしても，引っ張るのに必要な力の強さが違いますよね。その違いを表す数値だと思ってください。

では，具体例として，力のつり合いからばねの伸びを求めてみましょう。
質量mの物体が，ばね定数kのばねで天井から吊るされている状況を考えてみます。
このとき物体にはたらいている力は，重力と弾性力ですね。
重力は鉛直下向き，弾性力は鉛直上向きにはたらいています。
ばねの伸びをxとし，これらの力のつり合いを考えると

$$kx=mg$$

この式から，ばねの伸びは$x=\dfrac{mg}{k}$とわかるのです。

p.64からは，ばねどうしを連結したときのことについて考えていきましょう。

フックの法則…ばねがもとに戻ろうとする力は
ばねの伸びに比例する。

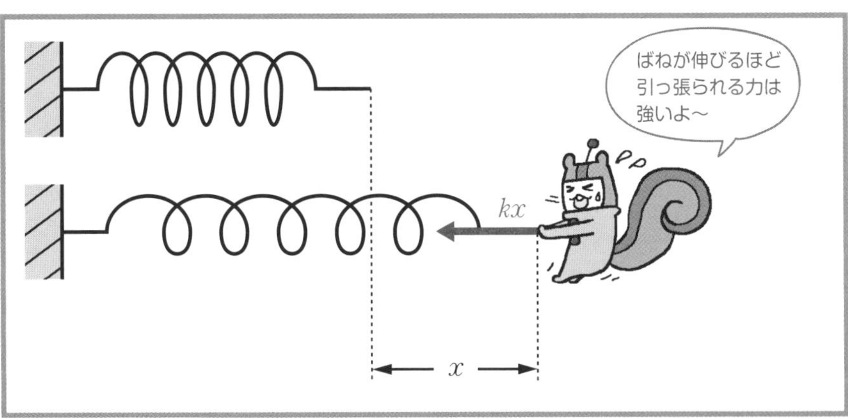

ばね定数 k のばねが x だけ伸びて(縮んで)いるとき，
ばねがもとに戻ろうとする力は $\boldsymbol{kx}$ である。

例 ばねが x だけ伸びているとすると
おもりについての力のつり合いは

$$kx = mg$$

よって　$x = \dfrac{mg}{k}$

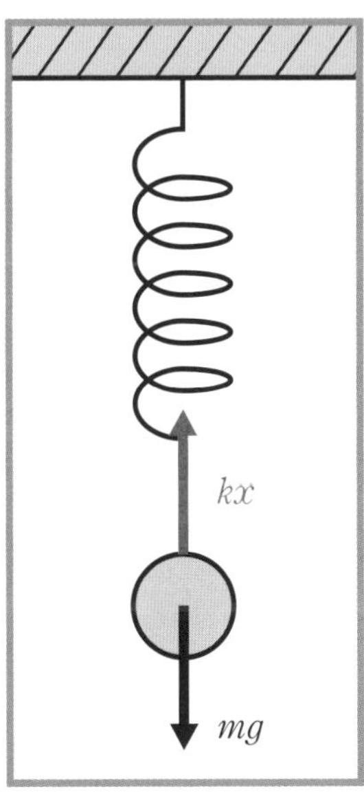

まず，ばねを並列に連結した場合です。
右ページ真ん中の図のように，質量mのおもりに，ばね定数k_1，k_2の2本のばねをつけます。
このとき，並列につないでいますから，2つのばねの伸びは等しくなっていますね。
そのばねの伸びをxとすると，ばねがおもりを引く力の合計は（$(k_1+k_2)x$）ということです。
おもりにはたらく力のつり合いを考えると

$$(k_1+k_2)x=mg \quad \cdots\cdots①$$

2つのばねを並列につないだものをばね定数Kの1つのばねと考えると

$$Kx=mg \quad \cdots\cdots②$$

となります。①，②式を比べると$K=k_1+k_2$，つまり定数（k_1+k_2）の1本のばねがおもりを引っ張っているということになりますよね。

このように，**複数のばねを1本のばねとしてとらえることをばねの合成といい**，その新しいばねのばね定数を**合成ばね定数**といいます。
並列の場合，ばねの数がさらに増えても，同様に考えれば，合成ばね定数Kは

$$\boldsymbol{K=k_1+k_2+k_3+\cdots}$$

と表すことができます。

次は，ばねを直列に連結した場合を扱いますよ。

並列につないだばねを 1 本のばねと考えたとき，そのばね定数は？

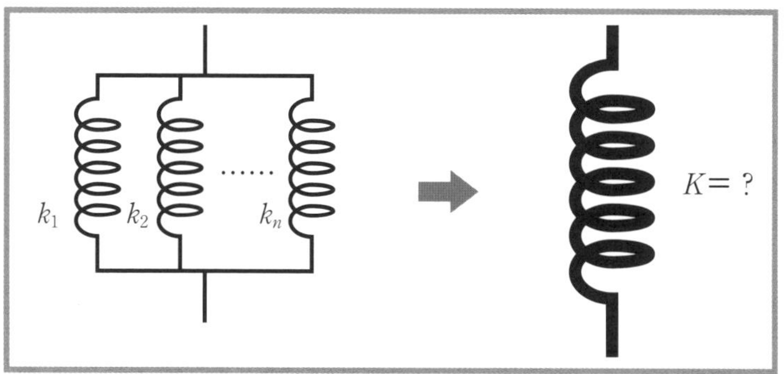

ばねが 2 本のとき

おもりの力のつり合い

$(k_1+k_2)x=mg$

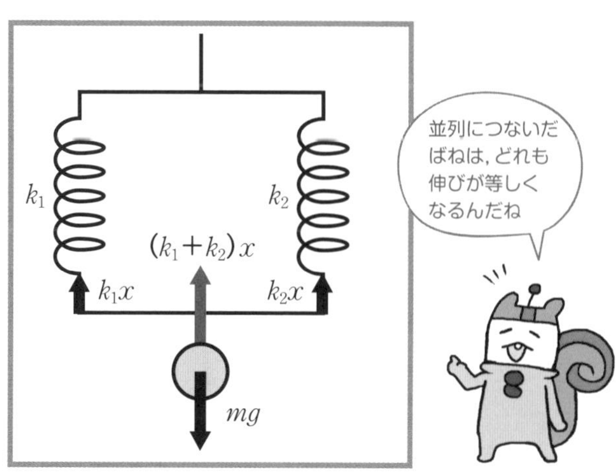

ばねを 1 本とみなしたとき

$Kx=mg$

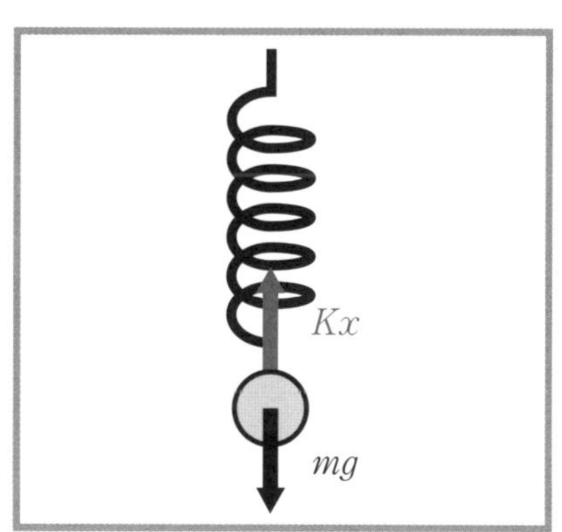

2 式を比べると　$K=k_1+k_2$

ばねの数が増えても，同様にして　$K=k_1+k_2+k_3+\cdots$

右ページ真ん中の図のように，並列のときとばねのつなげかた以外は同じ状況を考えます。
ばね定数k_1のばね1はx_1，ばね定数k_2のばね2はx_2だけ伸びたとしましょう。
おもりには，重力と，ばね2からの弾性力がはたらくので，力のつり合いの式は

$$k_2x_2 = mg \quad \cdots\cdots①$$

これより，ばね2の伸びは$x_2 = \dfrac{mg}{k_2}$であることがわかります。

次にばね2についての力のつり合いを考えます。
作用・反作用の法則より，「おもりがばね2を引く力k_2x_2」が下向きにはたらきます。
あとは，ばね1がばね2を上向きに引く力k_1x_1がはたらいていますから

$$k_1x_1 = k_2x_2 \quad \cdots\cdots②$$

①，②式より，$k_1x_1 = k_2x_2 = mg$なので，ばね1の伸びは$x_1 = \dfrac{mg}{k_1}$とわかります。
ここで，ばねを合成してみましょう。全体をばね定数Kの1つのばねと考えると
このばねの伸びは$(x_1 + x_2)$ですから，おもりについての力のつり合いは

$$K(x_1 + x_2) = mg \quad \cdots\cdots③$$

$x_1 = \dfrac{mg}{k_1}$，$x_2 = \dfrac{mg}{k_2}$を代入して考えると

$$K\left(\frac{mg}{k_1} + \frac{mg}{k_2}\right) = mg$$

$$K\left(\frac{1}{k_1} + \frac{1}{k_2}\right) = 1 \quad \cdots\cdots④$$

これより，新しいばねのばね定数は$K = \dfrac{k_1k_2}{k_1 + k_2}$となります。
これだとわかりにくいので，④式からすっきりした表しかたにしてみると

$$\frac{1}{K} = \frac{1}{k_1} + \frac{1}{k_2}$$

となりますね。

ばねが2つより多くなったときも同様に考えて，直列のときの合成ばね定数は

$$\boldsymbol{\frac{1}{K} = \frac{1}{k_1} + \frac{1}{k_2} + \frac{1}{k_3} + \cdots}$$

と書くことができます。

直列につないだばねを 1 本のばねと考えたとき，そのばね定数は？

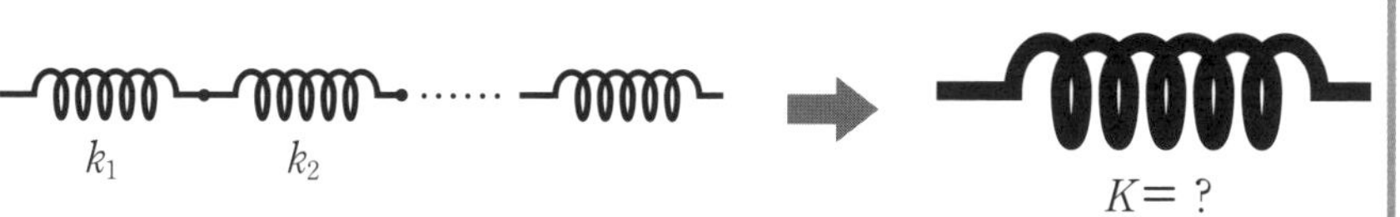

ばねが 2 本のとき

おもりの力のつり合い

$$k_2x_2=mg$$

$$x_2=\frac{mg}{k_2}$$

ばね 2 の力のつり合い

$$k_1x_1=k_2x_2$$

$$x_1=\frac{mg}{k_1}$$

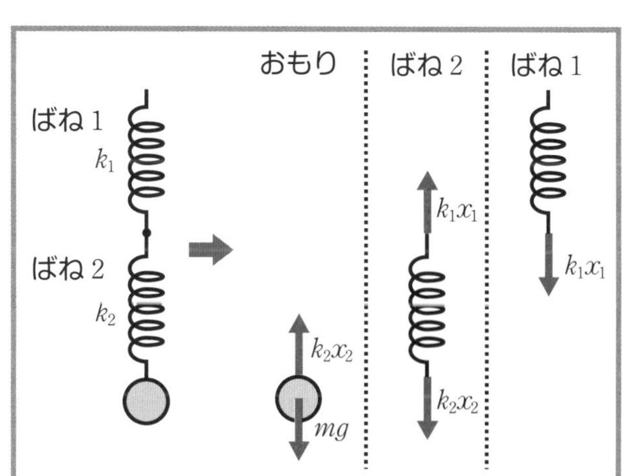

ばねを 1 本とみなしたとき

おもりの力のつり合い

$$K(x_1+x_2)=mg$$

$x_1=\frac{mg}{k_1}$，$x_2=\frac{mg}{k_2}$ を代入すると

$$\frac{1}{K}=\frac{1}{k_1}+\frac{1}{k_2}$$

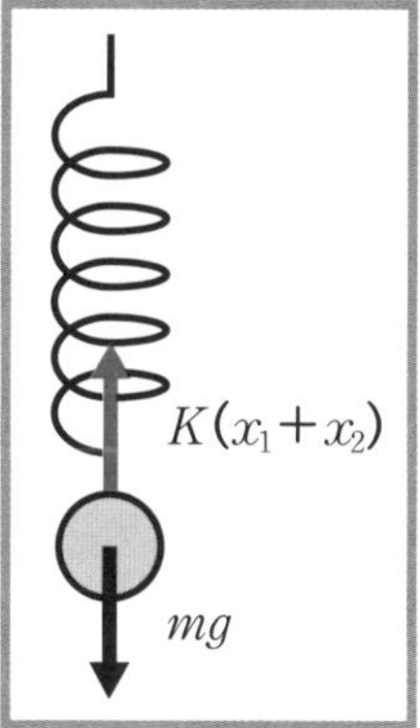

直列の場合
合成したばねの
伸びは，もとのばねの
伸びの合計だね

ばねの数が増えても同様にして $\frac{1}{K}=\frac{1}{k_1}+\frac{1}{k_2}+\frac{1}{k_3}+\cdots$

少しは休ませても
よいかのぅ…

ここまでやったら
別冊 P. 10 へ

2-6 圧力

ココをおさえよう！

面積が S の面に，大きさ F の力が垂直にはたらくときの圧力 P は

$$P=\frac{F}{S}$$

圧力……。よく耳にする言葉ですが，その実体はどのようなものなのでしょうか。

圧力とは，**単位面積あたりに垂直にはたらく力**のことです。
「単位面積あたり」なんていわれると難しく思えますが，簡単なことです。
「100 kgの板を10人で持ち上げて運ぶとき，1人あたり何kgを支えますか」
といわれれば，簡単に10 kgと答えられますよね。
これとまったく同じ考えかたで，圧力の場合は「100 Nの力が10 m^2 に垂直にはたらくとき，1 m^2 あたり何Nの力を受けますか」に変えただけです。
したがって，面積が S である面に，大きさ F の力が垂直にはたらいているときの圧力 P は，$P=\frac{F}{S}$ となるわけですね。
1 m^2 あたりの圧力の単位は**Pa（パスカル）**または N/m^2 と表されます。
天気予報でよく聞く単位**hPa（ヘクトパスカル）は100 Paを指します**。

圧力の一種として，大気圧というものがあります。
空気中には，膨大な数の分子が飛び交っていますよね。
分子は，飛び交う中で，物体に衝突しています。
人が人に衝突すると力が加わるように，
分子が物体に衝突するときも力が加わります。
1つの分子が衝突することで与える力はあまりにも小さく，0に等しいですが，
大気中にある膨大な数の分子が衝突することで，その力は大きくなります。
その，大気中の分子の衝突で受ける力を，単位面積あたりに換算したものが，
大気圧なのです。
大気圧は，約1013 hPaですが，これを1**気圧**と呼んだりします。
101300 Nの力が，1 m^2 あたりにはたらくのですから，1気圧ってすごいことです。
10 kgのおもりにはたらく重力は98 N（約100 N）なので，その約1013倍ですから。
大気圧というのはかなりの圧力なんですね。

100 kg の板を 10 人で持ち上げると…⟶1 人あたり 10 kg

100 N の力が 10 m² に垂直にはたらくと…⟶1 m² あたり 10 N

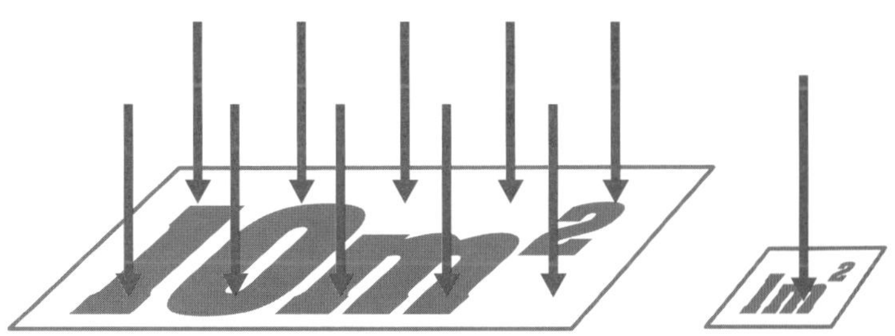

単位面積あたりに垂直にはたらく力＝圧力

大気圧 …空気中の分子が衝突することで受ける圧力。
約 1013 hPa

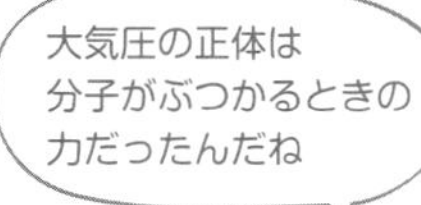

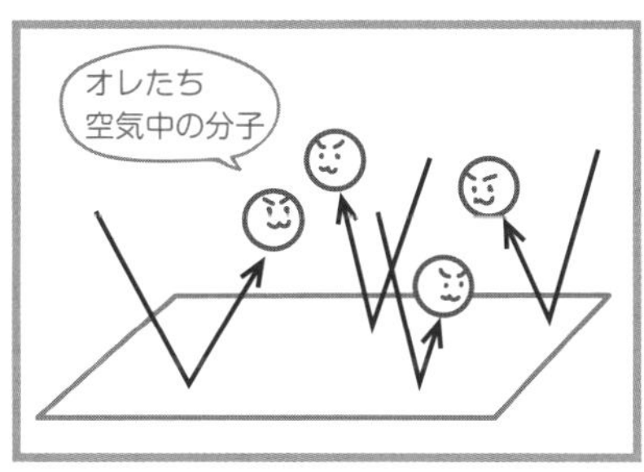

2-7 浮力

ココをおさえよう！

密度ρの液体中にある，体積Vの物体には，重力とは逆向きに，大きさρVgの力がはたらき，この力を浮力と呼ぶ。

プールに入ると，体が急に軽く感じられますよね。
これは，体に「**浮力**」という力がはたらいているからなのです。
ここでは，「密度」，「水圧」についての理解を深め，
そして「浮力」の正体を解き明かします。

まずは**密度**についてです。
常温で水銀と水は液体ですが，同じ体積をとって質量をはかると，
水銀のほうが大きくなります。
これは水銀のほうが密度が大きいためです。
密度とは，**単位体積あたりの質量のこと**です。
単位体積が1 cm^{3}であれば，密度は，1 cm^{3}あたりの質量ということになります。
そのため「**密度×体積＝質量**」という関係になります。
密度3 g/cm^{3}の物質の体積が，5 cm^{3}あったとしたら，その質量は
$3\times5=15$ gとなるわけです。

続いて**水圧**についてです。水圧とは簡単にいうと水の重さによる圧力です。
水深が深いほうが，上に多くの水があるために水圧は大きくなります。
水深d〔m〕での水圧を考えるには，底面積が1 m^{2}で深さd〔m〕の水槽に，
水をいっぱいにしたと考えればよいです。
水槽の容積は$1\ \mathrm{m}^2\times d$〔m〕$=d$〔m^3〕ですから，d〔m^3〕の水の重さを考えましょう。
（底面積が1 m^{2}なので，出てきた重さの値がそのまま水圧です）
水の密度をρ〔kg/m^3〕（ρはローと読みます）とすると，
水の質量はρd〔kg〕となります。
その水にはたらく重力が水の重さなので，水の重さはρdg〔N〕
したがって，水深d〔m〕の地点で，1 m^{2}の面にかかる力，
すなわち水圧は$\boldsymbol{\rho dg}$〔N/m^2〕となるのです。

密度 … 単位体積あたりの質量。

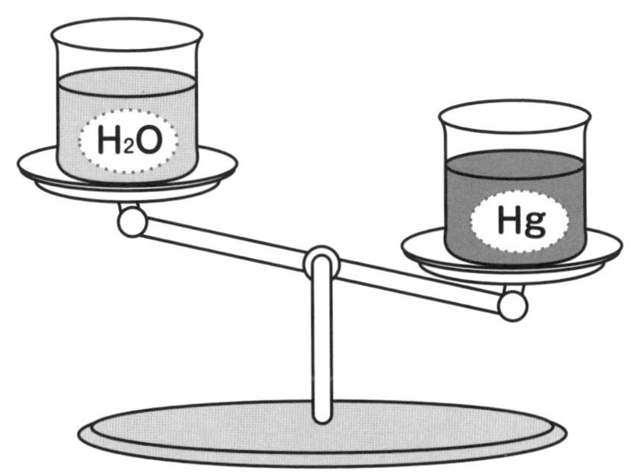

2

同じ体積でも，水と水銀とでは重さが違う。
➡ 密度の違い。

水圧

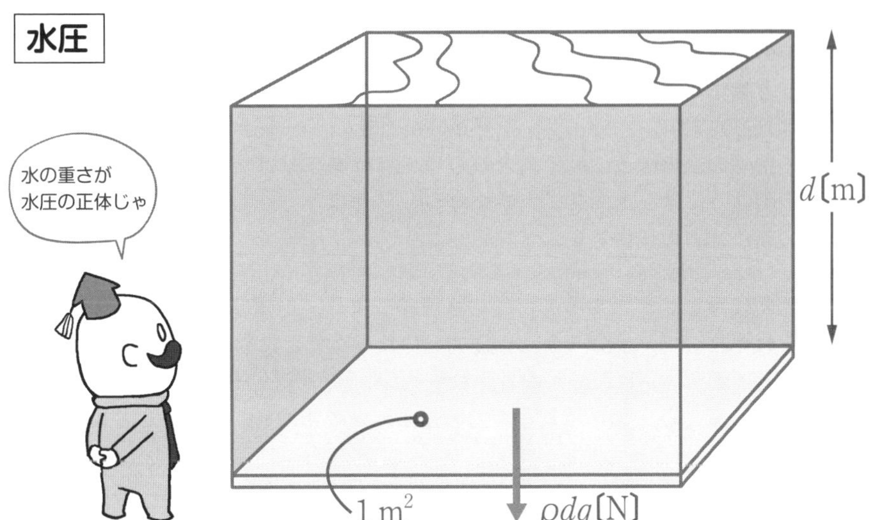

水の重さによって，水深 d〔m〕では 1 m^2 あたり ρdg〔N〕の力を受ける。

先ほどは水圧の正体は，1 m^2の面にかかる水の重さと話しました。
それもそうなのですが，本来，水圧は下向きだけではなく，
四方八方にはたらきます。

イメージとしては，立方体の水分子くんがいっぱい積み重なって，
小刻みに動いている状態を考えるといいかもしれません。
水分子くんたちがひしめき合うおかげで，作用・反作用の法則により，水中では四方八方に力がはたらきます。この力を1 m^2あたりで換算したのが水圧なのです。

それぞれの段の，水分子くんにはたらく上下方向の接触力を考えてみましょう。
（左右方向の力は，打ち消し合って0になっているので，ここでは表示していません）
上のほうの水分子くんに注目すると，あまり大きな力がはたらいていませんね。
積み重なった水分子くんが少ないからです。
下のほうの水分子くんには，上にたくさんの水分子くんが積み重なっているせいで，大きな力がはたらいています。

さて，水中に，底面積S，高さhの物体を沈めてみましょう。
右ページの図では，水分子くんたちが追いやられ，
スッポリと物体がはまっていますね。
物体にはたらく力は，水分子くんたちがいたときのルール通りになります。
すなわち物体の上のほうには下向きの力（水圧）があまりはたらかず，
物体の下のほうには，上向きに大きな力（水圧）がはたらくのです。
この力の差が浮力の正体です。

物体の上面の深さをh'とするとp.70の水圧の式より，物体の上面と下面には1 m^2あたりそれぞれ$\rho h'g$，$\rho(h'+h)g$の圧力がはたらくことになるので，
上面全体と下面全体にはたらく力はそれぞれ$\rho Sh'g$，$\rho S(h'+h)g$です。
下面にはたらく力と上面にはたらく力の差が浮力ですから，その大きさは次のようになります。

$$\rho S(h'+h)g-\rho Sh'g=\rho Shg$$

Shは物体の体積なので，Vで表すと，浮力は$\boldsymbol{\rho Vg}$となります。
注意すべきは浮力は水深によらず，液体の密度ρと，物体の体積Vのみに関係することです。
ひとたび水にもぐってしまえば，深さによらず浮力は一定ということですね。

浮力の理解のために，水分子くんをイメージ！

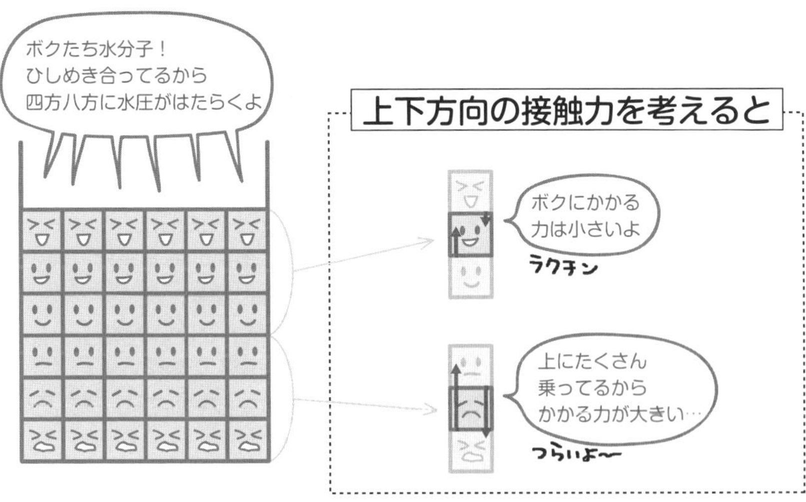

水中に物体を入れてみると…

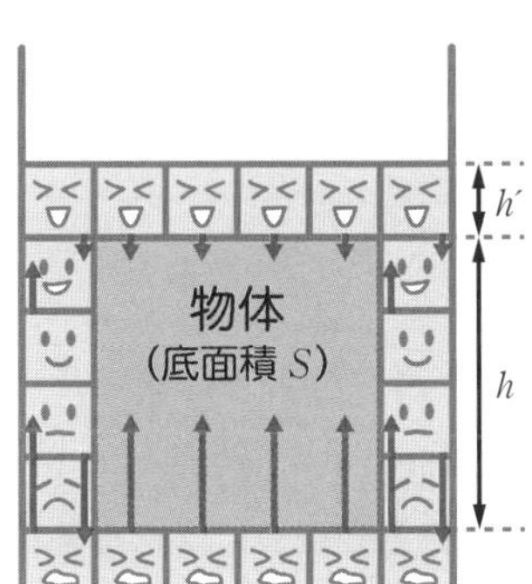

物体の下面全体にはたらく力 ↑↑↑ は

$\rho S(h'+h)g$

物体の上面全体にはたらく力 ↓↓↓ は

$\rho Sh'g$

よって物体にはたらく浮力は

$$\rho S(h'+h)g-\rho Sh'g$$
$$=\rho Shg$$
$$=\rho Vg$$

ここまでやったら
別冊 P. 11へ

2-8 垂直抗力と摩擦力

ココをおさえよう！

垂直抗力…物体が，接している面から受ける垂直方向の力。
摩擦力…物体の動きを妨げようとする力。
μを静止摩擦係数，μ'を動摩擦係数とすると
最大摩擦力はμN，動摩擦力は$\mu' N$で表される。

物体は，接触しているものから力を受けるので，床に置いてある箱は（床と接触しているから），床から力を受けているということになります。
このように，**物体が置かれている面から受ける力**を，**抗力**といいます。
「面から力を受ける」という表現は，あまりピンときませんよね。
要は，床から手が生えていて，物体をよいしょと持ち上げているようなイメージです。
垂直抗力は，「垂直」というだけあって，たとえ物体が置かれた床が傾いていても，**その床に対して垂直な方向**にはたらきます。
水平な床にある質量mの物体が，床から受ける垂直抗力Nは，力のつり合いから

$$N = mg$$

もし，物体を床にFの力で押しつけていたら，力のつり合いから
$N = mg + F$となり，垂直抗力が大きくなるのもわかりますね。

その垂直抗力に対して，「**摩擦力**」という力があります。
摩擦力とは，**物体の動きを妨げようとする力**です。
大きなタンスは，弱い力で押しても動きませんよね。
これは，摩擦力がはたらいているためです。
右向きにタンスを押すと，摩擦力はタンスが動くのを妨げようと，左向きにはたらくといった具合に，**摩擦力は物体が動こうとする向きと逆向きにはたらきます。**
摩擦力のイメージとしては，床が，動こうとする物体をつかんで，
なかなかはなそうとしないような感じですね。

重たい物体を押して動かすには，かなり強い力で押す必要があります。
ところが，経験的にわかると思うのですが，一度物体が動いてしまうと，
動く前の力のかけ具合よりも，少ない力で物体を動かせるようになりますよね。
この現象には「静止摩擦力」と「動摩擦力」という2つの要素が関わっています。
続いては，その2つについて見ていきましょう。

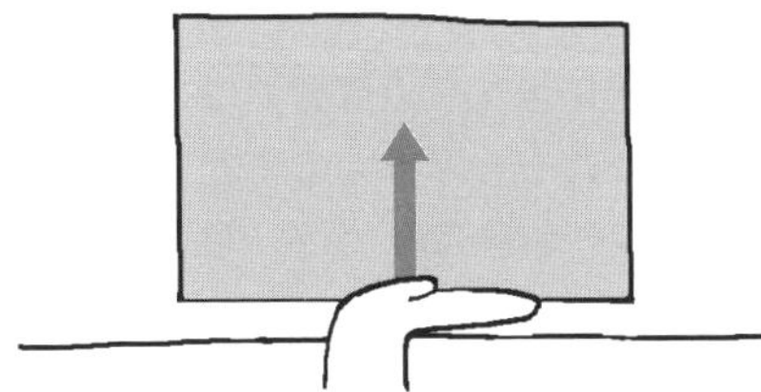

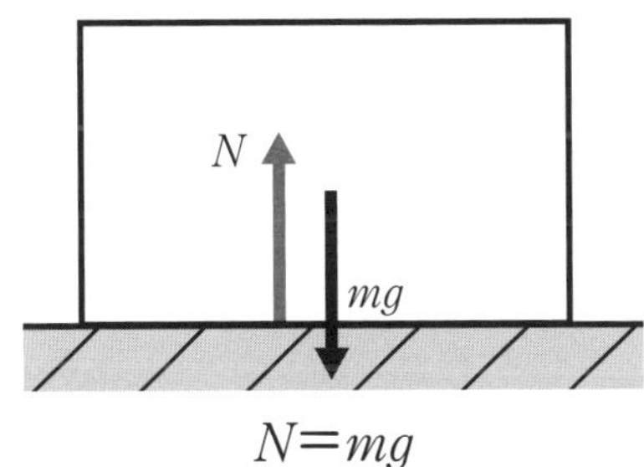

〈上から力 F を加えるとき〉

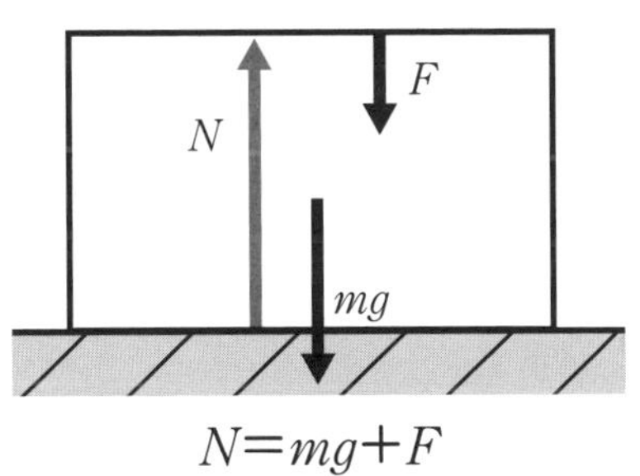

摩擦力 …物体の動きを妨げようとする力。

「**静止摩擦力**」は，物体が静止しているときにはたらく摩擦力のことで，
「**動摩擦力**」は，物体が動いているときにはたらく摩擦力のことです。
なぜこれらを区別するかというと，この2つの摩擦力は，少し勝手が違うからです。

ざらざらした床の上に置いてある物体を，真横から押すという状況を考えます。
このとき，押す力を徐々に強くしていくことにしましょう。
はじめのうちは，押す力が弱く，物体は動きません。
動かないのは，物体を押す力と摩擦力がつり合っているからです。
したがって，このとき物体にはたらく摩擦力は力のつり合いから求められますね。

そして徐々に押す力を強くし，今まさに物体が動き出す瞬間がきたとしましょう。
「動き出す瞬間」ですから，実際にはまだ動いていないですよ。
この瞬間の摩擦力は，静止摩擦力で最大値をとり，**最大摩擦力**（**最大静止摩擦力**）といいます。

実は，この**最大摩擦力は，普通の静止摩擦力とは違い，静止摩擦係数と呼ばれる定数**μ**と，物体にはたらく垂直抗力**N**の積**μN**で表すことができる**のです。
「どうして摩擦力に垂直抗力が関係するんだ」と疑問に思う人もいるでしょう。
この例で，もし物体を上から手で押さえつけていたとしたら，経験的に，物体を動かす，つまり最大摩擦力を超えるために必要な力が大きくなるのがわかりますよね。
「物体を上から押さえつける＝垂直抗力を大きくする」ということ（p.74で説明しましたね）なので，垂直抗力と最大摩擦力には深い関係性があるのです。

物体が動き出すと摩擦力は最大摩擦力より小さくなります。物体が動いているときにはたらく摩擦力を**動摩擦力**といいます。
動摩擦力は一定であり，動摩擦係数と呼ばれる定数μ'**を使って**$\mu' N$**と表されます**。

「静止摩擦係数」と「動摩擦係数」は，物体が置かれている面によって異なります。
いわば，その面のざらざら具合を表す数値ですね。
また，一般に，動摩擦係数は静止摩擦係数より小さいことが知られており，
これが物体を動かしたあとのほうが押すのがラクになる理由の説明になりますね。

2

静止摩擦力・最大摩擦力・動摩擦力のイメージ

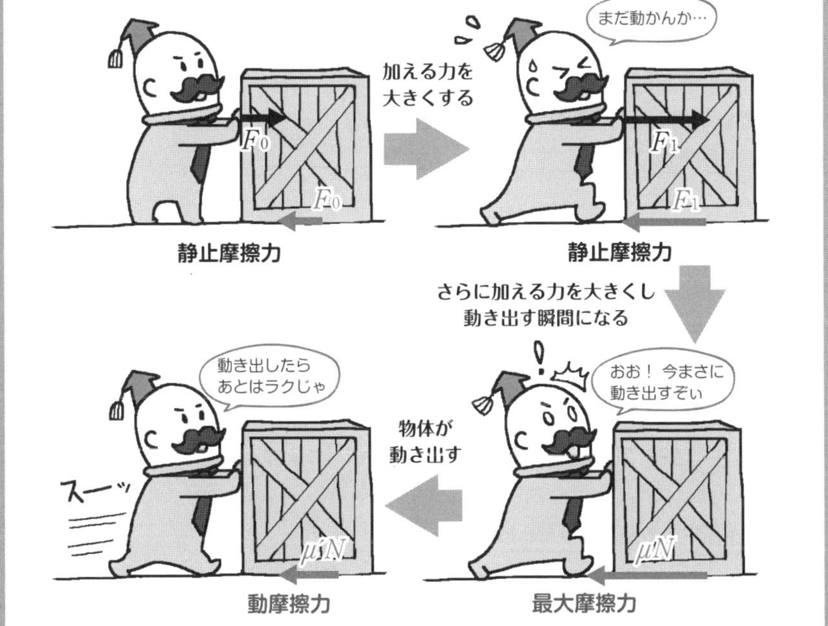

F_0
F_0
静止摩擦力

加える力を
大きくする

まだ動かんか…
F_1
F_1
静止摩擦力

さらに加える力を大きくし
動き出す瞬間になる

おお！ 今まさに
動き出すぞい
μN
最大摩擦力

物体が
動き出す

動き出したら
あとはラクじゃ
スーッ
$\mu' N$
動摩擦力

グラフで表すと…

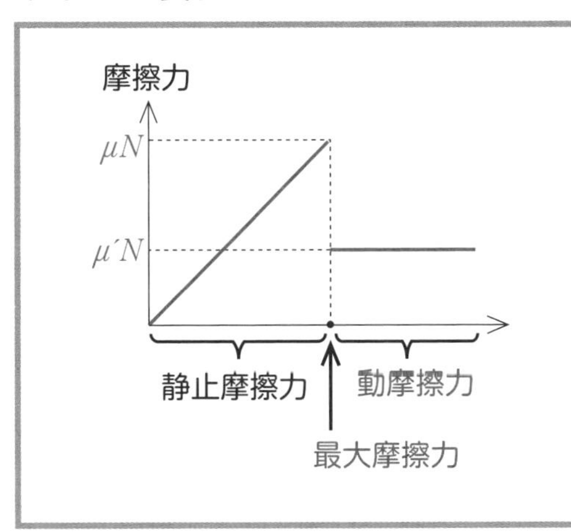

続いては，摩擦力の問題を解くときの注意点を見ていきましょう。
摩擦力に関する問題では「静止摩擦力$=\mu N$」としてしまいがちです。
μNとしていいのは最大摩擦力のときだけということを肝に銘じておきましょう。
では，以下の問題で確認します。

問2-4 粗い面の上にある質量mの物体に，真横から大きさF_0の力を加える。このとき，物体は静止している。重力加速度をg，静止摩擦係数をμとして以下の問いに答えよ。

(1) 物体にはたらく垂直抗力の大きさを求めよ。
(2) 物体にはたらく摩擦力の大きさを求めよ。

物体に加える力を大きくしていくと，やがて物体が動き始める。
(3) 物体が動き始める瞬間にはたらく摩擦力の大きさを求めよ。

解きかた 摩擦力に関する基本的な問題です。

(1) 垂直抗力の大きさをNとすると，物体の鉛直方向の力のつり合いより

$$N=\boldsymbol{mg} \quad \cdots 答$$

(2) 静止摩擦係数が与えられていて，垂直抗力の値も出たからといって，「静止摩擦力といったらμNだ！」としてはいけません。
μNは「最大」静止摩擦力のことですから，ここでは不適当です。
こういう場合は力のつり合いから摩擦力を求めなければなりません。
摩擦力の大きさをfとすると，水平方向の力のつり合いより

$$f=\boldsymbol{F_0} \quad \cdots 答$$

(3) この場合が最大摩擦力ですから，求める摩擦力の大きさは

$$\mu N=\boldsymbol{\mu mg} \quad \cdots 答$$

では，もう一問やってみましょう。
次は斜面上の物体にはたらく摩擦力を考えます。

問 2-4

静止中の物体

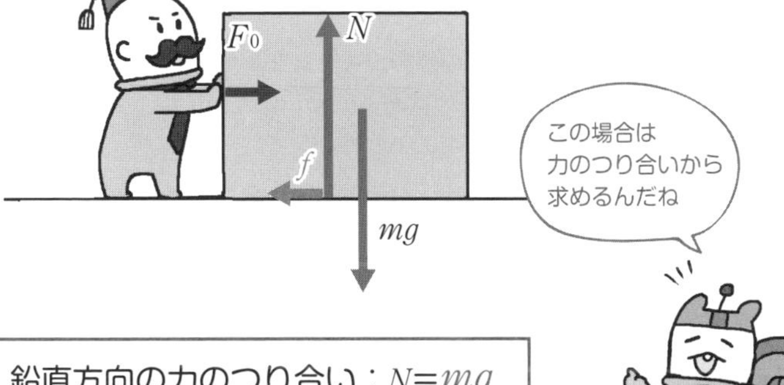

鉛直方向の力のつり合い：$N=\underline{\underline{mg}}$

水平方向の力のつり合い：$f=\underline{\underline{F_0}}$

動き出す瞬間の物体

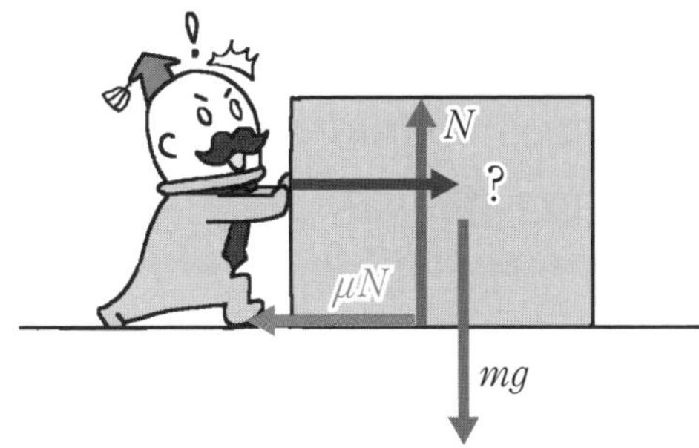

動き出す瞬間の物体では，物体を押す力がわかっていなくても最大摩擦力$=\mu N$であるから，摩擦力は$\mu N=\underline{\underline{\mu mg}}$と求められる。

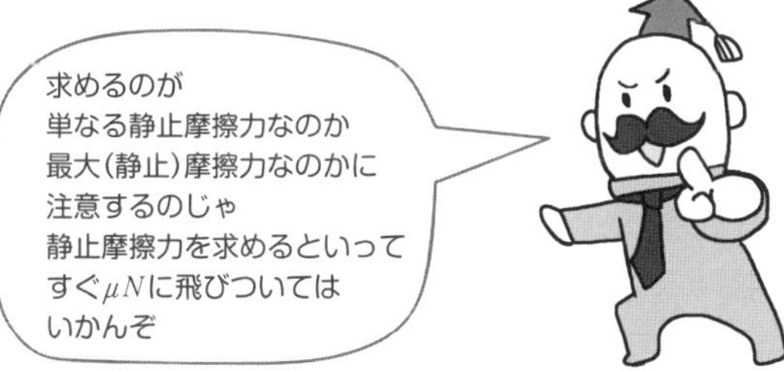

問2-5 右ページ上の左図のように，地面となす角がθの粗い斜面上で，質量mの物体が静止している。以下の問いに答えよ。ただし，重力加速度の大きさをg，静止摩擦係数をμとする。

(1) 物体にはたらく摩擦力の大きさを求めよ。

(2) 物体に糸をつけ，斜面下方向にFの力で引っ張ったとき物体が動き始めた。加えた力Fの大きさを求めよ。

解きかた (1) 斜面上の物体に関する問題では，力を斜面に対して平行方向と垂直方向に分解することで，力のつり合いなどが非常に扱いやすくなります。

物体にはたらく力は，右ページ上の左図のように，重力，斜面からの垂直抗力，摩擦力です。

垂直抗力と摩擦力は，すでに斜面に対して平行・垂直方向にありますね。

あとは重力を分解する必要があるのですが，どうすればよいのでしょう。

そこで図に補助線を引くと，右ページ上の右図のように角θが現れます。

すると，重力の，斜面に対して平行な成分は$mg\sin\theta$，

垂直な成分は$mg\cos\theta$と表すことができますね。

ここで求める摩擦力は，普通の静止摩擦力ですから，求める摩擦力をfとして，斜面に対して平行方向の力のつり合いの式を立てれば

$$f = \boldsymbol{mg\sin\theta}$$ …答

(2) 「物体が動き始めた」とあるので，最大摩擦力μNを考えます。

ここで，Nは垂直抗力，つまり床が物体を押す力ですから，

物体にはたらく，斜面と垂直方向の力のつり合いより

$$N = mg\cos\theta$$

となり，最大摩擦力は$\mu N = \mu mg\cos\theta$となります。

斜面下方向にFの力で引っ張ったときに，物体にはたらく摩擦力が最大摩擦力になったので，力のつり合いを考えると

$$F + mg\sin\theta = \mu N$$

$$F + mg\sin\theta = \mu mg\cos\theta$$

$$F = \boldsymbol{\mu mg\cos\theta - mg\sin\theta}$$ …答

これでこのChapterのお話は終了です。とても大事なところですので，別冊の問題を解きながら完ペキに理解してくださいね。

問 2-5

静止中の物体

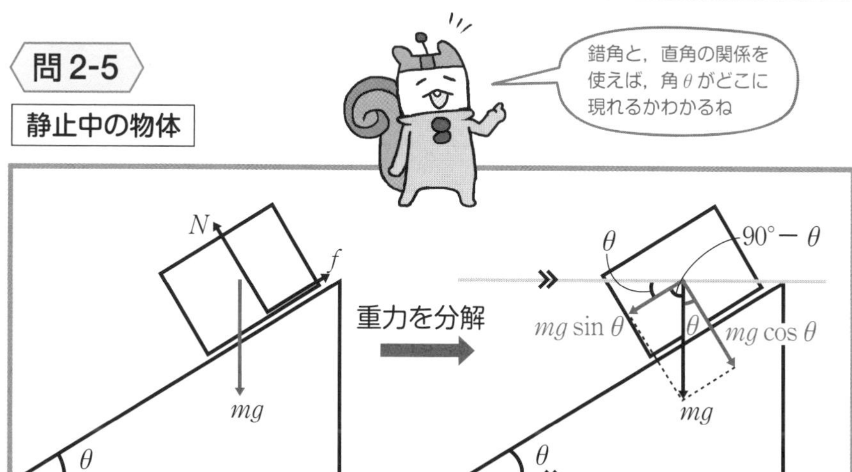

斜面に対して平行方向の力のつり合い：$f = \mathbf{mg\sin\theta}$

力 F を加えたときの物体

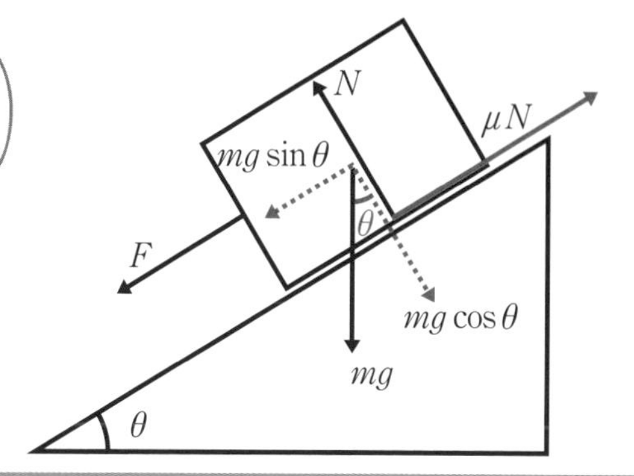

斜面に対して垂直方向の力のつり合い：$N = mg\cos\theta$

斜面に対して平行方向の力のつり合い：$F + mg\sin\theta = \mu N$

2 式から　$F = \mu mg\cos\theta - mg\sin\theta$

ここまでやったら
別冊 P. 12 へ

理解できたものに，☑チェックをつけよう。

- [ ] 質量mの物体にはたらく重力の大きさはmgである。
- [ ] 物体は，接触しているものから力(接触力)を受ける。
- [ ] 力をステップ通りにかき出すことができる。
- [ ] 物体にはたらく力が，お互いに完全に打ち消し合っているとき，「物体にはたらく力がつり合っている」という。
- [ ] 物体が静止or等速度運動しているとき，その物体にはたらく力はつり合っている。
- [ ] 物体Aが物体Bから力Fを受けるとき，物体Bも物体Aから力Fを受ける。この法則を「作用・反作用の法則」と呼ぶ。
- [ ] 力がいろいろな方向からはたらくときは，力を水平と鉛直の2方向に分解するとよい。
- [ ] ばねの自然長からの伸びをxとすると，弾性力はkx(kはばね定数)と表される。
- [ ] 面積Sの面に，力Fがはたらくときの圧力は$\dfrac{F}{S}$である。
- [ ] 密度ρの液体の中にある，体積Vの物体は，大きさρVgの浮力を受ける。
- [ ] 普通の摩擦力は力のつり合いから，最大摩擦力はμNで求める。

Chapter

3

力のモーメント

Chapter 3 力のモーメント

はじめに

さて，このChapterで学ぶことはちょっと特殊です。
何が特殊かというと，“物体に大きさがある”ということです。
ここまでもこれからも，物理の問題は「物体の大きさは無視」して考えることがほとんどなのですが，このChapterだけは物体の大きさを無視してはいけません。

大きさがあり，外から力を加えられても変形しない物体を剛体といいます。
（大きさを無視する物体は質点といいます）
例えば，「長さ ℓ の棒」だったり，「1辺の長さが a の立方体」などといわれたらそれらは剛体です。

そして，それらの**剛体の回転について考えるのが力のモーメント**というものです。
「棒が回転するか？」とか「物体が転がるか？」とかについて考えるのも
このChapterだけです。

これらの特殊な点から，多くの受験生が力のモーメントは苦手としています。
しっかりと原理を理解して慣れることが上達への近道です。
どの本よりもわかりやすく解説しますので安心してくださいね。

この章で勉強すること

・力のモーメントとは何か？　どう考えるとよいのか？
・力のモーメントの式の立てかたと，問題の解きかた。
・問題の種類による力のモーメントの式の立てかた。

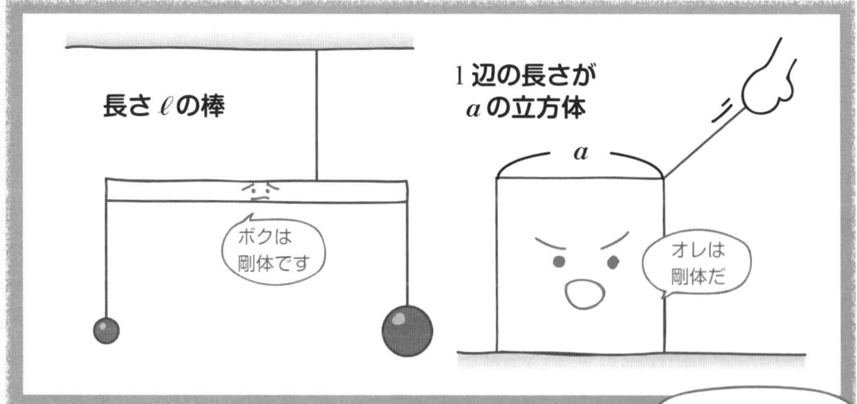

おもりが吊るされた棒は回転する？
糸で引っ張られた物体は倒れる？

考え方

力のモーメントを考えることで
物体の回転するはたらきの強さがわかる！

3-1 力のモーメントとは？

ココをおさえよう！

剛体を回転させるはたらきの強さを力のモーメントという。
力のモーメント＝（うでに垂直な力の成分）×（うでの長さ）
＝（力の大きさ）×（力に垂直なうでの長さ）
力を作用線上で移動させても，力のモーメントは変わらない。

剛体は大きさを持ちますから，力のかかり具合によって回転することがあります。
その，**剛体を回転させるはたらきの強さを「力のモーメント」といいます。**

右ページ真ん中のシーソーの模式図を見てください。
シーソーは，真ん中の支柱を支点として回転します。
支点から，力の作用点までの距離は「**うでの長さ**」と呼ばれます。
子どものころ，シーソーで遊んだ経験のある人は，経験的にわかると思うのですが
乗る位置が支柱から遠ざかるほど，シーソーは勢いよく回転しますよね。
ですから，シーソーに同じ力を加えていても，力を加える場所によって，
回転させるはたらきの強さは変わるということになります。

つまり，剛体の回転には，力の大きさだけでなく，支点からの距離，
すなわち，うでの長さも関係しているということです。

力のモーメントの具体的な計算方法は，以下のようになります。
力のモーメント＝（うでに垂直な力の成分）×（うでの長さ）
うでの長さが関わることは，シーソーの例からわかると思います。
気になるのは「うでに『垂直』な力の成分」となっていることでしょう。
乗っている人からシーソーが受ける力を図示し，うでに平行な方向と垂直な方向
に分解すると，平行方向の力は，支点に向かってはたらいています。
支点に向かって力を加えたって，シーソーの回転には何も影響を与えませんよね。
ですから，力のモーメントには，うでに垂直な力だけが関係するのです。

力のモーメントを考えるときは，コンパスをイメージするとよいでしょう。
支点に針を刺し，力のはたらくところに鉛筆をあて，円をかくイメージです。
かいた円は回転の軌道になります。円の接線方向の力がうでに垂直な力です。
円の半径はうでの長さになります。

シーソーの回転の勢いが違うのはなぜ？ ➡ 力のモーメントの違い

力のモーメント＝(うでに垂直な力の成分)×(うでの長さ)

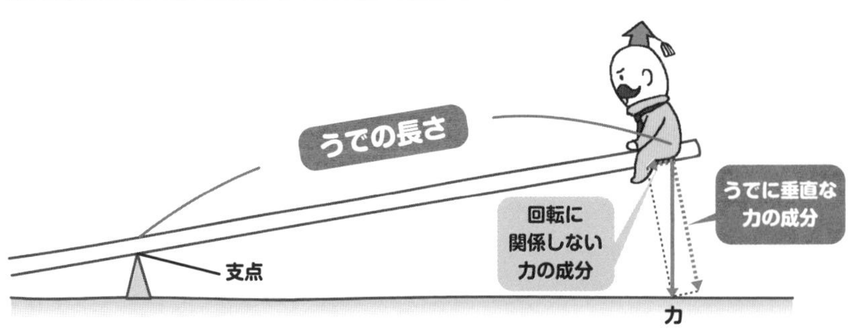

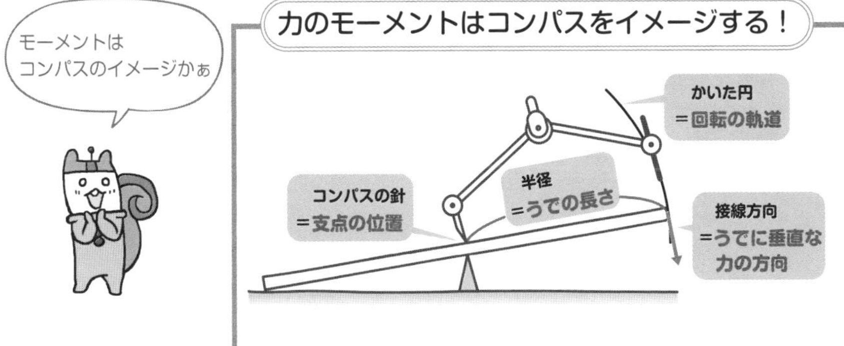

角度がθだけ傾いたシーソーの，支点からℓだけ離れた位置に，
質量mの人が乗ったときの，力のモーメントを求めてみましょう。
右ページ上図から，うでに垂直な力の成分は$mg\cos\theta$，うでの長さはℓなので，
力のモーメントは$mg\cos\theta\times\ell=\ell mg\cos\theta$となります。
（→右ページの「力のモーメント①」）

実は，力のモーメントの計算式は，以下のようにも表されます。

力のモーメント＝（力の大きさ）×（力に垂直なうでの長さ）

この式を用いて，上の例で力のモーメントを求めてみましょう。
右ページ真ん中の図を見てください。
力の大きさはmg，力に垂直なうでの長さは$\ell\cos\theta$なので，力のモーメントは
$mg\times\ell\cos\theta=\ell mg\cos\theta$となり，さっきと同じになります。
（→右ページの「力のモーメント②」）

なぜこの計算式が成り立つかというと，要は，「垂直」を表す$\cos\theta$がつくのが，
力のほうでも，うでの長さのほうでも，掛けてしまえば変わらないからです。
「うでに垂直な力の成分」と「力に垂直なうでの長さ」のどちらが求めやすいかで，
2つの計算式を使い分ければよいでしょう。

「力に垂直なうでの長さ」を使う場合は，力を移動させなければなりません。
ただし力の移動をしていいのは，力の矢印の延長線上だけです。
この延長線を力の**作用線**といいます。

p.90では，力を作用線上で移動していいということを具体例で確認してみます。

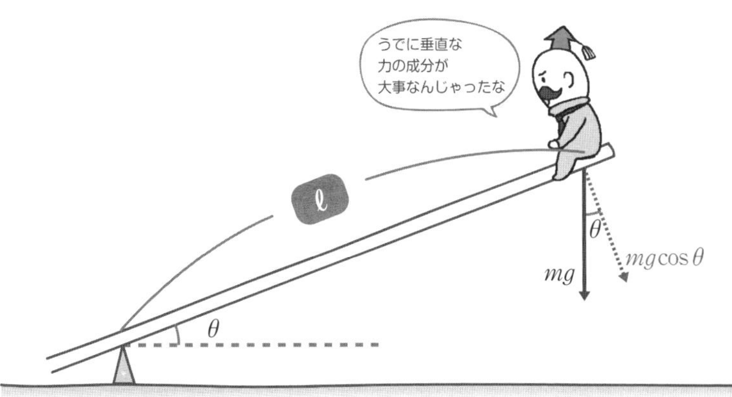

力のモーメント①

$$\underset{\text{うでに垂直な力の成分}}{mg\cos\theta} \times \underset{\text{うでの長さ}}{\ell} = \underset{\text{力のモーメント}}{\ell\, mg\cos\theta}$$

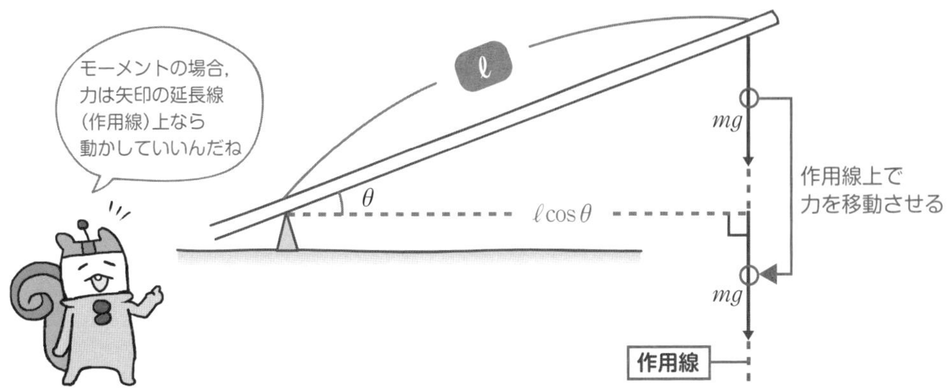

力のモーメント②

$$\underset{\text{力の大きさ}}{mg} \times \underset{\text{力に垂直なうでの長さ}}{\ell\cos\theta} = \underset{\text{力のモーメント}}{\ell\, mg\cos\theta}$$

右ページ上の左図のように点Oを回転軸（支点）とした長方形の板があり，
点Oからℓだけ離れたところに点Aがあるとします。
点Aの真下，少し離れたところにある点Bに，力Fを真下の方向に加えるときの
力のモーメントを考えてみましょう。
ちなみに，**点Oを回転軸（支点）としたときの力のモーメントを，**
点Oのまわりの力のモーメントと呼ぶことがあるので，覚えておきましょう。

この設定ではOBの距離がわからないので，∠AOBをθとして求めてみると，
$\mathrm{OB} \times \cos\theta = \ell$より

$$\mathrm{OB} = \frac{\ell}{\cos\theta}$$

ちょっとイヤな値ですが，OBの距離，つまりうでの長さがわかりました。

そして，うでに垂直な力の成分は図から$F\cos\theta$なので，求める力のモーメントは

$$F\cos\theta \times \frac{\ell}{\cos\theta} = F\ell$$

となります。
途中，うでの長さを求めるのが面倒でしたが，
答えが出てみるとスッキリした形で安心しましたね。

では，次に，この力のモーメントを，作用線上で力を移動して求めてみましょう。
力Fの作用線は直線ABとなるので，力Fの始点を点Aに移動します。
うでの長さはℓで，力Fはうでに垂直なので，求める力のモーメントは

$$F \times \ell = F\ell$$

となります。今回は，ずいぶんあっさりと答えが求められましたね。

このように，力の始点を作用線上（力の矢印の延長線上）のどこに動かしても，
求めるモーメントの値は変わりません。
今回のように，「力の始点を動かしたら，長さのわかる“うで”と垂直になる」
という場合は，動かして考えると計算が簡単になりますのでオススメですよ。

ここまでで，力のモーメントの基本的な解説は終了です。
次からは具体的なモーメントの問題の解きかたを見ていきましょう。

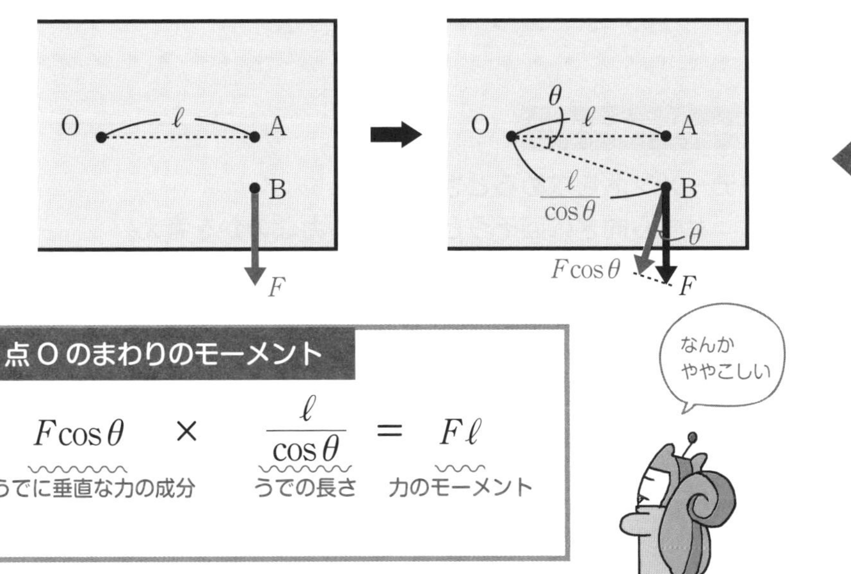

作用線上で力を移動させると…

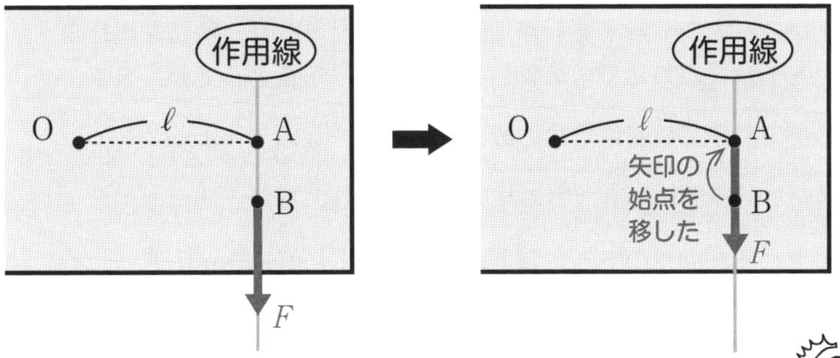

作用線
O
A
B
ℓ
F
矢印の始点を移した

スゴ〜イ！ 簡単だね！

点Oのまわりのモーメント

$$F \times \ell = F\ell$$

F：うでに垂直な力の成分
ℓ：うでの長さ
$F\ell$：力のモーメント

モーメントの問題では計算がラクになるように考えるのも大事じゃ

3-2 力のモーメントの求めかた

ココをおさえよう！

力のモーメントを求めるときは
① どちら向きに回そうとしている力なのかを考え,
② 「力を分解する」か,「力を移動させるか」のどちらをとるか決める。

右ページ上図のような質量mで長さがℓの一様な棒があり，右向きに力Fを加えているとします。
ここで，Oを支点としたときの左回りのモーメントを考えましょう。
重力mgは棒の中心から下向き，力Fは棒の先端から右向きにはたらいています。

力のモーメントでは「どちら向きに回そうとする力なのか」ということが大事です。
まずどちら向きに回そうとしている力なのかを考えると
重力mgは棒を左回りに回そうとし，Fは右向きに回そうとしています。
だから2つの力は逆回りのモーメントということです。

そして続いて「力を分解する」か「力を移動させる」か，解法を選びます。
まずは力を分解する方法で求めましょう。左回りを正として考えます。
重力について，うでに垂直な力の成分は$mg\cos\theta$なので$mg\cos\theta\cdot\frac{\ell}{2}$
力Fについて，うでに垂直な力の成分は$F\sin\theta$なので$F\sin\theta\cdot\ell$
よって，求める左回りのモーメントは　$mg\cos\theta\cdot\frac{\ell}{2}-F\sin\theta\cdot\ell$　となります。

では，次に力を移動する方法で求めてみましょう。
重力について，力に垂直なうでの長さは$\frac{\ell}{2}\cos\theta$なのでモーメントは$mg\cdot\frac{\ell}{2}\cos\theta$
力Fについて，力に垂直なうでの長さは$\ell\sin\theta$なのでモーメントは$F\cdot\ell\sin\theta$
よって，求める左回りのモーメントは　$mg\cdot\frac{\ell}{2}\cos\theta-F\cdot\ell\sin\theta$　となります。

どちらも同じ結果になりましたね。
「力を分解する」か「力を移動させる」かは，どちらでもいいのですが，
「どちらの方針で解くのか」ということを決めてから問題に取り組みましょう。

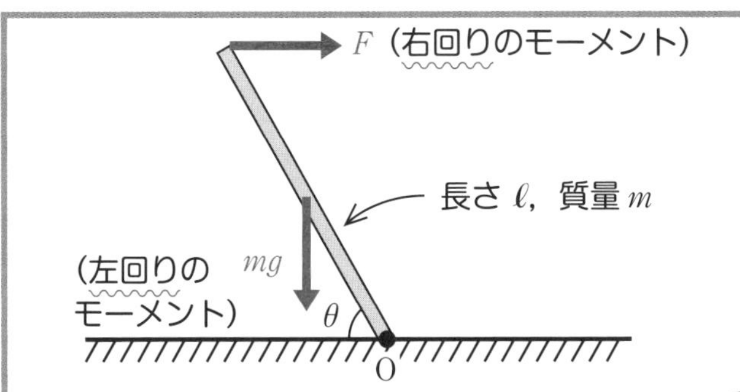

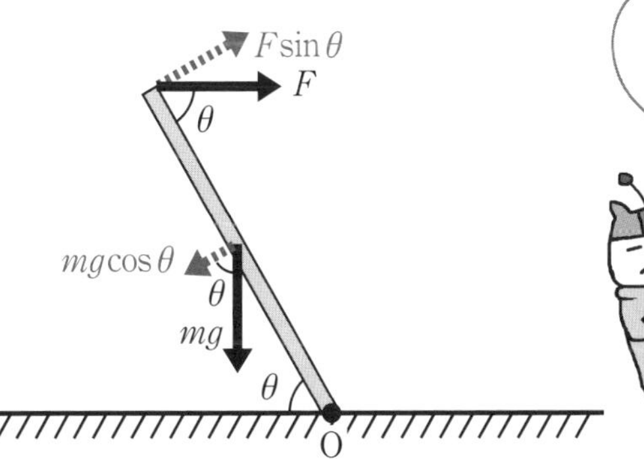

力を分解するのは
大変だけど，
こっちのほうが考えかたは
わかりやすいな～

点 O のまわりの左回りのモーメント：$mg\cos\theta\cdot\dfrac{\ell}{2}-F\sin\theta\cdot\ell$

力を移動

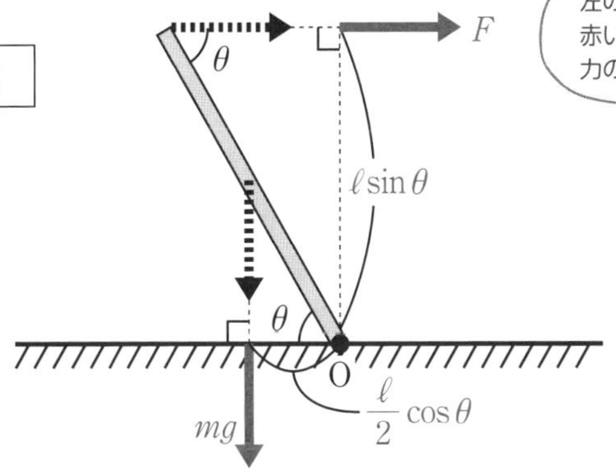

左の図の
赤い矢印のように
力の始点を移すんじゃ

点 O のまわりの左回りのモーメント：$mg\cdot\dfrac{\ell}{2}\cos\theta-F\cdot\ell\sin\theta$

右ページ上図のような質量mの一様な長方形の板にF_1，F_2の力がはたらく場合を考えます。
このとき，ちょうど床からの抗力は0になっているとします。
点Oを中心とする左回りのモーメントを求めましょう。

この問題では力がいろいろな方向に向きすぎているので，
鉛直方向と水平方向に分けましょう。
こうすると，回転に関係する力は$F_1\cos\theta$，$F_1\sin\theta$，$F_2\sin\theta$，mgの4つを考えればよいとわかりますね。

それでは，Oを支点として，どちら向きに回そうとしている力なのかを考えましょう。
$F_1\cos\theta$は右回り，$F_1\sin\theta$は右回り，mgは左回り，$F_2\sin\theta$は右回り
というのがわかりますね。

そして次は「力を分解する」か「力を移動する」かのどちらかを考えるのですが，最初に力を垂直に分けてかき直したのですから，また分解するのはおかしいですね。
そこで「力を移動する」方法で求めてみましょう。
左回りのモーメントを正とすると

$$mg\cdot 2b - F_1\cos\theta\cdot a - F_1\sin\theta\cdot b - F_2\sin\theta\cdot 4b$$

入り組んだ問題でもモーメントを求められましたね。

一般に，**力が入り組んでいるときは，まず垂直な2方向に分解**してからモーメントを考えると解きやすくなります。

また，モーメントに関して苦手意識のある人は
- **棒の問題のときは力を分解して，うでの長さはそのままで掛ける**
- **板の問題のときは力を移動して，力に垂直なうでの長さを掛ける**

というように剛体別に解法を分けると解きやすいかもしれません。
これらのコツも覚えておくといいでしょう。

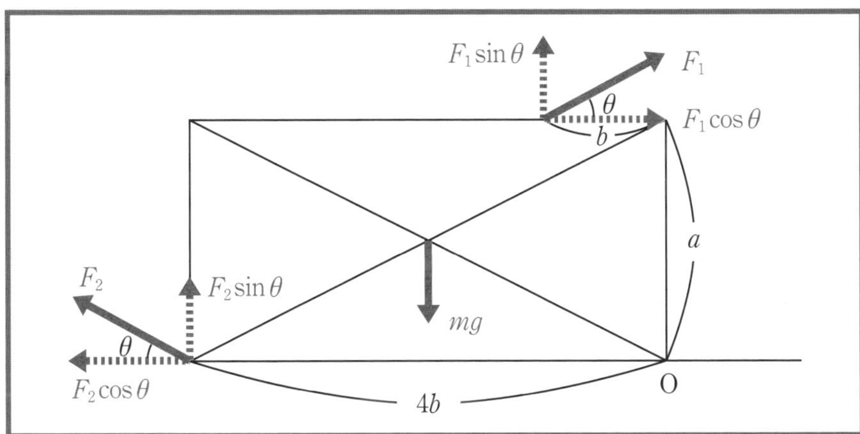

力を移動すると…

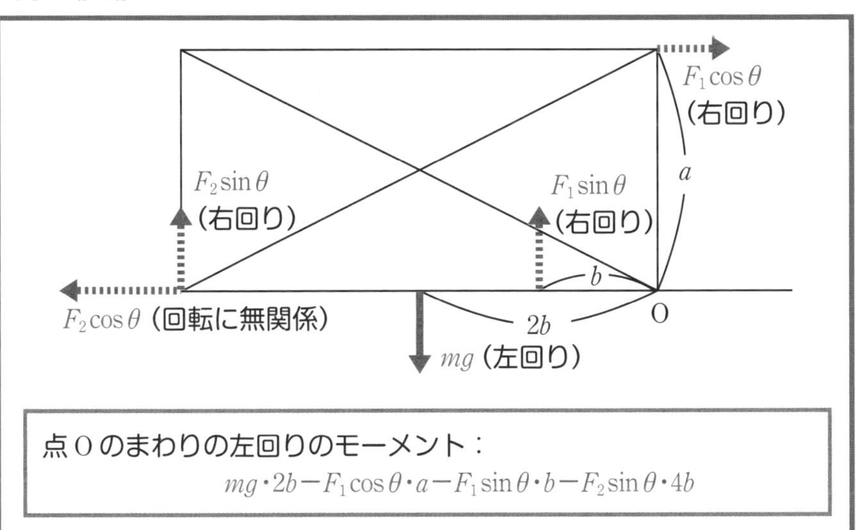

まずはわかりやすくするために，力を 2 方向に分解して，そのあと，分解した力を移動してモーメントを求めたんだね

お前も賢くなったのぅ…

ここまでやったら 別冊 P. 13 へ

3-3 剛体のつり合い

ココをおさえよう！

力のモーメントのつり合いは
（時計回りの力のモーメント）＝（反時計回りの力のモーメント）
支点は，計算の都合のいいようにとる。

静止しているとき，剛体は運動もしていなければ，回転もしていないわけです。
つまり，このとき，**剛体にはたらく力はつり合い，なおかつ，力のモーメントもつり合っている**ということになります。

回転のしかたには，時計回りと反時計回りの2種類があります。
「力のモーメントがつり合う」とは，この2種類の回転の力のモーメントがつり合っているということなのです。

右ページの図のように，左右におもりがついた棒が支柱に支えられ，静止しているとします。
力のモーメントのつり合いより，支柱から右のおもりまでの長さxを求めましょう。
棒自体の重さは無視します。

支柱を支点とすると，右のおもりにはたらく重力によって，棒は時計回りに，
左のおもりにはたらく重力によって，棒は反時計回りに回転しようとします。
これらの2種類の力のモーメントがつり合っていることから

$$\underbrace{mg\cdot x}_{\text{時計回りのモーメント}} = \underbrace{Mg\cdot \ell}_{\text{反時計回りのモーメント}}$$

これより，$x=\dfrac{M}{m}\ell$となります。

この例では，特になんの迷いもなく，支柱がある位置を支点としました。
しかし，モーメントがつり合っている場合，支点はどこにとってもよいのです。
イメージ的に「支柱が支点じゃなくていいの？」と思うかもしれませんが，
棒が回転していないということに注目すると
棒のどの位置に関しても，モーメントはつり合っているということです。
ですから，棒のどの位置を支点にしても，モーメントのつり合いは成立します。
どこを支点にするかは，問題を解くときに計算がラクになるように決めましょう。

力のモーメントがつり合うとは…

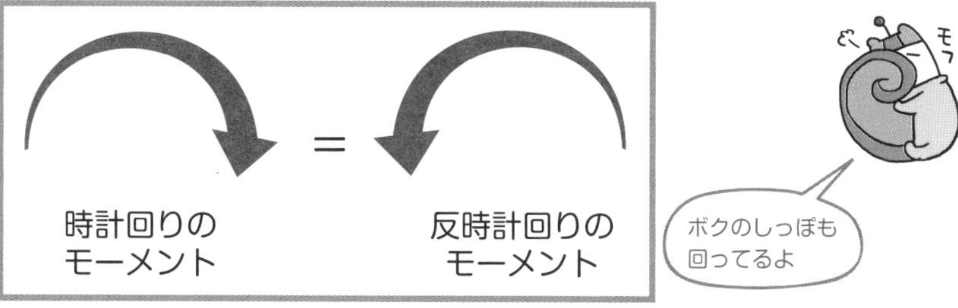

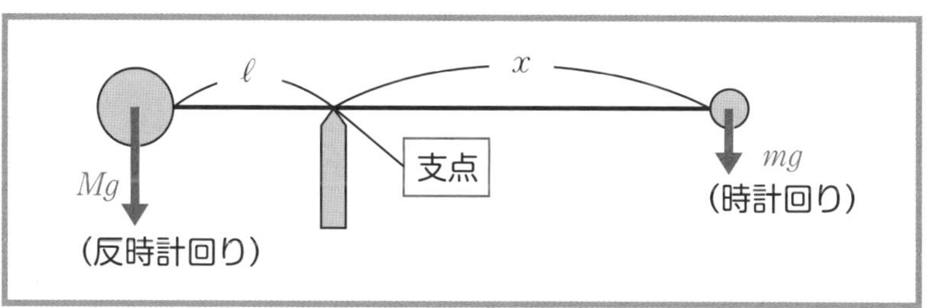

棒が回転していない。

➡ 力のモーメントがつり合っている！

$$mg \cdot x \quad = \quad Mg \cdot \ell$$

（時計回りの力のモーメント）　（反時計回りの力のモーメント）

ちなみに，左のおもりを支点と考えると…

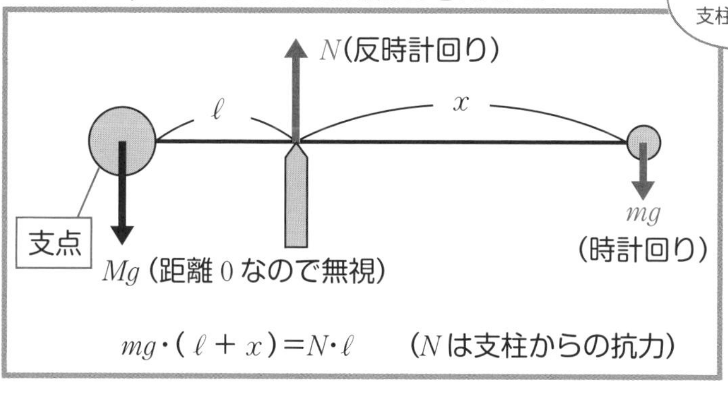

問3-1　右ページ上図のように，滑らかな壁と床に，長さℓ，質量mの一様な棒が立てかけられており，棒がすべらないように，下端を力Fで支えている。
棒が床となす角をθとするとき，$\tan\theta$の値を求めよ。

解きかた　棒は静止していますから，棒にはたらく力はつり合っています。
そしてなおかつ，その力のモーメントもつり合っています。

棒には重力と力Fの他に，床と壁から垂直抗力がはたらきます。
床と壁は「滑らか」ですから，摩擦力は考慮しません。
床と壁からの垂直抗力を，それぞれNとRとおくと

水平方向の力のつり合い：$F=R$　……①

鉛直方向の力のつり合い：$N=mg$　……②

さらに，力のモーメントのつり合いを考えます。
ここでは，下端を支点にするのがスマートです。下端にはNとFの2つの力がはたらくため，下端を支点にすれば，力2つ分，計算がラクになります。
棒の下端を支点とした力のモーメントを考えましょう。
mgは時計回りに，Rは反時計回りに棒を回そうとしていますね。
次に解きかたですが，力を分解してうでの長さをそのまま掛けましょう。

$$mg\cos\theta\cdot\frac{\ell}{2}=R\sin\theta\cdot\ell \quad ……③$$

求めたいのは$\tan\theta$ですから，③式を変形し，$\tan\theta$を出現させましょう。

$$\frac{\sin\theta}{\cos\theta}=\tan\theta=\frac{mg}{2R}$$

となりましたが，Rは自分で設定した力なので答えに使ってはいけません。

①式よりRを消去して　$\tan\theta=\boldsymbol{\frac{mg}{2F}}$ …答

はじめは「$\tan\theta$なんてどうやって求めるんだ」と戸惑ったかもしれませんが，
「剛体の問題では，力のつり合いの式と，力のモーメントのつり合いの式を立てる」
というのがセオリーです。
セオリー通りに取り組めば，剛体の問題はほとんど解けます。

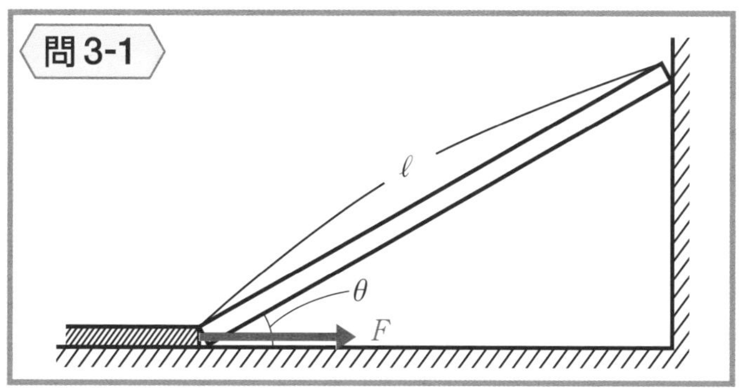

力のつり合い

$F=R$ （水平方向）
$N=mg$（鉛直方向）

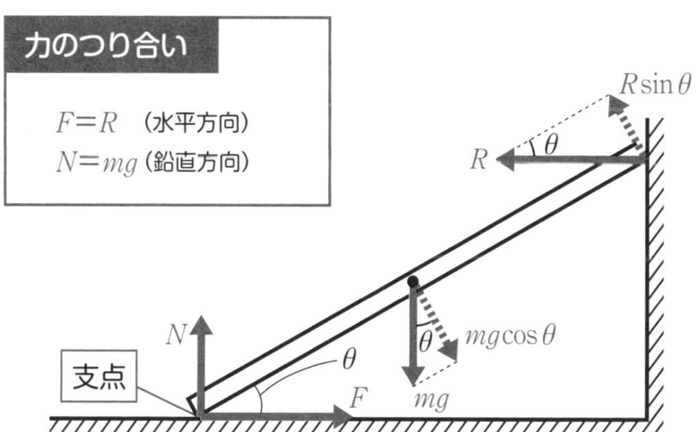

力のモーメントのつり合い（下端を支点）

$$mg\cos\theta\cdot\frac{\ell}{2} = R\sin\theta\cdot\ell$$

（時計回りのモーメント）　（反時計回りのモーメント）

ここまでやったら
別冊 P. 14 へ

3-4 重心

ココをおさえよう！

大きさがある物体に対して，重力が，ある1点だけにはたらいていると考えたとき，その点を重心という。

重心は，重力の作用点のことです。
大きさのある物体を，「質量がある点（質点）がたくさん集まって構成されている」と考えると，各点には，それぞれ別々に重力がはたらいていることになりますね。その別々にはたらく重力を，ある1つの点だけにはたらいているものと考えたとき，その点を重心と呼ぶのです。
重心にすべての重力がかかっているということですね。

重心は，物体を構成する質点の質量をm_1，m_2，…，座標を(x_1, y_1)，(x_2, y_2)，…，として，以下のような座標として表されます。

$$x_G = \frac{m_1x_1 + m_2x_2 + \cdots}{m_1 + m_2 + \cdots}$$

$$y_G = \frac{m_1y_1 + m_2y_2 + \cdots}{m_1 + m_2 + \cdots}$$

感覚的にわかると思いますが，球や棒や四角形といった，わかりやすい形（対称性のある形）をした物体の重心は，密度が一様であればその物体の中心や中点になります。
では，不規則な形（対称性がない形）の物体の重心は，
どのように求めるのでしょうか。

求めかたにはいろいろありますが，基本的には
① **物体を，わかりやすい図形（対称性がある図形）に分割する**
② **分割した各図形の重心と，その部分の質量を求める（重心はすぐわかる）**
③ **求めた各重心，各質量を，上の式にあてはめる**
という手順で，重心を知ることができます。

これを使って問題を解いてみましょう。

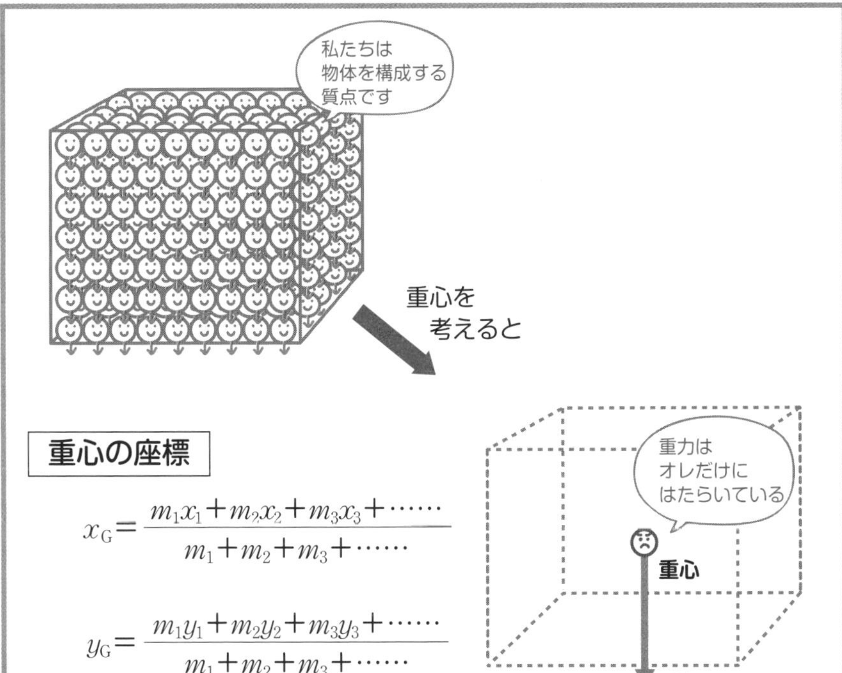

$$x_G = \frac{m_1x_1 + m_2x_2 + m_3x_3 + \cdots\cdots}{m_1 + m_2 + m_3 + \cdots\cdots}$$

$$y_G = \frac{m_1y_1 + m_2y_2 + m_3y_3 + \cdots\cdots}{m_1 + m_2 + m_3 + \cdots\cdots}$$

わかりやすい形の物体 ➡ 重心はその中心・中点

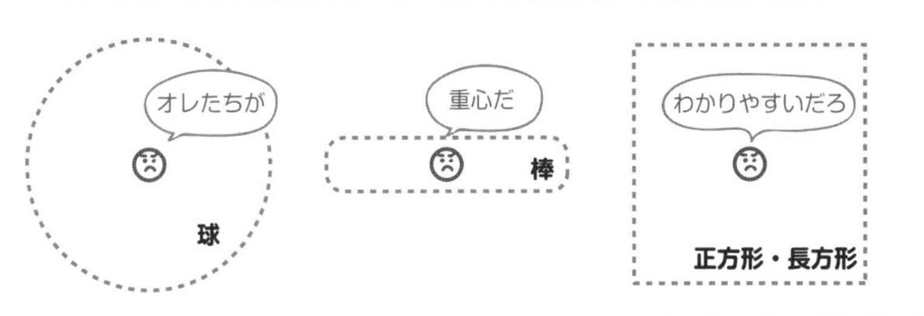

不規則な（対称性のない）形の物体の重心は？

物体を，わかりやすい図形に分けて考える。

問3-2 右ページ上図の物体の重心の座標を求めよ。

解きかた まず，物体を対称性がある部分に分けます。

4×4の正方形と，2×2の正方形に分割してみましょう。

これらの正方形の重心座標は，それぞれ(2，2)と(5，1)になりますね。

次に，これらの正方形の質量を求めたいのですが，物体の質量が与えられていません。そこで，物体全体の質量を$5m$〔kg〕とおいてみましょう。

物体の質量は，その物体の面積に比例します。

2 m^{2}あたり20 kgの板は，1 m^{2}あたり10 kgですよね。

4×4＝16 cm^{2}の正方形と，2×2＝4 cm^{2}の正方形の質量比は4：1です。

2×2の正方形の質量をm〔kg〕とすると，4×4の正方形の質量は$4m$〔kg〕です。

物体全体の質量を$5m$とおいたのは，計算しやすくするためですね。

したがって，求める重心の座標は

$$x_G = \frac{4m \cdot 2 + m \cdot 5}{4m + m} = \underline{\underline{\mathbf{\frac{13}{5}\ cm}}}$$

$$y_G = \frac{4m \cdot 2 + m \cdot 1}{4m + m} = \underline{\underline{\mathbf{\frac{9}{5}\ cm}}} \cdots \text{答}$$

もう1つ重要な考えかたとして，物体を，質量$6m$〔kg〕の6×4の長方形と，質量$-m$〔kg〕の2×2の正方形に分割するというものがあります。

2つの四角形の重心の座標はそれぞれ(3，2)と(5，3)とわかります。

面積は24 cm^{2}と4 cm^{2}なので，質量比は6：1ですから，それぞれの質量を$6m$と$-m$とおくと，重心の座標は

$$x_G = \frac{6m \cdot 3 + (-m) \cdot 5}{6m + (-m)} = \underline{\underline{\mathbf{\frac{13}{5}\ cm}}}$$

$$y_G = \frac{6m \cdot 2 + (-m) \cdot 3}{6m + (-m)} = \underline{\underline{\mathbf{\frac{9}{5}\ cm}}} \cdots \text{答}$$

と，先ほど求めた値と一致します。

質量がマイナスの部分があるとする考えかたは，重心を求めるうえで大きな力を発揮するので，よく理解しておきましょう。

〈問 3-2〉

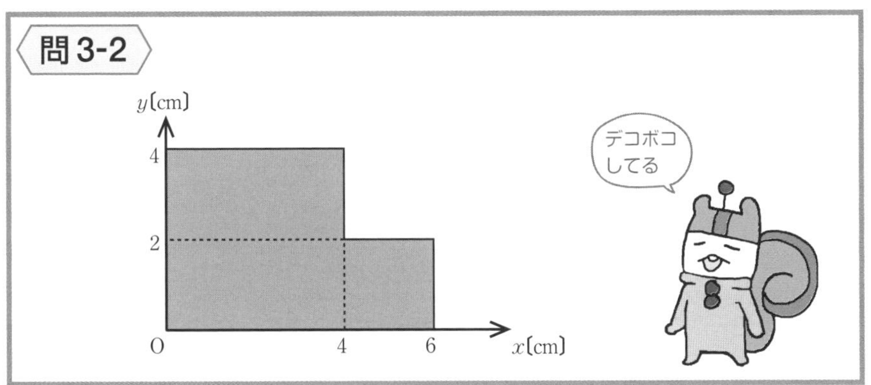

2つの正方形に分割

$$x_G = \frac{4m \cdot 2 + m \cdot 5}{4m + m} = \frac{13}{5} \text{ cm}$$

$$y_G = \frac{4m \cdot 2 + m \cdot 1}{4m + m} = \frac{9}{5} \text{ cm}$$

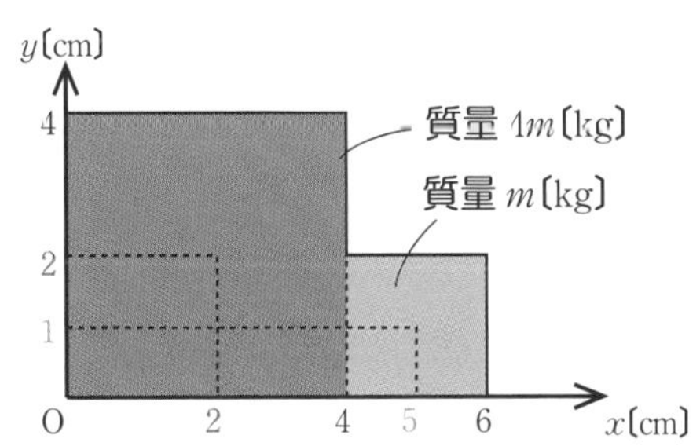

マイナスの質量を考える

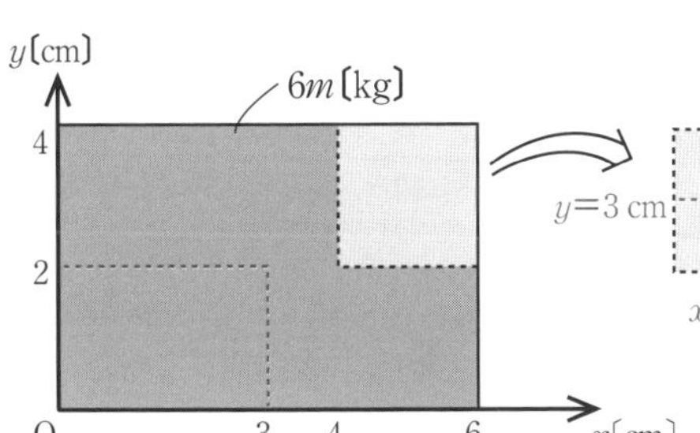

$$x_G = \frac{6m \cdot 3 + (-m) \cdot 5}{6m + (-m)} = \frac{13}{5} \text{ cm}$$

$$y_G = \frac{6m \cdot 2 + (-m) \cdot 3}{6m + (-m)} = \frac{9}{5} \text{ cm}$$

ここまでやったら
別冊 P. 16 へ

理解できたものに，☑チェックをつけよう。

- ☐ 大きさがあり，力を加えられても変形しない物体を剛体と呼ぶ。
- ☐ 力のモーメントは，剛体を回転させるはたらきの強さのことである。
- ☐ 力のモーメントの計算方法には2種類の表しかたがある。
- ☐ 力の矢印は作用線上で動かすことができる。
- ☐ 「力を分解する方法」と「力を移動させる方法」のどちらを使っても，力のモーメントを求めることができる。
- ☐ 剛体が回転していないとき，その剛体の力のモーメントはつり合っている。
- ☐ 支点を，計算の都合がよいようにとることができる。
- ☐ 重心をステップ通りに求めることができる。
- ☐ 「マイナスの質量」の考えかたで，重心を求めることができる。

Chapter

4

運動方程式

Chapter 4 運動方程式

はじめに

昔，ニュートンという学者が，物理に関する偉大な法則を発見しました。
それは「$F=ma$」すなわち「力＝質量×加速度」という驚くべき関係式でした。
力と質量と加速度というまったく関係のなさそうな要素が関係を持つことを表すこの関係式を見て，どのように感じますか？

え？　特に何も感じない？　たしかに物理を学び始めたばかりの人はちょっとこの式の偉大さはわからないかもしれませんね。

しかし運動方程式$F=ma$は，物理学で最も重要な式とまで呼ばれます。
みなさんもその偉大さを感じ取れるよう，しっかり理解していきましょう。

このChapterでは，$F=ma$の関係式を使って，
物体の運動をよりくわしく考察していきます。
ぜひ，楽しみながら学んでいってください。

この章で勉強すること

運動方程式とはなんなのかということを学んだあと，実際に$F=ma$の関係式をどのように物体の運動に適用していくのかを考えていきます。
そして，様々な運動の例を通して，運動方程式を使いこなせる訓練をし，
また，ちょっと視点を変えた運動方程式の考えかたも紹介します。

ニュートン

物体に力を加えると
物体は加速するのう

a

同じ力を加えても
質量の違う物体だと
加速の大きさが
異なるのう

1 kg

10 kg

こういう法則が
自然界にはあるに
違いない！

$$F = ma$$

4-1 運動方程式とは？

ココをおさえよう！

運動方程式は $F = ma$ で表され，質量 m の物体に力 F がはたらくとき，その物体は加速度 a で運動するということを意味する。

力学において，最も重要な関係式，それが**運動方程式**です。
運動方程式は以下のような等式として表されます。

$$F = ma$$

「力＝質量×加速度」というなんとも不思議な等式ですね。
この関係式は，**力 F がはたらくと，質量 m の物体は，加速度 a で運動する**ということを意味しています。
いいかたを変えれば，加速度 a を持つ質量 m の物体には，力 F がはたらいているということです。
力 F と加速度 a の向きは一致するということも，重要な点です。

逆に，加速度を持たない物体にはたらく力（の合力）は0ということになります。
運動方程式において，$a = 0\ \mathrm{m/s^2}$ とすれば $F = 0\ \mathrm{N}$ になりますよね。
これが，2-2でお話しした「静止している，または等速度で運動している物体にはたらく力はつり合っている」というルールの説明になるのです。
静止も等速度での運動も，どちらも加速度0ですからね。
ですから，力のつり合いは，運動方程式で $a = 0\ \mathrm{m/s^2}$ の特別な場合とも考えられます。

注意してほしいのは，
「動いている物体には，力がはたらいている」ではないということです。
物体が等速度で動くときも加速度は0ですから，物体にはたらく力は0です。
「加速度運動している物体には力がはたらいている」ということを，
運動方程式は示しているのです。

運動方程式：$F = ma$

➡力 F がはたらく質量 m の物体の加速度は a

運動と立てる式の注意点

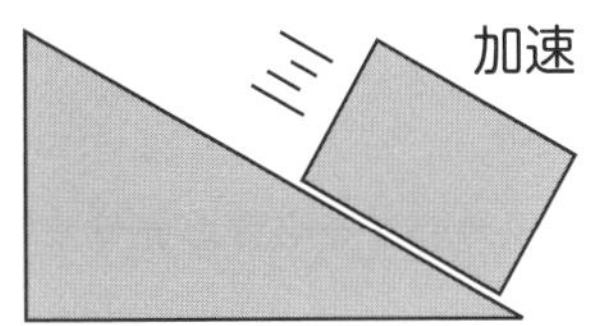

物体が加速（または減速）
している。

➡ **運動方程式**

静止　　等速度で運動

物体が静止または
等速度運動をしている。

➡ **力のつり合い**

等速度運動のときも物体に
はたらく力は 0 というのが
見落としがちなところじゃ

4-2 運動方程式の立てかた

ココをおさえよう！

運動方程式を立てるステップ
①着目する物体を決める。
②その物体にはたらく力をかき出す。
③力を，物体の運動方向と，それに垂直な方向に分解。
④正の向き（座標軸）を決め，運動方向の合力を$F=ma$に代入。

それでは，実際に運動方程式をどのように立てていくのかを考えていきます。

まず，**どの物体について，運動方程式を立てるのかを決めます。**
「そんなの運動している物体に決まってるじゃん」と思うかもしれませんが，
複数の物体が関わる運動になると，混乱してしまう人も多いので，
「着目する物体を決める」という意識を強く持っておきましょう。

着目する物体を決めたら，**その物体にはたらく力を，もれなくかき出しましょう。**
かき出す力は，基本的に（現段階では）重力と接触力だけでかまいません。

そして，**力を物体の運動方向と，運動に垂直な方向に分解する必要があります**。
一直線上での運動では，運動に垂直な方向の力は，
物体の運動には直接関係しません。
したがって，それらをすべて足し合わせると，打ち消し合って0になります。
ですから，**一直線上での運動では，運動に垂直な方向の力は，運動方程式とは別に，**
力のつり合いの式を立てることになります。

そしていよいよ，運動方向の力に関して，運動方程式を立てていくのですが，
そのうえで，**正の向き（座標軸）**を決める必要があります。
例えば，右向きを正の向きとしたら，右向きにはたらく力は＋，左向きの力は－，
右向きの加速度は＋，左向きの加速度は－になるわけです。
1-4で，投げ上げと落下運動では，座標軸の向きを変えるとわかりやすいという
話をしましたね。あれと同じです。
正の向きははじめに進む向きと同じにするとわかりやすくなることが多いです。
そして運動方向の合力Fを求め，$F=ma$にあてはめて，運動方程式の完成です。

運動方程式の立てかた

① 着目する物体を決める。

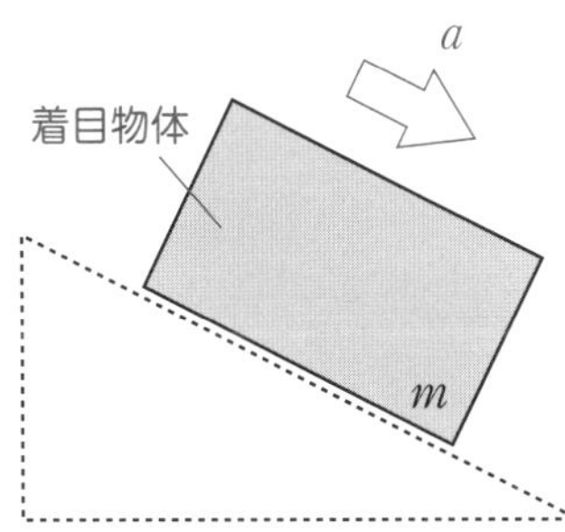

② その物体にはたらく力をかき出す。

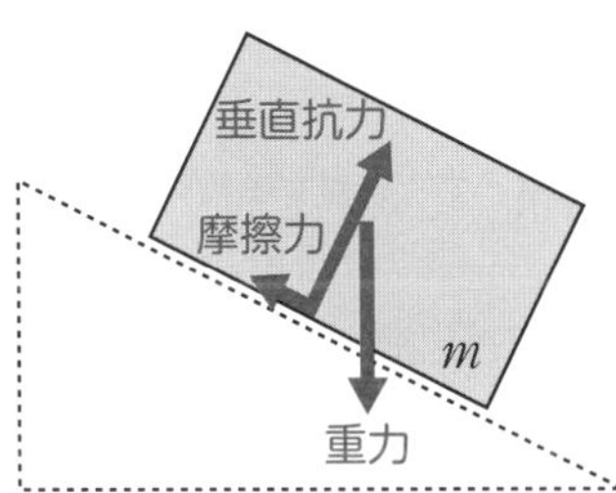

③ 力を運動方向と垂直方向に分解。

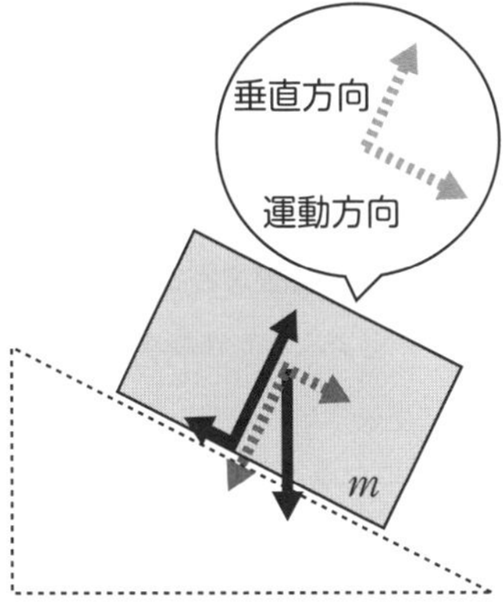

④ 正の向きを決め，$F=ma$ に代入。

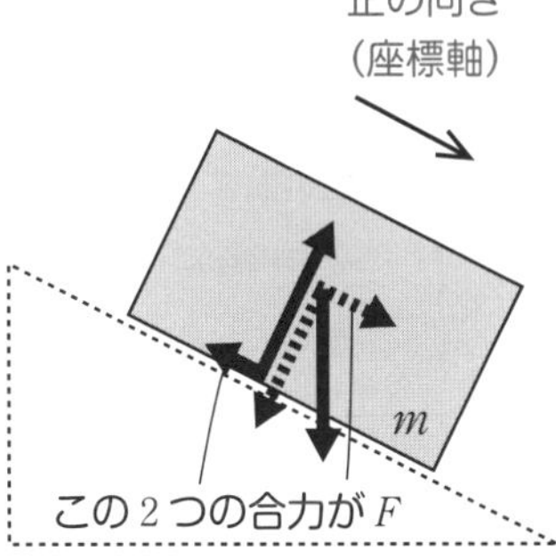

問4-1　滑らかな床の上に質量mの物体が置かれており，この物体を右向きに力Fで，左向きに力fで引っ張る。
この物体に関する運動方程式を立てよ。
ただし，物体の加速度をaとし，右向きを正とする。

ステップを確認しながら，運動方程式を立てていきましょう。

解きかた

① **着目する物体を決める。**

この問題は，物体に関する運動方程式を立てよということなので，着目するのは当然，質量mの物体になります。

② **その物体にはたらく力をかき出す。**

物体にはたらくのは，重力，力F，力f，床からの垂直抗力の4つです。

③ **力を，物体の運動方向と，それに垂直な方向に分解する。**

この問題では，力はすでに運動方向と，それに垂直な方向に分かれていますから，分解する必要はありません。

④ **正の向き（座標軸）を決め，運動方向の合力を運動方程式に代入する。**

正の向きは，右向きと指定があるので，それにしたがいましょう。
運動方向の力は，力Fと力fです。
よって，運動方向の力の合力は，$F-f$になります。
これより

物体に関する運動方程式：$\boldsymbol{F-f=ma}$ …答

簡単な例で，運動方程式の立てかたを確認しました。
次は，もう少し難しい問題をやってみましょう。

問 4-1

① **着目する物体を決める。**

② **物体にはたらく力をかき出す。**

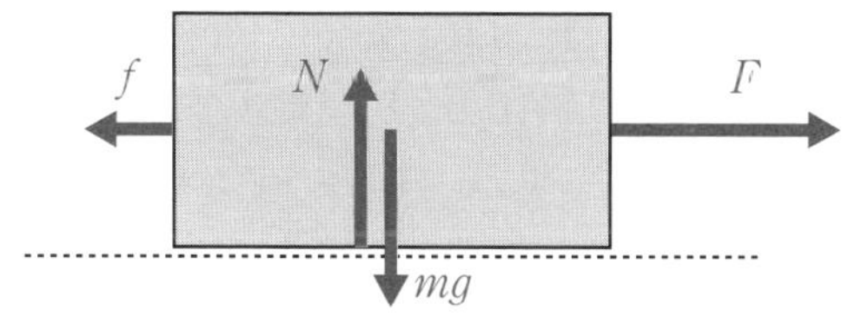

③ **力を運動方向と垂直方向に分解する。**

➡ ここではすでに分かれているので必要なし。

④ **正の向きを決め，運動方程式に代入する。**

右向きが正！（問題で指定してある）

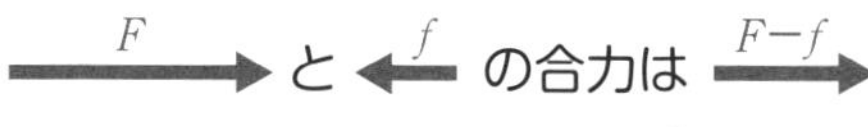

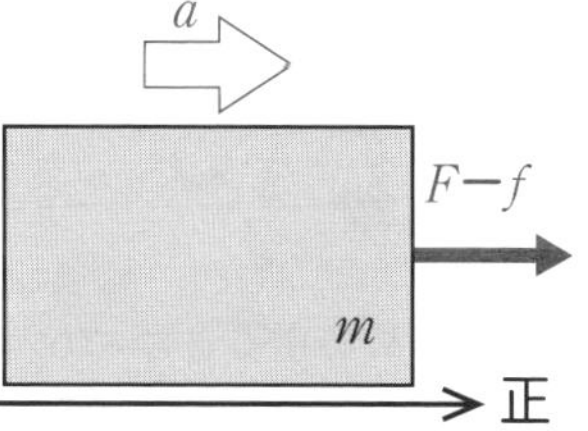

よって

$$F-f = ma$$

問4-2　滑らかな床の上に，質量が無視できる糸でつながれた質量mの物体Aと質量$3m$の物体Bがあり，右ページ上図のように，物体Aを力Fで引っ張っている。物体A，Bの加速度をa，糸の張力をTとして，以下の問いに答えよ。ただし，右向きを正とする。

(1)　物体Aに関する運動方程式を立てよ。

(2)　物体Bに関する運動方程式を立てよ。

(3)　aをFとmで表せ。

2物体の運動を扱う問題です。まずは着目する物体をAとして，運動方程式を立て，その後，着目する物体をBに変えましょう。

解きかた　(1)　まず，物体Aにはたらく力を図示しましょう。

物体Aにはたらく力は，重力，垂直抗力，力F，張力Tですね。

運動方向の力は，力Fと張力Tですから，右向きを正とするとき

物体Aの運動方程式：$\boldsymbol{F-T=ma}$ …答

(2)　物体Bにはたらく力は，重力，垂直抗力，張力Tですから，同様に考えて

物体Bの運動方程式：$\boldsymbol{T=3ma}$ …答

ここで注目すべきは，物体Bの運動方程式には，力Fが出てきていないことです。物体Aが力Fで引っ張られているからといって，物体Bも力Fで引っ張られているわけではなく，物体Bはあくまで張力Tで引っ張られているのです。

「物体Bも力Fで引っ張られてそうだな」という，思い込みは禁物です。

着目した物体にはたらく力を1つ1つ図示し，それをもとに運動方程式を立てる，これを徹底してくださいね。

解きかた　(3)　立てた運動方程式を見ると，aをFとmで表すには，Tを消す必要があります。そこで，2つの運動方程式を，それぞれ足し合わせると

$$F=4ma$$

これより　$\boldsymbol{a=\dfrac{F}{4m}}$ …答

この問題で，着目する物体を決める重要性がわかったのではないでしょうか。

では，もう一問やってみましょう。

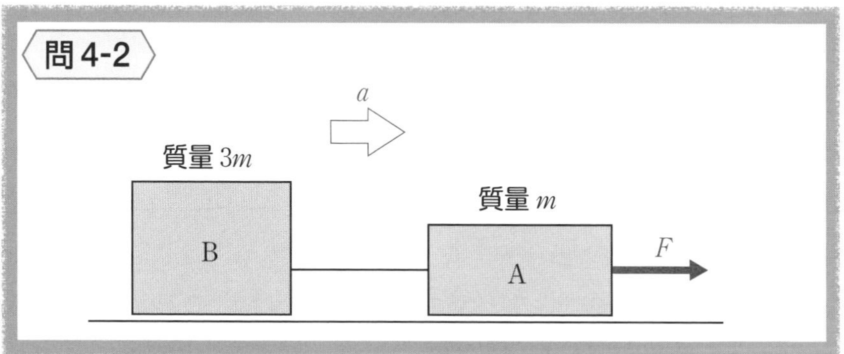

物体 A にはたらく力

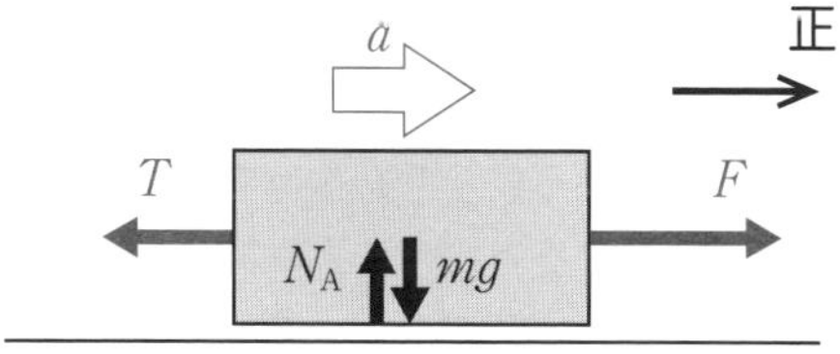

a
正
T
F
N_A
mg

A は糸からも
引っ張られておるぞ

物体 B にはたらく力

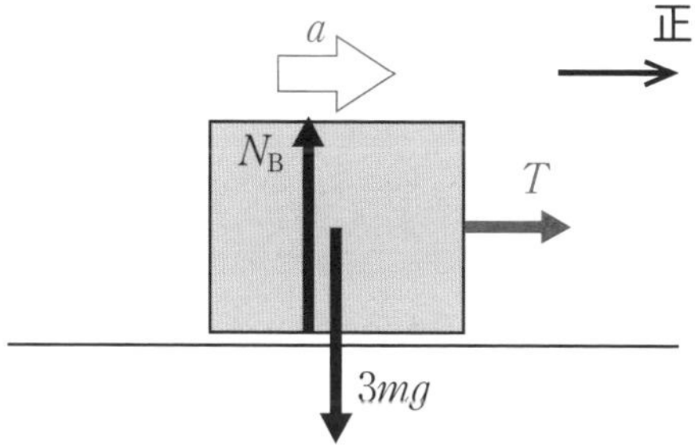

a
正
N_B
T
$3mg$

物体 B には
力 F ははたらいて
いないんだね

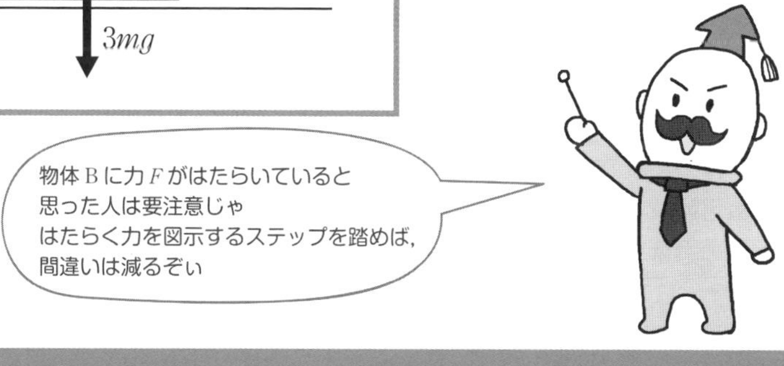

物体 B に力 F がはたらいていると
思った人は要注意じゃ
はたらく力を図示するステップを踏めば，
間違いは減るぞい

問4-3 右ページ上図のように，滑らかな床の上に質量Mの物体があり，その上に質量mの人が乗っている。物体に力Fを加えると，物体と人は一体となり動き出した。物体と人の加速度をa，物体と人の間にはたらく摩擦力をfとし，以下の問いに答えよ。ただし，右向きを正とする。

(1) 人に関する運動方程式を立てよ。

(2) 物体に関する運動方程式を立てよ。

解きかた (1) 「人が動き出した」ということは，人には運動方向への力がはたらいています。人には，重力と垂直抗力がはたらきますが，これらは運動方向の力ではありません。人が接触しているのは，物体だけです。

したがって，人は物体から，運動方向への力を受けているはずです。

その力は，摩擦力fです。よって

人に関する運動方程式：$\boldsymbol{f = ma}$ …答

ここでも「人にも力Fがはたらくのだろう」という勝手な想像は厳禁です。
離れた場所にはたらく力Fが，人にはたらいているということはありません。
摩擦力が人を引っ張っているというイメージは，湧きづらいと思いますが，
人にはたらく力を1つ1つかき出していけば，そのことに気づくはずです。
着目物体にはたらく重力と接触力をかき出す作業を，しっかり行いましょう

※ 右ページ真ん中の図では，わかりやすく説明するため，鉛直方向の力はかいていません。

解きかた (2) 物体は人と接触していますから，人から力を受けます。

人は，物体から垂直抗力と摩擦力を受けました。

ここで，作用・反作用の法則を思い出してください。

人が，物体から垂直抗力と摩擦力を受けたということは，

物体は，人から垂直抗力と摩擦力の反作用を受けます。

その力は，人が受けた力と，同じ大きさで逆向きですから，物体にはたらく力を図示すると，右ページ真ん中の図のようになります。

したがって

物体に関する運動方程式：$\boldsymbol{F - f = Ma}$ …答

摩擦力の反作用も受けるというのが，この問題のポイントです。
着目物体を変えたときは，作用・反作用の法則で力を見つけるのでした。
この力は見落としがちなので，間違えた人は2-3を確認しておきましょう。

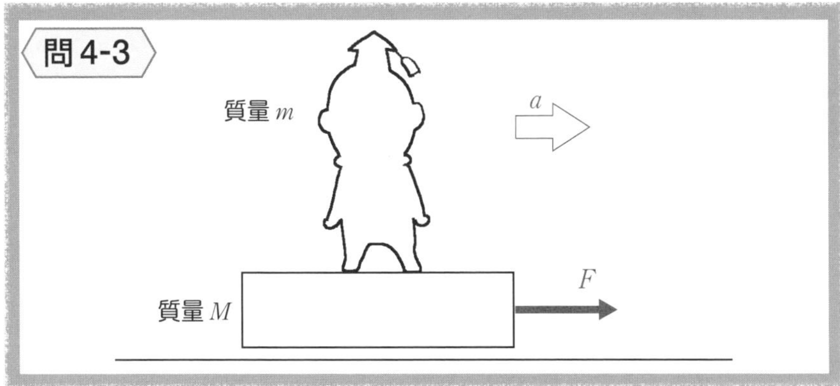

人にはたらく力

$$f = ma$$

ちなみに，鉛直方向の
力のつり合いより
$N = mg$

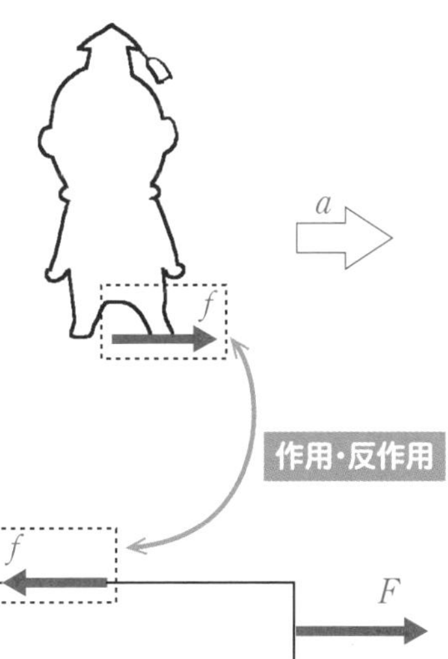

物体にはたらく力

$$F - f = Ma$$

ちなみに，鉛直方向の
力のつり合いより
$N' = N + Mg = mg + Mg = (m + M)g$

ここまでやったら
別冊 P. 17へ

4-3 物体の一体化

ココをおさえよう！

複数の物体間に作用・反作用の力がはたらいているとき，それらの物体を1つの物体とみなして運動方程式を立てることができる。

右ページ上図のように，質量Mと質量mの物体が接しており，
左から力Fを加えています。
物体間には接触力として，力fがはたらいているものとします。
これらの物体の運動方程式は，右向きを正にすると，以下のようになりますね。

質量Mの物体の運動方程式：$F-f=Ma$　……①
質量mの物体の運動方程式：$f=ma$　……②

ここまでは，今まで勉強した内容です。

ここで考えかたを変えると，これらの物体は「質量Mの物体と質量mの物体からなる1つの物体」としてとらえることができませんか？
つまり，物体ごとに分けて考えるのではなく，全体を1つの，質量$(M+m)$の物体とみなしてしまおうということです。

そうすると，この質量$(M+m)$の物体の運動方程式は，$F=(M+m)a$となります。
この式は，上で求めた運動方程式①，②を足し合わせたものと同じですよね。

なぜこのように物体を一体化して考えられるかというと，
一体化された物体間にはたらく作用・反作用の力が相殺されるからです。
作用・反作用の力がはたらいていても，足してしまえば±0ってことですね。
したがって，**物体を一体化して立てた式は，それぞれの物体について立てた運動方程式を足し合わせたものと同じになります**。

逆に，**物体を一体化して考えられるときというのは，一体化される物体どうしに作用・反作用の力がはたらいているとき**ということになります。
やみくもに一体化してはいけませんよ。

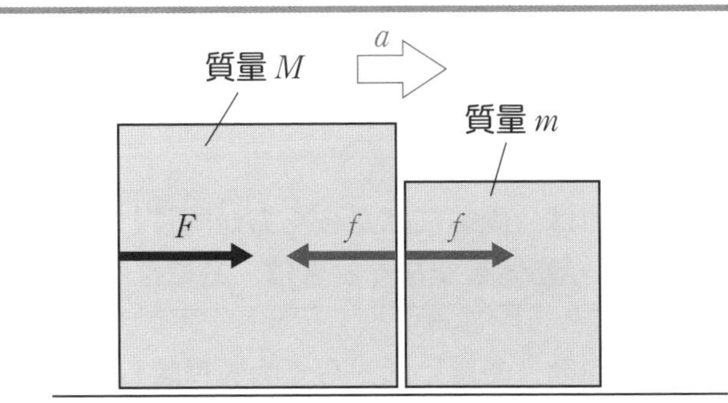

◎質量 M の物体の運動方程式：$F-f=Ma$

◎質量 m の物体の運動方程式：$f=ma$

物体を一体化して考えると…

作用・反作用の力が
打ち消し合って
なくなるね

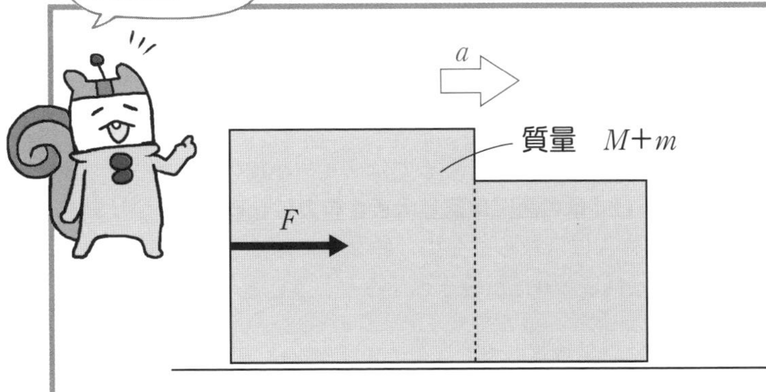

◎一体化された物体の運動方程式：$F=(M+m)a$

物体ごとに
運動方程式を立てるのが
基本じゃ
しかし，一体化して
考えたほうがラクなら
使ってもよいぞ

4-4 道具を使うときのルール

ココをおさえよう！

- 質量のない糸やばねは，両端にはたらく力が同じと考える。（それらの糸やばねが物体をつなぐときは，糸やばねを無視してよい）
- 定滑車，動滑車の運動，滑車にはたらく力を理解しよう。

ここでは，運動方程式とはちょっと話がそれるのですが，
運動で使う道具についての考えかたを，まとめておきたいと思います。

まず，質量のない糸についてです。p.114で扱った〈問4-2〉のように，
物体と物体が質量のない糸でつながれている場合を考えます。

着目する物体を糸にします。糸が物体Aから受ける力をT，糸が物体Bから受ける力をT'とすると，糸は質量0なので

$$T-T'=0\cdot a$$
$$T=T'$$

作用・反作用の法則から，糸が物体Aに与える力はT，糸が物体Bに与える力はT'なので，$T=T'$ということは**「糸の両端は同じ大きさの力になる」**とわかります。
（p.114では当然のように物体Aにはたらく張力，物体Bにはたらく張力をともにTとしていましたが，本来は質量が0だからそうなるということです）

これは質量の無視できるばねも同じです。
ばね定数がkの質量を無視できるばねが，物体Aと物体Bをつなぎ，横に引っ張るとxだけ伸びた状態で運動したとします。このとき，ばねの右端は$F=kx$の力で物体Aを引き，ばねの左端は$F=kx$の力で物体Bを引いています。

質量の無視できる糸とばねについては以上をルールとして覚えておきましょう。

糸やばねが両物体に与える力が等しいということは，それらをないものとして考えると，実質的に作用・反作用の法則が成り立つのもわかります。
そのため，**質量の無視できる物体（糸やばね）でつながれているときも，物体は4-3のように一体化できる**ことを知っておくといいでしょう。

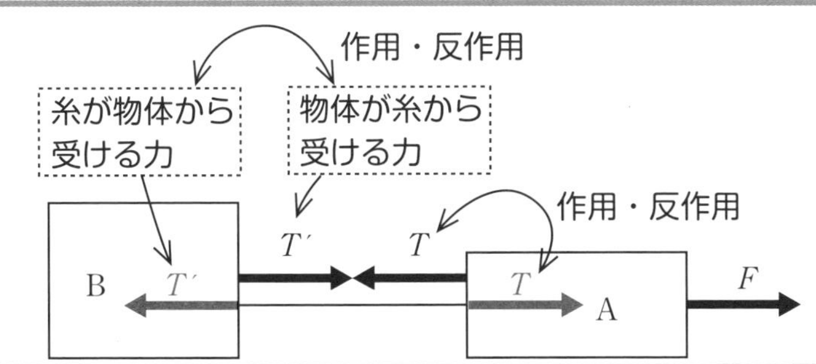

糸の運動方程式：$T-T'=0\cdot a$（質量が0）

よって　$T=T'$

➡ 質量の無視できる糸の両端の張力は等しくなる。

同様に…

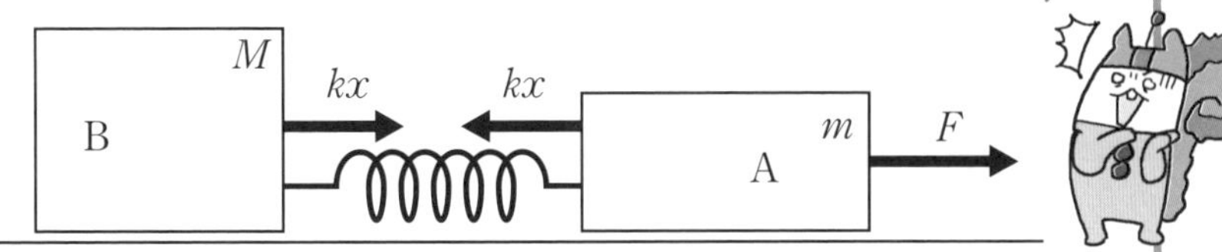

➡ 質量の無視できるばねの両端の弾性力は等しくなる。

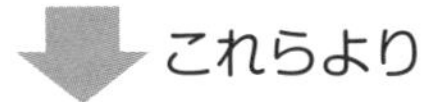

質量の無視できる物体でつながれているときも一体化が可能！

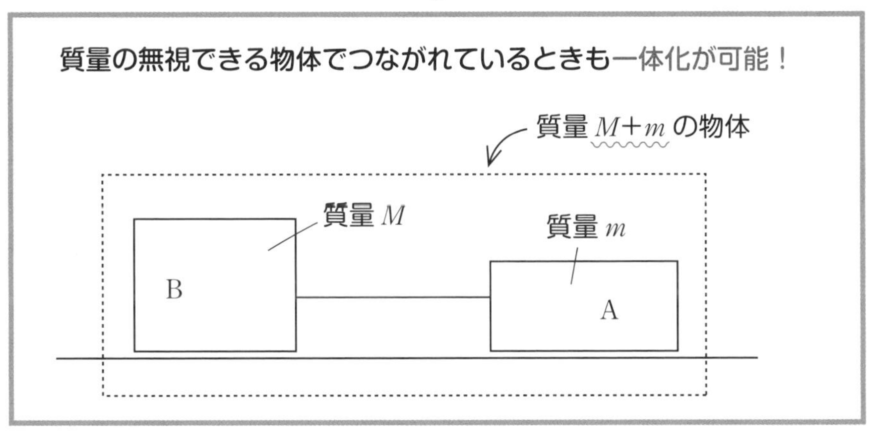

次は滑車について考えていきましょう。
滑車は力の向きを変える装置で，定滑車と動滑車の2種類があります。
定滑車は固定されて動かない滑車，動滑車は動く滑車です。
右ページに定滑車と動滑車の性質をまとめました。
動滑車は持ち上げる力は半分ですむのですが，
物体を距離 ℓ だけ持ち上げるのに，2ℓ 引っ張らなければなりません。
中学校でも習った知識ですが，確認しておいてください。

次に滑車にはたらく力について，作用・反作用の法則を使いながら説明していきましょう。右ページ下図のように滑車にかけられた，質量を無視できる糸の片端におもりがつき，もう片端を力 T で引いたとします。

まずは，糸にはたらく力を考えます。
p.120で説明した通り，質量の無視できる糸の両端には同じ力がはたらきます。
糸が人から受ける力も T ですし，糸がおもりから受ける力も T です。
糸は滑車とも接触していますから，滑車から接触力を受けます。
糸の質量は0ですから，運動方程式より $F=0\cdot a=0$ となるので，糸にはたらく力の合力は0です。
つまり，糸が滑車から受ける接触力は上向きに $2T$ ということです。

着目する物体を滑車に変えましょう。
作用・反作用の法則から，滑車は糸から下方向に $2T$ の力を受けます。
糸は両端に下がっていますから，図にするときは慣例的に T ずつ両方にかかっているようにかきます。
（ちょっと不思議かもしれませんが，直感的に糸の両側から同じ大きさの力がかかると覚えておいてください。これは動滑車の場合でも同じです）
そして，天井から $2T$ の力を受け，滑車については力がつり合い静止しています。

p.124では滑車を利用した問題にチャレンジしてみましょう。

定滑車と動滑車の性質比べ

	定滑車	動滑車
力の大きさ	変わらない	$\frac{1}{2}$ 倍になる
引っ張る距離	変わらない	2 倍になる

物体に 10 N の力を加えて距離 ℓ だけ持ち上げると…

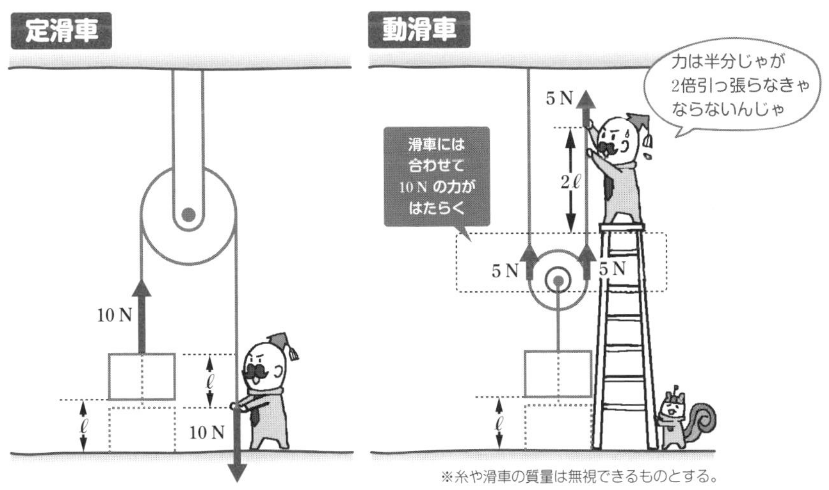

※糸や滑車の質量は無視できるものとする。

滑車と力について

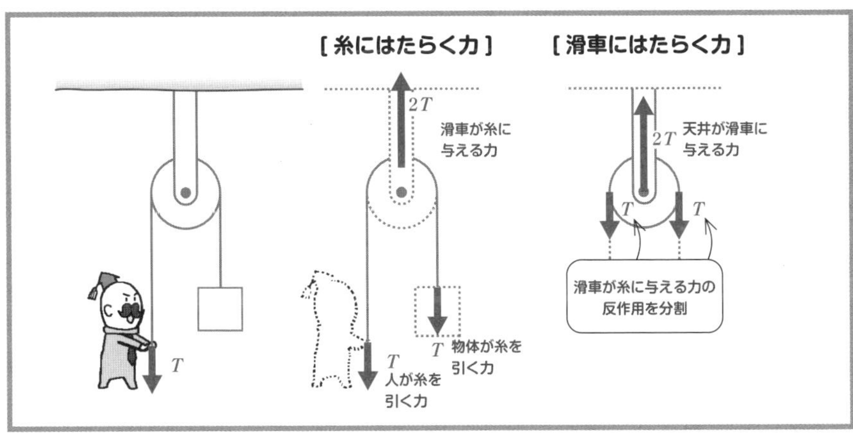

問4-4 右ページ上図のように定滑車にかけた質量の無視できる糸の一端に物体Aを吊るし，他端には質量の無視できる動滑車をつけ，天井に固定した。動滑車には質量$4m$の物体Bを吊るしてある。以下の問いに答えよ。

(1) 物体Aの質量がいくつのとき，物体A，Bは静止するか。

物体Aの質量が$7m$のとき，物体Aは下降し，物体Bは上昇した。

(2) 物体Aの加速度a_1と，物体Bの加速度a_2の関係を求めよ。

(3) a_1の値をgを使って表せ。

解きかた (1) 物体Aの質量をM，物体A，Bにはたらく張力をそれぞれT_1，T_2とし，物体A，物体B，滑車の3つについての力のつり合いを考えます。

物体A：$T_1 = Mg$ ……①　　物体B：$T_2 = 4mg$ ……②

動滑車：$2T_1 = T_2$ ……③

①，③式より　$T_2 = 2Mg$ ……④

②，④式より　$2Mg = 4mg$　ゆえに　$M = \mathbf{2m}$ …答

(2) Aが2ℓだけ落下した時間をtとすると，その間にBはℓだけ上昇します。

等加速度運動の式より

A：$2\ell = \dfrac{1}{2}a_1t^2$ ……⑤　　B：$\ell = \dfrac{1}{2}a_2t^2$ ……⑥

⑤，⑥式より　$\boldsymbol{a_1 = 2a_2}$ …答

補足 一般に，動滑車の変位x，速さv，加速度aは，すべて半分になります。

解きかた (3) (1)と同様に力を設定し，運動方程式を立てます。

物体A：$7mg - T_1 = 7ma_1$ ……⑦

物体B：$T_2 - 4mg = 4ma_2$ ……⑧

動滑車：$2T_1 - T_2 = 0 \cdot a_2$ ……⑨

⑧，⑨式よりT_2を消去して　$2T_1 - 4mg = 4ma_2$ ……⑩

⑦，⑩式よりT_1を消去して

$$7mg - (2ma_2 + 2mg) = 7ma_1$$

$$5mg = 7ma_1 + 2ma_2$$

(2)の結果より$2a_2 = a_1$なので

$$5mg = 7ma_1 + ma_1 = 8ma_1$$

よって　$\boldsymbol{a_1 = \dfrac{5}{8}g}$ …答

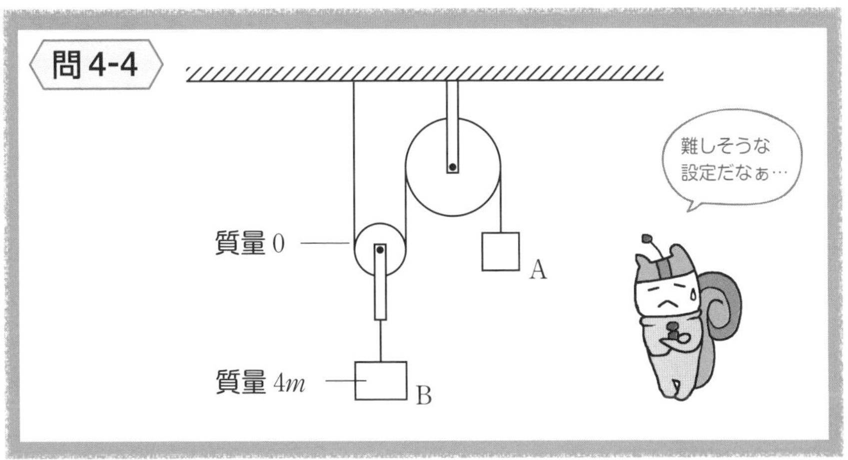

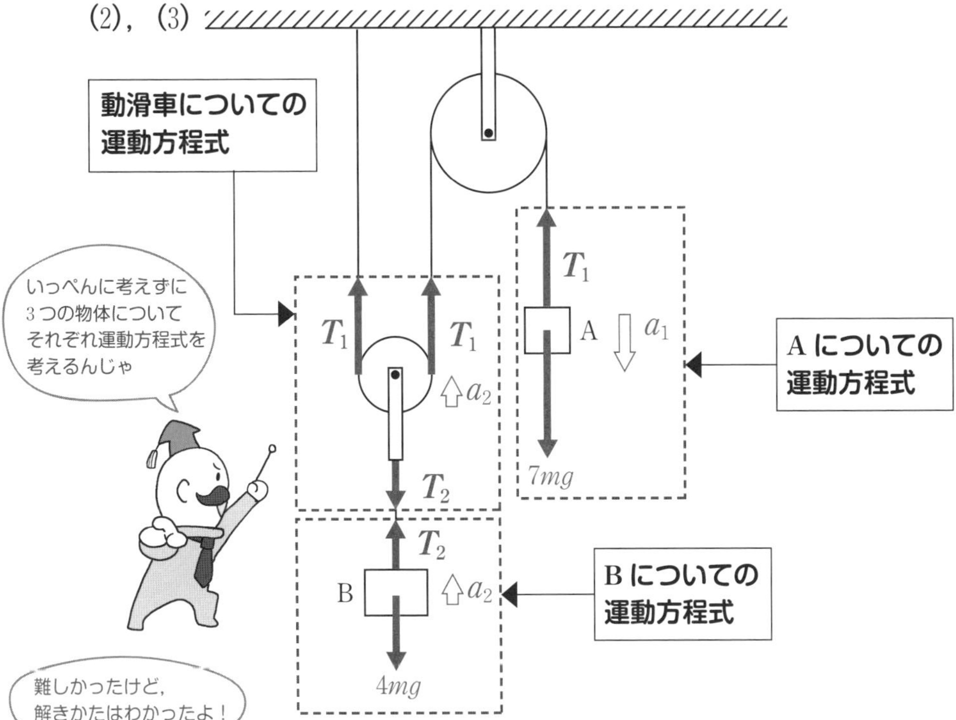

(2), (3)

動滑車についての
運動方程式

T_1 T_1 a_2 T_2

T_1 A a_1 $7mg$

A についての
運動方程式

T_2 B a_2 $4mg$

B についての
運動方程式

いっぺんに考えずに
3 つの物体について
それぞれ運動方程式を
考えるんじゃ

難しかったけど,
解きかたはわかったよ！

ここまでやったら
別冊 P. 18 へ

ハカセの宇宙一キビしいチェック!!

理解できたものに，☑チェックをつけよう。

- [ ] 「力Fがはたらく質量mの物体は，加速度aで運動する」ことを意味する「$F=ma$」という式を，運動方程式と呼ぶ。
- [ ] 物体にはたらく合力Fの向きと，物体の持つ加速度aの向きは一致する。
- [ ] 運動方程式をステップ通りに立てることができる。
- [ ] 加速度運動に関係ない力については，力のつり合いの式を立てる。
- [ ] 力を分解する方向は，運動の向きに対して平行な方向と，垂直な方向である。
- [ ] 物体が一体化できるときと，そうでないときを判断することができる。
- [ ] 質量が無視できる糸の両端にはたらく張力が，同じ大きさである理由を理解している。
- [ ] 定滑車と動滑車における，糸を引っ張る力の大きさの違いと，引っ張る距離の違いについて理解している。

Chapter

5

仕事とエネルギー

仕事とエネルギー

はじめに

このChapterでは，「仕事」と「エネルギー」を学びます。

ここでの「仕事」は，会社やお店などで働くことではなく，
簡潔にいえば，物体にはたらく力と，物体の移動距離との関係のことです。

「エネルギー」は，仕事をする能力，とでもいいましょうか。

実は，この「仕事」と「エネルギー」2つの考えかたには密接な関係があります。
その関係を知ると「自然界ってうまくできてるなぁ」なんて思うかもしれません。
それぐらい，きれいな関係が成り立っているのです。
ハカセとリスと一緒に，たのしく学んでいきましょう。

この章で勉強すること

仕事とエネルギーとは何かを学んだあと，運動エネルギーや位置エネルギーなどのエネルギーを紹介します。
そして，力学的エネルギー保存則や，仕事とエネルギー変化の関係などの，
簡潔かつ有用な法則を学んでいきます。

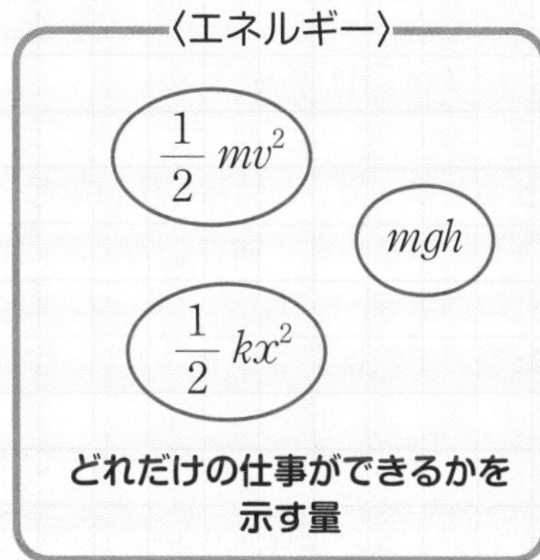

仕事とエネルギーには密接な関係がある！

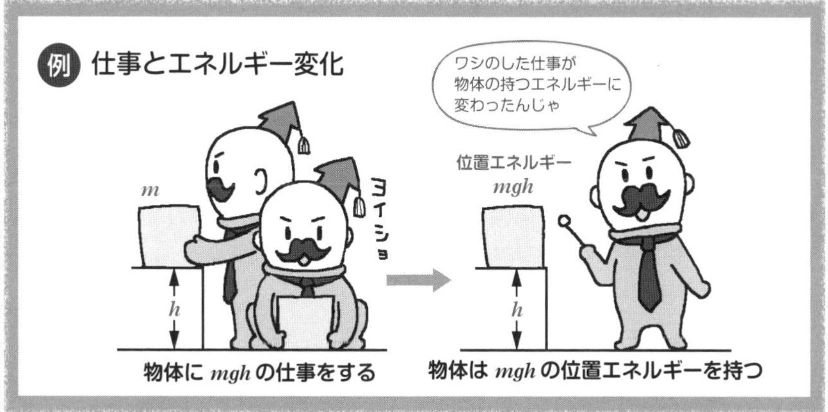

5-1 仕事とは？

ココをおさえよう！

物体にはたらく力Fが物体を距離xだけ移動させたとき，その力はFxの仕事をする。

仕事とは，力Fと物体の移動距離xで定義される物理量です。
力Fがはたらき，物体が力の向きにxだけ移動したとすると，Fxの仕事をした，といいます。
仕事の単位はJ（ジュール）で，仕事はWという文字で表されることが多いです。

では，物理における仕事とは，一体何を表す物理量なのでしょうか。
簡単にいえば，仕事とは，相手にエネルギーを与えることです。
くわしくは5-2でやりますが，力を与えられて移動した物体には，エネルギーが蓄えられるのです。

さて，仕事に関しては，注意する点がいくつかあります。

1つ目は，**仕事は，それぞれの力ごとに分けて考える**という点です。
物体には，重力や垂直抗力，摩擦力など，いろいろな力がはたらいていますね。
そのいろいろな力の中で「重力がした仕事」とか「摩擦力がした仕事」などというように，それぞれの力のした仕事を別々に考えなければいけないということです。

2つ目は，**移動する方向に平行な力だけが物体に仕事をし，垂直な力は仕事をしない**ということです。
粗い床の上にある物体に真横から力を加え，移動させるとしましょう。
このとき，物体には真横からの力の他に，重力と垂直抗力がはたらいています。
しかし，実際に物体の移動に関与しているのは，真横からの力だけですよね。
「力が物体を移動させなければ仕事といえない」わけですから，
移動に関係ない垂直方向の力の仕事は，0になるというわけです。

3つ目は，一般的に**仕事は，物体が移動する方向を正と考える**ということです。
例えば，物体が右向きに移動したとしたら，右向きが正になります。
したがって，このとき物体にはたらいている右向きの力は正の仕事を，
左向きの力は負の仕事をしたということになります。
負の仕事というのは，相手からエネルギーを奪ってしまうような仕事のことです。

仕事 力 移動距離

$$W = F \times x$$

仕事の注意点

・力ごとに分けて考える。
・移動する方向に垂直な力は仕事をしない。
・（一般的に）物体が移動する方向を正とする。

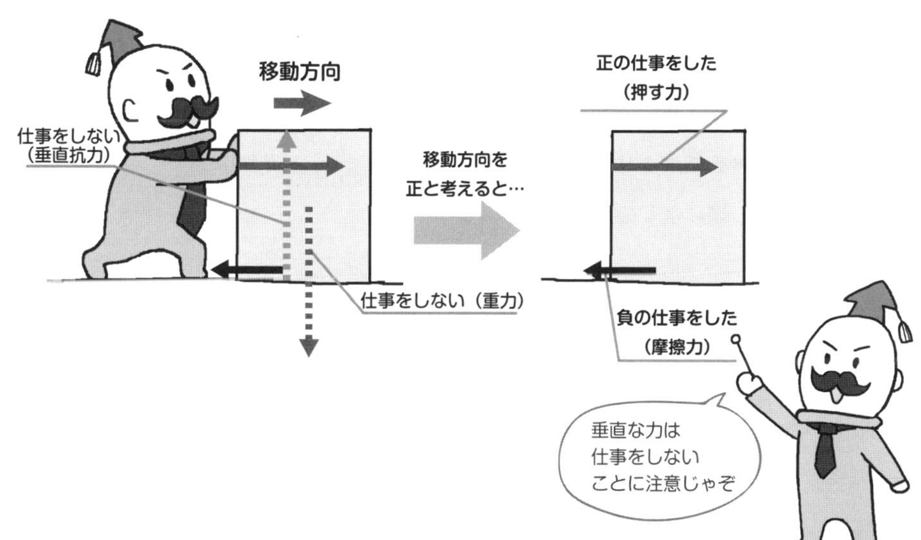

4つ目は，（摩擦力，空気の抵抗力を考えない場合では）**仕事は経路によらない**，ということです。

「仕事は経路によらない」とは，ある地点からある地点まで物体を移動させるとき，その経路に関係なく，物体にした仕事は等しくなる，という意味です。

例えば，物体を高さhの位置に移動させたい，としましょう。
物体を垂直に吊り上げたり，滑らかな斜面に沿って登らせたり，その方法はなんでもいいので，とにかく高さhの位置まで移動させます。

仕事が経路によらないわけですから，物体を垂直に持ち上げようが，滑らかな斜面に沿って移動させようが，物体にする仕事は同じなのですね。

持ち上げる物体の質量をmとして，具体的に計算で確認してみましょう。
まず，物体を引っ張る張力をT_1とおき，垂直に持ち上げる場合を考えます。
物体を一定の速さで吊り上げれば，物体にはたらく力はつり合っていますから，$T_1 = mg$となり，物体を吊り上げるためにした仕事は$T_1h = mgh$となります。

今度は，張力をT_2とおき，地面となす角θの斜面に沿って移動させる場合を考えます。
これまた等速で物体を移動させれば，力のつり合いから，$T_2 = mg\sin\theta$がいえますね。
そして，物体を高さhの位置まで移動させるには，斜面に沿って物体を$\frac{h}{\sin\theta}$だけ移動させなければなりません。
すると，物体を移動させるためにした仕事は$T_2 \cdot \frac{h}{\sin\theta} = mg\sin\theta \cdot \frac{h}{\sin\theta} = mgh$と先ほどと同じ値になるのがわかるでしょう。

経験的に，物体を斜面に沿って移動させるときは，垂直に持ち上げるときよりも，少ない力で移動させることができますよね。
しかし，物体の移動距離は斜面に沿ったときのほうが大きくなってしまいます。
つまり，長い経路をとると，物体を移動させる距離は長くなる一方で，
物体の移動に必要な力は小さくなる，というわけです。
ここまでを踏まえて，仕事についての例題を解いてみましょう。

仕事の注意点（つづき）

・仕事は経路によらない。

（摩擦力，空気の抵抗力を考えない場合では，物体を移動させる経路によらず，仕事は等しくなる）

例 質量 m の物体を高さ h の位置に移動させる。

垂直に吊り上げる場合	斜面に沿って移動させる場合

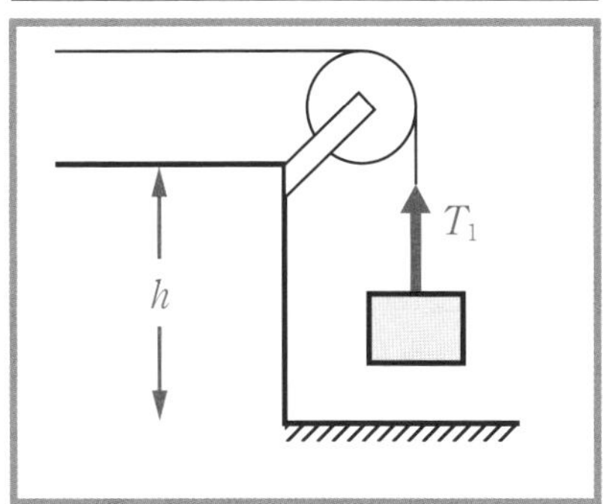

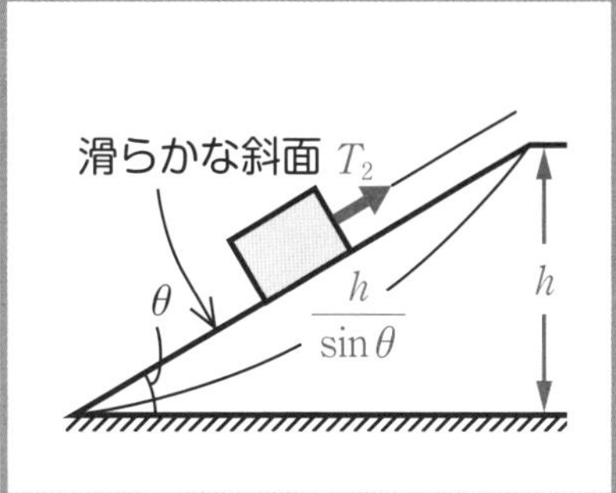

等速で持ち上げれば

$T_1 = mg$

物体を持ち上げるためにした仕事は

$$\underline{\underline{T_1 h = mgh}}$$

等速で持ち上げれば

$T_2 = mg\sin\theta$

斜面の距離は $\dfrac{h}{\sin\theta}$ だから

仕事は $\underline{\underline{T_2 \cdot \dfrac{h}{\sin\theta} = mgh}}$

問5-1 粗い水平面上に質量5.0 kgの物体があり，右ページの図のように，水平方向に20 Nの力を加え，2.0 m移動させた。
このとき，以下の力がした仕事を求めよ。動摩擦係数は$\mu'=0.10$とする。
(1) 20 Nの力　(2) 重力　(3) 垂直抗力　(4) 動摩擦力

解きかた (1) 仕事の定義はFxですから，20 Nの力がした仕事は　$20\times2.0=$ **40 J** …答

(2) 物体の移動に垂直な方向の力は仕事をしないということでした。
したがって，重力がする仕事は　**0 J** …答

(3) 同様に，垂直抗力がする仕事も　**0 J** …答

(4) 動摩擦力の大きさは，$F=\mu'N$だから$0.10\times5.0\times9.8=4.9$ Nで
仕事は$4.9\times2.0=9.8$ J，としてはいけません。
力の向きと物体の移動方向を考えましょう。
動摩擦力は，移動方向とは逆向きにはたらくので，負の仕事をします。
したがって　**－9.8 J** …答

問5-2 右ページの図のように，滑らかな水平面上に置かれた物体に，水平面から60°の方向に，大きさ20 Nの力を4.0秒間加え，物体を水平方向に2.0 m移動させた。
物体は浮かび上がらないものとし，以下の問いに答えよ。
(1) 20 Nの力がした仕事を求めよ。
(2) 20 Nの力は，1秒間あたりどれだけの仕事をしたか。

解きかた (1) 物体が移動する方向に水平な力だけが，仕事をするということでしたね。
20 Nの力を，移動方向に垂直な方向と水平な方向に分解すると，
水平な方向の力は$20\times\cos60°=10$ N
仕事に関与するのは，この水平方向の力のみですから，求める仕事は
$10\times2.0=$ **20 J** …答

(2) 4.0秒間で20 Jの仕事をしたわけですから，1秒間あたりの仕事は
$20\div4.0=$ **5.0 J/s** …答

(2)で求めた「1秒間あたりの仕事量」のことを**仕事率**と呼びます。
仕事率はPで表されることが多く，その値は定義より

$$P=\frac{Fx}{t}=F\frac{x}{t}$$　（tは力が仕事をした時間）

また，$\frac{x}{t}$は，変位÷時間，すなわち物体の速度なので，物体の速度をvとすると
$P=Fv$とも表されます。

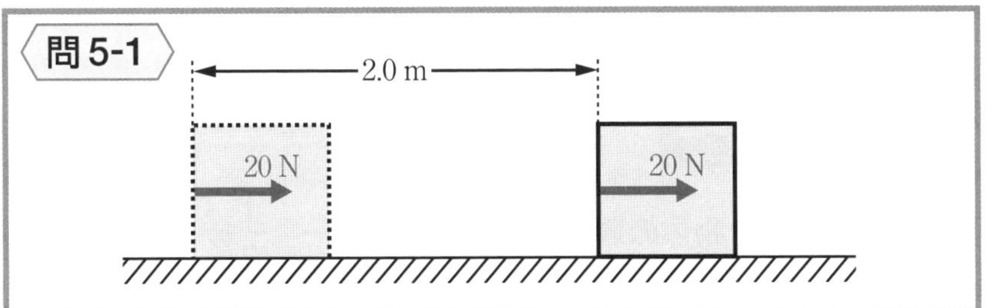

物体にはたらく力

重力と垂直抗力 ➡ 仕事をしない

20 N の力 ➡ 20×2.0＝40 J

動摩擦力 ➡ −(0.10×5.0×9.8×2.0)

＝−9.8 J

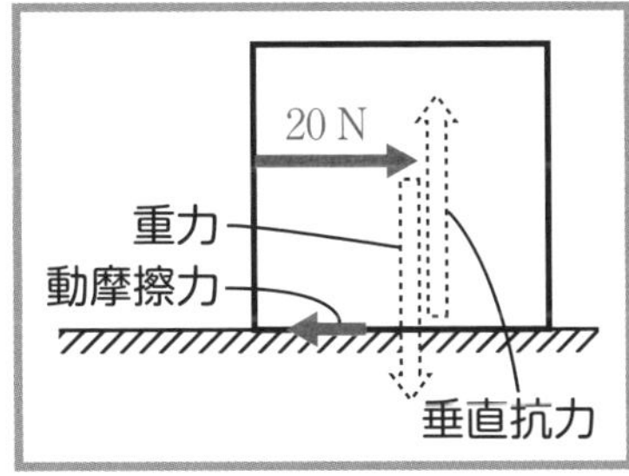

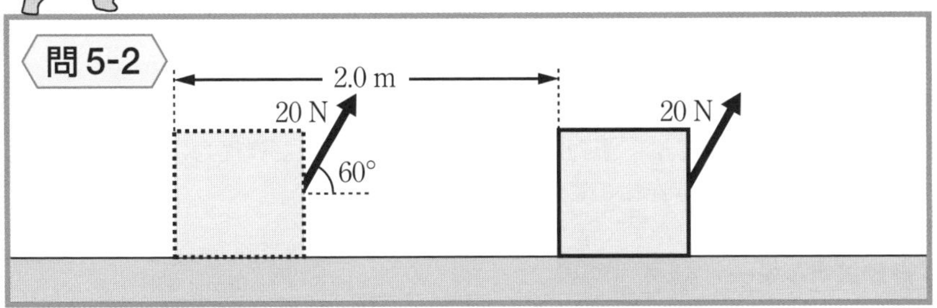

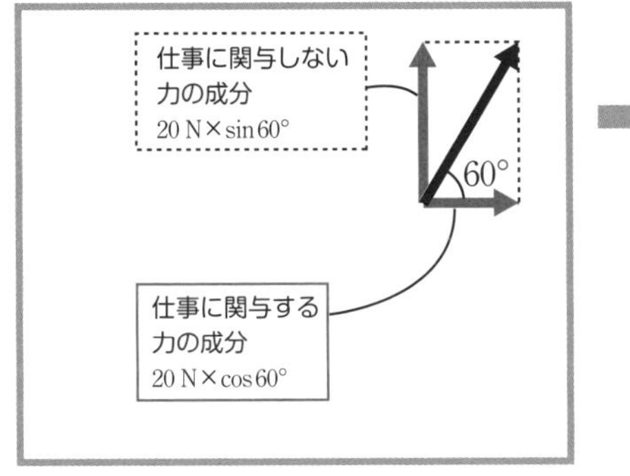

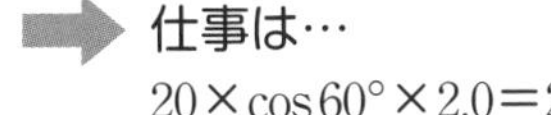

➡ 仕事は…

20×cos60°×2.0＝20 J

（20×cos60°：力の移動方向成分　2.0：移動距離）

ここまでやったら
別冊 P. 21へ

5-2 エネルギーとは？

ココをおさえよう！

運動エネルギー：物体の運動によるエネルギー $\frac{1}{2}mv^2$

位置エネルギー：
- **重力による位置エネルギー**
  ➡物体の高さによるエネルギー mgh
- **弾性エネルギー**（弾性力による位置エネルギー）
  ➡ばねの伸び縮みによるエネルギー $\frac{1}{2}kx^2$

ここからは，**エネルギー**という量について扱っていきます。
エネルギーというのは，**その物体が，どれくらいの仕事をすることができるかを表しているもの**です。
エネルギーの単位は仕事と同じくJ（ジュール）です。
例えば，物体が10 Jのエネルギーを持つならば，その物体は，10 Jの仕事をする能力を持っている，というわけですね。

力学的エネルギーは，運動エネルギーと位置エネルギーの2種類に分かれます。
位置エネルギーについては，重力による位置エネルギーと弾性力による位置エネルギー（弾性エネルギー）を，ここでは扱っていきます。

まず**運動エネルギー**です。
運動エネルギーとは，運動している物体が持つエネルギーのことです。
質量mの物体が，速さvで運動するときの運動エネルギーは $\frac{1}{2}mv^2$ と表されます。
つまり，速さvで運動している質量mの物体は，運動エネルギーが0になり，
静止するまでに，他の物体に $\frac{1}{2}mv^2$ の仕事をすることができるのです。

…その物体がどれだけの仕事をすることができるかを示す量。

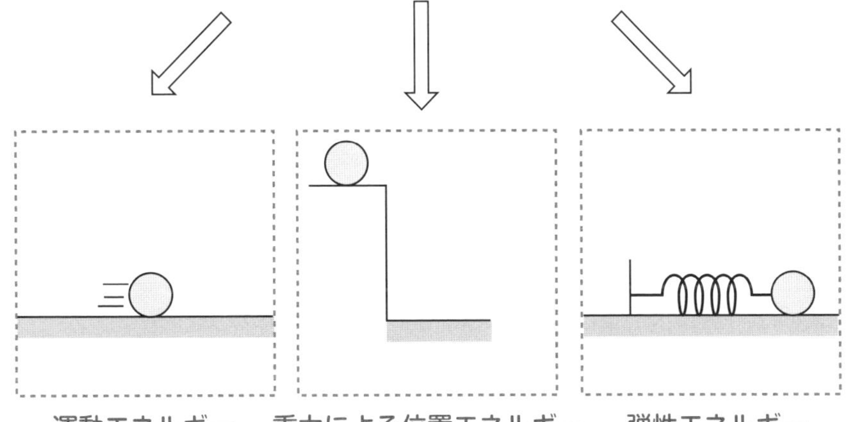

運動エネルギー　重力による位置エネルギー　弾性エネルギー

力学では，主にこの3つを学ぶ！

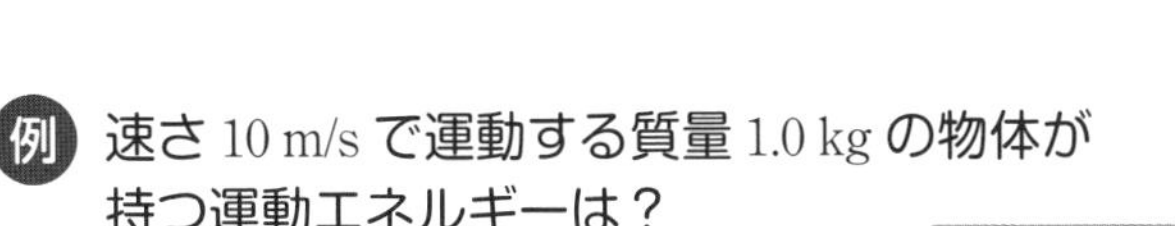

…運動している物体が持つエネルギーで，$\frac{1}{2}mv^2$ と表される。

例 速さ 10 m/s で運動する質量 1.0 kg の物体が持つ運動エネルギーは？

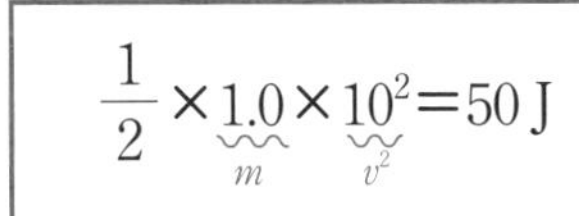

$$\frac{1}{2}\times\underset{m}{1.0}\times\underset{v^2}{10^2}=50\ \mathrm{J}$$

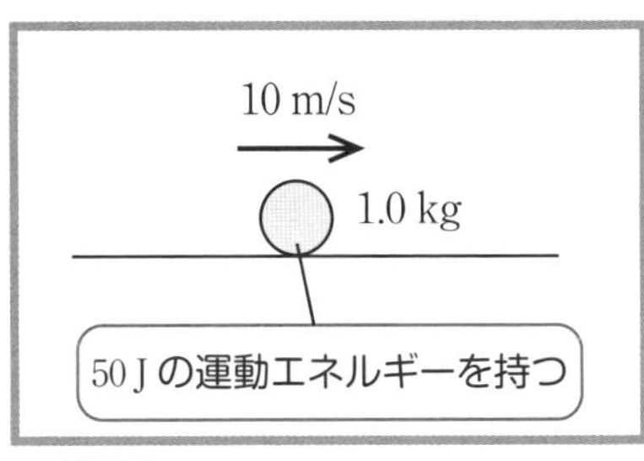

次に「**重力による位置エネルギー**」について見ていきましょう。
これは，**重力によって得られるエネルギー**のことです。
質量mの物体が，高さhの位置にあるときの位置エネルギーはmghと表されます。
物体の質量が大きいほど，また，物体が高い位置にあるほど，位置エネルギーは大きくなりますね。
どうして高い位置にある物体がエネルギーを持つかというのは，
重力がする仕事を考えればわかります。
p.132で説明した，物体を垂直に持ち上げる例のように，
物体を高い位置に持ち上げるためには，仕事をしなければなりません。
そして，物体はその仕事分のエネルギーをもらったと考えられます。
物体は，mghの仕事をされたことで，今度はmghの仕事ができるようになった，ということです。

重力による位置エネルギーには，1つ注意点があります。
それは，**高さの基準を決めなければならない**，ということです。つまり，
高さh〔m〕とは，どこから測って高さh〔m〕なのかをはっきりさせる必要があるということです。
例えば，高さ30 mのビルにいる人が，頭上10 mの地点までボールを投げたとします。
このとき，ボールの高さは，ビルの高さを基準にすると10 m，地上を基準にすると40 mになる，というわけです。
基準のとりかた次第で，高さがマイナスで表されることもあり，
そのときは位置エネルギーもマイナスで表されることになります。

最後に**弾性エネルギー**です。
弾性エネルギーとは，ばねが伸び縮みすることによって得られるエネルギーです。
ばね定数kのばねが，自然長からxだけ伸びている，または縮んでいるときの弾性エネルギーは$\frac{1}{2}kx^2$と表されます。
伸びていても，縮んでいても，弾性エネルギーの大きさは同じです。

p.136でも説明しましたが，弾性エネルギーも，位置エネルギーの一種です。
自然長の位置を基準にした，ばねの弾性力による位置エネルギーが弾性エネルギーなのです。

重力による位置エネルギー … 重力によって得られるエネルギーで，mgh と表される。

例 質量 1.0 kg の物体を高さ 30 m のビルから頭上 10 m の位置まで投げたときの位置エネルギーは？

ビルの高さを基準にすると…

ボールの高さ h は 10 m

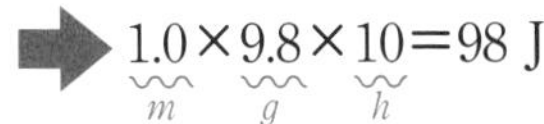

$$\underset{m}{1.0}\times\underset{g}{9.8}\times\underset{h}{10}=98\ \mathrm{J}$$

地上を基準にすると…

ボールの高さは 40 m

$$\underset{m}{1.0}\times\underset{g}{9.8}\times\underset{h}{40}=392\ \mathrm{J}$$

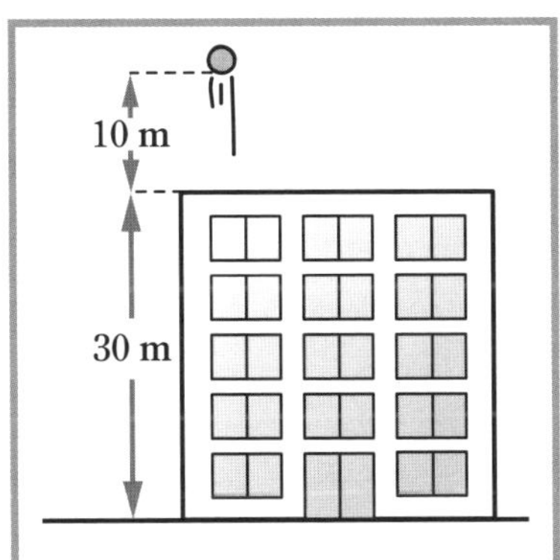

弾性エネルギー … ばねの伸縮によって得られるエネルギーで，$\frac{1}{2}kx^2$ と表される。

例 ばね定数 5.0 N/m のばねを 0.20 m 縮めたときの弾性エネルギーは？

$$\frac{1}{2}\times\underset{k}{5.0}\times\underset{x^2}{(0.20)^2}=0.10\ \mathrm{J}$$

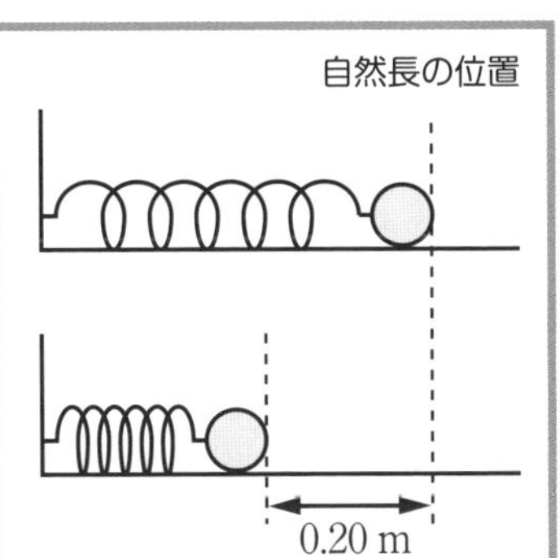

ここまでやったら
別冊 P. 22へ

5-3 仕事と運動エネルギーの関係

ココをおさえよう！

物体に力がした仕事は，物体の運動エネルギーを変化させる，すなわち
（物体の運動エネルギーの変化）＝（物体に力がした仕事）

滑らかな水平面上を質量mの物体が速度v_0で運動しており，この物体が距離xを動く間，物体に力Fを加えると，物体の速度はvになったという状況を考えます。
物体に力Fを加えているときの物体の加速度をaとすると，等加速度運動の公式より

$$v^2-{v_0}^2=2ax \qquad \cdots\cdots①$$

運動方程式より

$$F=ma \qquad \cdots\cdots②$$

②式より$a=\dfrac{F}{m}$ですから，これを①式に代入すると

$$v^2-{v_0}^2=2\cdot\frac{F}{m}\cdot x \qquad \cdots\cdots③$$

③式を整理すると

$$\frac{1}{2}mv^2-\frac{1}{2}m{v_0}^2=Fx \qquad \cdots\cdots④$$

という等式が得られます。

④式は，一体何を表しているのでしょうか。
$\dfrac{1}{2}mv^2$は力を加えたあとの運動エネルギー，$\dfrac{1}{2}m{v_0}^2$は力を加える前の運動エネルギー，つまり左辺は，力がはたらく前後における運動エネルギーの変化を表します。
右辺Fxは，力Fが物体にした仕事です。
ということは，④式は，以下の関係を示しているということになります。

（物体の運動エネルギーの変化）＝（物体に力がした仕事）

力がした仕事が正，すなわち物体が運動する方向に力を加えたならば，運動エネルギーは増加します。
逆に，力がした仕事が負，すなわち物体が運動する方向と逆向きに力を加えたならば，運動エネルギーは減少します。

また，④式は，「力がした仕事」を「物体がされた仕事」と読みかえると，物体は「された仕事」の分だけ，エネルギーが増えると考えることもできます。
つまり，物体は「された仕事」を運動エネルギーとして蓄えた，ということですね。

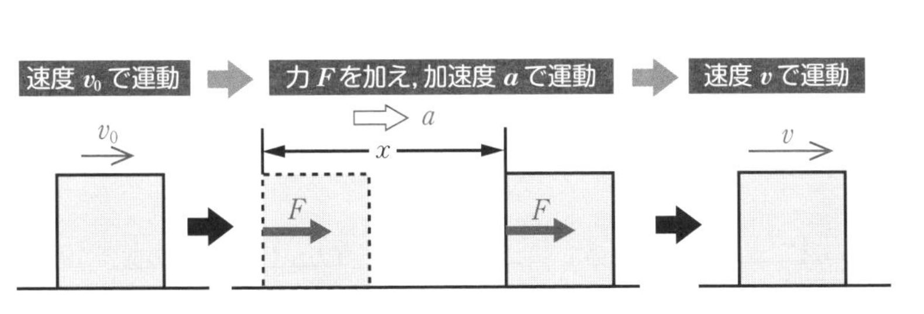
速度 v_0 で運動
力 F を加え，加速度 a で運動
速度 v で運動
v_0
a
x
F
F
v

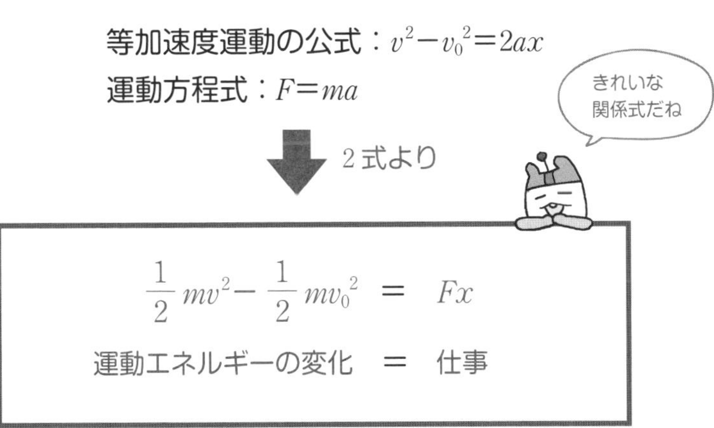
等加速度運動の公式：$v^2-v_0^2=2ax$
運動方程式：$F=ma$
2 式より
きれいな
関係式だね
$\frac{1}{2}mv^2-\frac{1}{2}mv_0^2 = Fx$
運動エネルギーの変化　＝　仕事

力がした仕事が
運動エネルギーとして
蓄えられるとも
考えられるね
仕事人
運動
エネルギー
リスめ…
いつの間に仕事を
始めたんじゃ？

問5-3 粗い水平面上で，質量mの物体を初速度v_0で運動させた。この物体が静止するまでに動いた距離xを求めよ。動摩擦係数をμ'，重力加速度をgとする。

解きかた さっそく，(運動エネルギーの変化)＝(力がした仕事)の関係を使ってみましょう。

まず，左辺を考えます。

静止している物体の運動エネルギーは0で，

はじめの運動エネルギーは，$\frac{1}{2}mv_0^2$ですね。

したがって，左辺は$0-\frac{1}{2}mv_0^2$となります。

続いて右辺ですが，このとき物体に仕事をするのは，どんな力でしょうか。

物体にはたらくのは，重力，垂直抗力，動摩擦力ですが，重力と垂直抗力は運動方向に垂直で仕事をしないので，仕事をした力は動摩擦力です。

動摩擦力の大きさは，$\mu' N=\mu' mg$ですね。

動摩擦力は，物体の運動方向とは逆向きにはたらきますから，負の仕事をしたことになります。

したがって，右辺は$-\mu' mgx$となりますから，運動エネルギーと仕事の関係式は

$$0-\frac{1}{2}mv_0^2=-\mu' mgx$$

これより $\boldsymbol{x=\frac{v_0^2}{2\mu' g}}$ …答

この問題は，物体の運動方程式を立てて加速度を求め，そこから等加速度運動の公式を使って…，とやってもできますが，この解きかたがいちばん早いでしょう。

ちなみに，$\mu' mgx$，すなわち動摩擦力がした仕事分のエネルギーは失われてしまいましたが，その失われたエネルギーはどこへ行ってしまったのでしょうか。

実は，このエネルギーは，熱として空気中に放出されてしまいました。

摩擦力によって発生した熱を，摩擦熱といいます。

これも頭に入れておくとよいでしょう。

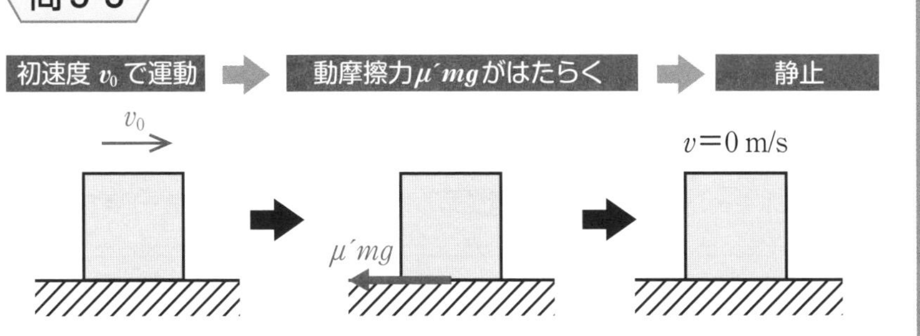

静止後の運動エネルギー	−	はじめの運動エネルギー	=	動摩擦力がした仕事

$$0-\frac{1}{2}mv_0{}^2=-\mu' mgx$$

摩擦熱 …摩擦によって発生する熱。

ここまでやったら 別冊 P. 22 へ

5-4 力学的エネルギー保存則

ココをおさえよう！

摩擦力や空気抵抗などの外力がはたらかないとき，力学的エネルギーの総和は保存される。
(運動エネルギー)＋(重力による位置エネルギー)＋(弾性エネルギー)＝(一定)

運動エネルギー，位置エネルギーをまとめて**力学的エネルギー**と呼びます。

力学的エネルギー保存則とは，この力学的エネルギーの総和が一定であるという法則です。つまり，こういう関係式が成立します。

(運動エネルギー)＋(重力による位置エネルギー)＋(弾性エネルギー)＝(一定)

高い位置にある物体が落下すると，重力によって物体は加速しますよね。
これをエネルギーの観点から見ると，重力による位置エネルギーを消費する代わりに，運動エネルギーを生み出している，と考えられます。
また，運動している物体がばねに接触して減速するという状況を考えましょう。
物体は減速するため，物体の運動エネルギーは減少しますが，その減少分は弾性エネルギーとして蓄えられます。
つまり，上の法則は，**エネルギーの形が移り変わっても，その総和は変わらない**，といっているわけです。

この法則に関する注意点は，**摩擦力や空気抵抗がはたらくときは，この法則は成立しない**，ということです。
その理由は，エネルギーが力学的エネルギー以外のエネルギー（熱など）に変換されて外に出ていってしまい，式としてはっきり表すことが難しいためです。
「エネルギーの変換先が見えにくい」ということですね。
「摩擦力や空気抵抗がはたらくと，力学的エネルギーの総和は減少してしまうので，力学的エネルギーが保存されない」ということを覚えておきましょう。

当然のことですが，糸で引っ張ったり手で押したりなどの力（外力）が加わっても力学的エネルギー保存則は使えませんよ。力のした仕事がエネルギーに変わりますからね。

力学的エネルギー保存則 …摩擦力や空気抵抗がはたらかない場合，力学的エネルギーの総和は一定である。

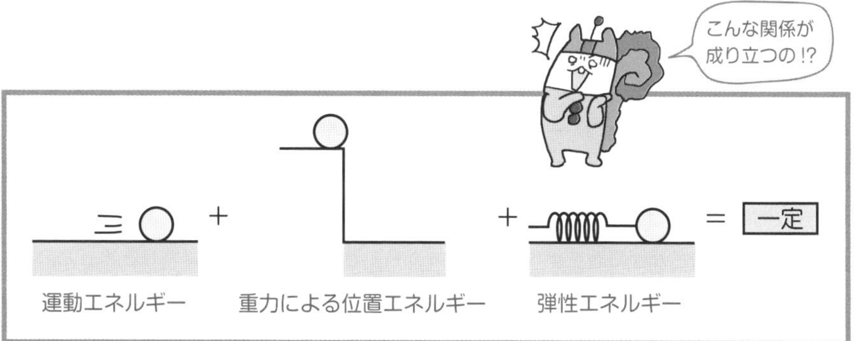

「部屋の人数」で考えてみると…

 人が部屋を移動しても，全体の人数は変わらない。

エネルギーが移り変わっても　力学的エネルギーの総和

〈摩擦などがあった場合〉

5

では，力学的エネルギー保存則を使う問題を解いていきましょう。

問5-4 右ページ上図のように，最下点からの高さがhの滑らかな斜面上を，質量mの物体がすべり下りる。物体が斜面上をすべり始めるときのボールの速さをv_0として，斜面をすべり終えたときのボールの速さvを求めよ。重力加速度の大きさをgとする。

解きかた 滑らかな斜面をすべっていますから，物体には摩擦力がはたらきません。

したがって，力学的エネルギー保存則が適用できます。そこで

（斜面をすべり始めるときの力学的エネルギー）

＝（斜面をすべり終えたときの力学的エネルギー）

という等式を立てることを目指します。

位置エネルギーの基準は，ここでは単純に，斜面を下りた地点にします。

まず，左辺を考えましょう。

このとき，物体は速度v_0で運動していますから，物体は$\frac{1}{2}mv_0{}^2$の運動エネルギーを蓄えています。

そして，最下点を基準にしていますから，物体はmghの位置エネルギーを持っています。

続いて右辺です。

このとき，物体は，位置エネルギーの基準の位置にありますから，位置エネルギーは0で，運動エネルギーは$\frac{1}{2}mv^2$ですね。

したがって，求める等式は

$$mgh+\frac{1}{2}mv_0{}^2=\frac{1}{2}mv^2$$

これより $\boldsymbol{v=\sqrt{2gh+v_0{}^2}}$ …答

摩擦力，空気抵抗，接触力などがはたらかない状況では，力学的エネルギー保存則を用いて問題が解けると実感できましたね。

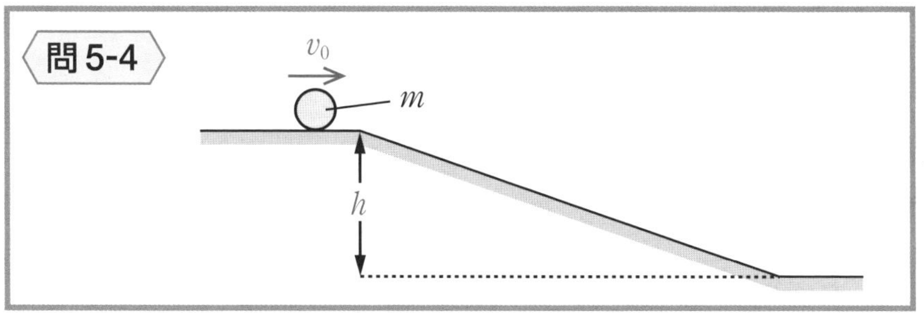

5

斜面をすべり始めるときの力学的エネルギー

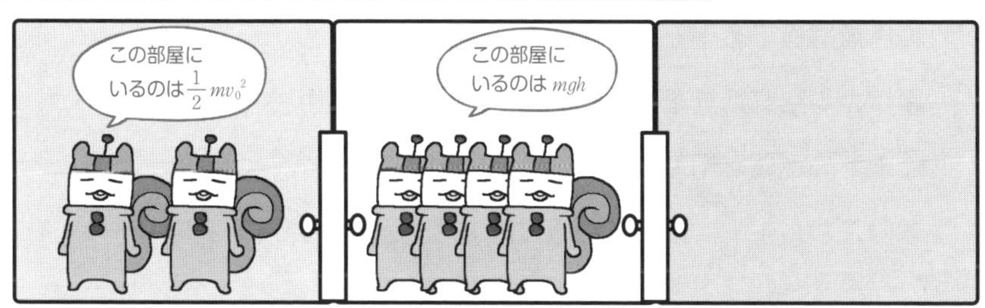

運動エネルギーの部屋　　重力による位置エネルギーの部屋　　弾性エネルギーの部屋

斜面をすべり終えたときの力学的エネルギー

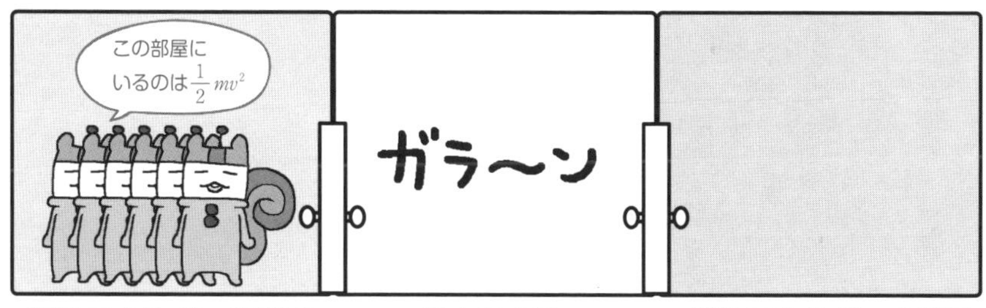

運動エネルギーの部屋　　重力による位置エネルギーの部屋　　弾性エネルギーの部屋

全体の人数(エネルギー)は等しいので…

$$mgh + \frac{1}{2}mv_0^2 = \frac{1}{2}mv^2$$

ここまでやったら
別冊 P. 24 へ

理解できたものに，☑チェックをつけよう。

- ☐ 力Fで物体が距離x移動したとき，力Fがした仕事はFxである。
- ☐ 仕事は力ごとに考える。
- ☐ 仕事は，物体の移動方向を正とし，移動方向に垂直な方向の力は，仕事には無関係である。
- ☐ 摩擦力や空気抵抗を考えない場合，仕事は経路によらない。
- ☐ 仕事率の定義を覚えた。
- ☐ 運動エネルギー，重力による位置エネルギー，弾性エネルギーの式をすべて表せる。
- ☐ 仕事とエネルギーの関係を理解している。
- ☐ 力学的エネルギー保存則を，部屋の考えを使ってイメージできる。
- ☐ 力学的エネルギー保存則が適用できるときと，そうでないときを区別できる。

Chapter

6

運動量と力積

Chapter 6 運動量と力積

はじめに

この章では，「運動量」と「力積」という2つの物理量を中心にお話しします。

運動量は「質量×速度」で表され，力積は「力×時間」で表されます。

例えば，物体どうしが衝突する状況を考えてみてください。
衝突の前後で，それぞれの物体の速度は変化しますよね。
その衝突前後の速度は，運動量という考えを使えば，簡単に求められます。
物体が衝突するときにはたらく力や，物体の加速度を知らなくても，衝突前後の物体の速度を知ることができるのです。

運動量と力積を使えば，今までは解き明かせなかった運動まで扱うことができるようになります。
わかりやすく説明していきますね。

この章で勉強すること

このChapterでは運動量と力積の間に成り立つ2つの関係「運動量の変化＝力積」「外力がなければ，運動量は保存される」を中心に勉強していきます。
そして，これらの関係式をどのようなシチュエーションで適用できるのか，あるいはするべきなのかをわかりやすく説明していきます。
終わりには，はね返り係数が絡む，衝突の問題も扱っていきます。

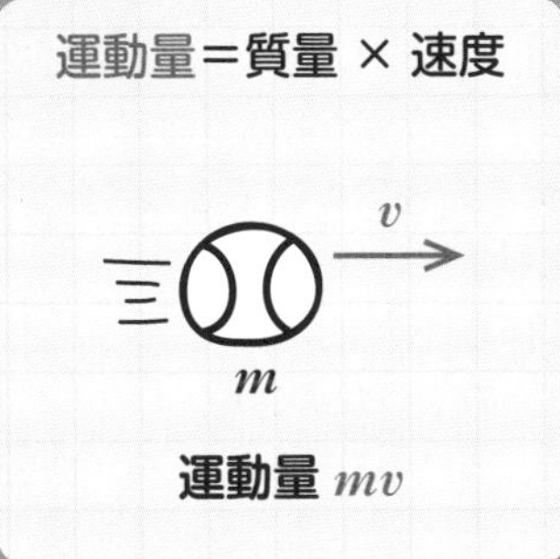

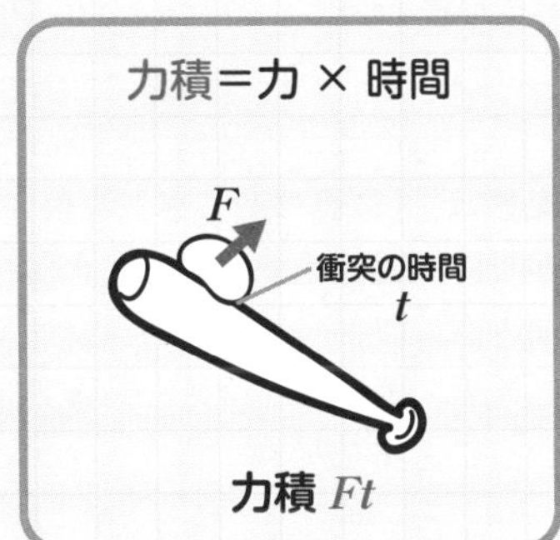

運動量と力積の間には

$$mv' - mv = Ft$$

$$m_A v_A + m_B v_B = m_A v_A' + m_B v_B'$$

の関係が成り立つ！

あとでこの2つの式については説明するぞい

この関係を使うと…

物体にはたらいた力がわからなくても，衝突後の物体の速度がわかってしまう！

6-1 運動量と力積

ココをおさえよう！

運動量mvと，力積Ftの間には，「力積＝運動量の変化」，すなわち「$Ft = mv' - mv$」という関係が成り立つ。

運動量は，**「運動の激しさ」を表す物理量で，質量と速度の積で定義されます**。
つまり，**運動量をPとすると，「$P = mv$」となります。**
人間とダンプカーでは，質量mがダンプカーのほうが大きいので，
同じ速度で運動していたら，運動量はダンプカーのほうが大きい，
ということになりますね。

次は，力積です。**力積**とは，**力と，力のはたらいた時間の積で表される物理量**です。
したがって，**力積をIとすると，「$I = Ft$」となります**。

運動量と力積の2つの物理量は，ある関係によって結びつけられているのです。
その関係を求めてみましょう。

質量mの物体が，t秒間だけ力Fを受けて，速度vからv'に変化したとします。
すると，この物体の加速度は$a = \dfrac{v' - v}{t}$と表されます。
よって，物体の運動方程式は$F = m\underbrace{\dfrac{v' - v}{t}}_{a}$となりますね。
この運動方程式を変形すると，$Ft = mv' - mv$という等式が得られます。
左辺は力積，右辺は「(力が加わった後の運動量) − (力が加わる前の運動量)」，
すなわち運動量の変化を表します。
つまり，運動量と力積の間には**「力積＝運動量の変化」**の関係が成り立つのです。

少し物理を勉強した人の中には，「運動量と力積」は，ちょっとつかみどころがないというか，モヤモヤした印象を受けてしまう人もいると思います。
しかし，物体の運動の考えかたの1つという意味では，運動量と力積は，
運動方程式やエネルギーや等加速度運動などと同じ仲間です。

運動量 …質量と速度の積で定義され，運動の激しさを表す。

力積 …力と力のはたらいた時間の積。

例 質量 m の物体が t 秒間，力 F を受け，速度が v から v' に変化したとき。

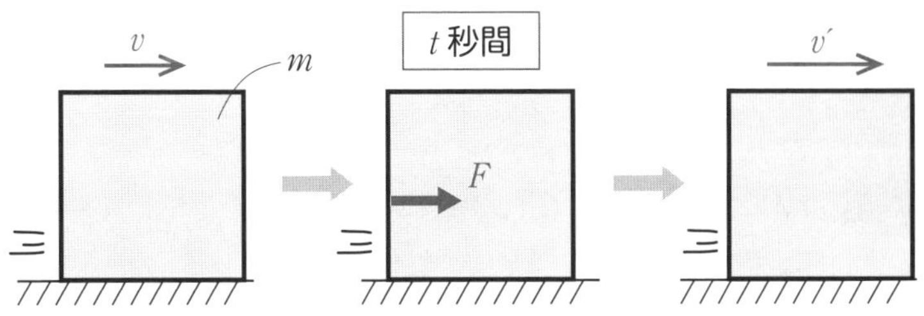

物体の加速度は $a=\dfrac{v'-v}{t}$ なので運動方程式は

$$F=m\underbrace{\frac{v'-v}{t}}_{a}$$

これを変形すると

$$\underbrace{Ft}_{\text{力積}}=\underbrace{mv'-mv}_{\text{力がかかる前後の運動量変化}}$$

問6-1 質量mの物体が，初速度0で，t秒間だけ重力mgを受けて加速した。

(1) 加速後の物体の速度をvとして，運動量の変化と力積の関係式を立てよ。

(2) vを求めよ。

解きかた (1) 最初の運動量は，初速度が0なので0，加速後の運動量はmvですね。

ここではmgがFに相当しますから，力積Ftは，mgtとなります。

したがって，「運動量の変化＝力積」の関係式は　$\boldsymbol{mv-0=mgt}$ …答

(2) (1)で求めた等式の両辺をmで割って　$\boldsymbol{v=gt}$ …答

こんな関係式を立てなくても，vの値は等加速度運動の式から$v=gt$と得られますが，「運動量と力積も，運動の考えかたの1つだ」と知ってほしかったので，問題として扱ってみました。

問6-2 質量20 kgの物体が速さ5.0 m/sで運動している。この物体に一定の力を4.0秒間加えたところ，物体は静止した。物体に加えた力の大きさを求めよ。

解きかた 物体に加えた力をFとし，運動量と力積の関係式を立てて，Fを求めます。

ここでは，5.0 m/sという値は「速度」ではなく「速さ」で与えられているので，符号に注意しなければなりません。

力を加える向きを正の向きとすると，物体が最初に運動していた向きは，力と逆向きでないとおかしい（静止しない）ので，負の向きになります。

よって，物体の最初の運動量は

$$20\times(-5.0)\,(\mathrm{kg\cdot m})/\mathrm{s}$$

と，負の符号がつきます。

したがって，運動量と力積の関係式は

$$\underbrace{0}_{\text{後の運動量}}-\underbrace{20\times(-5.0)}_{\text{前の運動量}}=\underbrace{F\times4.0}_{\text{加えた力積}}$$

これより　$F=\mathbf{25\ N}$ …答

運動量と力積は，速度などと同様に，方向を考える必要があります。

今回は左右の方向を考えなければならない問題でした。

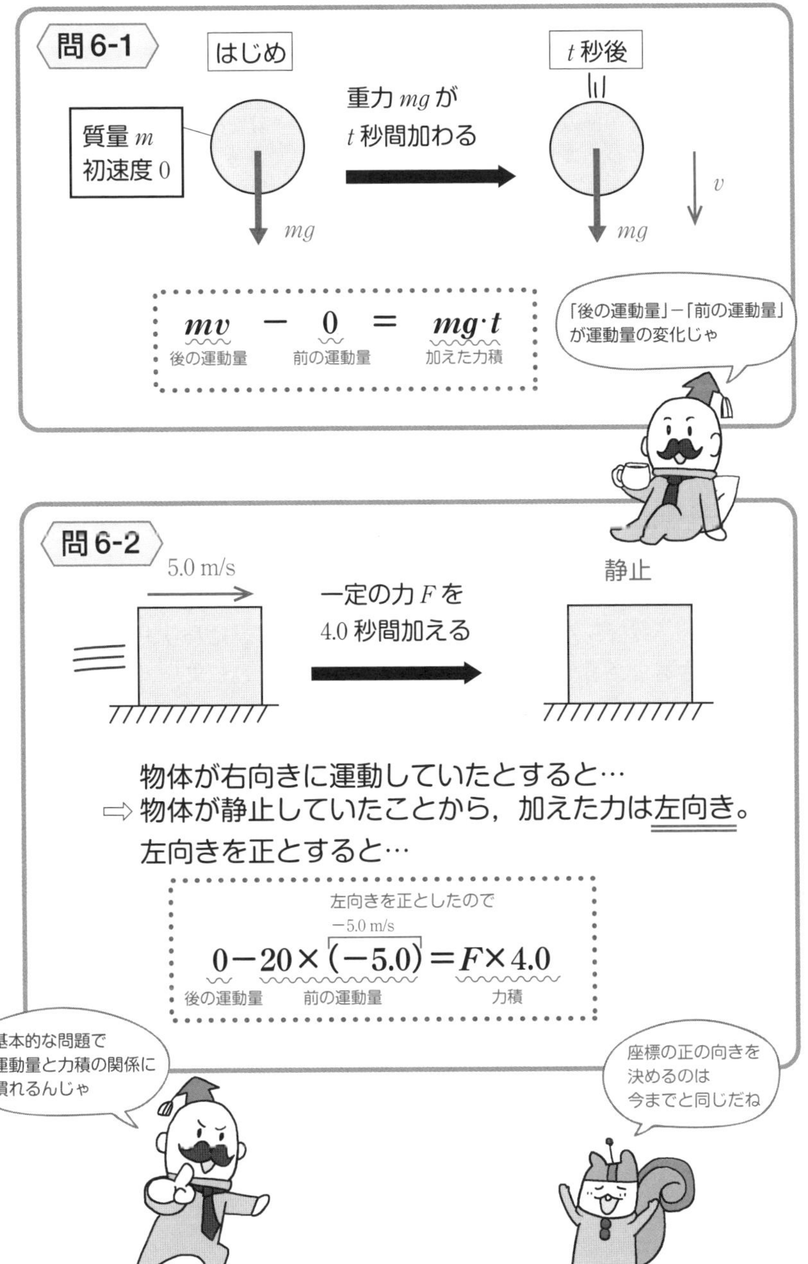
問6-1
はじめ
質量 m
初速度 0
mg
重力 mg が
t 秒間加わる
t 秒後
v
mg
$mv - 0 = mg \cdot t$
後の運動量
前の運動量
加えた力積
「後の運動量」−「前の運動量」
が運動量の変化じゃ
問6-2
5.0 m/s
一定の力 F を
4.0 秒間加える
静止
物体が右向きに運動していたとすると…
⇨ 物体が静止していたことから，加えた力は左向き。
左向きを正とすると…
左向きを正としたので
−5.0 m/s
$0 - 20 \times (-5.0) = F \times 4.0$
後の運動量
前の運動量
力積
基本的な問題で
運動量と力積の関係に
慣れるんじゃ
座標の正の向きを
決めるのは
今までと同じだね

問6-3 右ページの図のように，水平面上を質量mの小球が，速さv_0で運動している。この小球をはね返したところ，小球は，逆向きに速さvで運動し始めた。はね返される際，小球が受けた力積の大きさを求めよ。

力積はFtで表されるとお教えしましたが，ここではFもtも与えられていません。しかし「力積＝運動量の変化」の関係を使うことで，力積を求めることができます。つまり，力積を求めるときに，必ずしも力と時間が必要になるわけではないのです。

また，この問題では，物体の運動の向きが逆向きに変化しています。
このような場合は，正の向きを決めて，正負の符号を考えなくてはいけませんね。

では，見ていきましょう。
右向きに動いていた物体が，左向きに動くようになったのですから，
力は図の左方向にはたらいたということです。
したがって，小球は，左向きに力積を受けたということになります。
力積の大きさを求めるのですから，左向きを正の向きとしましょう。

解きかた 左向きを正とすると，前の運動量は$-mv_0$，後の運動量はmv
よって，力積をIとすると，運動量の変化と力積の関係は

$$I = mv - (-mv_0) = m(v + v_0)$$

したがって，小球が受けた力積は $\boldsymbol{m(v+v_0)}$ …**答**

「力積＝運動量の変化」の関係は「仕事＝運動エネルギーの変化」の関係に似ていますが，中身は違います。
「仕事＝運動エネルギーの変化」は「速度と力と『距離』」の関係式であるのに対し，
「力積＝運動量の変化」は「速度と力と『時間』」の関係式です。
したがって，「距離」が与えられた場合は前者，「時間」が与えられた場合は後者の関係を使うことになります。
どういうシチュエーションで，エネルギーではなく運動量を使うのか，ということを意識して勉強していきましょうね。

この問題のポイント

●力や時間が与えられていない。

⇨ 運動量の変化を使って力積を求める。

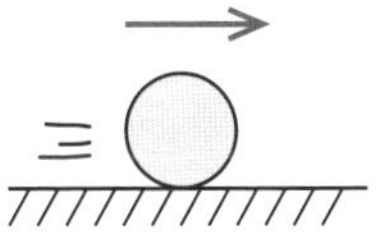

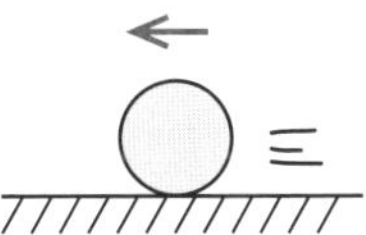

●右向きに運動していた小球が，左向きに運動し始めた。

⇨ 小球は左向きに力積を受けた。

●力積の大きさを求めたい。

⇨ 計算して出てくる力積を正の値にしたいので，
左向きを正の向きとする。

左向きを正とすると…

$$I = mv - m(-v_0)$$

I：力積　mv：後の運動量　$m(-v_0)$：前の運動量（$-v_0$：右向きなので負の値）

問6-4 正面から速さvで投げられた，質量mのボールを，バットで打ったところ，右ページの図のように，後方へ，地面からの角度60°の方向に，速さ$2v$で飛んでいった。
このとき，バットがボールに与えた力積の大きさと向きを求めよ。

この問題は，先ほどの問題よりも，ちょっとレベルが上がります。
それは，「角度を考えなければならない」という点です。
角度が含まれると，数学の“ベクトルの足し算の知識”が必要になります。

ベクトルの足し算は矢印の重ね合わせです。
$\vec{a}+\vec{b}=\vec{c}$のとき，$\vec{a}$の矢先と$\vec{b}$の始点を合わせ$\vec{a}$の始点から$\vec{b}$の矢先をつなぐと$\vec{c}$になります。

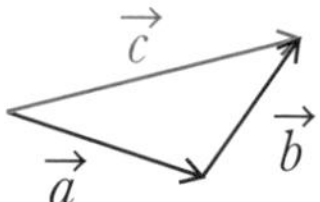

解きかた 前問と同様，「力積＝運動量の変化」の関係を使い，力積を求めていきます。
バットに打たれる前後の運動量の大きさはそれぞれmv，$2mv$です。
これらの運動量を，方向を考慮して矢印で表すと，右ページ①の図のようになります。
そして2つの矢印の根もとを合わせましょう。
これまでと同じように「力積＝後の運動量－前の運動量」を使って考えるのですが，式変形をして「前の運動量＋力積＝後の運動量」としてみましょう。
矢印をつなぎ合わせるのがベクトルの足し算ですから，
前の運動量と力積の矢印を足すと後の運動量になるということです。
そうすると力積は右ページ②の図のようになりますね。
力積の大きさは三角形から計算して$\sqrt{3}mv$，
その向きは地面から90°の方向 …答

後の運動量＋（－前の運動量）のベクトルの足し算をして力積を求めてもよいです。

数学でベクトルを習っていない人はちょっと難しく感じたかもしれませんが，
このような方向を考慮した運動量の求めかたもマスターしていきましょう。

問6-4

運動に角度が含まれているときは，
矢印をかいて運動量変化を考える。

① 前後の運動量を矢印で表す。

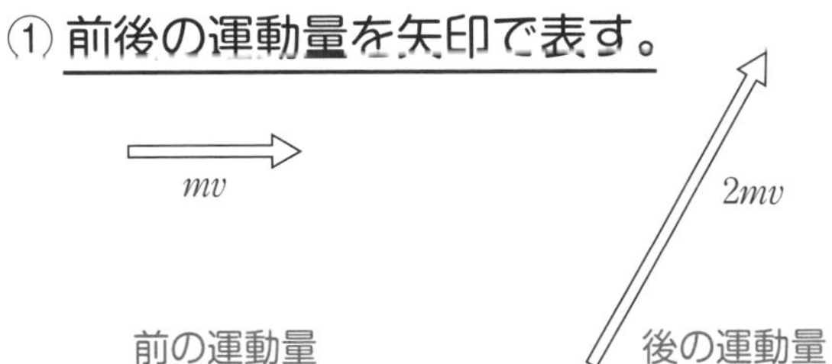

② 2本の矢印の根もとを合わせ
前の運動量＋力積＝後の運動量と考える。

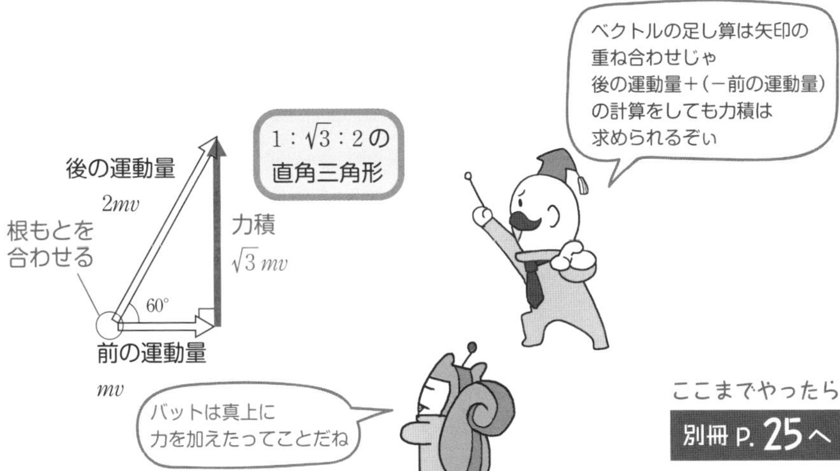

ここまでやったら
別冊 P. 25へ

6-2 運動量保存則

ココをおさえよう！

作用・反作用の力のみがはたらく物体の運動量の和は保存される。これを運動量保存則という。

質量m_Aの物体Aと，質量m_Bの物体Bがそれぞれ速度v_A，v_Bで運動しています。
これらの物体が衝突し，作用・反作用によりそれぞれ力F，$-F$を受けました。
力がはたらいた時間（衝突していた時間）はtで，
その結果，物体Aと物体Bの速度は，v_A'，v_B'になったとします。
そうすると，この2物体についての運動方程式$F=ma$は以下のようになりますね。

$$物体A：F=m_A\underbrace{\frac{v_A'-v_A}{t}}_{加速度}$$

$$物体B：-F=m_B\underbrace{\frac{v_B'-v_B}{t}}_{加速度}$$

2式の両辺にtを掛け，辺々を足し合わせて整理すると，以下の等式が得られます。

$$\boldsymbol{m_Av_A+m_Bv_B=m_Av_A'+m_Bv_B'}$$

この等式は「**力がはたらく前と後の運動量の和が等しい**」ということを表します。
ここまでの説明をまとめると次のようになります。

物体に，外からは力がはたらかず，作用・反作用の力のみがはたらくとき，
それらの物体全体の運動量の和は保存する。

この法則を**運動量保存則**といいます。
「作用・反作用の力のみがはたらく」というのがポイントです。
外から力がはたらいた場合，この法則は成り立ちませんよ。
（4-3で説明した，物体の一体化と同じ条件ですね）

式だけを見ると，力学的エネルギー保存則に似ています。
しかし，この2つの保存則は適用できる条件が異なるため，似て非なるものです。
力学的エネルギー保存則が適用できる条件は「摩擦力や空気抵抗がない」でしたね。
それに対し，運動量保存則は「**作用・反作用の力のみがはたらく**」です。
ですから，運動量保存則は摩擦力などがはたらいていても適用できる場合があります。

v_A，v_B で運動する
2 物体が

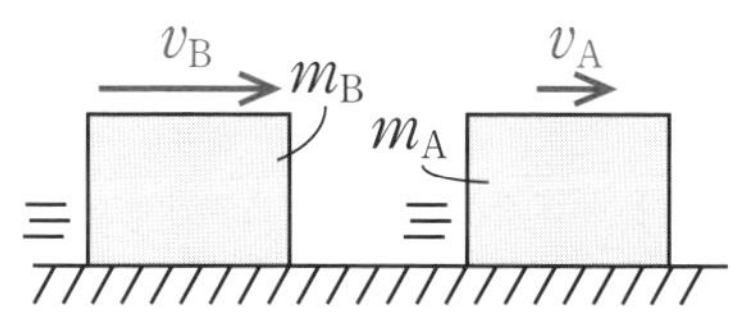

衝突し，作用・反作用の力を
t 秒間及ぼし合い

v_A'，v_B' で運動
するようになった。

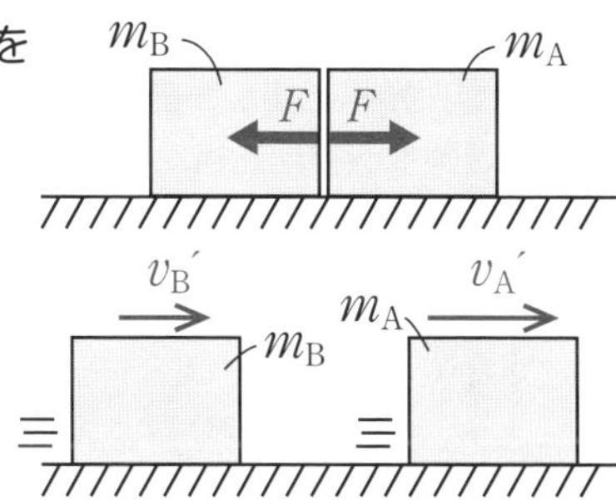

右向きを正とすると…

物体 A の運動方程式：$F = m_A \dfrac{v_A' - v_A}{t}$

物体 B の運動方程式：$-F = m_B \dfrac{v_B' - v_B}{t}$

加速度

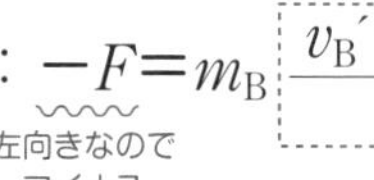

2 式より

運動量保存則

$$\underbrace{m_A v_A + m_B v_B}_{\text{前の運動量の和}} = \underbrace{m_A v_A' + m_B v_B'}_{\text{後の運動量の和}}$$

「作用・反作用の力のみがはたらく」
という条件で成立する法則じゃ

使えないときもあるのか
気をつけないとね

問6-5 右ページの図のように，速度3.0 m/sで運動している質量2.0 kgの小球Aが，速度−1.0 m/sの質量1.0 kgの小球Bに衝突すると，小球Bが速度2.0 m/sで運動し始めた。衝突後の小球Aの速度を求めよ。

衝突の問題です。物体どうしが衝突する際には，作用・反作用の力しかはたらきませんから，運動量保存則を適用することができます。

解きかた 図の右向きを正の方向とし，衝突後の小球Aは，右向きに速度vで運動したとすると，運動量保存則より

$$\underbrace{2.0\times3.0+1.0\times(-1.0)}_{\text{前の運動量の和}}=\underbrace{2.0v+1.0\times2.0}_{\text{後の運動量の和}}$$

これを解いて　$v=$ **1.5 m/s** …答

補足 **もし，小球Aが衝突後に左に動いていた場合，vの値は負になります。とりあえず正の向きに動くと仮定しておくと解きやすいですよ。**

問6-6 質量Mの物体が静止している。この物体が破裂し，右ページの図のように質量mの部分と，質量$M-m$の部分に分かれ，お互いに逆方向に飛び散った。質量mの部分が速さvで飛び散ったとすると，質量$M-m$の部分の速さはいくらか。

分裂の問題です。物体が分裂するときにはたらく力は，イメージしづらいかもしれませんが，作用・反作用の力なのです。
このことは，事実として頭に入れておくといいでしょう。
ということは，運動量保存則が使えますね。
最初，物体は静止していますから，運動量は0であることに気をつけましょう。

解きかた 求める速さをVとし，質量mの部分が飛んでいく方向を正の向きとすると

$$\underbrace{0}_{\text{前の運動量の和}}=\underbrace{mv+(M-m)(-V)}_{\text{後の運動量の和}}$$

←お互いに逆方向に飛び散ったので$-V$としないといけない

これを解いて　$V=\dfrac{\boldsymbol{m}}{\boldsymbol{M-m}}\boldsymbol{v}$ …答

分裂や衝突の瞬間にはたらく力はわかりません。
ですから，分裂や衝突に関する問題は，運動量保存則を使わなければなりませんね。
なんとなく，どういう問題で運動量を用いればいいかがわかってきましたか？

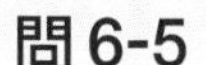

衝突

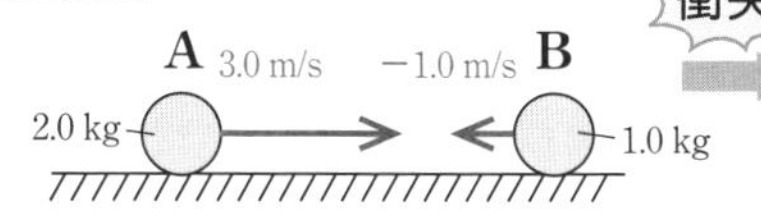

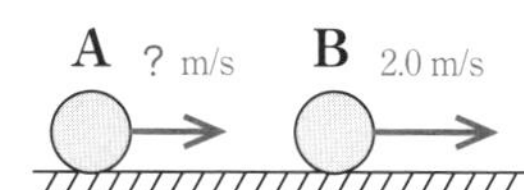

$$\underbrace{2.0\times3.0+1.0\times(-1.0)}_{\text{前の運動量の和}}=\underbrace{2.0v+1.0\times2.0}_{\text{後の運動量の和}}$$

衝突のときに
はたらいた力を
求めなくても，
答えが出せるんだね！

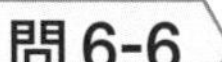

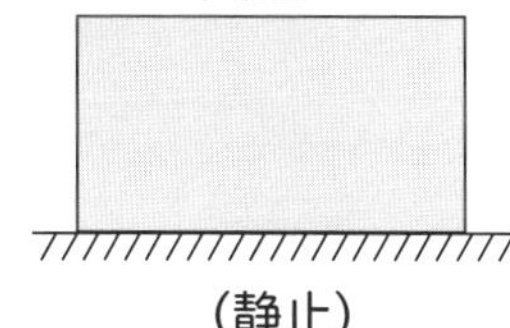

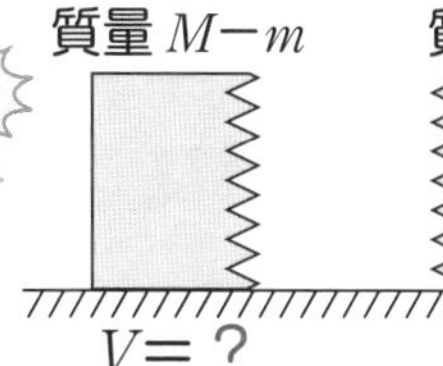

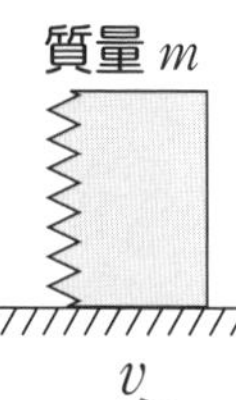

Point 分裂も作用・反作用の力しかはたらいていない。

➡ **運動量保存則を使える！**

$$\underbrace{0}_{\text{前の運動量の和}} = \underbrace{mv+(M-m)(-V)}_{\text{後の運動量の和}}$$

衝突・分裂の問題では
まず，間違いなく
運動量保存則を
使うものと思ってよいぞ

分裂のときも
運動量が保存
されることは
覚えておくよ

〈問6-7〉 滑らかな水平面上に質量Mの物体が置いてあり，その物体の上で，質量mの物体を初速度vで運動させた。2物体の間には摩擦力がはたらく。しばらく経つと，2つの物体は，一体となって運動を始めた。一体化したあとの，物体の速さを求めよ。

実は，この問題にも運動量保存則が適用できます。
物体間にはたらく摩擦力が，作用・反作用の力だということに気づくことができるかどうかがポイントです。

〈解きかた〉 一体化したあとの物体の速さをVとします。
最初，質量mの物体しか運動していないので，2物体の運動量の合計はmv
その後，摩擦力がはたらいたことで，2物体が一体となって運動し始めたときの，運動量の合計は　$MV+mV=(M+m)V$
したがって，運動量保存則を使うと，以下の等式が導かれます。

$$mv=(M+m)V$$

mv：最初の運動量
$(M+m)V$：一体化後の運動量

これより　$V=\dfrac{m}{M+m}v$ …答

この問題で，力学的エネルギー保存則を使って
$\dfrac{1}{2}mv^2=\dfrac{1}{2}(M+m)V^2$としてはいけませんよ。
物体間には摩擦力がはたらいているので，
熱エネルギーとして失われたエネルギーが少なからずありますからね。

このように，全体として**「力学的エネルギーは保存されないけれど，運動量は保存される」**というシチュエーションもあります。
そういうときには，運動量が非常に役立ちますね。

6

問6-7

質量 m の物体を
質量 M の物体上で
運動させる

m　v　M

摩擦力によって
質量 m の物体は減速し，
質量 M の物体は加速する

作用・反作用の力

下の物体が
加速するのは
摩擦力の
せいだね

最終的に質量 m の物体が
質量 M の物体上で静止し，
一体となって運動する

V

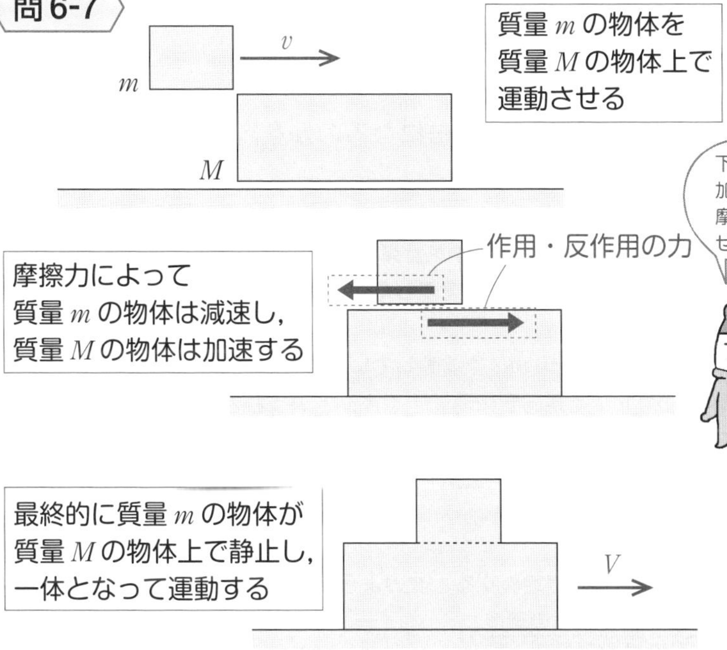

Point 物体間には作用・反作用の力しかはたらいていない。

➡ **運動量保存則を使える！**

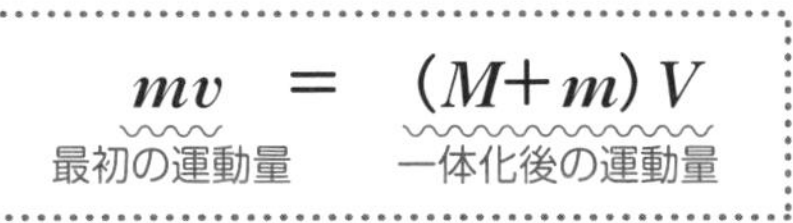

ここまでやったら
別冊 P. 27へ

6-3 反発係数

ココをおさえよう！

物体の速さが，衝突前後で何倍になるのかを表す数値を，
反発係数と呼ぶ。

反発係数（はね返り係数）とは，**物体が衝突してはね返ったあと，物体は衝突前の速さの何倍で逆向きに運動するのかを表したもので，e（$0 \leqq e \leqq 1$）を用いて表されます**。

例えば，$e = 0.50$ は，速さ 10 m/s で運動している物体は，
衝突後には速さ 5.0 m/s で逆向きに運動するよ，というわけですね。
したがって，反発係数は以下のように定義できます。

$$e = \frac{\text{（衝突後の物体の速さ）}}{\text{（衝突前の物体の速さ）}}$$

「速さ」ではなく「速度」で定義すると次のようになります。

$$e = -\frac{\text{（衝突後の物体の速度）}}{\text{（衝突前の物体の速度）}}$$

マイナスがつくのは，衝突前後で向きが逆になることに対応しています。
e は正の数で定義されていますし，衝突したら普通は逆向きになるので，
右辺にマイナスをつけるのです。

反発係数の式を変形すると，以下のようになります。

（衝突後の物体の速度）＝－e×（衝突前の物体の速度）

簡単にいうと，「衝突すると**速さが e 倍になり向きが逆になる**」ということです。
「v で近づいたものが，ev で遠ざかる」というと感覚的に理解しやすいですね。

また，$e = 1$ の衝突は**（完全）弾性衝突**
$0 < e < 1$ の衝突は**非弾性衝突**
$e = 0$ の衝突は**完全非弾性衝突**　といいます。

衝突の問題では，普通は力学的エネルギー保存則を使いませんが，
「（完全）弾性衝突では，運動エネルギーが失われないため，力学的エネルギーが保存される」ということは覚えておいてください。
よって，$e = 1$ の**（完全）弾性衝突のときは，力学的エネルギー保存則が使えます**。
問題を解くときに“（完全）弾性衝突”という言葉があったら，
「力学的エネルギー保存則が使えるな」と思っておいてください。

反発係数 … 物体の速さが衝突前後で何倍になるかを示す数値。
e で表される。

反発係数が e のとき，速さ v の物体は
衝突後，速さ ev で運動する。

衝突の種類

$e=1$ ⇨ （完全）弾性衝突（はね返っても速さは同じ）

$0<e<1$ ⇨ 非弾性衝突（はね返ったら速さは e 倍）

$e=0$ ⇨ 完全非弾性衝突（はね返らず，止まってしまう）

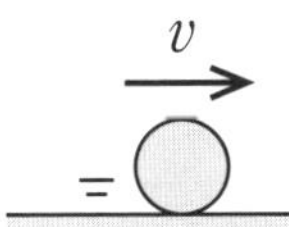

壁に衝突するような場合は，先ほどのような定義で反発係数は求められます。
では，ともに運動している物体どうしが衝突する場合はどうなるのでしょうか。

右ページの図のように，速度v_A，v_Bで運動する2つの物体が衝突し，速度v_A'，v_B'になったとすると，反発係数は，次のように表されます。

$$e = -\frac{v_A' - v_B'}{v_A - v_B}$$

なぜこのような式になるのでしょうか。
ちょっとわかりにくいかもしれないので，こうやって考えましょう。
衝突される側の物体に自分を乗せて考えるのです。
衝突される側の物体Bに自分を乗せると，物体Aは$v_A - v_B$で自分（物体B）に近づきます（**相対速度は，「自分を引く」**と1-6で学びましたね）。
そして衝突後には，物体Aは$v_A' - v_B'$で自分（物体B）から遠ざかっていきます。

それを分母・分子に分けたのが，反発係数$e = -\frac{v_A' - v_B'}{v_A - v_B}$です。
2物体の衝突のときは，この「近づく速さ」と「遠ざかる速さ」の考えかたを使って反発係数を考えた，というわけなんです。
（$v_B = 0$，$v_B' = 0$とすると，壁との衝突の場合と同じ式になります）

マイナスがつくのは，Bから見たAの相対速度が衝突前後では逆向きだからです。
近づいてきて衝突したものが，衝突後も近づいてくることはないですよね？
近づいたものが遠ざかるということは，$v_A - v_B$の値と$v_A' - v_B'$の値は正負が逆ということですが，eの値は正で定義されているのでマイナスをつけるのです。

ちょっとややこしいかもしれません。
p.170の〈問6-8〉や，別冊の例題を解いてみて慣れてください。
必ず座標軸の正の向きをまず設定することを忘れないでくださいね。

2 物体の衝突の反発係数

➡「近づく速さ」と「遠ざかる速さ」で考える。

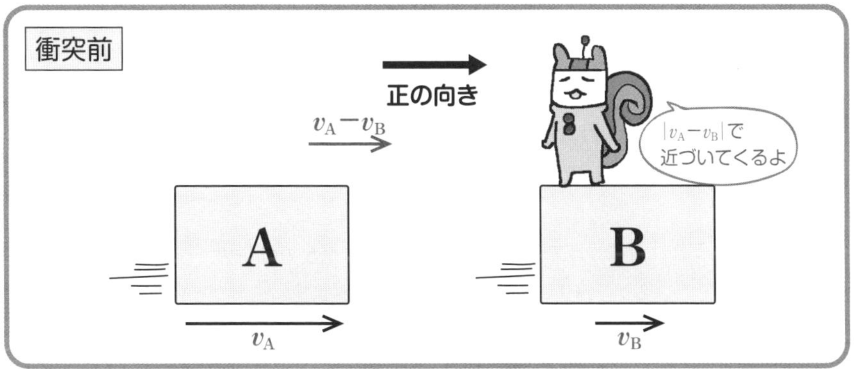

「近づく速さ」と「遠ざかる速さ」の比を使って
反発係数を考えると…

マイナスを
忘れてはならんぞい！

$$e = -\frac{v_A' - v_B'}{v_A - v_B}$$

〈問6-8〉 質量2.0 kgの物体Aと，質量3.0 kgの物体Bがある。物体Aが速度6.0 m/sで，物体Bが速度−4.0 m/sで運動しており，衝突した。衝突後の物体A，Bの速度を，それぞれ求めよ。この衝突の反発係数は0.50とする。

求める速度をそれぞれv_A，v_Bとして，右ページ上図のように座標の正の向きを決めて運動の様子を想像しながら進めましょう。

〈解きかた〉 これは衝突の問題で，物体A，Bにはたらく力は作用・反作用の力のみですから，2つの物体の運動量の和は保存されます。

運動量保存則より $\underbrace{2.0 \times 6.0 + 3.0 \times (-4.0)}_{\text{衝突前の運動量の和}} = \underbrace{2.0v_A + 3.0v_B}_{\text{衝突後の運動量の和}}$ ……①

次に，反発係数が与えられているので，反発係数の式を立てましょう。

反発係数の式は $0.50 = -\dfrac{v_A - v_B}{6.0 - (-4.0)}$ ……②

①，②を連立して解くと $\boldsymbol{v_A = -3.0\ \mathrm{m/s}}$，$\boldsymbol{v_B = 2.0\ \mathrm{m/s}}$ …答

右ページの図ではv_Aの矢印は右向きですが，$v_A = -3.0$ m/sなので正しくは左向きということです。
でも，計算をするときはv_Aとv_Bの向きはとりあえず，座標の正の向きにしておくと，$v_A - v_B$と考えればいいのでラクです。

このように，衝突の問題では運動量保存則と反発係数の式を連立して速度を求めさせることが多いです。

慣れないうちは，反発係数の式を立てるのに苦労すると思います。
反発係数の式のポイントは次の3つです。

① $0 \leqq e \leqq 1$なので，衝突後が分子。
② 「A−B」か「B−A」かを，分母・分子でそろえる。
③ 全体にマイナスをつける。

上の問題では，分母・分子とも「Aの速度−Bの速度」で計算しましたね。
「Bの速度−Aの速度」で分母・分子をそろえても，ちゃんと求められます。
ややこしくなったときでも，このルールを守り，あとは速度の符号さえ間違えなければ答えは出るので，覚えておきましょう。

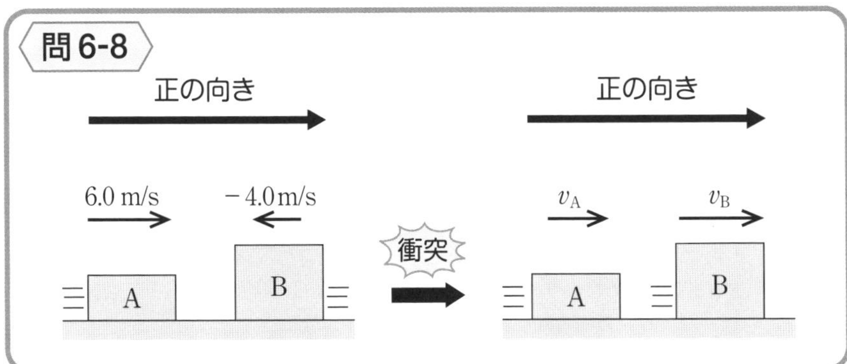

〈衝突の問題のポイント〉

運動量保存則の式と反発係数の式を両方立てる。

運動量保存則：$2.0\times6.0+3.0\times(-4.0)=2.0v_A+3.0v_B$

反発係数の式：$0.50=-\dfrac{v_A-v_B}{6.0-(-4.0)}$

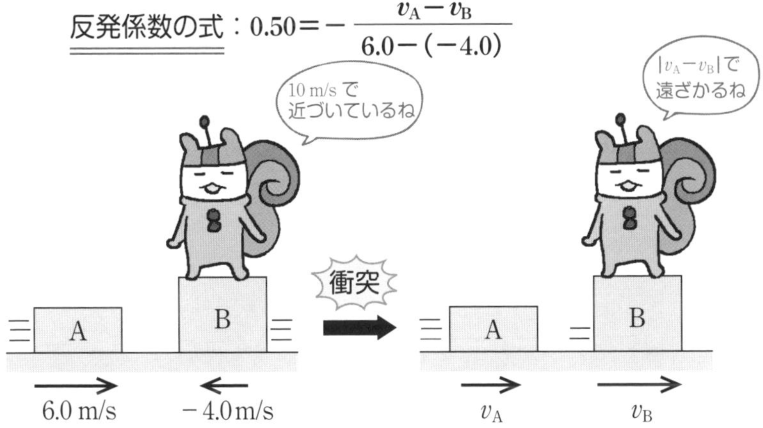

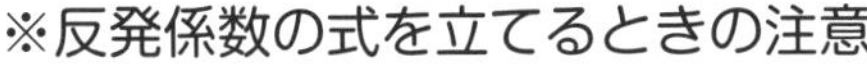

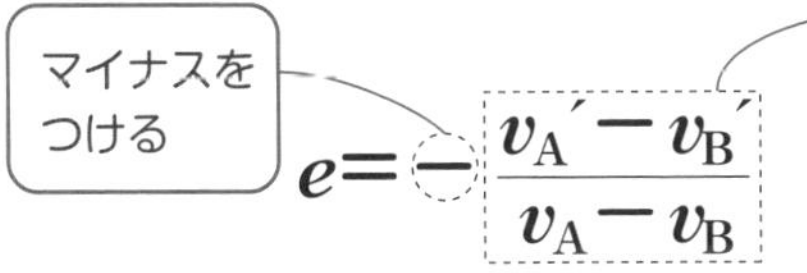

$$e=-\frac{v_A'-v_B'}{v_A-v_B}$$

「引くほうの物体」と
「引かれるほうの物体」を
分母・分子でそろえる

このChapterの最後に，力学的エネルギー保存則と運動量保存則を両方使わなければならない，ちょっと難しい問題をやってみましょう。

問6-9 右ページ上図のように，ばね定数kのばねに，質量Mの板がついている。質量mの物体が速さvで板に衝突したところ，板と物体は一体となった。摩擦は無視できるものとして，以下の問いに答えよ。

(1) 一体となった直後の，板と物体の速さVを求めよ。

(2) ばねが最も縮んだときの，ばねの自然長からの縮みxを求めよ。

解きかた (1) この設問は，次のようにいい換えることができます。

「速さvで運動する質量mの物体が質量Mの板に衝突した。衝突後，2物体は一体となって運動し始めた。一体となったあとの，2物体の速さを求めよ。」

このとき，物体と板には衝突の瞬間に作用・反作用の力がはたらきます。したがって，運動量保存則を使うことができます。運動量保存則より

$$mv + 0 = (M + m)V \qquad \boldsymbol{V = \frac{m}{M + m}v} \cdots \text{答}$$

(2) 衝突後は，板と物体を1つの物体と考えれば，単なるばねの伸縮運動です。つまり，エネルギー保存則が使えます。力学的エネルギー保存則より

$$\frac{1}{2}(M + m)V^2 = \frac{1}{2}kx^2 \qquad x = V\sqrt{\frac{M + m}{k}}$$

Vは，小問の(1)で設定された文字ですのでそのまま使ってはいけません。解答に使う文字は，全体の問題文の中で与えられたものにするのが原則です。ですから，これに先ほど求めたVを代入して

$$\boldsymbol{x = mv\sqrt{\frac{1}{(M + m)k}}} \cdots \text{答}$$

力学的エネルギー保存則と，運動量保存則を両方用いて解く場合は，どちらの保存則を適用するのか，状況を見て判断する必要がありますね。

(1)で力学的エネルギー保存則を用いてはいけません。（完全）弾性衝突ではないので，衝突の際にエネルギーが音や熱など，計算できないものに変換されるためです。

「作用・反作用の力のみがはたらいている」→運動量保存則を使える

「（完全）弾性衝突」→運動量保存則も力学的エネルギー保存則も使える

（力学的エネルギー保存則は摩擦力や空気抵抗があると使えない）

というのを理解しておきましょう。

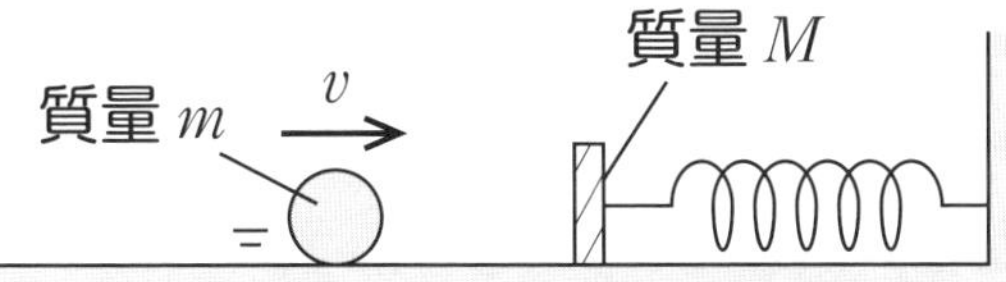

(1)

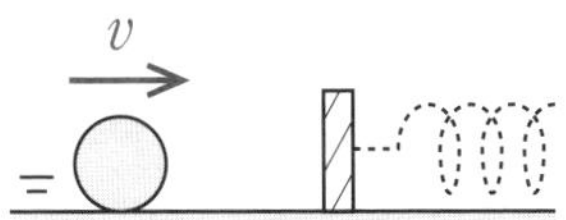

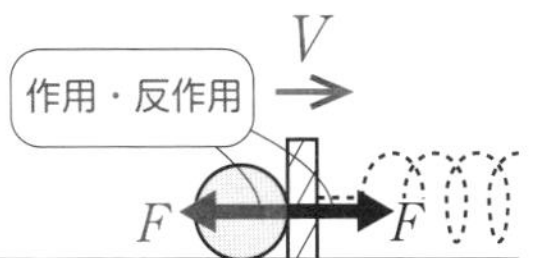

物体と板の衝突問題として考えられるので…

運動量保存則：$mv+0=(M+m)V$

板がばねから受ける力は，
衝突の瞬間は無視
できるんじゃ

(2)

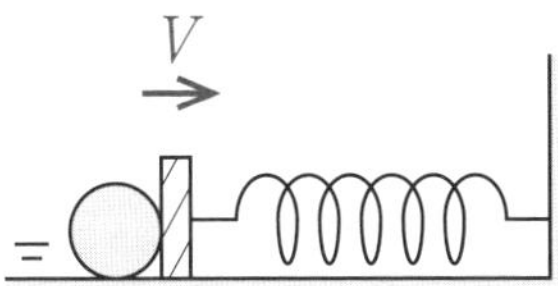

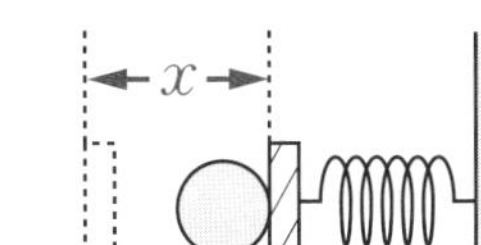

ばねが最も縮んだとき＝運動エネルギーがすべて
弾性エネルギーに変わったとき

力学的エネルギー保存則：$\frac{1}{2}(M+m)V^2=\frac{1}{2}kx^2$

ちょっと難しかったな？
運動量保存則と
力学的エネルギー保存則の
使える条件を覚えて
おこう

ここまでやったら
別冊 P. 28 へ

理解できたものに，☑チェックをつけよう。

- [ ] 運動量はmv，力積はFtで表される。
- [ ] 「力積＝運動量の変化」の関係を使いこなせる。
- [ ] 角度を考える運動量の問題において，矢印を用いた解きかたを理解した。
- [ ] 運動量保存則が適用できるときとそうでないときを区別できる。
- [ ] 運動量保存則を用いて，分裂する物体に関する問題を解くことができる。
- [ ] 反発係数の定義を理解した。
- [ ] （完全）弾性衝突，非弾性衝突，完全非弾性衝突の3つの場合について，それぞれどんな衝突かをイメージできる。
- [ ] 非弾性衝突か完全非弾性衝突の場合，エネルギーが失われてしまうため，力学的エネルギー保存則は使えない（弾性衝突では使える）。
- [ ] 運動量保存則と，反発係数の式を連立させて，衝突の問題を解くことができる。
- [ ] 2物体が衝突して一体化する場合にも，運動量保存則は適用できる。

※リスは木の実を貯蔵するために埋めるのですが，埋めた場所を忘れる性質があります。

Chapter

慣性力がはたらく運動

Chapter 7 慣性力がはたらく運動

はじめに

Chapter2で，力には接触力，重力，**慣性力**，電気的な力などがあると説明しましたが，このChapterでは，その中の慣性力について学んでいきます。

電車が発車したり，急停車したりすると，体が傾き，バランスを崩してしまうことがありますよね。
また，エレベーターが下降し始めるときには，体が浮かび上がるように感じます。
これらは，慣性力がはたらいたために起きた現象です。

「力」というと，接触力や，重力などと同じ仲間ですが，この慣性力という力は，他の力とはちょっと様子が違います。
「物体の運動をどこから見るか」によって，慣性力を考慮するのか，しないのかが決まるのです。

例えば，電車の例でいうと「電車の外から運動を見る」場合は，慣性力は考慮しませんが,「電車に乗りながら運動を見る」場合は, 慣性力を考慮する必要があります。
そういわれてもよくわからないですよね？
慣性力とは，どういうときに考えなければならないのか，
この章でマスターしましょう。

この章で勉強すること

慣性力がどういうときに現れるのか，また，慣性力を考えたときには，物体の運動をどのように扱う必要があるのかを学んでいきます。

慣性力の例

どういうときに慣性力は現れるの？

運動を見ている人が
加速度運動していない。
➡ 慣性力は現れない！

運動を見ている人が
加速度運動している。
➡ 慣性力が現れる！

7-1 慣性力とは？

ココをおさえよう！

観測者が加速度 a で運動しているとき，物体には $-ma$ の慣性力がはたらく。

慣性力というのは，他の力とは違い，ある特別な状況のときのみ考慮する力です。
その特別な状況とは，どのような状況なのでしょうか。

あなたは電車で席に座り，つり革や立っている乗客をぼんやりと眺めています。
そのとき電車が急停車し，つり革は傾き，乗客はよろめきました。
このとき，つり革や乗客には何か新しく力がはたらいたということです。
でも車内で見ていたあなたには，その力が何かは見えません。
この力こそが慣性力なのです。

具体的に説明すると次のようになります。
観測者が加速度 a で運動しているとき，
質量 m の物体には，観測者の加速度とは逆向きに ma の力がはたらいていると考える。この力を慣性力という。

注目してほしい点は「観測者が加速している」という点です。
電車の例でいうと，あなたは電車と同じ加速度で加速していますよね。
この「観測者が加速している」という状況こそが，
慣性力が現れる条件（慣性力を考える条件）なのです。

a は観測者の加速度であること（運動物体の加速度ではありません），
物体にはたらく慣性力の向きは，観測者の加速度と逆向き
というのがポイントです。
つまり，右向きに加速する電車に乗っている人から見ると，
つり革や他の乗客には左向きの慣性力がはたらいているというわけですね。

7-2では，慣性力を実際に使ううえでのポイントを確認していきましょう。

慣性力 …観測者が加速度 a で運動しているときに，質量 m の物体には観測者の加速する方向とは逆向きに ma の力がはたらく。

〈慣性力を考える必要があるとき〉

➡ 観測者が加速度運動している（リスの場合）ときは慣性力を考える！

7

7-2 慣性力がはたらく運動

ココをおさえよう！

慣性力を扱う問題では，次の3ステップを踏む。
- 慣性力を図示する。
- 慣性力以外に物体にはたらく力を図示する。
- 図示した力をもとに，力のつり合いの式か運動方程式を立てる。

例を通して，慣性力の扱いかたについて学んでいきましょう。

加速度aで上昇するエレベーターの天井から，質量mの物体が糸で吊るされているとします。エレベーターに乗っている人の視点で物体の運動を考えて，糸の張力Tを求めてみましょう。

慣性力を扱う問題でやるべきことは，次の3つです。
- **慣性力を図示する。**
- **慣性力以外に物体にはたらく力を図示する。**
- **図示した力をもとに，力のつり合いの式か運動方程式を立てる。**

まず，物体にはたらく慣性力を求めます。
慣性力は，観測者の加速度と逆向きにはたらくということでした。
観測者はエレベーターに乗っていて上向きにaの加速度で加速していますから，
物体には，下向きに大きさmaの慣性力がはたらきます。

慣性力以外には，重力mgと張力Tがはたらくので，それらも図示します。

これらの力をもとに，力のつり合いの式か，運動方程式を立てていきましょう。
観測者から見て，物体が静止しているか等速度運動をしていれば力のつり合い，そうでなければ運動方程式を考えましょう。
今回は，エレベーターに乗っている人から見ると，物体は静止していますから，力のつり合いの式を立てましょう。

物体の力のつり合い：$T = ma + mg$

これで，Tが求められましたね。

【慣性力を図示】

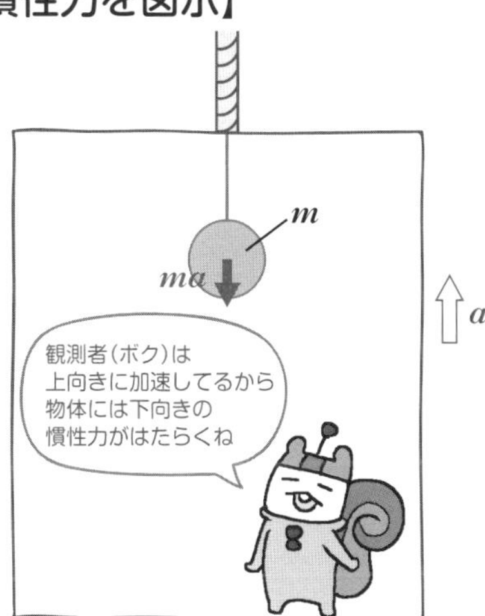

Point 慣性力を扱う問題の3ステップ

- 慣性力を図示。
- それ以外の力を図示。
- 力のつり合いか
  運動方程式を考える。

【慣性力以外も図示】

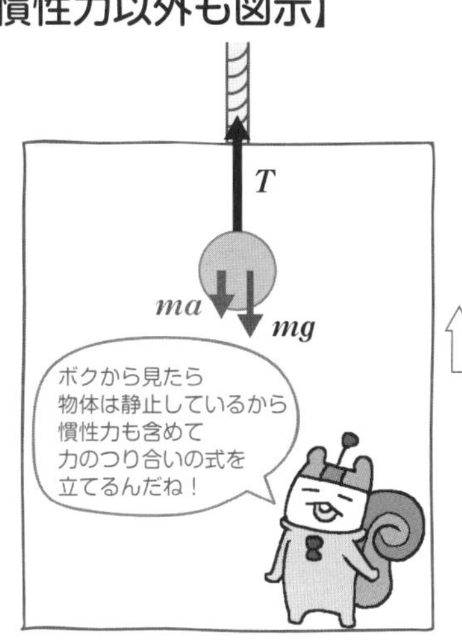

エレベーターに乗っている人から見た物体の力のつり合い

$$T = ma + mg$$

先ほどの例ですが，実は慣性力を考えなくても，張力は求められます。
つまり，観測者が加速していない（エレベーターの外から見ている）状況で運動を考えても解けるということです。
今までと同じようにして，運動方程式を立ててみましょう。

エレベーターの外から見ると，物体はエレベーターと同じ加速度aで運動していますから，物体の運動方程式は，上方向を座標軸の正の向きとすると

$$T-mg=ma$$

これより，$T=ma+mg$となり，先ほどと同じ値が求められます。

この問題では，慣性力を考えても考えなくても，答えを求める手間はほとんど同じだったと思います。
ですが，慣性力で考えたほうが圧倒的に解きやすくなる問題もあります。
そんな場合は，自分（観測者）を加速度運動させて，
慣性力を考慮して問題を解いていきましょう。

例題を通して，慣性力の扱いかたに慣れるとともに，どういうシチュエーションで慣性力を使うべきなのかを確認していきましょう。

慣性力を考えない場合

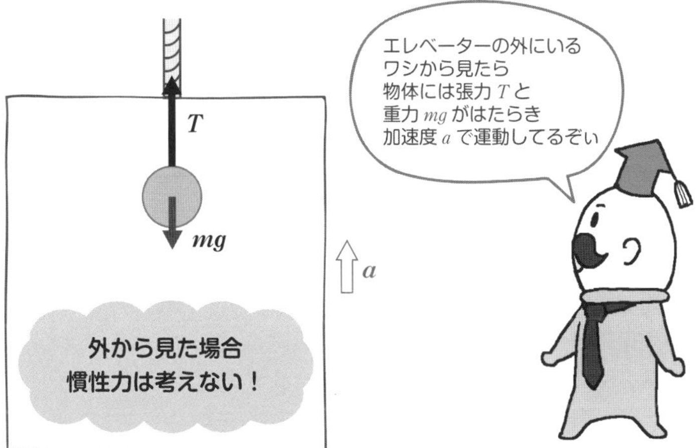

物体の運動方程式：$T-mg=ma$

問7-1 右ページの図のように，加速度aで下降するエレベーターの天井に，質量mの物体が糸で吊るされている。エレベーターが下降しているときに糸を切ると，物体が落下し始めた。最初，物体はエレベーターの床から，高さhの位置にあったとすると，糸が切れてから物体が床に落下するまでにかかる時間はいくらか。

問題の設定がややこしいですが，慣性力を使うことで，簡潔に解答できます。

エレベーター内で，物体がどれぐらいの加速度で落下するのかがわかれば，
あとは等加速度運動の公式を使って，落下までの時間が求められますよね。
ですから，問題を解く方針としては次のようになります。

① エレベーター内の人から見た物体の加速度を求める。
② その加速度を使い，落下までの時間を求める。

解きかた まず，エレベーター内の人から見た物体の加速度を求めます。
その加速度をa'とおきましょう。
エレベーターは加速度aで下降しているので，エレベーターに乗っている人から見ると，物体には上向きに大きさmaの慣性力がはたらきます。そうすると，エレベーター内の人から見た物体の運動方程式は，下向きを正として

$$\underbrace{mg - ma}_{F} = \underbrace{ma'}_{ma'}$$

$$a' = g - a$$

エレベーター内の人から見た物体の落下の加速度は$g - a$とわかりました。

求める時間をtとすれば「物体は高さhの位置から加速度$g - a$で落下したところ，床まで落ちるのにt秒かかった」わけですから，等加速度運動の公式より

$$h = \frac{1}{2}(g - a)t^2$$

これより $t = \sqrt{\dfrac{2h}{g - a}}$ …答

この問題を，慣性力を使わずに解くのは無理がありますよね。
このような，**加速する場所の中で，さらに物体が加速度運動している，という状況では慣性力が非常に役立ちます。**

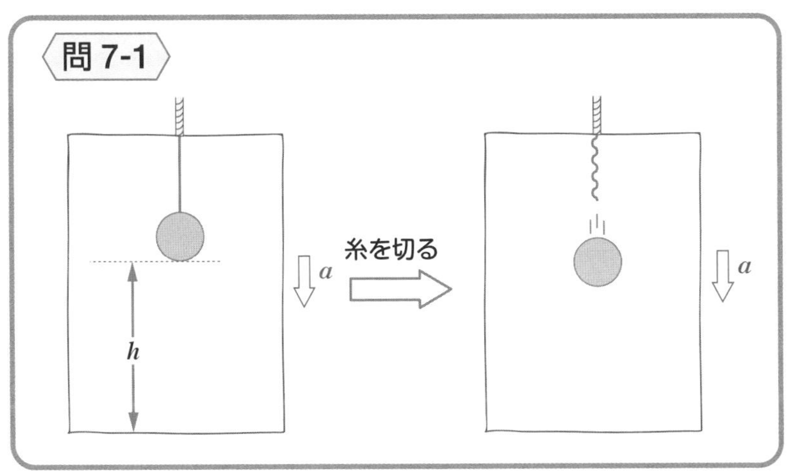

エレベーターの中から見た，物体の落下運動

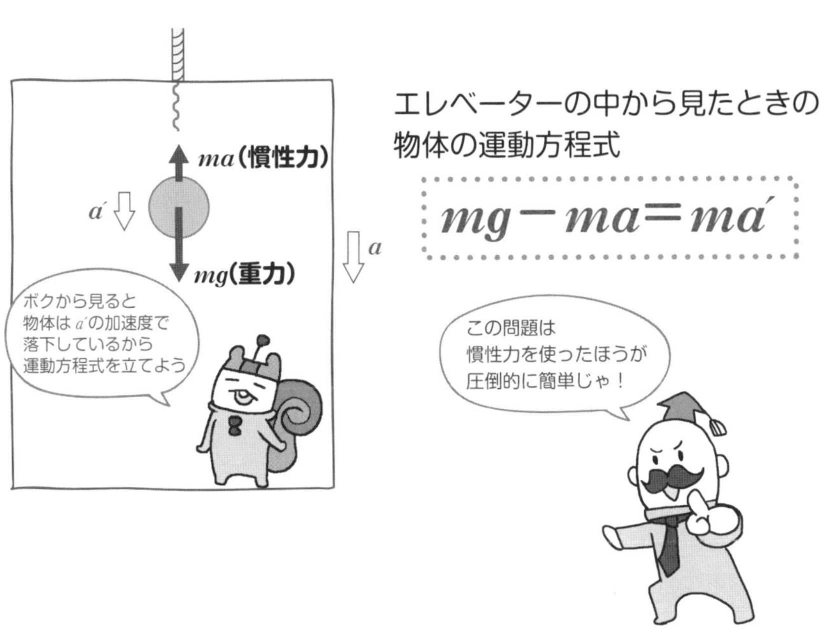

問7-2 右ページの図のように，地面と角θをなす滑らかな斜面台の上に質量mの物体が置いてある。この斜面台を加速度aで図の左方向に運動させた。物体が斜面をのぼり出すための，aの条件を求めよ。ただし，物体と斜面台の摩擦は無視できるものとし，重力加速度の大きさをgとする。

この問題では，斜面に乗っている人の目線で考えていきましょう。

斜面上の人は，左向きに加速度aで運動しますから，斜面上の人から見ると，
物体には，右向きに大きさmaの慣性力がはたらきますね。
慣性力以外には，重力mg，垂直抗力Nがはたらいています。
これらの力を図示すると，右ページ真ん中の図のようになります。

物体が斜面をのぼる条件について考えていきましょう。
斜面台を動かさないときは，物体は重力により，
斜面に平行な下向きの力$mg\sin\theta$を受け，斜面上をすべり落ちていきますね。
そこに，慣性力がはたらくと，
物体には斜面に平行な上向きの力$ma\cos\theta$が加わります。
この「斜面に平行な上向きの力」の大きさが「斜面に平行な下向きの力」よりも大きいとき，物体は斜面上をのぼり出すことになります。

解きかた 斜面に平行な上向きの力が，斜面に平行な下向きの力より大きいときに，物体は上にのぼるので

$$ma\cos\theta > mg\sin\theta$$

これを変形すると，解答すべきaの条件は

$$\boldsymbol{a > g\tan\theta}$$ …答

このような，斜面台が動くような問題でも，慣性力は威力を発揮します。

別冊の問題も解いて，慣性力を使いこなせるようになりましょう。

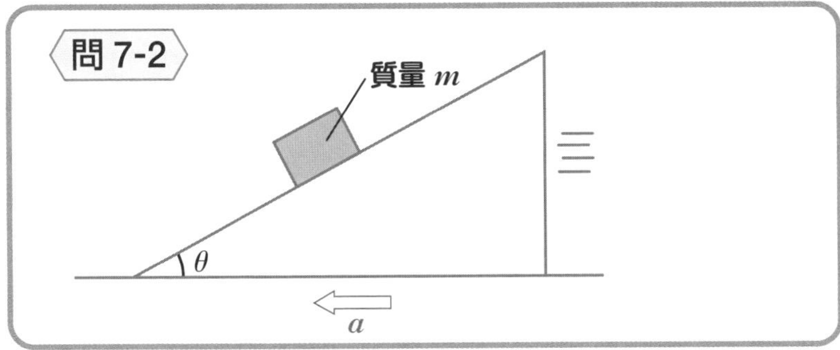

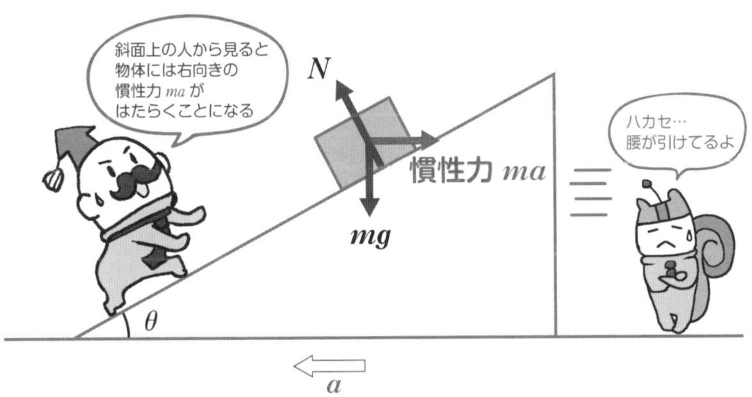

物体がのぼり出すためには？

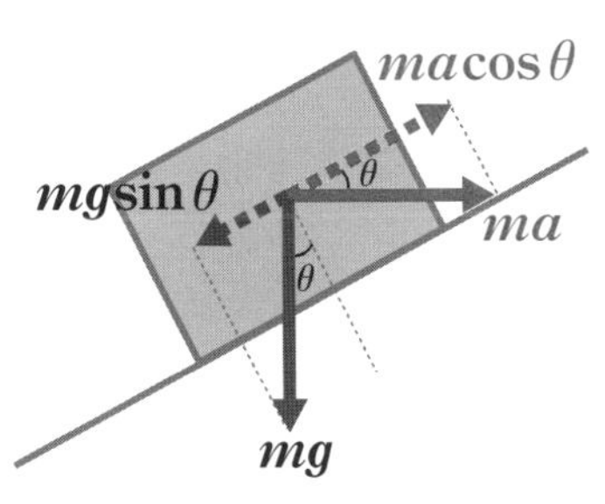

$ma\cos\theta > mg\sin\theta$
であればよい。

ここまでやったら
別冊 p. 31 へ

理解できたものに，☑チェックをつけよう。

- [ ] 加速度aで運動する観測者の目線で運動を考えたとき，質量mの物体には，慣性力maが観測者の運動方向と反対方向にはたらいている。
- [ ] 慣性力がはたらく向きを正確に判断できる。
- [ ] 3つのステップを踏んで，慣性力を考慮した力のつり合いの式or運動方程式を立てることができる。
- [ ] 「エレベーター内で物体を落下させる」というような，加速する場所でさらに加速度運動が発生している場合には，慣性力を使って問題を解く。
- [ ] 斜面台が加速する問題において，慣性力を分解して運動方程式を立てることができる。

Chapter

8

円運動

Chapter 8 円運動

はじめに

円運動とは，文字通り円軌道を描く運動のことです。
身近なものでいえば，ハンマー投げをする人が投げる前に回転しますよね。
あの回転している様子を思い浮かべてください。

この章では「ハンマー投げのような円運動は，物理ではどのようにして扱うのか」
ということを勉強していきます。

円運動ではω（オメガ）で表される「角速度」という量を扱います。
この「角速度」があまりなじみのない物理量であるために，
円運動をちょっと難しくとらえてしまう人もいるのではないでしょうか。

しかし，そう難しく考える必要はありません。
円運動も，今まで勉強してきた運動の仲間です。

しっかりと教えていきますから，頑張ってついてきてくださいね。

この章で勉強すること

最初に，円運動とはどんな運動なのかを勉強していきます。
そして，角速度ωや円の半径rなどからなる関係式を導き出し，運動方程式の円運動版を考えていきます。
また，遠心力という慣性力の1つを使った考えかたもマスターしましょう。

円運動 ➡ 円軌道を描く運動

円運動は今までの運動とどこが違うの？

・物体が円軌道を描く。
・「角速度」という物理量が出てくる。
・物体を円の中心に引っ張る力がある。

8-1 円運動とは？

ココをおさえよう！

円運動をしている物体には向心力がはたらき，円軌道の中心方向に加速度が生じる。

円運動とは，円軌道を描く運動のことです。
円軌道を描く運動は，今まで扱った運動と何が違うのでしょうか？
等速直線運動と等速円運動（同じ速さで動く円運動）を比較することで，
円運動の特徴をつかんでみましょう。

等速直線運動も等速円運動も，同じ「速さ」で動く運動という点では同じですが，
等速直線運動は一直線に同じ方向に進むのに対し，
等速円運動はクルクル回っているので，進む向きが常に変化しています。
円運動はたとえ同じ「速さ」で運動していたとしても，その**「速度」は一定ではないのです**（速度は「向きを考慮した速さ」ですからね）。

速度が変化するということは，円運動をしている物体には，加速度が生じているということになります。
加速度が生じているということは，物体に力がはたらいているということです。
どんな力がはたらいているのでしょうか？

陸上競技のハンマー投げの，投げる前の状況を考えてみましょう。
ワイヤーの先についている鉄球は，円軌道を描き，円運動をしますね。
このとき，鉄球はつながれたワイヤーから張力を受けています。
このワイヤーからの張力こそが，鉄球を円運動させている力なのです。
その証拠にハンマー投げは手をはなしたら鉄球が遠くに飛んでいきますね。
（人が手をはなすと）ワイヤーの張力がなくなり，鉄球が円運動をしなくなるからです。
ワイヤーが中心方向に常に引っ張っていたために，鉄球は円運動していたのです。

鉄球にはたらく力の向きは，もちろん円軌道の中心方向です。
このような**円軌道の中心方向にはたらく，円運動を引き起こす力を向心力といいます。**

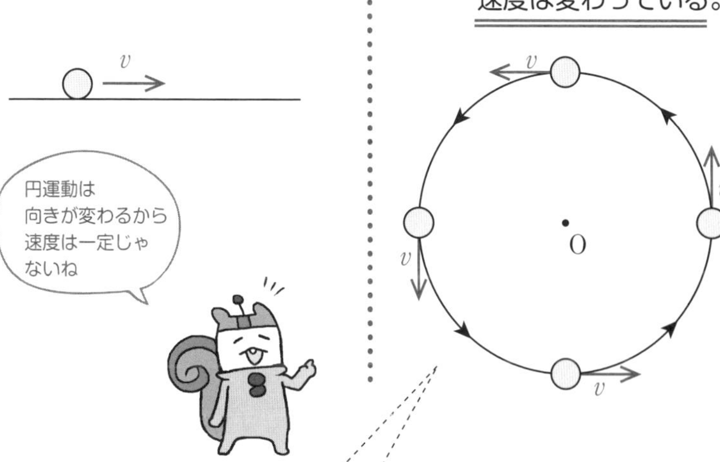

Q 速度変化がある＝加速度が生じている！
加速度を生じさせている力は何か？

A 物体には円軌道の中心方向に
向心力がはたらいている !!

〈例えばハンマー投げの場合〉

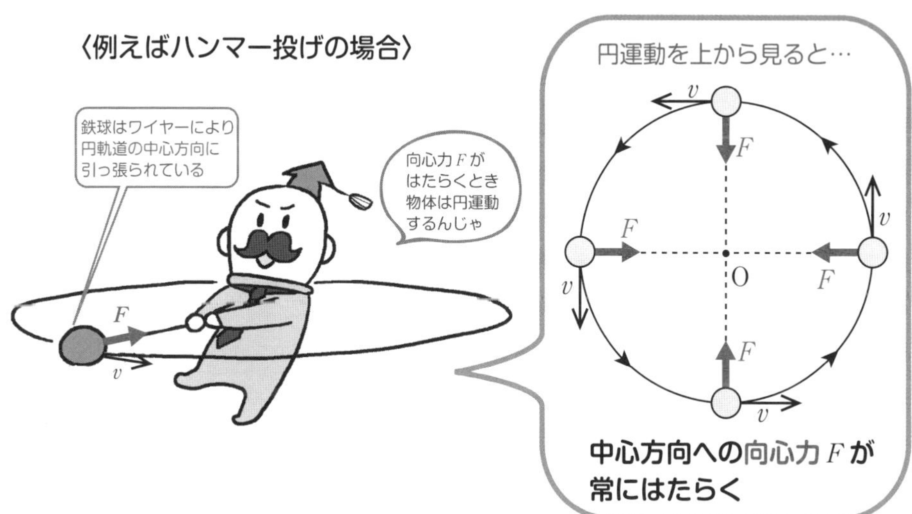

p.192では，円運動する物体にはたらく力について説明しました。
中心方向に引っ張る力（向心力）がはたらくと，物体は円運動をするのでした。

Chapter4で勉強したように，**物体にはたらく力と加速度の方向は一致**します。
したがって，**円運動をする物体は，**円軌道の中心に向かって力を受け，**円軌道の中心方向への加速度を持っている**ということになります。

また，円運動する物体の速度は，円の接線方向を向きます。
（これは感覚的にわかりますよね）

円運動する物体の特徴をまとめると，次のようになります。

- **円軌道の中心方向の力（向心力）を受けている。**
- **加速度の方向も，円軌道の中心方向。**
- **速度は，円軌道の接線方向。**

速度は接線方向なのに，加速度やはたらく力が円の中心方向というのが
引っかかるところでしょう。
今まで見てきた運動では，運動の方向（速度の方向）と加速度の方向は同じでしたが，
円運動では運動の方向（速度の方向）と加速度の方向が垂直になっているのです。
その点に注意してくださいね。

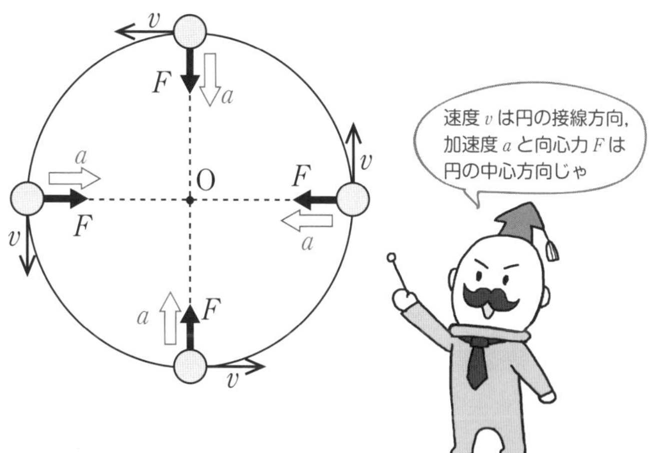

円運動する物体の特徴

- 円軌道の中心方向の力（向心力）を受けている。
- 加速度の方向も円軌道の中心方向。
- 速度は円軌道の接線方向。

8-2 等速円運動の速度と加速度

ココをおさえよう！

速さv，角速度ωで半径rの等速円運動をするとき，次の関係が成り立つ。

$$v = r\omega$$

$$a = v\omega$$

さて，一定の速さで回る円運動，**等速円運動**についてくわしく見ていきたいのですが，その前に，等速円運動を扱ううえで必要となる関係式を紹介しましょう。

右ページの図のような，半径r，中心角θのおうぎ形の弧の長さℓを考えます。
ここでのθは，弧度法で表した角度のことです。
360°とか180°とかではなく，2π radやπ radと表される角度のことですね。

弧度法で表された角度にrを掛けると，そのときの弧の長さになります。
2π(360°)ならrを掛けると，円周$2\pi r$になりますね。
π(180°)ならrを掛けると，半円の長さπrになります。
よって，半径r，中心角θのときの，弧の長さは

$$\ell = r\theta$$

となります。この関係式が，あとで役立つので，頭に入れておいてくださいね。

それと，ここで**角速度**という物理量を説明します。
角速度とは，いわば速度の角度バージョンです。
つまり，速度が単位時間あたりの位置の変化を表すのならば，
角速度は単位時間あたりの角度の変化を表します。

例えば，角速度$\dfrac{\pi}{6}$ rad/sとは，1秒間に$\dfrac{\pi}{6}$ radだけ角度が変わることを表します。
6秒間でπ radつまり半回転しますし，12秒で2π radつまり1回転します。
この角速度は円運動では重要な物理量でω(オメガ)で表されることが多いです。
定義をしっかり押さえておきましょう。

さて，これで前置きは終了です。
次からは等速円運動についてくわしく見ていきましょう。

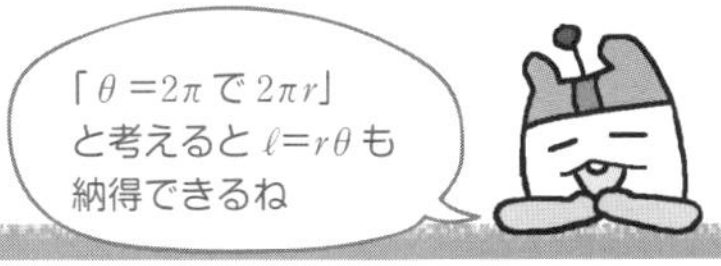

「$\theta=2\pi$ で $2\pi r$」
と考えると $\ell=r\theta$ も
納得できるね

弧度法の考えかた

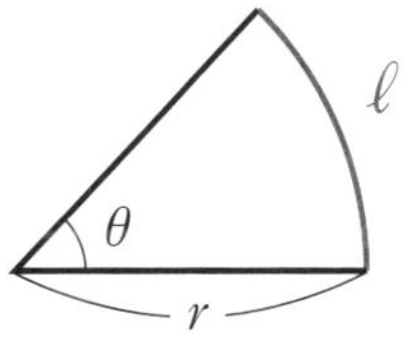

半径 r，中心角 θ〔rad〕の弧の長さ ℓ は

$$\ell=r\theta$$

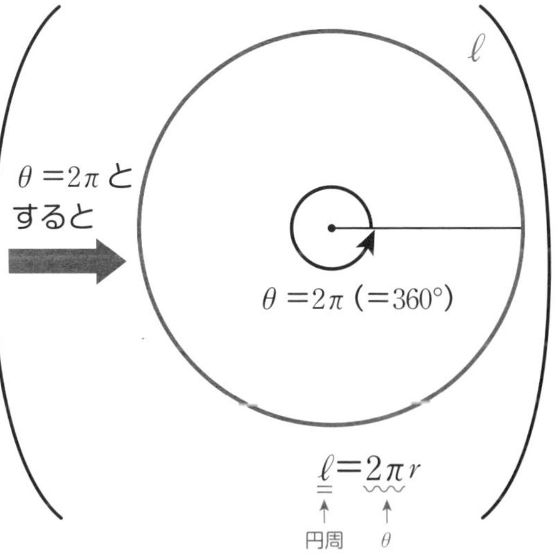

$\theta=2\pi$ とすると

$\theta=2\pi$（=360°）

$\ell=2\pi r$

↑円周　↑θ

角速度 ➡ 単位時間あたりの角度の変化。

例 $\dfrac{\pi}{6}$ rad/s

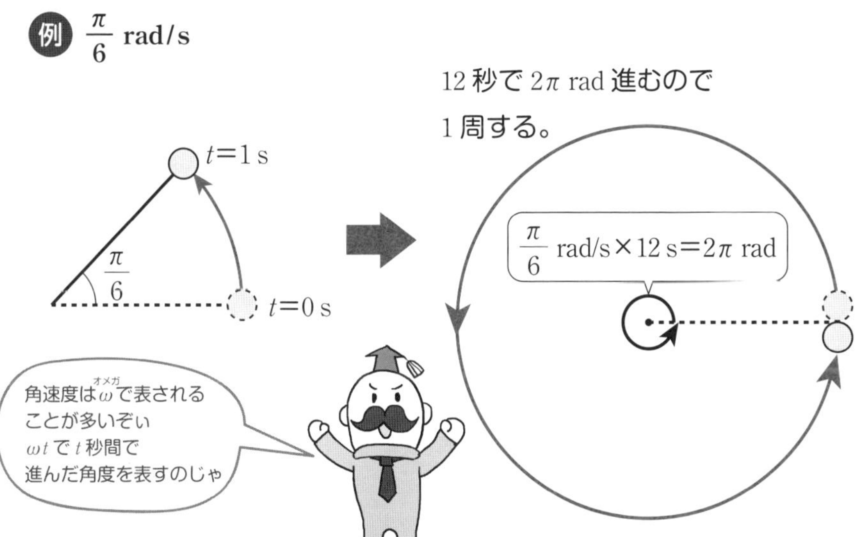

1回転するのにかかる時間Tを**周期**といいます。
半径rの等速円運動をしている物体がT秒間で1周するとして，
物体の速さをv，角速度をωとするときの運動の様子を見ていきましょう。

まずは速さと角速度についてです。

速さvでT秒経つと1周するのですから，vTは円周$2\pi r$を表しますね。

$$vT = 2\pi r \quad \cdots\cdots ①$$

また，角速度ωでT秒で1周するのですから
ωTは円を1周する間に変化した角度，つまり2πを表します。

$$\omega T = 2\pi \quad \cdots\cdots ②$$

（角速度ωの定義です。イメージできていますか？）

①，②式はp.196の内容が理解できていれば当然ですね。
難しいことはやっていませんよ。

②式の両辺にrを掛けると

$$r\omega T = 2\pi r \quad \cdots\cdots ③$$

①，③式より

$$\boldsymbol{v = r\omega} \quad \cdots\cdots ④$$

④式は等速円運動の問題を解くときに使えなければいけない関係式です。
式を暗記するのではなく，しっかり自分で式の成立する理由を確認し，
使えるようにしましょう。

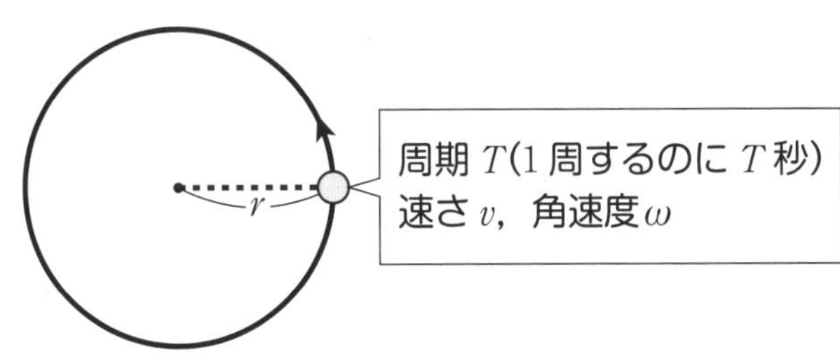

速さ v と周期 T に着目

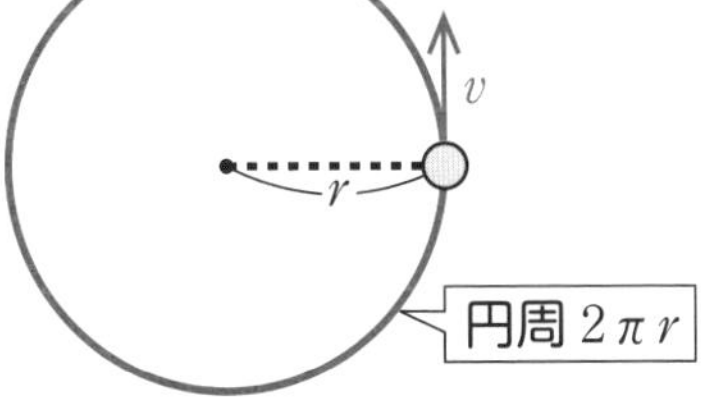

v

r

円周 $2\pi r$

T 秒で $2\pi r$ 進むので

$vT=2\pi r$ ……①

角速度 ω と周期 T に着目

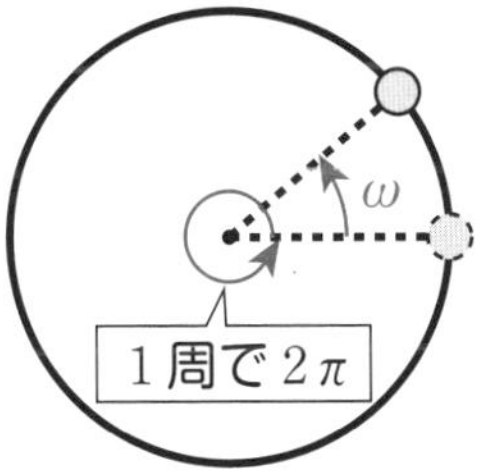

ω

1 周で 2π

T 秒で 2π になるので

$\omega T=2\pi$ ……②

①，②式より

$$v=r\omega$$

この式は
等速円運動の
速さを表す
大事な式じゃ

①式も②式も
難しいことは
いってないね

次は，等速円運動の加速度に関する関係式を考えます。

ここでは数学のベクトルの計算を使いますよ。
引き続き，速さがv，角速度がωの等速円運動を考えましょう。

等速円運動をしている物体のA点での速度をv_A，$\varDelta t$秒進んだあとのB点での物体の速度をv_Bとします。
角速度がωで，$\varDelta t$秒経ったのですから，中心角の大きさは$\omega\varDelta t$となりますね。

このv_Aとv_Bは同じ速さv（等速円運動ですからね）ですが，向きが変わっています。
同じ大きさで，向きが違うベクトルということです。
速度の変化$\varDelta v = v_B - v_A$をベクトルで表すと，
（v_Aとv_Bの矢印の根もとを合わせて）右ページの右上の図のようになります。
これが速度の変化の向き，つまり加速度の向きです。
（$v_A + \varDelta v = v_B$と考えたほうがベクトルの足し算でわかりやすいでしょうか？）

$\varDelta t$を小さくしていくと，$\varDelta v$の向きが円の中心を指す向きに近づきます。
$\varDelta t$を限りなく小さくすれば，加速度は完全に円の中心方向を向きます。
つまり，円運動をする物体は，その一瞬一瞬で，円の中心方向の加速度を持っているという，8-1で学んだ結果が得られたというわけです。

また，図形の相似からv_Aとv_Bの作る角度も$\omega\varDelta t$となりますね。
ここで，$\varDelta t$をものすごく短い時間とすれば，この矢印で表される三角形は，
半径がvで中心角$\omega\varDelta t$のおうぎ形とみなせます。
弧度法で$\theta = \omega\varDelta t$，$r = v$となるので，弧の長さ$\varDelta v$は次のように表されます。

$$\varDelta v = v\omega\varDelta t \quad \cdots\cdots ⑤$$

⑤式を変形すると

$$\underbrace{\frac{\varDelta v}{\varDelta t}}_{a} = v\omega \quad \cdots\cdots ⑥$$

加速度は，速度の時間変化，つまり（速度変化）÷（時間）で表されるので，
⑥式は円運動の加速度を表していることになります。

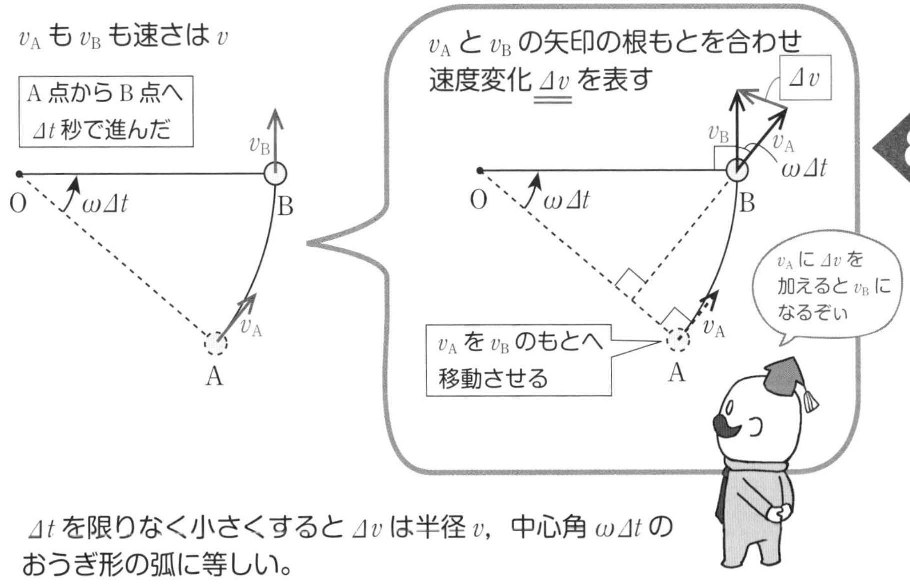

Δt を限りなく小さくすると Δv は半径 v，中心角 $\omega \Delta t$ のおうぎ形の弧に等しい。

$$\underbrace{\Delta v}_{\ell} = \underbrace{v}_{r}\underbrace{\omega \Delta t}_{\theta}$$

$$\frac{\Delta v}{\Delta t} = v\omega$$

$$\frac{\Delta v}{\Delta t} = a \text{（加速度）}$$

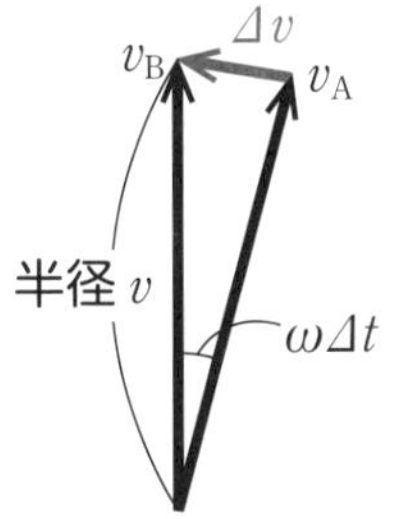

中心角が $\omega \Delta t$ だから
弧度法を使うと
$\Delta v = v\omega\Delta t$ になるね

$a = v\omega$ となるのが
等速円運動なんじゃ

8-3 等速円運動の問題の解きかた

ココをおさえよう！

・$v=r\omega$，$a=v\omega\left(=r\omega^2=\dfrac{v^2}{r}\right)$ を覚えて使えるようにしておく。

・運動方程式 $F=ma$ を立て，F に向心力，a に $v\omega\left(=r\omega^2=\dfrac{v^2}{r}\right)$ をあてはめる。

さて8-2では，ちょっと難しい考えかたをしましたが，押さえるべき点は

・$v=r\omega$　(p.198の④式)

・$a=v\omega$　(p.200の⑥式)

の2式です。

(p.200の内容がよくわからなかった人は結果だけ覚えておいてもかまいません)

等速円運動では，速さvと加速度aがこのように表されるということです。

また$a=v\omega$は，$v=r\omega$を使うと次のようにも表されます。

$$a=v\omega=r\omega^2=\frac{v^2}{r}\quad\cdots\cdots⑦$$

円運動の加速度は，⑦式の3つの形をどれも使うので覚えておくとよいのですが，
$v=r\omega$と，$a=v\omega$を頭に入れておけば，簡単に変形できるので，
記憶力に自信のない人は，この2つを覚えておくとよいでしょう。

また，8-1では，中心方向に向かう力（向心力）がはたらくと円運動をするということも説明しました。

円運動は，これらを使って学習していくことになります。
$F=ma$のFに向心力，aに⑦式で表される加速度aをあてはめたものが，
円運動の運動方程式となります。

あてはめて確認していきましょう。

等速円運動で覚えるべき公式

- $\boldsymbol{v=r\omega}$
- $\boldsymbol{a=v\omega}$

等速円運動の加速度 a の 3 つの表しかた

$$a=v\omega$$

$v=r\omega$

$$a=r\omega^2$$

$v=r\omega$より
$\omega=\frac{v}{r}$

$$a=\frac{v^2}{r}$$

右ページの図のように，質量mの物体が張力Sを受け，半径rの円を描きながら速さvで回転している運動を考えてみましょう。

まず，この円運動における円の中心方向にはたらく力，向心力は張力Sですね。
張力Sが向心力として物体にはたらくために，物体は円運動をするのです。
等速円運動では物体の加速度aは，$\dfrac{v^2}{r}$で表されますので
物体の運動方程式$F=ma$にあてはめて

$$\underset{F}{\underset{\sim}{S}}=m\underset{a}{\underset{\sim}{\frac{v^2}{r}}}$$

「向心力が円運動を引き起こし，円運動の加速度をaにあてはめる」というのが理解できれば，難しくありませんね。
今回ωを与えられていなかったので，aを$\dfrac{v^2}{r}$で表しました。
与えられた物理量によって，aは$v\omega$で表したり$r\omega^2$で表したりもしますよ。

円運動でやるべきことは，次の2つです。

- **$v=r\omega$を使って，速さと角速度を結びつける。**
- **Fに向心力，aに$v\omega\left(=r\omega^2=\dfrac{v^2}{r}\right)$をあてはめて，運動方程式$F=ma$を立てる。**

今までと同じく運動方程式を立てますが，Fが向心力でaが$v\omega\left(=r\omega^2=\dfrac{v^2}{r}\right)$になるのです。

例題を通して，もう少し円運動に慣れていきましょう。

等速円運動の運動方程式を作ってみよう！

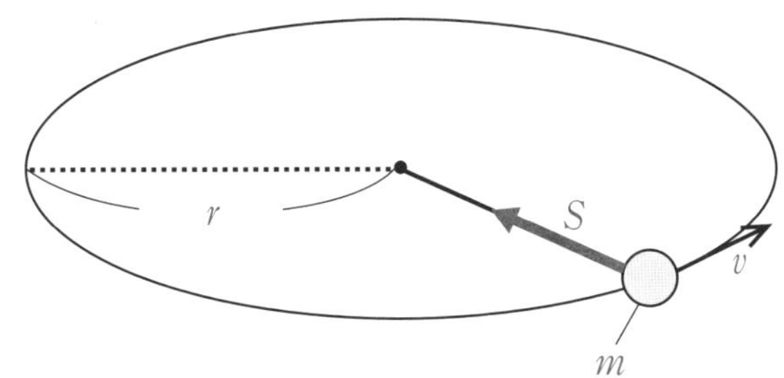

- 物体を等速円運動させている力 ➡ 向心力 S
- 等速円運動の加速度 ➡ $a=\frac{v^2}{r}$

運動方程式 $F=ma$ にあてはめると…

$$\underset{F}{S}=m\underset{a}{\frac{v^2}{r}}$$

… 

a がちょっと形が違うだけで
運動方程式を立てるのは
今までと同じだね

問題文で与えられた
物理量によって
a の表しかたは対応せねば
ならんぞぃ

問8-1　右ページの図のように，質量mの物体が，半径r，周期Tの等速円運動をしている。以下の問いに答えよ。

(1)　物体の角速度を求めよ。　　(2)　物体の速さを求めよ。

(3)　物体の加速度の大きさを求めよ。　　(4)　物体にはたらく向心力を求めよ。

解きかた

(1)　$v=r\omega$から角速度を求めたいところですが，vは与えられていません。

そういうときは，「$\omega T=2\pi$」の関係式を思い出しましょう。

物体の角速度をωとすると，周期Tで1周するので

$$\omega T=2\pi \qquad \text{よって} \quad \omega=\underline{\underline{\boldsymbol{\frac{2\pi}{T}}}} \cdots \text{答}$$

この角速度と周期の関係は大切なので，必ず覚えておきましょう。

(2)　角速度と半径がわかったので，$v=r\omega$の関係を使いましょう。

物体の速さをvとすると　$v=r\omega=\underline{\underline{\boldsymbol{\frac{2\pi r}{T}}}} \cdots$ 答

($vT=2\pi r$から直接求めてもいいですよ)

(3)　円運動の加速度は$a=v\omega$で表されましたね。

したがって，物体の加速度の大きさをaとおけば

$$a=v\omega=r\omega^2=\underline{\underline{\boldsymbol{\frac{4\pi^2 r}{T^2}}}} \cdots \text{答}$$

(4)　向心力を求めるためには，運動方程式を立てる必要があります。

向心力をFとすれば，物体の運動方程式は

$$F=ma\,(=mv\omega=mr\omega^2)=m\frac{4\pi^2 r}{T^2}$$

これより　$F=\underline{\underline{\boldsymbol{m\frac{4\pi^2 r}{T^2}}}} \cdots$ 答

この問題では半径rと周期Tが与えられていたので，円運動の関係式を駆使してrとTで角速度や加速度を表す必要がありました。

問題によって与えられる物理量は当然異なるので，どの関係式をどう変形して問われている物理量を表すのか，柔軟に対応していきましょう。

問8-1

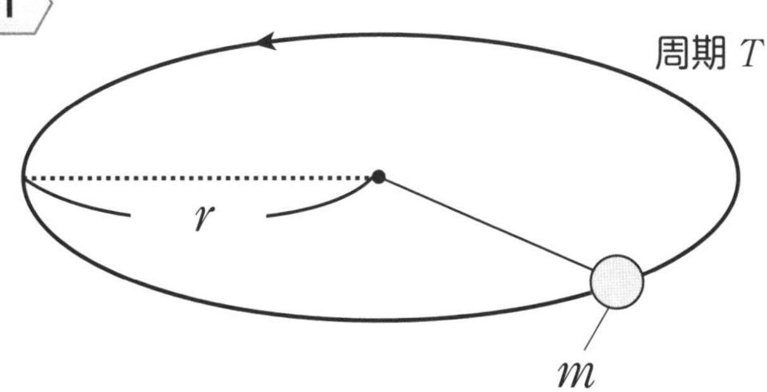

この問題のねらい

円運動の基本的な関係式を使いこなせるようになる！

周期に関する
関係式は
忘れがちだよね

円運動の公式のまとめ

Tの関係式	$\omega T=2\pi$,　$vT=2\pi r$
vとωの関係式	$v=r\omega$
aの関係式	$a=v\omega=r\omega^2=\dfrac{v^2}{r}$

問8-2 右ページの図のように，質量mの物体が長さℓの糸につながれて，円すいのように角速度ωで水平面上を回転している。糸が鉛直方向から角度θだけ傾いているとして，以下の問いに答えよ。

(1) 物体の速さvを求めよ。

(2) 糸の張力をSとして，物体に関する円運動の運動方程式を立てよ。

(3) 物体が円軌道を1周するのにかかる時間を求めよ。

解きかた (1) 円すいのように回転していても，難しく考える必要はありません。

「その物体が作る円軌道」に着目し，円運動の考えかたを適用しましょう。

円運動では「$v = r\omega$」が成立しました。

物体は半径$\ell\sin\theta$の円運動をしているから，vは

$$v = \underbrace{\boldsymbol{\ell\sin\theta}}_{r}\boldsymbol{\cdot\omega} \cdots \text{答}$$

(2) このとき，物体には，張力と重力がはたらいています。

円運動で考えるべき力は，円軌道の中心方向への力でした。

ここで，張力Sを水平方向と鉛直方向に分解すると，その水平成分は，円の中心方向への力ですね。

つまり，ここではこの張力の水平方向成分が向心力なのです。

張力の鉛直成分と重力は，円運動には関与しません。

そうすると，この円運動の向心力は力の分解により，$S\sin\theta$となります。

円運動の半径が$\ell\sin\theta$であることに注意すると，運動方程式は

$$F = ma$$

$$\underbrace{\boldsymbol{S\sin\theta}}_{F} \boldsymbol{= m}\underbrace{\boldsymbol{\ell\sin\theta\cdot\omega^2}}_{a} \cdots \text{答}$$

円運動の加速度は$a = r\omega^2$の形で表しました。

(3) 求めるのは円運動の周期です。

周期をTとすると，$\omega T = 2\pi$の関係式が成り立つので

$$T = \boldsymbol{\frac{2\pi}{\omega}} \cdots \text{答}$$

このように，円運動の問題の中には「物体が作る円軌道における半径と向心力」を，力を分解するなどして求めなければならないものも多くあります。

一見するとわかりにくいシチュエーションでも，どれが半径で，どれが向心力かをしっかり確認して問題を解けば大丈夫ですよ。

〈問 8-2〉

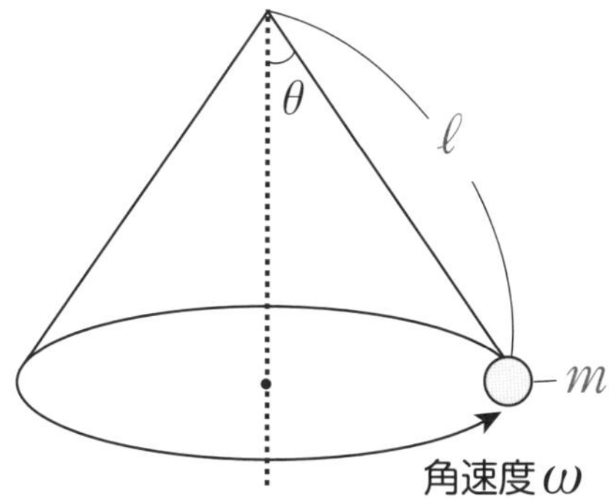

この問題の考えかた

「物体が作る円軌道」に着目する！

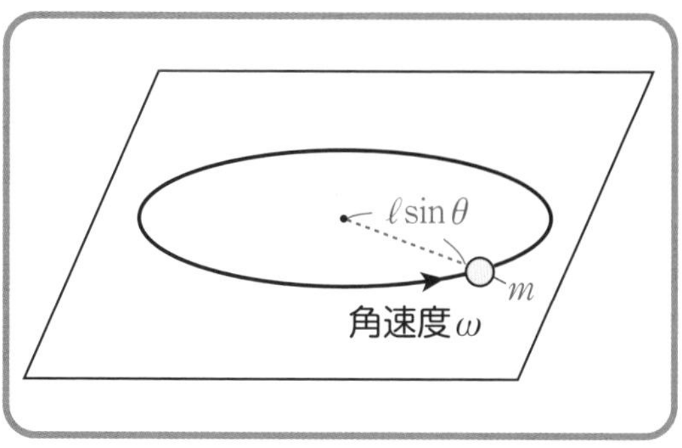

右図より向心力は
$S\sin\theta$ なので
運動方程式は

$$\underset{\text{向心力}}{S\sin\theta}=m\underset{\text{加速度 } a}{\ell\sin\theta\cdot\omega^2}$$

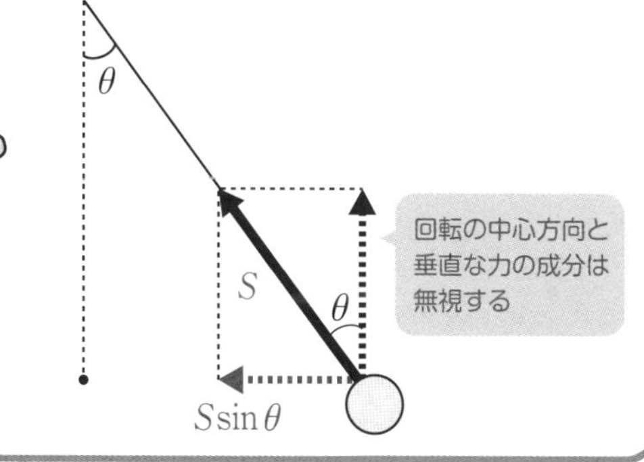

問8-3 右ページの図のように，長さℓの糸に質量mの物体を結び，最下点で初速度v_0を与えた。以下の問いに答えよ。

(1) 糸が鉛直方向となす角度がθのときの糸の張力Sを求めよ。

(2) 物体が1回転するために必要なv_0に関する条件を求めよ。

この問題では，物体の高さが変わるため，物体の速さも変化します。
つまり，この問題における円運動は，等速円運動ではないのです。
等速でない円運動の場合でも基本的な考えかたは等速円運動のときと同じですよ。

(1)は「円の中心方向の力のつり合いを考えて，$S=mg\cos\theta$」としてはダメです。
物体は静止していない，つまり，円運動をしています。
円運動をしているということは，中心方向に加速度が生じていますよね。
加速度が生じているということは，力のつり合いではなく，
運動方程式を立てて考えなければならないということです。

解きかた (1) 向心力は，張力Sと，重力の中心方向成分である$-mg\cos\theta$との和

$$S-mg\cos\theta$$

円運動の半径はℓなので，運動方程式$F=ma$にあてはめると

$$\underbrace{S-mg\cos\theta}_{F}=m\underbrace{\frac{v^2}{\ell}}_{a} \quad \cdots\cdots ①$$

また，物体は最下点から高さ$\ell(1-\cos\theta)$の位置にあるので
力学的エネルギー保存則より

$$\underbrace{\frac{1}{2}mv_0^2}_{\text{最初の運動エネルギー}}=\underbrace{mg\ell(1-\cos\theta)}_{\text{位置エネルギー}}+\underbrace{\frac{1}{2}mv^2}_{\text{運動エネルギー}} \quad \cdots\cdots ②$$

②より，$v^2=v_0^2-2g\ell(1-\cos\theta)$ ……③ ←問題文にないvを消去

①に③を代入して整理すると，求めるSの値は

$$\boldsymbol{S=\frac{mv_0^2}{\ell}+mg(3\cos\theta-2)} \cdots \text{答} \quad \cdots\cdots ④$$

ちょっと難しく感じたかもしれませんが使ったのは運動方程式（①式）と，
力学的エネルギー保存則（②式）の2つで，①式が円運動になったというだけです。
「円運動でも使う道具は今までと同じ」と考えておけば怖くはないですよ。

問 8-3

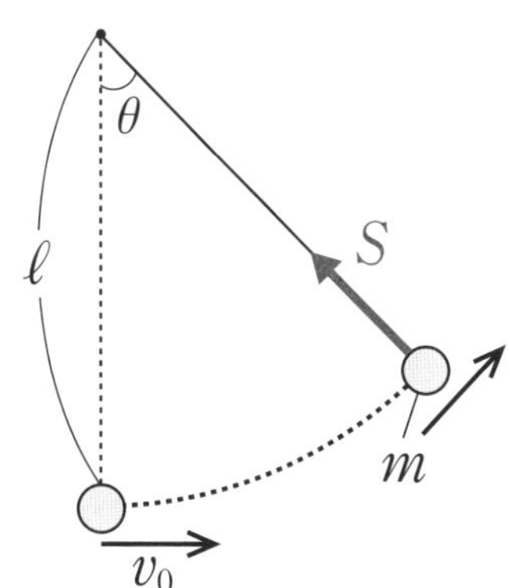

(1) 物体は円運動をしている。

➡中心方向に加速度が生じている。

➡力のつり合いではなく，運動方程式で考える！

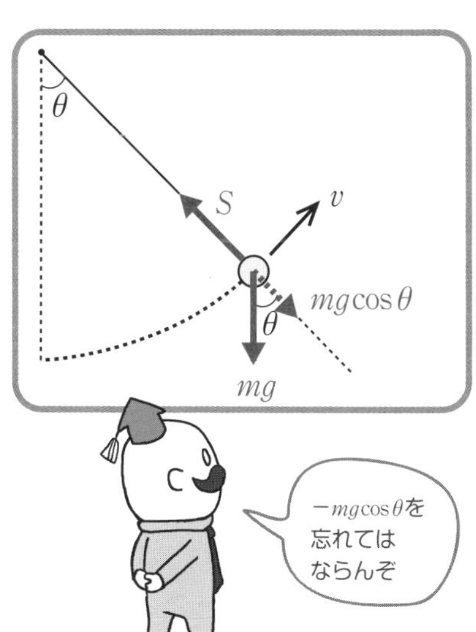

運動方程式

$$S-mg\cos\theta=m\frac{v^2}{\ell}\ \cdots\cdots①$$

力学的エネルギー保存則

$$\frac{1}{2}m{v_0}^2=mg\ell(1-\cos\theta)+\frac{1}{2}mv^2\ \cdots\cdots②$$

最初の運動エネルギー　位置エネルギー　運動エネルギー

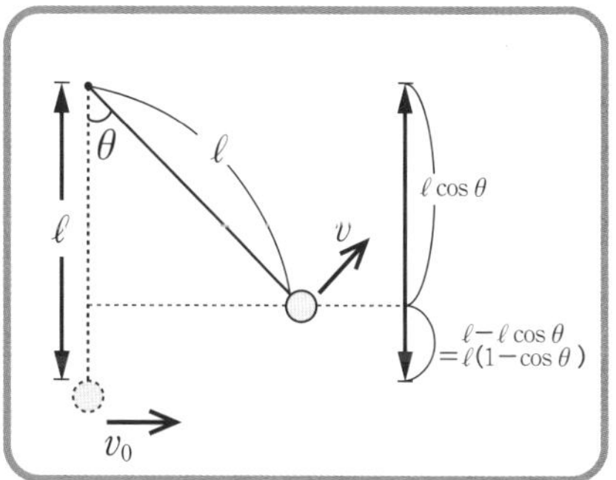

さて，続いては(2)の物体が1回転するために必要なv_0の条件です。

1回転できないときって，回転の途中で糸がたるんでしまうときですよね。
ですから「物体が1回転する」ということは，いいかたをかえれば
「回転する物体を引く糸の力が常にはたらいている」ということです。

すなわち，p.210の④式：$S=\frac{mv_0^2}{\ell}+mg(3\cos\theta-2)$ において
常に$S\geqq 0$となるのが，物体が1回転する条件です。

さて，④式を見ると$\cos\theta$以外（m，v_0，ℓ，g）はすべて定数ですね。
これよりSが最小となるのは，$\theta=\pi$（$\cos\theta=-1$）のときだとわかります。
つまり，$\theta=\pi$のときでも$S\geqq 0$となるようなv_0であればいいわけです。
$S\geqq 0$となる条件は

解きかた (2) $S=\frac{mv_0^2}{\ell}+mg(3\underbrace{\cos\pi}_{-1}-2)\geqq 0$

$$\frac{mv_0^2}{\ell}-5mg\geqq 0$$

$$v_0^2\geqq 5g\ell$$

$v_0>0$より

$\boldsymbol{v_0\geqq\sqrt{5g\ell}}$ …答

ちょっと難しかったでしょうか？

さて，「$\theta=\pi$（つまり$\cos\theta=-1$）のときにSが最小になる」といいましたが，
これを現象から見ると，実は当然のことなんです。
だって，「$\theta=\pi$」ということは，「てっぺんに物体がきた」ということですから。
てっぺんで糸がたるまなければ，ちゃんと1回転するということです。

一見難しい問題も，実は現象を考えると当然だったりします。
そんなところが物理はおもしろいんですけどね。

1 回転の条件

1 回転できるということは…

➡ 糸がたるまない。

➡ $S \geqq 0$ が常に成立！

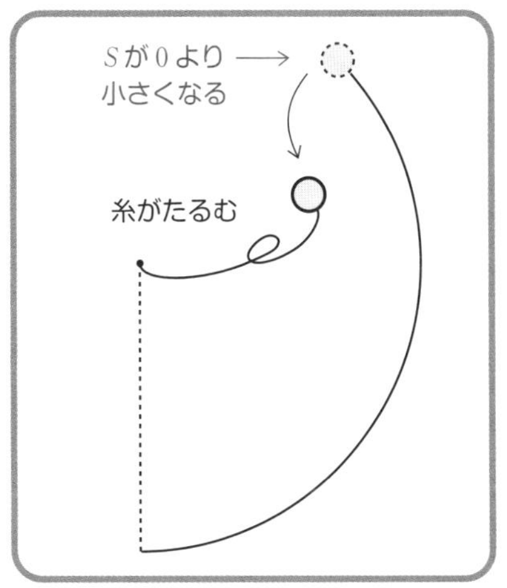

(2) $S=\dfrac{mv_0{}^2}{\ell}+mg\,(3\cos\theta-2)$ ……④

$\theta=\pi$ のとき，$\cos\theta=-1$ で④式は最小になる。

最小でも $S\geqq 0$ なら常に $S\geqq 0$ が成立する。

$$S=\frac{mv_0{}^2}{\ell}+mg(3\cos\pi-2)$$

$$=\frac{mv_0{}^2}{\ell}-5mg\geqq 0$$

$v_0>0$ より　$\underline{\underline{v_0\geqq\sqrt{5g\ell}}}$

ここで現象を考えると…

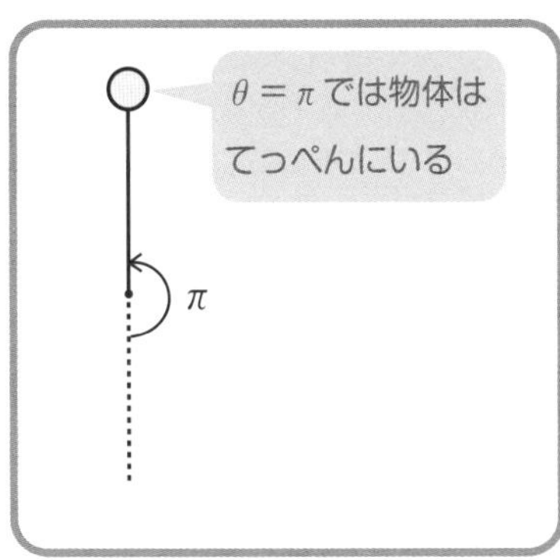

ここまでやったら
別冊 P. 36 へ

8-4 遠心力

ココをおさえよう！

速さv，半径rで円運動をしている物体には，
$m\dfrac{v^2}{r}$の遠心力がはたらく（ただし，物体と一緒に動く人から見たとき）。

遠心力という言葉はなじみが深いかもしれませんが，一体なんなのでしょう？
右ページのように，回転する物体の上に人（リス）が乗っているとしましょう。
物体は円運動をしていますから，物体は円の中心方向の加速度を持っています。
ですから，その物体に乗っている人も，円の中心方向の加速度を持っています。

ここで，慣性力を思い出してください。慣性力は，運動を見ている人が加速しているときに，加速度とは逆向きにはたらく力でした。
ここでは，物体に乗っている人が，円の中心方向に加速しています。
ということは，この人から見ると，物体には円の中心方向とは逆向き，
つまり円の外側に向かう慣性力がはたらいていることになります。
その力こそが，遠心力なのです。**遠心力は，慣性力の円運動バージョン**なのですね。

遠心力を考えると，円運動を力のつり合いとして扱うことができます。
質量mの物体が速さv，半径rで等速円運動している状態を，遠心力の観点から解いてみましょう。
糸につながれて円運動している物体の上に乗っている人から見ると，物体には張力Sの他に，外向きに大きさ$m\dfrac{v^2}{r}$の遠心力がはたらいていることになります。

aが$\dfrac{v^2}{r}$で表される円運動では，慣性力の大きさmaは$m\dfrac{v^2}{r}$なんですね。

物体の上の人から見ると，物体は静止していますから，力のつり合いを考えて

$$S = m\frac{v^2}{r}$$

S：円の中心方向の力
$m\dfrac{v^2}{r}$：円の中心と反対方向の力

これは，等速円運動の運動方程式$S=m\dfrac{v^2}{r}$と同じ式ですが，意味合いが違います。
p.216ではこの遠心力の考えかたを用いて問題を解いてみましょう。

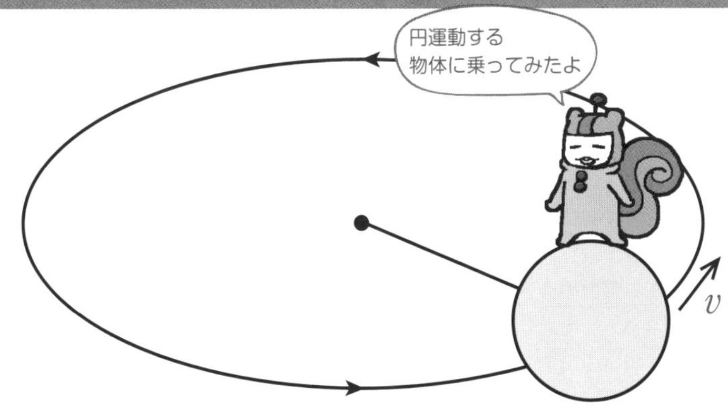
円運動する
物体に乗ってみたよ
v

リスの目線で運動を考えると…
観測者の加速度とは
逆向きに慣性力が
はたらくんじゃったな
物体には
慣性力が外側に
はたらいているね
リスの加速度
慣性力
(＝遠心力)
r
円運動における慣性力が遠心力

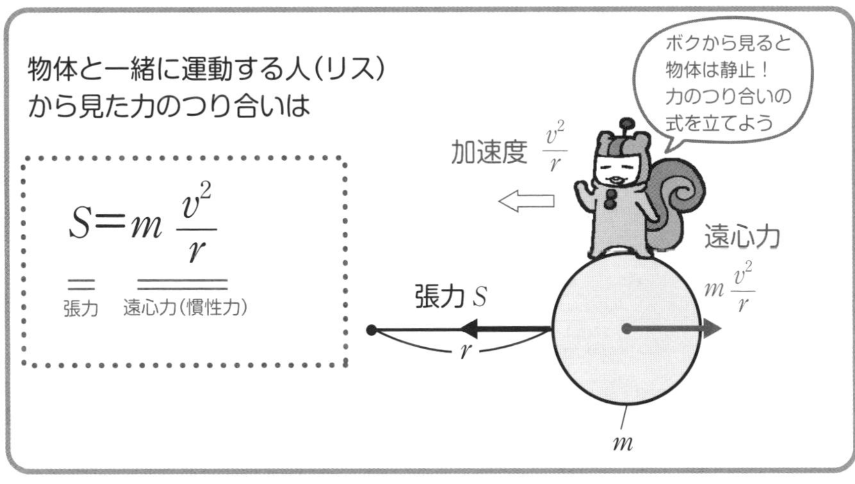
物体と一緒に運動する人(リス)
から見た力のつり合いは
$S=m\frac{v^2}{r}$
張力
遠心力(慣性力)
ボクから見ると
物体は静止！
力のつり合いの
式を立てよう
加速度 $\frac{v^2}{r}$
遠心力
$m\frac{v^2}{r}$
張力 S
r
m

問8-4 角速度ωで回転する円板に，支柱を取りつける。質量mのおもりに糸をつけ，支柱の頂点に結びつけたところ，支柱と糸は角度θをなして静止した。おもりと回転の中心の距離をrとし，以下の問いに答えよ。ただし重力加速度の大きさをgとする。

(1) 糸の張力の大きさを，m，g，θを使って表せ。

(2) 遠心力を考慮し，物体にはたらく水平方向の力のつり合いの式を立てよ。

(3) おもりの円運動の運動方程式を立てよ。

さて，遠心力の考えかたを身につけるべく問題を解いていきましょう。
(2)，(3)が大事な問題ですから，しっかり理解してくださいね。

解きかた

(1) m，g，θで表すので，鉛直方向に注目しましょう。

糸の張力の大きさをSとおくと，おもりにはたらく鉛直方向の力のつり合いより

$$S\cos\theta = mg$$

$$S = \frac{mg}{\cos\theta} \cdots \text{答}$$

(2) 「遠心力を考慮し」とあるので，おもりに観測者を乗せて考えます。

観測者は円運動することになるので，

回転の中心に向かって加速度$a = r\omega^2$で運動しているということです。

観測者からすると，おもりには慣性力$ma = mr\omega^2$が回転の外向きにはたらいて見えます。

また，おもりには糸の張力がはたらくので，力のつり合いより

$$S\sin\theta = mr\omega^2$$

(1)の結果より　$S\sin\theta = mg\dfrac{\sin\theta}{\cos\theta} = mg\tan\theta$

よって　$mg\tan\theta = mr\omega^2$ …答

(3) おもりにはたらく向心力は$S\sin\theta$で，角速度ω，半径rの円運動をするので

$$S\sin\theta = mr\omega^2$$

$$mg\tan\theta = mr\omega^2 \cdots \text{答}$$

(2)と(3)を比べると同じ式になりましたね。遠心力は円運動の慣性力です。
しっくりこない人はChapter7を復習して，理解を深めておきましょう。

問8-4

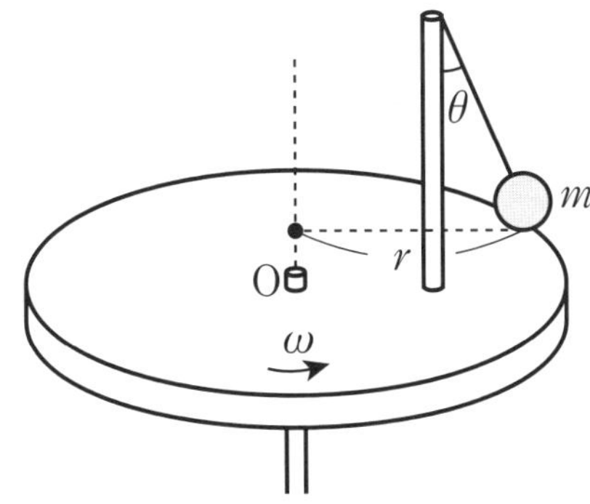

8

(1)　鉛直方向の力のつり合いを考えて

$$S\cos\theta = mg$$

$$S = \frac{mg}{\cos\theta} \cdots \text{答}$$

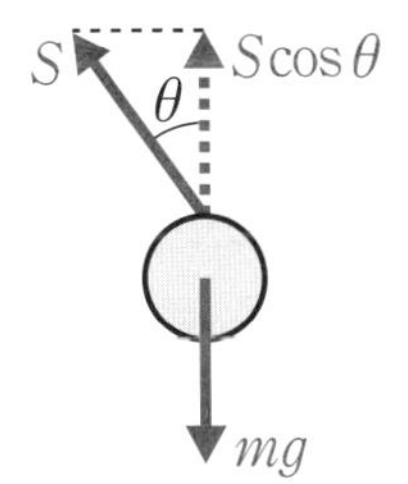

(2)

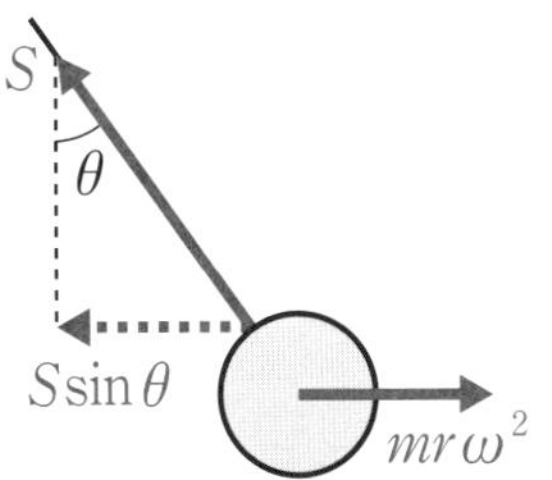

おもりの上に観測者を乗せて考えると，$F=mr\omega^2$ の遠心力を上図のように受けるので力のつり合いより

$$S\sin\theta = mr\omega^2$$

$$\left(S = \frac{mg}{\cos\theta}\right)$$

$$mg\tan\theta = mr\omega^2 \cdots \text{答}$$

(3)

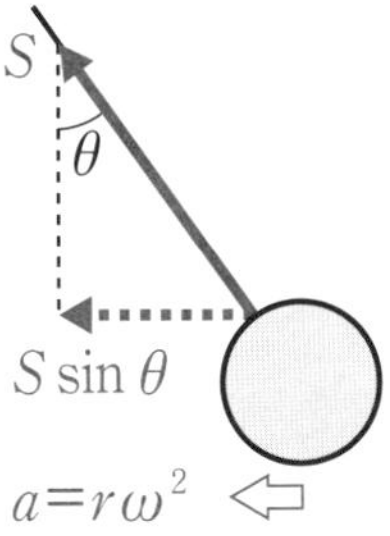

おもりは回転の中心に向心力 $S\sin\theta$ を受ける。円運動の運動方程式より

$$\underbrace{S\sin\theta}_{F} = \underbrace{mr\omega^2}_{ma}$$

$$mg\tan\theta = mr\omega^2 \cdots \text{答}$$

ここまでやったら
別冊 P. 40 へ

理解できたものに，☑チェックをつけよう。

- [ ] 円運動する物体には，向心力がはたらいている。
- [ ] 円運動する物体の速度は円軌道の接線方向で，加速度は円の中心方向である。
- [ ] 角速度の定義を理解した。
- [ ] おうぎ形の弧の長さを求めることができる。
- [ ] 「$vT=2\pi r$」と「$\omega T=2\pi$」の関係式の意味を理解できる。
- [ ] 「$v=r\omega$」の関係を使って，「$a=r\omega^2$」の式を自由に変形し，問題で与えられた物理量で表すことができる。
- [ ] 円運動の運動方程式を立てることができる。
- [ ] ひもで吊るされた物体が円すいのように回転していた場合でも，「物体が作る円軌道」に着目して，正しく運動方程式を立てることができる。
- [ ] 物体が1回転する条件を理解した。
- [ ] 遠心力は大きさ$mr\omega^2$の力で，円の外側に向かってはたらく。

Chapter

9

万有引力

Chapter 9 万有引力

はじめに

この章の舞台は宇宙です。
いきなりスケールが大きくなって，ちょっと驚くかもしれませんね。

今まで重力という力を学んできましたが，その正体については触れていませんでした。
実は，重力の正体は「万有引力」という2物体の間に必ずはたらく力なのです。
Chapter9ではこの「万有引力」について勉強していきます。

また，「ケプラーの法則」という天体を支配する法則についても学びます。
この法則を使えば「この天体は，時速何キロで運動している」なんてことが
予想できてしまいます。

この章で，天体の運動を解き明かせるようになるとともに，天体の運動までもが
わかってしまう物理のすごさを実感してほしいと思います。

この章で勉強すること

天体に関する3つの重要な関係「ケプラーの法則」を学んだあと，
万有引力の法則を説明していきます。
また，例題を通して，万有引力の問題特有の考えかたを学んでいきます。

万有引力って何？

万有引力とは 2 物体の間にはたらく引力のこと！

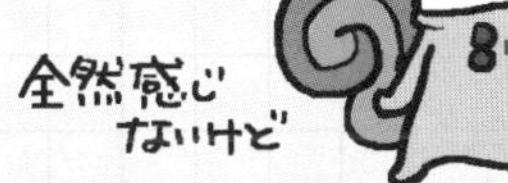

万有引力を考える例

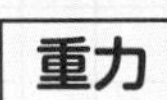

重力

天体どうしの引力

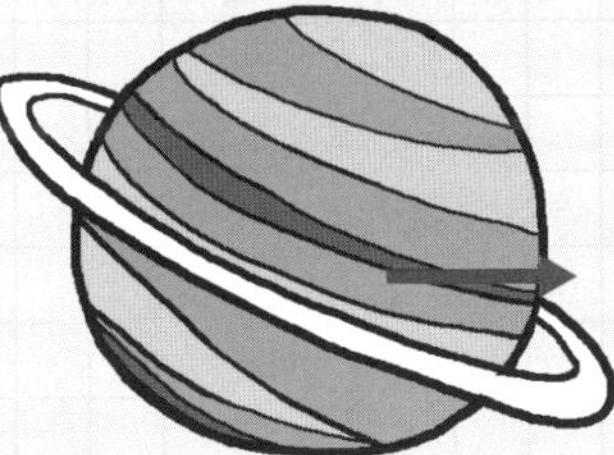

9-1 ケプラーの法則

ココをおさえよう！

第1法則：惑星は，太陽を1つの焦点とするだ円軌道上を動く。

第2法則：惑星と太陽を結ぶ線分が，単位時間に描く面積は一定である。

$$\frac{1}{2}rv=\frac{1}{2}RV$$

第3法則：惑星の公転周期の2乗は，軌道の長半径の3乗に比例する。

$$\frac{T^2}{a^3}=k=(\text{一定})\quad(k\text{は比例定数})$$

以上の3法則をまとめてケプラーの法則と呼ぶ。

万有引力とは何かを説明する前に，**ケプラーの法則**という惑星に関する3つの法則を紹介します。
ケプラーという学者が天体の運動を研究した結果，惑星にはある3つの法則があるということが判明しました。

1つ目は「惑星は太陽を1つの焦点とするだ円軌道上を動く」というものです。
だ円は，ある2つの点からの距離の和が一定となる点の集合として定義され，その2つの点のことを焦点と呼びます。
その焦点の1つが太陽であるだ円軌道上を，惑星は運動するというわけです。

ちなみに，2つの焦点が重なったときは，だ円は完全な円になります。
円もだ円の仲間ですから，惑星が円軌道を描く場合もあります。

2つ目は「惑星と太陽を結ぶ線分が，単位時間に描く面積は一定」という法則で，**面積速度一定の法則**とも呼ばれます。
右ページ下図のように，ある時刻に点Pにあった惑星が，1秒後に点P′へと移動したとしましょう。
また，別の時刻に点Qにあった惑星は，1秒後に点Q′へと移動しました。
このときに惑星が描いた面積S_1，S_2はどちらも等しくなる，ということをケプラーの第2法則は示しているのです。

ケプラーの第 1 法則　惑星は太陽を 1 つの焦点とするだ円軌道を描く

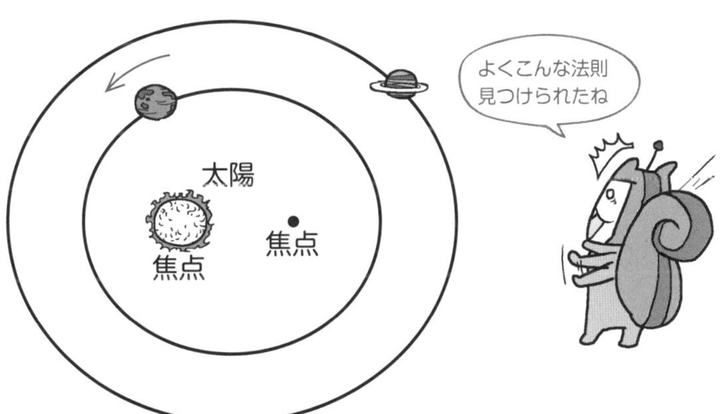

ケプラーの第 2 法則　惑星と太陽を結ぶ線分が単位時間に描く面積は一定

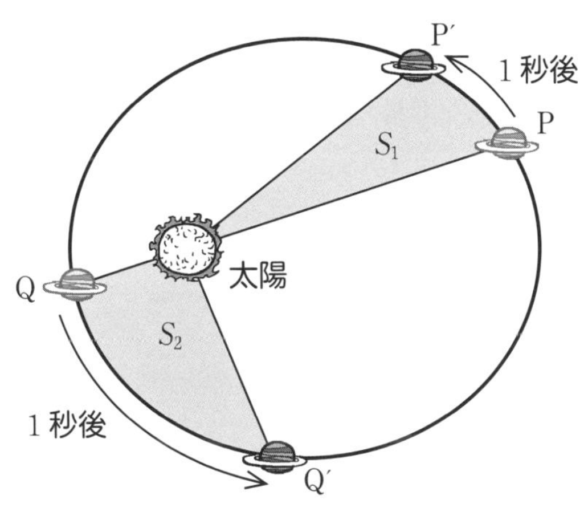

➡ $S_1 = S_2$ が成り立つ！

第2法則に関して，1つおさえておきたいポイントがあります。
右ページの図のように，長軸上にあった惑星が，
1秒後に別の点へ移動したとしましょう。
このとき，惑星は図のようなおうぎ形を描きますが，
rがとても大きいので，三角形として考えることができます。
この三角形の面積はそれぞれ $\frac{1}{2}rv$，$\frac{1}{2}RV$となりますね。
したがって，面積速度一定の法則より，次の関係式が成り立ちます。

$$\frac{1}{2}rv = \frac{1}{2}RV$$

この関係式は，天体の問題では非常によく使われるので，おさえておきましょう。

3つ目は「惑星の公転周期の2乗は，だ円軌道の長半径の3乗に比例する」というものです。
長半径というのは，だ円の長いほうの半径のことです。
（右ページの右下の図の，a_1やa_2が長半径ですよ）
つまり，惑星の公転周期をT，だ円軌道の長半径をaとすると

$$\frac{T^2}{a^3} = k = (\text{一定}) \quad (k\text{は比例定数})$$

が成り立つのです。
kの値は，焦点である天体が同じであれば等しくなります。
ですから，**太陽を焦点とする地球，火星，金星などは，$\frac{T^2}{a^3}$ の値が等しくなります。**
この第3法則は，異なる軌道を持つ天体の運動を結びつけるのに使われます。
問題の中で「軌道は異なるけど焦点となる天体は同じ」なんてシチュエーションが与えられたら，この法則が役立ちますね。

以上がケプラーの法則の内容です。
これらの法則は，研究によって明らかになったものですから，覚えましょう。

さて，p.226からは万有引力の法則について説明していきますよ。

ケプラーの第2法則の続き

おさえておきたいテクニックじゃ！

惑星が長軸上にあるとき

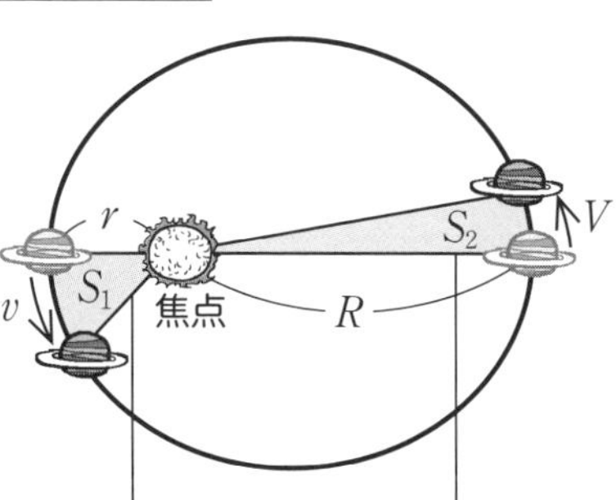

三角形とみなす　　三角形とみなす

$S_2 = \frac{1}{2}RV$

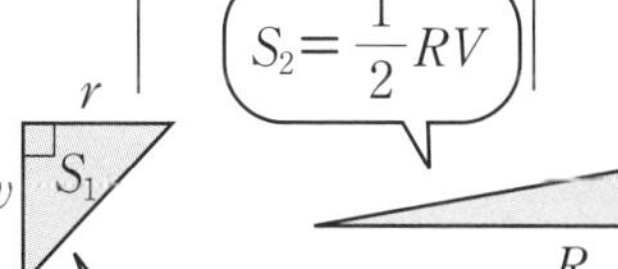

$S_1 = \frac{1}{2}rv$

➡ $\frac{1}{2}rv = \frac{1}{2}RV$ が成り立つ！

ケプラーの第3法則	惑星の公転周期 T の2乗はだ円軌道の長半径 a の3乗に比例

$$\frac{T^2}{a^3} = k$$

焦点が同じ天体なら
k の値は同じ

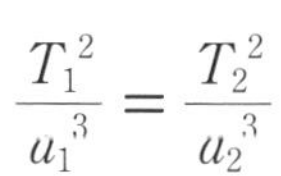

$$\frac{T_1^{\ 2}}{a_1^{\ 3}} = \frac{T_2^{\ 2}}{a_2^{\ 3}}$$

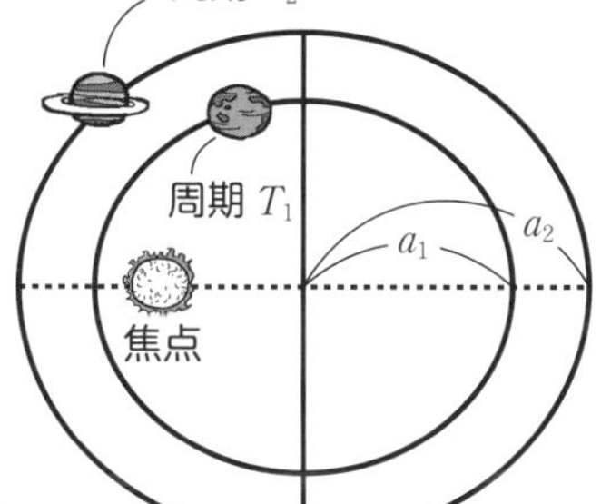

$\frac{1}{2}rv = \frac{1}{2}RV$
$\frac{T_1^{\ 2}}{a_1^{\ 3}} = \frac{T_2^{\ 2}}{a_2^{\ 3}}$
の2つはよく使うぞい

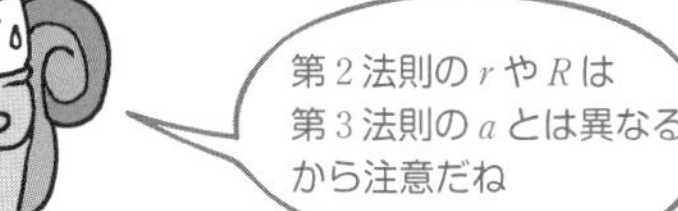

第2法則の r や R は
第3法則の a とは異なる
から注意だね

9-2 万有引力の法則

ココをおさえよう！

質量 m_1，m_2 の2物体が，r だけ離れた位置にあるとき，2物体の間には

$$F = G\frac{m_1 m_2}{r^2} \quad (G\text{は万有引力定数})$$

の万有引力がはたらく。

それでは，いよいよ**万有引力の法則**について学んでいきます。

万有引力の法則とは，2つの物体の間には，それぞれの質量の積に比例し，
距離の2乗に反比例する力がはたらくというものです。
これを数式で表すと次のようになります。

$$F = G\frac{m_1 m_2}{r^2}$$

G は**万有引力定数**といい，キャベンディシュという学者が研究によって求めた比例定数で，その値はおよそ 6.67×10^{-11} N・m^2/kg^2 であることがわかっています。

万有引力は，どんな物体にもはたらく力ですから，私たちの体にもはたらいています。
しかし，日常生活で万有引力を意識することなんてありませんよね。
それもそのはず，万有引力定数 G は，10^{-11} の位という，すごく小さな値ですから，ほとんどの万有引力は無視できるくらい小さな値をとるのです。
例えば，1 m離れた質量50 kgの2人にはたらく万有引力の大きさは

$$6.67 \times 10^{-11} \times \frac{50 \times 50}{1^2} \fallingdotseq 1.7 \times 10^{-7}\ \mathrm{N}$$

こんな小さな力は，私たちには感知できませんね。

では，どういうときに万有引力を考えるかというと，
質量がものすごく大きい物体を扱うときで，その代表例が天体です。
地球の質量も膨大ですから，地球上のあらゆる物体は，地球から強い万有引力を受けています。
その万有引力こそが重力なのです。

万有引力の法則

距離 r だけ離れた質量 m_1，m_2 の
2 物体にはたらく万有引力 F は

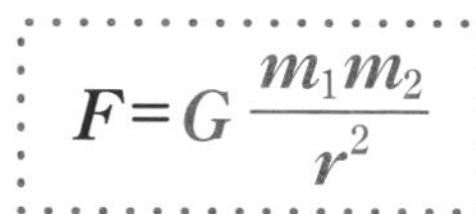

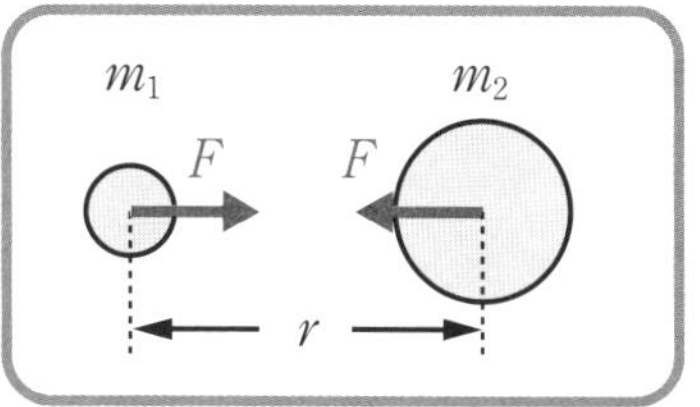

万有引力定数 G の値は，およそ $6.67\times10^{-11}\ \mathrm{N\cdot m^2/kg^2}$

例 50 kg どうしの 2 つの物体が 1 m 離れているときにはたらく万有引力 F は？

$$F=\underbrace{6.67\times10^{-11}}_{G}\times\underbrace{\frac{50\times50}{1^2}}_{\frac{m_1m_2}{r^2}}$$

$$=1.7\times10^{-7}\ \mathrm{N}$$

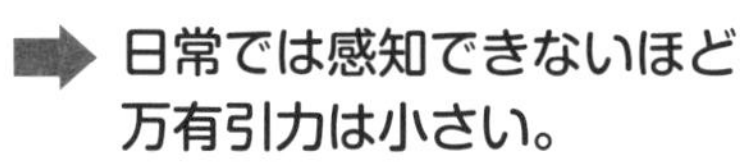

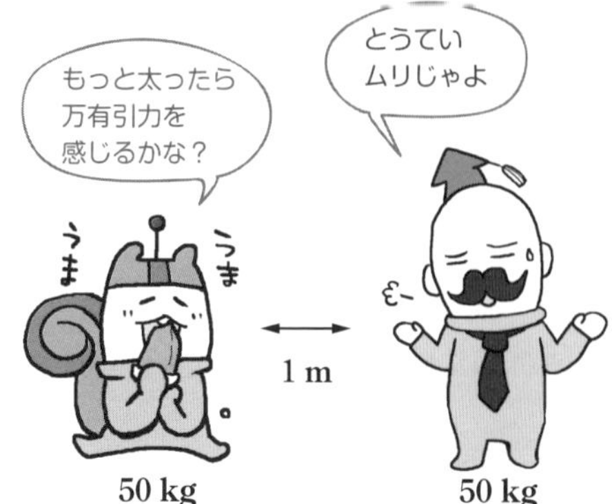

どんなときに万有引力を考える？

質量が膨大な，天体を扱うとき。

問9-1 地球の質量をM，半径をR，万有引力定数をGとする。以下の問いに答えよ。
(1) 地表の重力加速度gをM，R，Gで表せ。
(2) 地表から高さhの地点の重力加速度g'を，g，R，hで表せ。

万有引力の法則を用いて，地球の重力加速度を考える問題です。
重力加速度を求める問題では，次のように考えましょう。
「質量mの物体が地表で受ける重力mgの正体は，万有引力$G\dfrac{mM}{R^2}$である」と。

解きかた (1) 重力と，地球から受ける万有引力は等しいから，質量mの物体を考えて

$$\underbrace{mg}_{\text{重力}} = \underbrace{G\frac{mM}{R^2}}_{\text{万有引力}}$$

これより $\boldsymbol{g = \dfrac{GM}{R^2}}$ …答 ……①

今までgとして扱っていた重力が，万有引力を用いることで違う形で表されるなんて，ちょっと不思議ですよね。

(2)も同様に考えましょう。答えにGを使えないので，①式を利用します。

解きかた (2) 地表からhの高さのときに受ける万有引力を考えて

$$mg' = G\frac{mM}{(R+h)^2}$$

$$g' = G\frac{M}{(R+h)^2} \quad \cdots\cdots②$$

②÷①より $\dfrac{g'}{g} = \left(\dfrac{R}{R+h}\right)^2$

よって $\boldsymbol{g' = \left(\dfrac{R}{R+h}\right)^2 g}$ …答

(2)で「地球との距離はhじゃないの？」と思った人もいると思います。
重心の考えかたを思い出してください。
地球の重心はその中心ですから，地球は「その中心の位置にある質量Mの質点」とみなせます。
ですから，物体間の距離を(1)ではR，(2)では$R+h$と考える必要があったのです。

問 9-1

(1)　重力＝万有引力なので

$$mg=G\frac{mM}{R^2}$$

$$\underline{\underline{g=\frac{GM}{R^2}}} \quad \cdots\cdots ①$$

(2)　距離が $R+h$ であることに注意して

$$mg'=G\frac{mM}{(R+h)^2}$$

$$g'=G\frac{M}{(R+h)^2} \quad \cdots\cdots ②$$

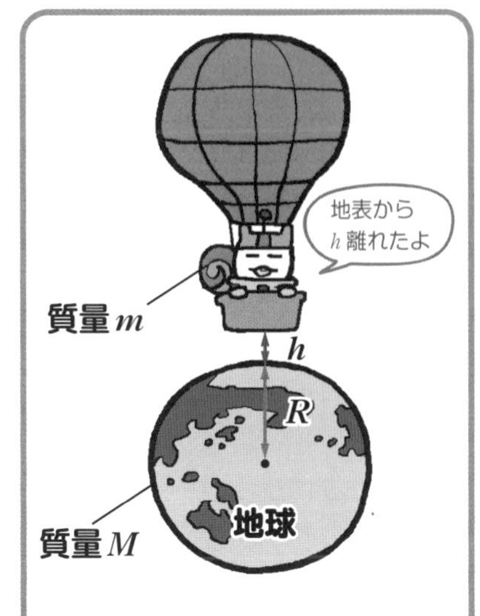

②÷①より

$$\frac{g'}{g}=\left(\frac{R}{R+h}\right)^2$$

$$\underline{\underline{g'=\left(\frac{R}{R+h}\right)^2 g}}$$

問9-2 右ページ図1のように，質量mの物体が質量Mの物体を中心として半径rの等速円運動をしている。万有引力定数をGとして，以下の問いに答えよ。

(1) 物体の速さvをG，M，rで表せ。

(2) 物体の周期TをG，M，rで表せ。

質量mの物体が途中で加速したところ，右ページ図2のように，質量Mの物体を1つの焦点とするだ円軌道の運動になった。

(3) このだ円軌道の運動の周期T'をT，r，Rで表せ。

(1)，(2)は円運動の復習をかねた万有引力の問題です。
円運動する物体には中心方向への力，向心力がはたらくのでしたね。
この問題では，万有引力が向心力になります。

解きかた (1) 質量mの物体が万有引力を向心力とした等速円運動をしているので
この物体の円運動の運動方程式は

$$\underbrace{G\frac{mM}{r^2}}_{F}=m\underbrace{\frac{v^2}{r}}_{a}$$

これより $\boldsymbol{v=\sqrt{\frac{GM}{r}}}$ …答

(2) 「$vT=2\pi r$」より $T=\frac{2\pi r}{v}=\boldsymbol{2\pi r\sqrt{\frac{r}{GM}}}$ …答

(3)では軌道が円からだ円へと変わりました。ここで着目してほしいのは
(円では中心が焦点なので)**「軌道が変わっても焦点は変わっていない」**という点。
どちらの軌道も質量Mの物体が焦点ですから「ケプラーの第3法則」が使えます。

解きかた (3) だ円軌道の長半径は$\frac{r+R}{2}$ですから，ケプラーの第3法則より

$$\frac{T^2}{r^3}=\frac{T'^2}{\left(\frac{r+R}{2}\right)^3}$$

これより $\boldsymbol{T'=\frac{r+R}{2r}T\sqrt{\frac{r+R}{2r}}}$ …答

第3法則は，このように周期Tを半径rなどの文字で表すときに使います。

問 9-2

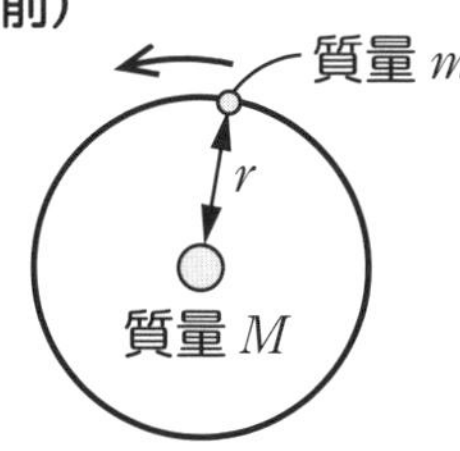

図 1

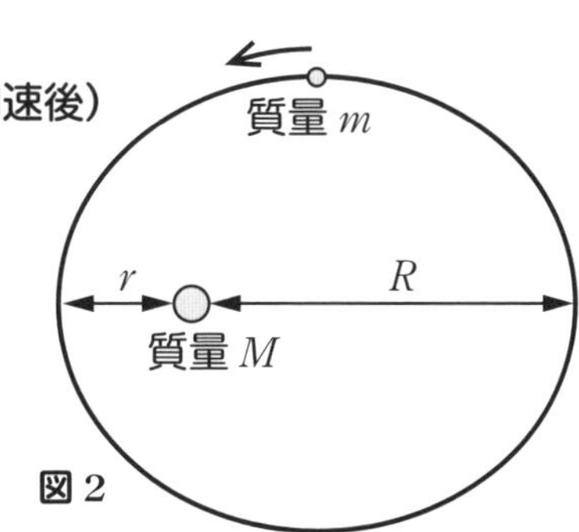

図 2

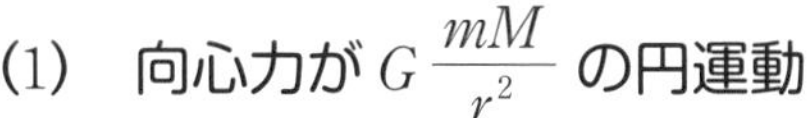

(1)　向心力が $G\dfrac{mM}{r^2}$ の円運動

$$\underbrace{G\frac{mM}{r^2}}_{F}=m\underbrace{\frac{v^2}{r}}_{a}$$

$$G\frac{M}{r}=v^2$$

$$v=\sqrt{\frac{GM}{r}}$$

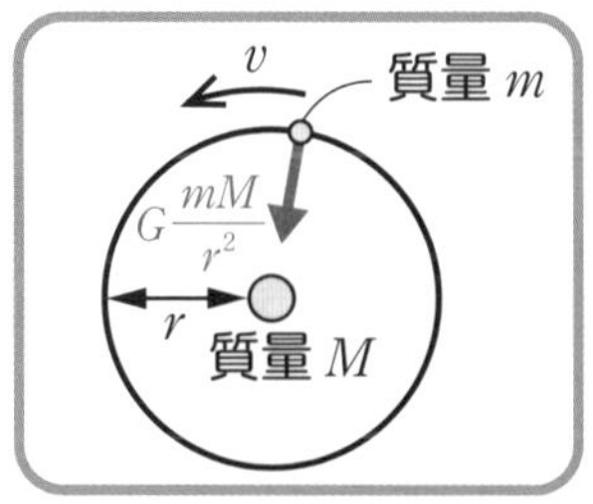

(3)　軌道は変わったが焦点は不変

➡ケプラーの第 3 法則が使える！

（図 1 では長半径が r,
図 2 では長半径が $\dfrac{r+R}{2}$ だから）

$$\frac{T^2}{r^3}=\frac{T'^2}{\left(\frac{r+R}{2}\right)^3}$$

$$T'^2=\left(\frac{r+R}{2r}\right)^3T^2$$

$$T'=\frac{r+R}{2r}T\sqrt{\frac{r+R}{2r}}$$

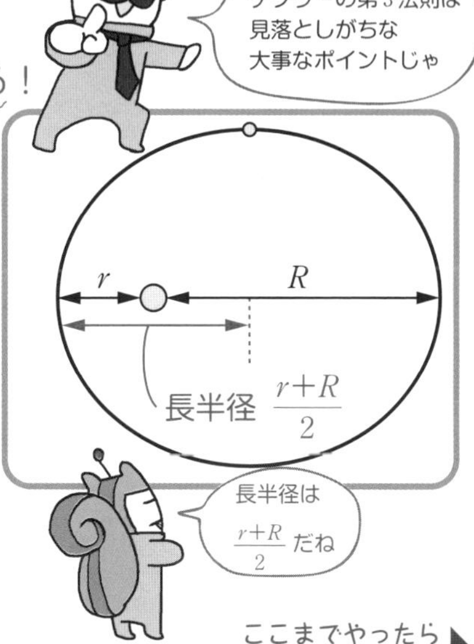

ここまでやったら
別冊 P. 40 へ

9-3 万有引力による位置エネルギー

ココをおさえよう！

質量 m の物体が，質量 M の物体から距離 r の位置にあるとき，この物体が持つ，万有引力による位置エネルギー U は

$$U=-G\frac{mM}{r}$$ **（ただし無限遠を基準とする）**

Chapter5で，重力による位置エネルギーを学びましたね。
今度は「万有引力による」位置エネルギーを考えていきます。

重力による位置エネルギーは「物体を重力に逆らって持ち上げる際にした仕事を物体がエネルギーとして蓄えた」と考えることができました。
万有引力による位置エネルギーの場合も同じです。
ある物体を，もう1つの物体から引き離すときに，万有引力に逆らってした仕事をエネルギーとして蓄えたものが，万有引力による位置エネルギーになります。
より遠くに引き離そうとすれば，より多くの仕事をする必要がありますから，
2つの物体が遠くに離れていた場合のほうが，
物体の持つ万有引力による位置エネルギーは大きくなります。

万有引力による位置エネルギー U は次のように表されます。

$$U=-G\frac{mM}{r}$$ （r が大きいほど $-G\frac{mM}{r}$ は大きな値になる）

まずは，万有引力による位置エネルギーがマイナスとなる理由を説明します。
重力による位置エネルギーでは，「どの高さで位置エネルギーを0と考えるか」という，高さの基準を決める必要がありましたね(p.138参照)。
万有引力による位置エネルギーの場合も「2物体がどの程度離れているときの位置エネルギーを0にするか」という基準を考えなければなりませんが，
実はその基準は決められているのです。
「2つの物体の距離が無限に遠い場合（無限遠といいます）」を位置エネルギー0の基準とします。

万有引力では遠くにある物体のほうが，大きな位置エネルギーを持つので，無限に遠い距離の位置エネルギーを0としてしまうと，0が最大ということなので位置エネルギーは当然マイナスの値になってしまうのです。
こういうわけで，万有引力による位置エネルギーにはマイナスがつくのです。

万有引力による位置エネルギーの大小

2 つの物体が遠くに離れていた場合のほうが，物体の持つ万有引力による位置エネルギーが大きくなる！

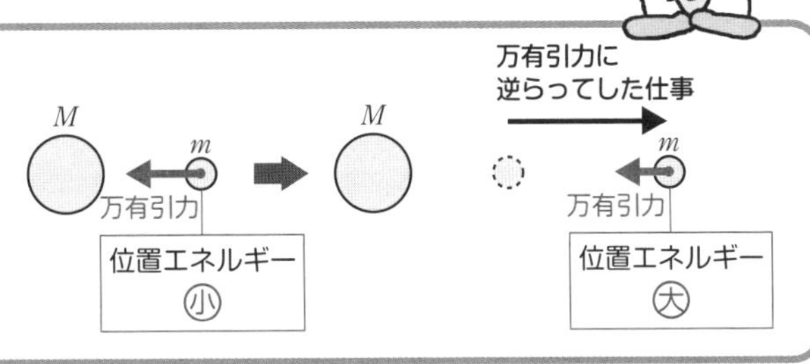

万有引力による位置エネルギーの式

質量 M の物体から r だけ離れた質量 m の物体の持つ位置エネルギー U は

$$U = -G\frac{mM}{r}$$

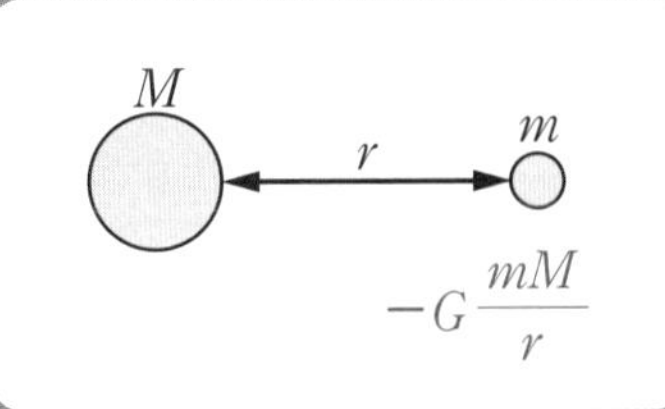

どうしてマイナスがついているの？

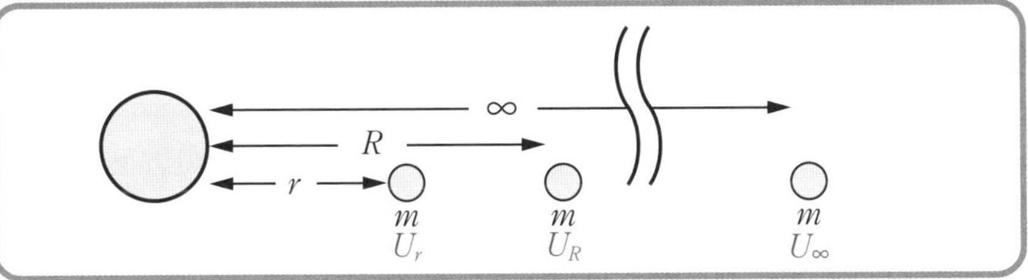

遠く離れた場合のほうが位置エネルギーは大きいので

$$U_r \quad < \quad U_R \quad < \quad U_\infty$$

無限遠のときの位置エネルギー U_∞を 0 とすると

$$U_r \quad < \quad U_R \quad < \quad 0$$

よって，いつでも負の値になる。

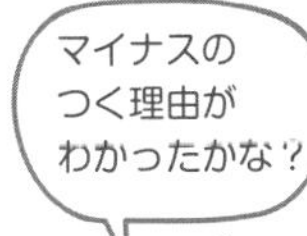

さて，マイナスがつく理由がわかったところで，今度は「$G\dfrac{mM}{r}$」となるわけを探っていきたいのですが，ここは数学の「積分」の知識が必要になります。
下の説明を読んで「難しくてわからないよ！」と感じた人は，ひとまず「$U=-G\dfrac{mM}{r}$」を丸暗記して，このページは飛ばしてもらってかまいません。

重力による位置エネルギーでは，重力mgと同じ力で物体をhだけ持ち上げると，mghの仕事をしたことになるので，物体の位置エネルギーがmghになるのでした。

万有引力による位置エネルギーの場合も同じように考えていきます。
2物体間の距離がrのときの位置エネルギーをU_rと表します。
質量Mの物体から距離rだけ離れている質量mの物体を，無限に遠い位置まで引き離すときにする仕事をWとすると，$\boldsymbol{U_r+W=U_\infty}$がいえますね。
ここで，基準のとりかたから，**$U_\infty=0$ Jなので，**この式は$\boldsymbol{U_r=-W}$と変形できます。
つまりU_rを求めるには，物体を引き離すのにする仕事Wを求めればよいのです。

しかし，物体を引き離すのにする仕事Wを求めるうえで，1つ問題があります。
万有引力の大きさは$G\dfrac{mM}{r^2}$なので，rが変わると，引き離す力も変わります。
つまり，2物体間の距離によって物体を引き離す力が変わってしまうのです。
これでは，重力の位置エネルギーのときのように，簡単に仕事を求められません。
(重力は高さによらずいつでもmgですものね)

ここで使うのが積分です。どうするかというと「引き離す力の変化が無視できるくらい小さな距離だけ引き離してみよう」と考えるのです。
そのごく小さな距離をdrとすると，この距離を引き離すのにした仕事は
$G\dfrac{mM}{r^2}\cdot dr$となりますね。
そして「小さな距離だけ動かす」ことを$r=\infty$までひたすら繰り返します。
これを式で表すと積分になります。

$$W=\int_r^\infty G\frac{mM}{r^2}dr=GmM\int_r^\infty r^{-2}dr=GmM\left[-\frac{1}{r}\right]_r^\infty=G\frac{mM}{r}$$

$U_r=-W=-G\dfrac{mM}{r}$となりましたね。

引き離す力が距離によって変わってしまうので，簡単に
仕事を求められない。
そこで，力の変化が無視できるくらいほんの少しだけ動かす。

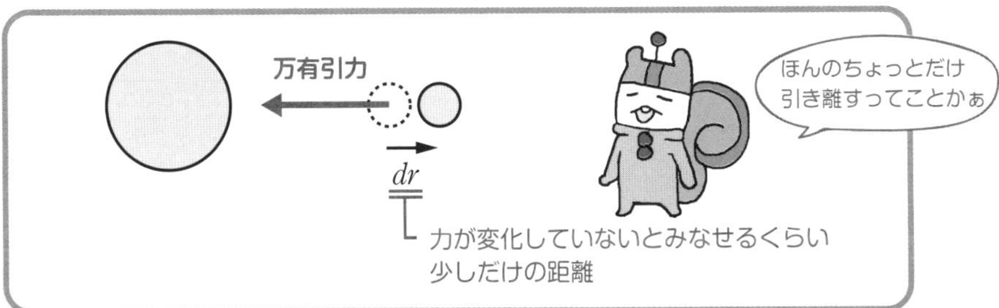

「ほんの少しだけ動かす」を繰り返す。

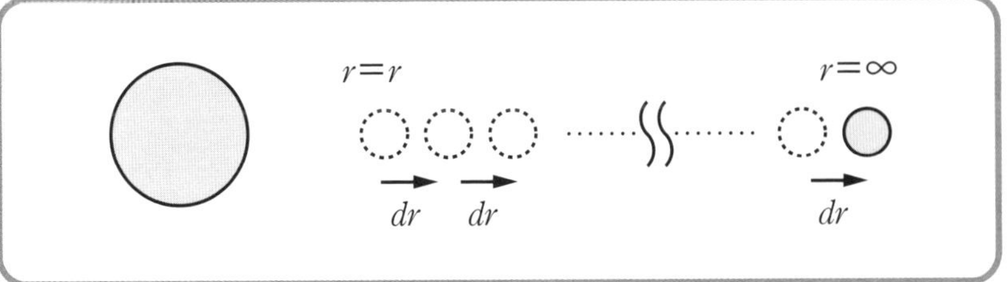

これを式（積分）で表すと

$$W=\int_r^{\infty} G\frac{mM}{r^2}dr=GmM\int_r^{\infty} r^{-2}dr$$

$r=r$ から
$r=\infty$ まで
足し合わせる

力の変化が無視
できるくらい
小さな
距離の仕事

$$=GmM\left[-\frac{1}{r}\right]_r^{\infty}$$

$$=G\frac{mM}{r}$$

$$U=-W=-G\frac{mM}{r}$$

ここはわからなくても
心配せんでよい
U の値だけ覚えておくんじゃ

では，万有引力による位置エネルギー$-G\dfrac{mM}{r}$を用いる問題を解いてみましょう。

問9-3 質量mの人工衛星が右ページの図のように，質量Mの惑星を焦点の1つとするだ円軌道を描きながら運動している。万有引力定数をGとして以下の問いに答えよ。

(1) A点とB点における人工衛星の速さをそれぞれG，M，R，rを用いて表せ。

A点で人工衛星を加速させ，速さがv'になった。

(2) 加速させる速さによっては，衛星は軌道から外れ，無限の彼方へと飛んでいくことがある。衛星が無限遠に飛んでいくためのv'に関する条件を求めよ。

まず，A点における速さと，B点における速さをそれぞれv，Vとします。
ここでまず思い出してほしいのは「面積速度一定の法則」です。
9-1でやったように，長軸上に物体があるときを考えると，面積速度が一定ですから

解きかた (1) $\dfrac{1}{2}rv=\dfrac{1}{2}RV$ ……①

$\dfrac{1}{2}rv$：A点での面積速度
$\dfrac{1}{2}RV$：B点での面積速度

もう1つ，万有引力の問題では「力学的エネルギー保存則」が重要です。
衛星は運動エネルギーと万有引力による位置エネルギーを持っています。
衛星には万有引力しかはたらきませんから，これらのエネルギーの総和は保存します。
よって，力学的エネルギーの保存を考えて

解きかた

$$\frac{1}{2}mv^2+\left(-G\frac{mM}{r}\right)=\frac{1}{2}mV^2+\left(-G\frac{mM}{R}\right) \quad \cdots\cdots②$$

$\dfrac{1}{2}mv^2$：A点での運動エネルギー
$-G\dfrac{mM}{r}$：A点での位置エネルギー
$\dfrac{1}{2}mV^2$：B点での運動エネルギー
$-G\dfrac{mM}{R}$：B点での位置エネルギー

そして①，②式を連立して解くと（右ページで式変形は解説）

$$v=\sqrt{2GM\frac{R}{r(R+r)}},\quad V=\sqrt{2GM\frac{r}{R(R+r)}} \quad \cdots 答$$

問9-3

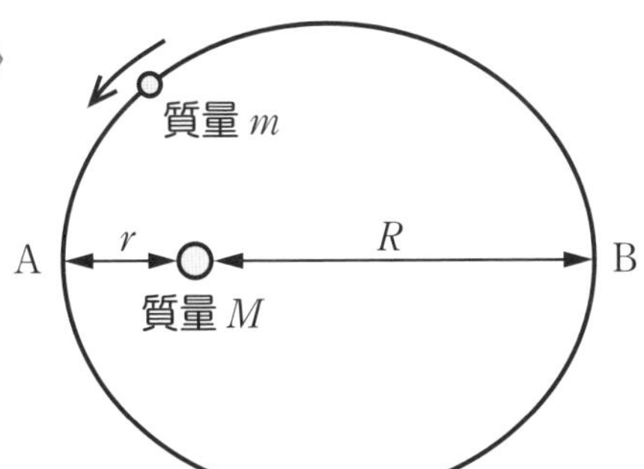

(1) 面積速度一定の法則(ケプラーの第2法則)より

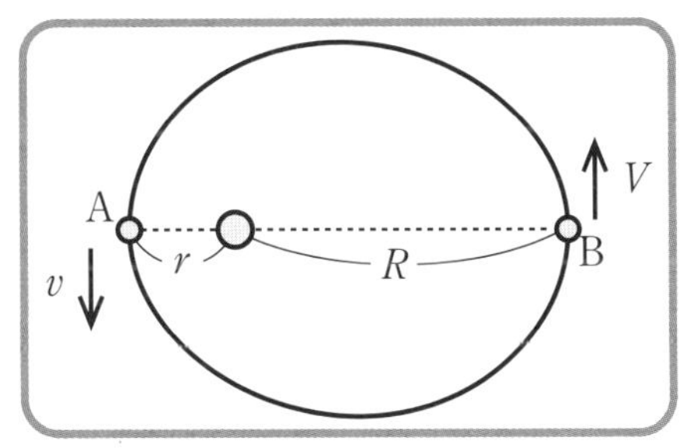

$$\underbrace{\frac{1}{2}rv}_{\text{A 点での面積速度}}=\underbrace{\frac{1}{2}RV}_{\text{B 点での面積速度}}\cdots\cdots①$$

力学的エネルギー保存則より

$$\underbrace{\frac{1}{2}mv^2}_{\text{A 点での運動エネルギー}}+\underbrace{\left(-G\frac{mM}{r}\right)}_{\text{A 点での位置エネルギー}}=\underbrace{\frac{1}{2}mV^2}_{\text{B 点での運動エネルギー}}+\underbrace{\left(-G\frac{mM}{R}\right)}_{\text{B 点での位置エネルギー}}\cdots\cdots②$$

①，②より $v=\sqrt{2GM\dfrac{R}{r(R+r)}}$，$V=\sqrt{2GM\dfrac{r}{R(R+r)}}$

補足

①より $V=\dfrac{r}{R}v\cdots\cdots③$

②より $v^2-V^2=2GM\left(\dfrac{1}{r}-\dfrac{1}{R}\right)=2GM\dfrac{R-r}{rR}\cdots\cdots④$

③，④より $v^2-\dfrac{r^2}{R^2}v^2=2GM\dfrac{R-r}{rR}$

$$\frac{R^2-r^2}{R^2}v^2=2GM\frac{R-r}{rR}$$

$$v=\sqrt{2GM\frac{R}{r(R+r)}}$$

③より $V=\sqrt{2GM\dfrac{r}{R(R+r)}}$

わ～！
大変な
計算だぁ～！

ちゃんと
自分で
解いてみる
のだぞ

次に(2)ですが，人工衛星が無限遠に飛んでいくには，どんな条件が必要なのでしょう？

無限遠で飛んでいる人工衛星の様子を想像しましょう。
無限遠での万有引力による位置エネルギーは0でした（p.232参照）。
そして飛んでいるのですから，運動エネルギーは必ず0以上ですよね。
つまり**無限遠で飛んでいる（無限遠に飛んでいく）人工衛星の力学的エネルギーの総和は0以上**ということになります。

さて力学的エネルギー保存則より力学的エネルギーの総和は保たれるので，
「ある地点での物体の力学的エネルギーの総和が0以上であれば，無限遠に飛んでいくことができる」と考えられます。
よって，解答は次のようになります。

解きかた (2) A点で加速したあとの衛星の速さがv'なので，衛星が無限遠に飛んでいく条件は

$$\underbrace{\frac{1}{2}mv'^2}_{\text{A点での運動エネルギー}} + \underbrace{\left(-G\frac{mM}{r}\right)}_{\text{A点での位置エネルギー}} \geqq 0$$

これより，求める条件は $\boldsymbol{v' \geqq \sqrt{\dfrac{2GM}{r}}}$ …答

この無限遠の考えかたはよく問われるので，ちゃんと理解しておきましょうね。

(2) 「無限遠に飛んでいく」
➡ **無限遠で飛んでいる状態を考える。**

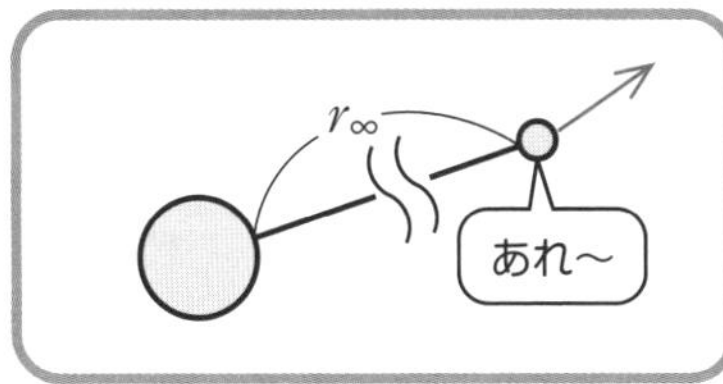

・無限遠は位置エネルギーが 0
・「飛んでいる」のだから運動エネルギーは 0 以上

無限遠での力学的エネルギーの総和が 0 以上なら無限遠に飛んでいくということ

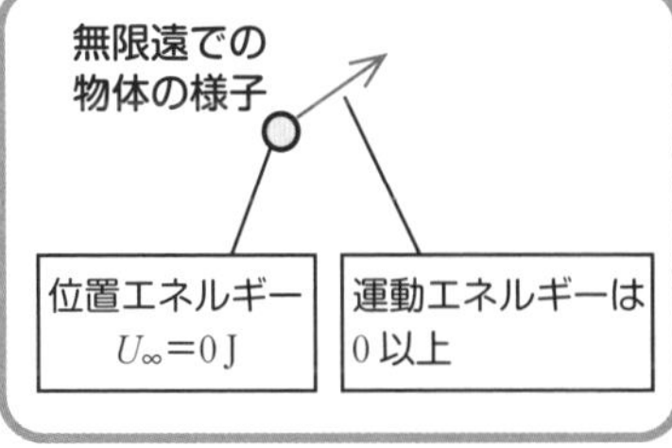

力学的エネルギー保存則よりエネルギーの総和は不変

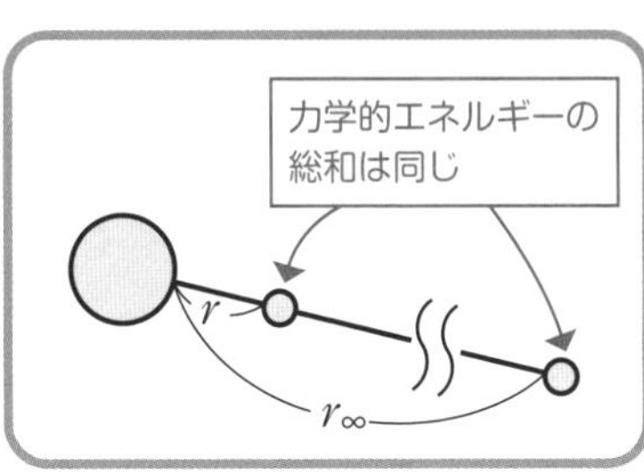

A 点で力学的エネルギーの総和が 0 以上なら無限遠でも 0 以上(なので無限遠に飛んでいく)！

ここまでやったら 別冊 P. 43 へ

理解できたものに，☑チェックをつけよう。

- [ ] ケプラーの法則を，3つすべて説明することができる。
- [ ] ケプラーの第2法則(面積速度一定の法則)において，長軸上に物体がある場合の面積の計算ができる。
- [ ] ケプラーの第3法則を使って，焦点となる天体は同じだが，軌道は異なる2つの惑星の運動を結びつけることができる。
- [ ] 長半径が，だ円のどの部分なのかがわかる。
- [ ] 万有引力の式を立てることができる。
- [ ] 万有引力の式を立てることによって，地上の重力加速度が $\dfrac{GM}{R^2}$ でも表せることを証明できる。
- [ ] 万有引力による位置エネルギーは$-G\dfrac{mM}{r}$で表される。
- [ ] 万有引力による位置エネルギーに，なぜマイナスがつくのかを理解した。
- [ ] 無限遠に飛んでいく条件を理解した。

Chapter

10

単振動

Chapter 10 単振動

はじめに

単振動は，堅苦しくいえば「変位に比例する復元力がはたらく運動」です。
ばねが伸びたり縮んだりする運動などがその代表例ですね。

単振動に苦手意識を持つ人は多いのではないでしょうか。
たしかにちょっと複雑な式が出てきて，難しいなと思ってしまうかもしれませんね。

ですが，単振動の問題は基本的にどれも同じ考えかたをすれば解けてしまいます。
運動方程式を立てて，そこから周期や角振動数を求める，これだけです。
ややこしそうな数式も出てきますが，難しく感じる必要はまったくありませんよ。

単振動は他の受験生も苦手としているところですから，ここで差をつけましょう。

この章で勉強すること

単振動とはどんな運動なのか，どんな式で表されるのかをまず最初に勉強します。そしてそこから周期や角振動数の関係，単振動におけるエネルギー保存則の使いかたを，例題を通して身につけていきます。

単振動 …変位に比例する，もとの位置に戻ろうとする力（復元力）がはたらく運動。

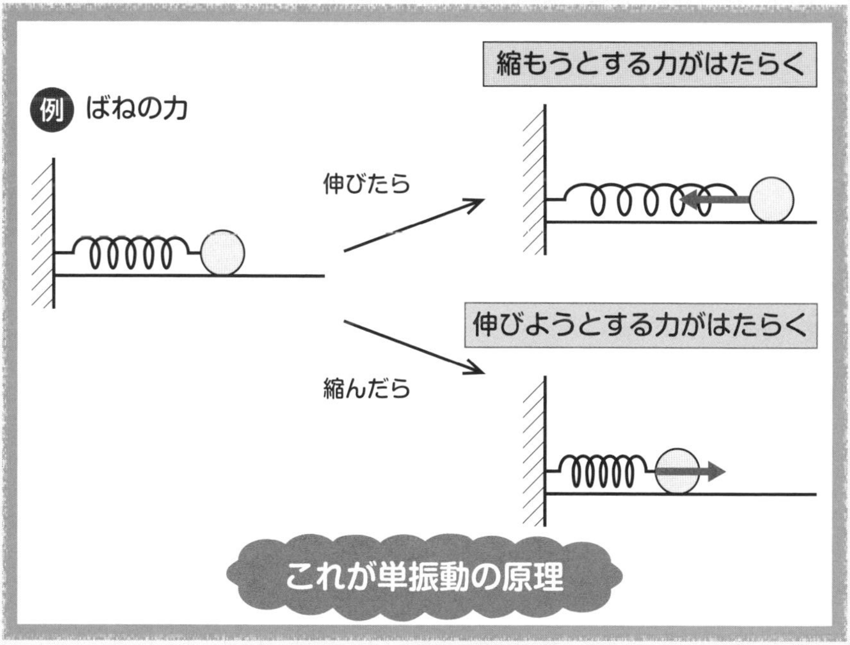

例 ばねの力

伸びたら → 縮もうとする力がはたらく

縮んだら → 伸びようとする力がはたらく

これが単振動の原理

「単振動」って
難しいイメージが
あるよ…

ワシに
ついてくれば
大丈夫じゃ！

Let's
study!!

10-1 単振動とは？

ココをおさえよう！

変位に比例した，もとの位置に戻ろうとする力（復元力），すなわち$F=-Kx$の形の力がはたらく運動を単振動と呼ぶ。

ばねにつながれた物体が滑らかな床の上にあるときの運動を考えましょう。
物体を引っ張ってはなすと，行ったり来たりを繰り返しますね。

ここで，物体がばねから受ける弾性力に注目しましょう。
弾性力の大きさは$F=kx$で表されるのでしたね。
ばねの自然長からの変位が＋3mのとき，物体は$3k$〔N〕の力で引っ張られ
変位が－3mのときは物体は$3k$〔N〕の力で押されます。
ここで力の向きに注目です。
変位がプラスなら力はマイナス方向，
変位がマイナスなら力はプラス方向になります。
つまり，物体には常にもとの位置に戻ろうとする力がはたらいているのです。
この，**物体をもとの位置に戻そうとする力**を**復元力**といいます。

また，物体が受ける力の大きさはkxですから，変位に比例しています。
このような「変位に比例した，もとの位置に戻ろうとする力がはたらく運動」を**単振動**と呼ぶのです。

具体的に説明すれば，$F=-Kx$という形の力がはたらく運動が単振動です。
Kは正の定数で，単振動の種類によって異なります。
マイナスは力が復元力であることを示しています。
右向きの変位（xの値がプラス）であれば力Fは左向き（マイナス方向）にはたらき，左向きの変位（xの値がマイナス）であれば，力Fは右向き（プラス方向）にはたらくということですね。
「物体にはたらく力Fが$-Kx$の形をしていたら，必ず単振動」と覚えてください。
とても大事なポイントですよ！

単振動もイメージが大事です。想像してみましょう。
まずばねが縮んでいたとすると，物体は押し戻されて自然長のところまでいきます。
勢いのある物体は，自然長を超えても最初は逆向きの力を受けつつも進み，伸びていきますが，徐々に速さが遅くなり，止まって，今度は逆向きに戻されて縮んでいきます。

変位と力の正の向き

① 自然長の状態

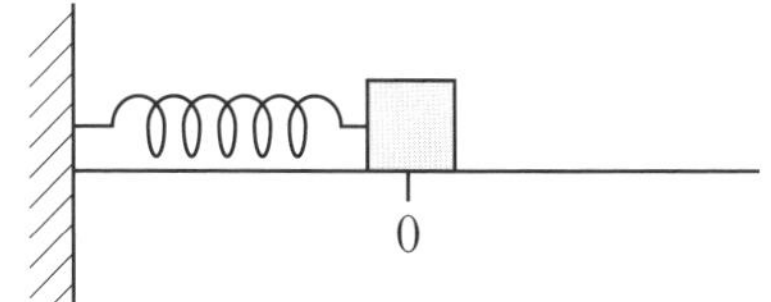

力ははたらかない

② ばねの変位が +3 m のとき

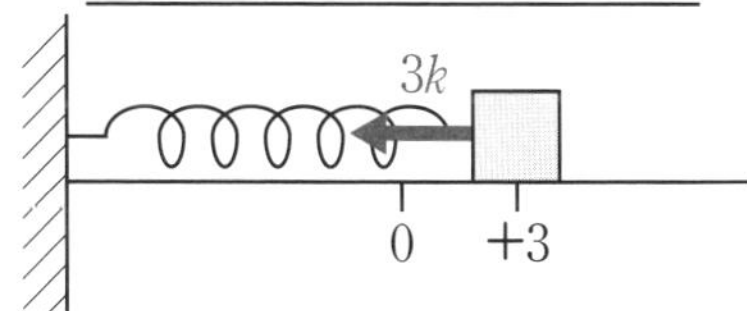

$3k$ の力がマイナス方向にはたらく

③ ばねの変位が−3 m のとき

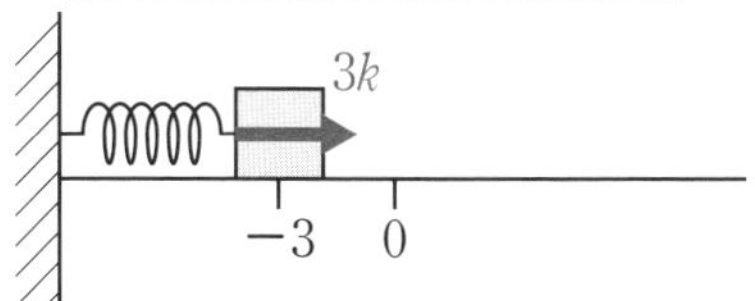

$3k$ の力がプラス方向にはたらく

物体をもとの位置に戻そうとする力
復元力

物体に復元力がはたらくと**単振動**という運動になる！

単振動を表す力の式

$F=-Kx$　（K は正の定数）

「変位 x の逆向きになる」ということを表している

「円運動」は回転の中心方向に
力がはたらくときの運動じゃったな

それと似たような
もんじゃ
変位と反対の方向に
常に力がはたらくと
単振動をするんじゃ

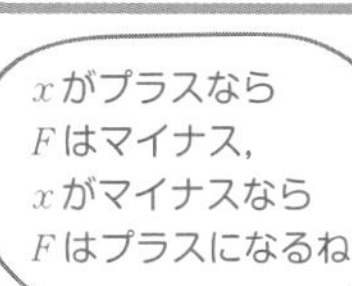

単振動の動きをイメージしていきましょう。
ばねにつながれた質量mの物体を滑らかな床の上に置き，ばねを自然長からAだけ伸ばして手をはなします。すると，物体は振幅Aの単振動をしますね。
自然長の位置を原点Oとして座標軸をとると，$-A$から$+A$の範囲で振動します。
単振動は振動の両端と中心の動きが大事なので，
それぞれの速度と加速度を見ていきましょう。

単振動する物体の速度を考えます。
両端では一度止まるので速さが0になるのはわかりますよね。
いちばん速いのは振動の中央であるのもわかるはずです。
つまり，単振動する物体の速度は，右ページ真ん中の図のように移り変わります。
「速度の大きさ（速さ）は両端で0，中心で最大」ということです。簡単ですね。

さて，次に加速度です。
物体には$F=-kx$の力がはたらくので，運動方程式$F=ma$を考えると

$$-kx=ma$$

となります。
これより$x=0$なら$a=0$になります。
つまり振動の中心では加速度は0ということです。
xの絶対値が大きいとaの絶対値も大きくなりますので，
振動の両端で加速度の大きさは最大になります。
つまり，単振動する物体の加速度は，右ページ下図のように移り変わります。
「加速度の大きさは両端で最大，中心で0」ということです。

単振動する物体の運動がイメージできましたか？
10-2では単振動する物体の，変位や速度や加速度を式で表していきます。
Chapter8で学んだ円運動が関係してきますので，円運動に自信がない人は
読み返しながら進めてくださいね。

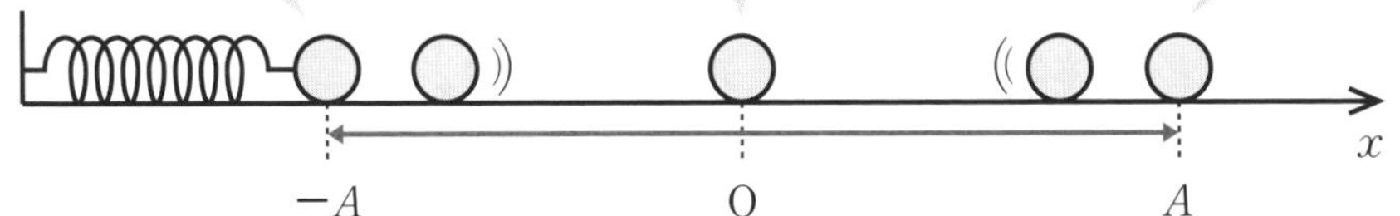

単振動をする物体の速度

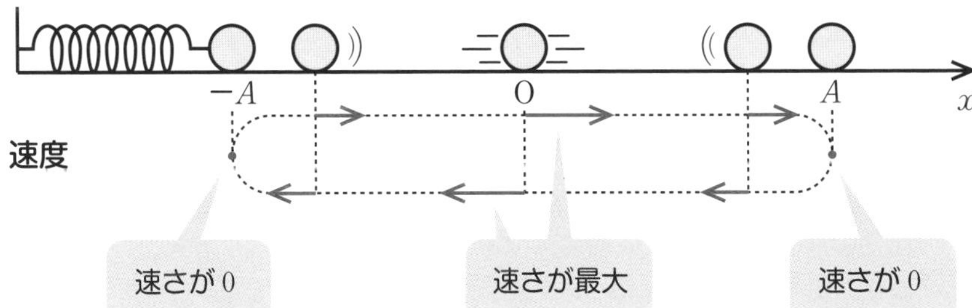

単振動をする物体の加速度

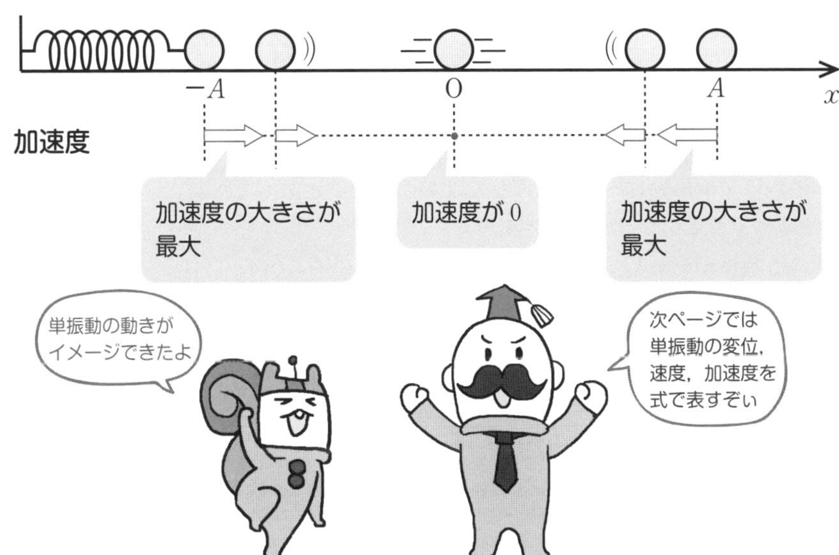

10-2 単振動の変位，速度，加速度

ココをおさえよう！

単振動する物体の変位，速度，加速度は次のように表される。

$$x = A\sin\omega t$$
$$v = A\omega\cos\omega t$$
$$a = -A\omega^2\sin\omega t = -\omega^2 x$$

単振動は「円運動を真横から見た運動」と考えられます（右ページ上図参照）。
この事実を使って，単振動の関係式を導いていきましょう。
右ページの図と照らし合わせながら，x，v，aの式を理解してくださいね。

角速度ω，半径Aの円運動を真横から見たときを考えます。
（Chapter8では半径をrとしましたが，ここでは半径をAとします）

まず，変位の関係式です。右ページ真ん中の図を見てください。
円運動する物体はt秒経つと角度ωtだけ回転しますね。
角度ωtだけ回転した物体を真横から見た場合，
物体は$A\sin\omega t$だけ動いたことになりますよね。
つまり，単振動する物体の変位は$x = A\sin\omega t$と表されるのです。

この式のAとωは，円運動では「半径」と「角速度」という扱いでしたが，
単振動では「**振幅**」と「**角振動数**」という名前に変わります。
振幅は振動の中心から振動の端までの距離のことで，
角振動数は，単振動を円運動に直したときの角速度と思ってください。
（用語はあまり気にしなくても大丈夫です）
振幅Aと角振動数ωは，問題文で与えられることがほとんどです。

次は速度の関係式を求めていきましょう。右ページ下図を見てください。
円運動における速度は，円軌道の接線方向で大きさ$A\omega$でしたね（p.198参照）。
図を見ると，物体が角度ωtにあるときの速度の単振動方向成分は
$A\omega\cdot\cos\omega t$であることがわかります。
したがって，単振動する物体の速度は$v = A\omega\cos\omega t$と表されます。

10

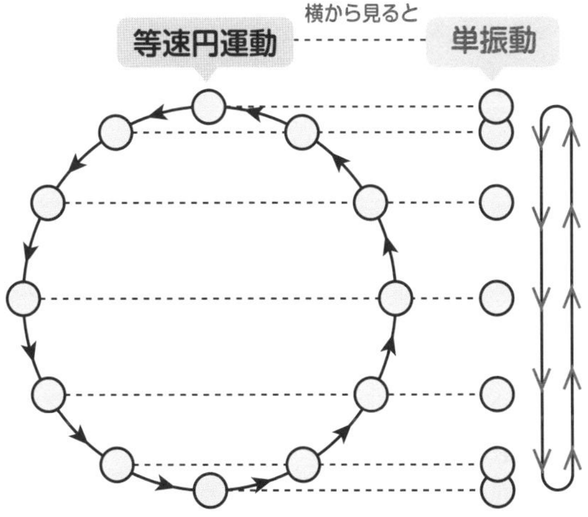
横から見ると
等速円運動
単振動

たしかに
単振動の軌道じゃな

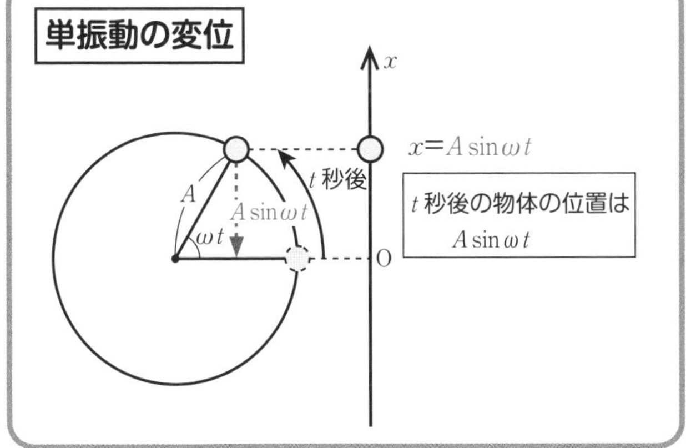
単振動の変位
x
x=A sinωt
A
t 秒後
A sinωt
ωt
O
t 秒後の物体の位置は
A sinωt

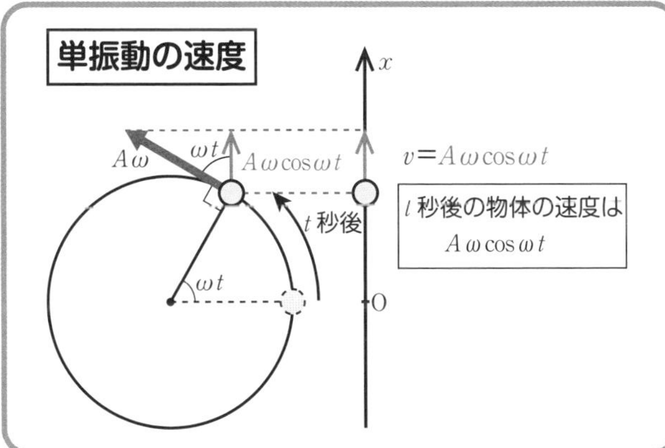
単振動の速度
x
Aω
ωt
Aωcosωt
v=Aωcosωt
t 秒後
t 秒後の物体の速度は
Aωcosωt
ωt
O

単振動を理解するには
円運動の理解も必要だね
復習しておかなきゃ

最後に加速度の関係式を求めていきます。
円運動における加速度は，円軌道の中心方向で大きさ$A\omega^2$でしたね（p.202参照）。
右ページ上図を見ると，物体が角度ωtにあるときの加速度の単振動方向成分は
$-A\omega^2 \cdot \sin\omega t$と表されますね。
マイナスがつくのは，加速度が単振動の座標の負の方向に向いているからです。
また，先ほど求めた$x=A\sin\omega t$を使えば$-A\omega^2 \cdot \sin\omega t=-\omega^2 x$と変形できます。
よって，単振動する物体の加速度は$\boldsymbol{a=-A\omega^2\sin\omega t=-\omega^2 x}$と表されます。

単振動の変位の式　：$\boldsymbol{x=A\sin\omega t}$
単振動の速度の式　：$\boldsymbol{v=A\omega\cos\omega t}$
単振動の加速度の式：$\boldsymbol{a=-A\omega^2\sin\omega t=-\omega^2 x}$

は理解したうえで覚えておきましょう。

1つおさえておきたい知識があります。
それは，振動の中心，そして振動の両端における物体の速さ，加速度の大きさです。

振動の中心の物体を円運動で考えると，右ページ真ん中の図のようになります。
このとき，物体の速さは最大です（振動の中心ですからね）。
円運動する物体の軌道は，完全に上を向いていますから，
単振動における速さはこれと等しくなる，つまり$v=A\omega$となるわけです。
また，このときの円運動の加速度に単振動の方向の成分はありませんから，
加速度は0になります（p.246でも説明しましたね）。
まとめると，**単振動の振動の中心では，$\boldsymbol{|v|=A\omega}$，$\boldsymbol{a=0}$**となるということです。

振動の両端ではどうでしょうか。
円運動の速度は完全に左右に向いてしまっているので，単振動の方向の速度の成分はなし，0ということです（両端ではピタリと止まるので速度0）。
加速度は真上と真下を向きますから，円運動の加速度がそのまま単振動の加速度になるので，両端における加速度の大きさは$|a|=A\omega^2$となり，最大値をとります。
まとめると，**単振動の振動の両端では，$\boldsymbol{v=0}$，$\boldsymbol{|a|=A\omega^2}$**となるということです。

さて，先ほどx，v，aの式を導出しました。導出方法を理解するのも大事ですが，
最も重要なのは単振動をする物体の加速度は$\boldsymbol{a=-\omega^2 x}$で表されるということです。
今まで，加速度aは運動方程式$F=ma$から計算で求めましたが，**運動が単振動ならば**（力Fがわからなくても）**角振動数$\boldsymbol{\omega}$と変位$\boldsymbol{x}$から$\boldsymbol{a=-\omega^2 x}$と求められる**のです。
今後は「角振動数ωの単振動 → $a=-\omega^2 x$」と自動的に変換しましょう！

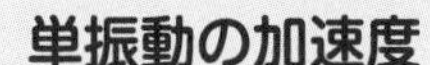

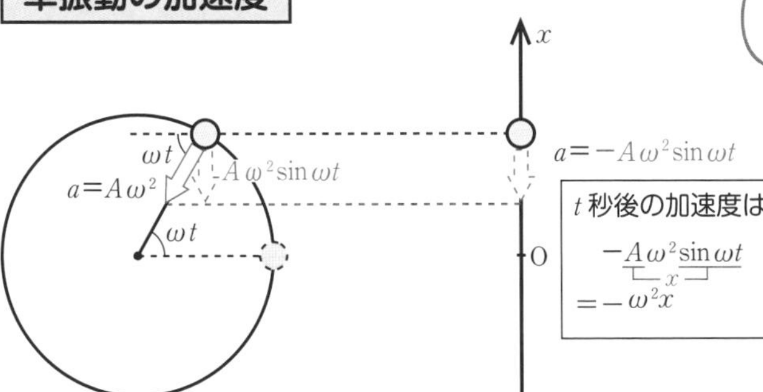

ここまでで
変位・速度・加速度の
3 本柱を説明したぞぃ

10

振動の中心の速さ・加速度の大きさ

速さは最大
加速度の大きさは 0

x

$v=A\omega$　　$v=A\omega$

$a=A\omega^2$　　O

振動の中心
$|v|=A\omega$
$|a|=0$

10-2 は
盛りだくさんな
内容だったな

振動の両端の速さ・加速度の大きさ

速さは 0
加速度の大きさは最大

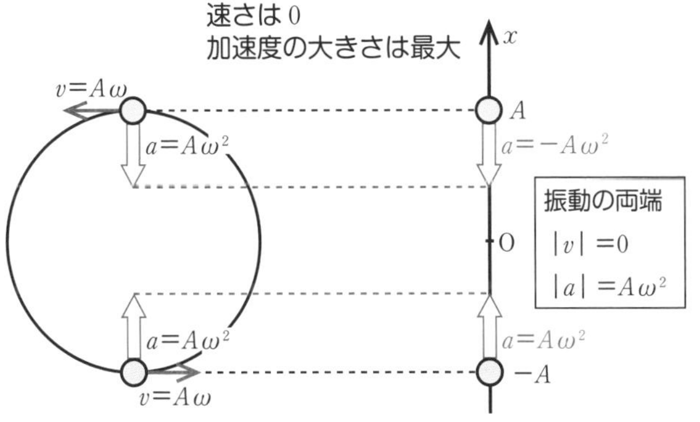

円運動の理解が
あいまいだと
単振動の理解も
あいまいになるぞ！

ここまでやったら
別冊 P. 45へ

10-3 単振動の運動方程式

ココをおさえよう！

単振動の運動方程式は$-Kx=ma$の形で表され，
角振動数と周期は$\omega=\sqrt{\dfrac{K}{m}}$，$T=2\pi\sqrt{\dfrac{m}{K}}$となる。

さて，10-2を乗り越えれば，単振動はもう簡単です。
単振動する物体の運動方程式は，ほぼワンパターンですし，
振動の様子をイメージすれば解ける問題が大半ですからね。

10-1で，単振動とは$F=-Kx$の形の力がはたらく運動だと説明しました。
ですから，単振動の運動方程式は$\underbrace{-Kx}_{F}=ma$という形で表されます。

また，10-2でやったように単振動の加速度は$a=-\omega^2x$です。
これを運動方程式$F=ma$に代入すれば

$$\underbrace{-Kx}_{F}=m\underbrace{(-\omega^2x)}_{a}$$

これをさらに変形すれば，角振動数ωはこう表せます。

$$\omega=\sqrt{\frac{K}{m}}$$

また，物体が1往復するのにかかる時間，すなわち単振動の周期Tは，円運動の周期を求めるのと同じように考えて

$$T=\frac{2\pi}{\omega}=2\pi\sqrt{\frac{m}{K}}$$

これらは単振動であれば常に成り立つ関係式なので，頭に入れておいてください。

単振動の問題の基本的な解きかたの手順は，次の3つです。

① **力のつり合いの位置を求め，そこを原点として座標をとる。**
② **$-Kx=ma$の形の運動方程式を立て，$a=-\omega^2x$を代入する。**
③ **角振動数や周期を問われたら，$\omega=\sqrt{\dfrac{K}{m}}$や$T=2\pi\sqrt{\dfrac{m}{K}}$で求める。**

例題を通して確認していきましょう。

単振動の運動方程式

単振動を起こす力 ➡ $F=-Kx$

単振動の加速度 ➡ $a=-\omega^2 x$

よって，単振動の運動方程式 $F=ma$ は

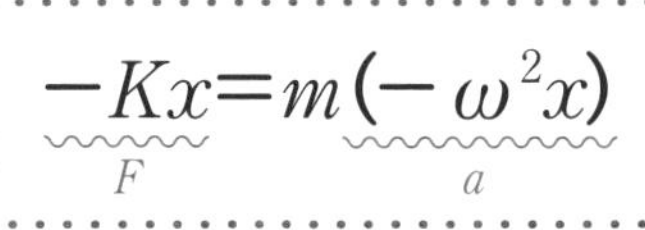

$$\underbrace{-Kx}_{F}=m\underbrace{(-\omega^2 x)}_{a}$$

角振動数 ： $\omega=\sqrt{\dfrac{K}{m}}$

周期 ： $T=2\pi\sqrt{\dfrac{m}{K}}$

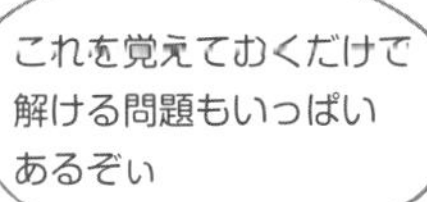

	振動の両端	振動の中心
速さ $\lvert v\rvert$	0	$A\omega$
加速度の大きさ $\lvert a\rvert$	$A\omega^2$	0
はたらく力の大きさ	最大	0

〈問10-1〉 滑らかな水平面上に，ばね定数kのばねにつながれた質量mの物体がある。右ページの図のようにばねの自然長の位置を原点として座標をとる。この物体を$x=A$ $(A>0)$まで引っ張ってはなしたところ，物体は単振動を始めた。以下の問いに答えよ。

(1) この単振動の振幅を求めよ。

(2) この単振動の角振動数と周期を求めよ。

(3) 自然長の位置にあるときの物体の速さを求めよ。

まず(1)ですが，振幅は，振動の中心から振動の端までの距離を指します。
振動の端から端までの$2A$を振幅と勘違いしないように気をつけましょう。

〈解きかた〉 (1) 振幅は　$\underline{\underline{\boldsymbol{A}}}$ …答

(2)は単振動を引き起こす復元力$-kx$と，単振動の加速度$-\omega^2x$を，運動方程式にあてはめればすぐ解けます。
マイナスがつくのは，弾性力が，xがプラスのときはマイナス方向に，マイナスのときはプラス方向にはたらくことに対応しています。

〈解きかた〉 (2) 物体にはたらくのは弾性力で$-kx$，単振動なので加速度は$-\omega^2x$だから

運動方程式$F=ma$は

$$\underbrace{-kx}_{F}=m\underbrace{(-\omega^2x)}_{a}$$

これより　$\omega=\underline{\underline{\sqrt{\dfrac{\boldsymbol{k}}{\boldsymbol{m}}}}}$ …答

$\omega T=2\pi$より　$T=\underline{\underline{\boldsymbol{2\pi}\sqrt{\dfrac{\boldsymbol{m}}{\boldsymbol{k}}}}}$ …答

$\omega T=2\pi$の関係式は大丈夫ですね？　わからない人はp.198を復習してください。
角振動数ωと周期Tは単振動の問題で非常によく問われるので，
p.252で紹介した$\omega=\sqrt{\dfrac{K}{m}}$，$T=\dfrac{2\pi}{\omega}=2\pi\sqrt{\dfrac{m}{K}}$の公式は覚えることをオススメします。

最後に(3)です。自然長は振動の中心です。
振動の中心にあるときの速さは$A\omega$と表されましたね。

〈解きかた〉 (3) 求める速さは

$$A\omega=\underline{\underline{\boldsymbol{A}\sqrt{\dfrac{\boldsymbol{k}}{\boldsymbol{m}}}}} \text{ …答}$$

問 10-1

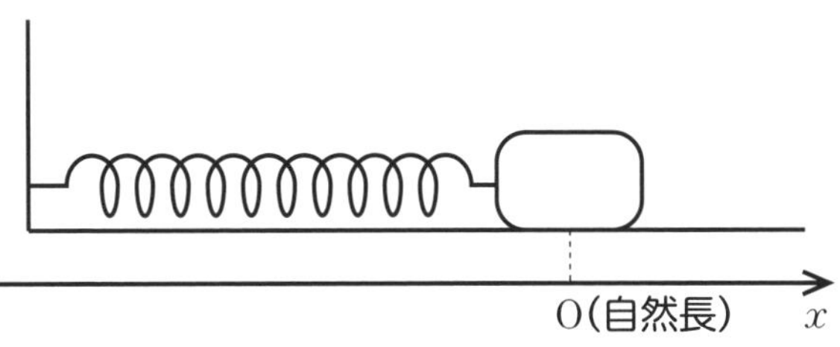

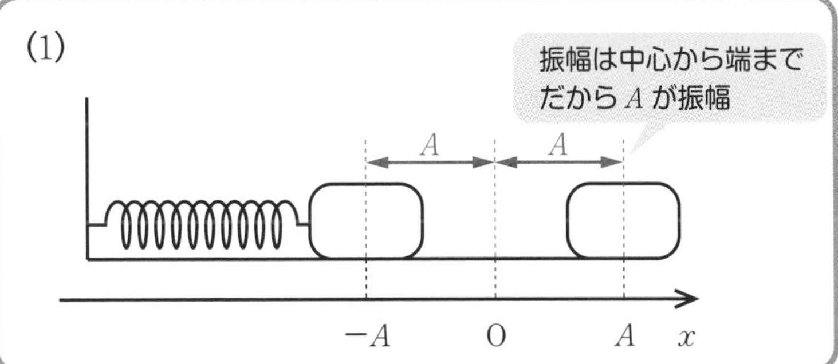

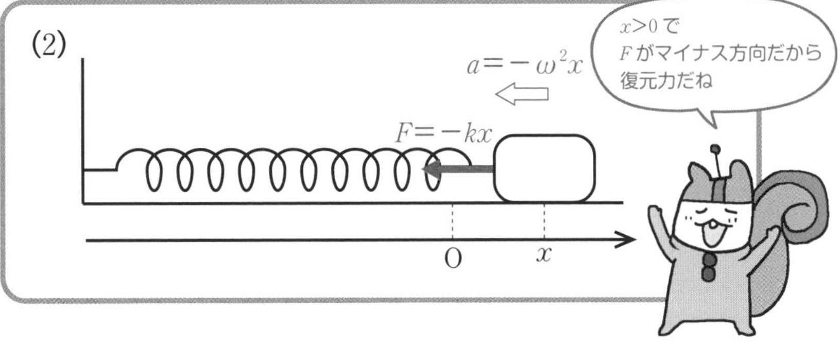

運動方程式 $F=ma$ より

$$\underbrace{-kx}_{F}=m\underbrace{(-\omega^2 x)}_{a}$$

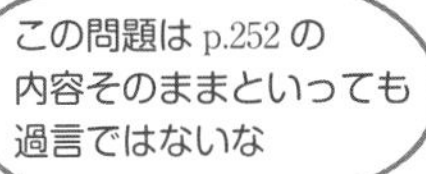

よって　$\omega=\sqrt{\dfrac{k}{m}}$　　　$T=2\pi\sqrt{\dfrac{m}{k}}$

問10-2 右ページの図のように質量mの物体がばね定数kのばねに吊るされている。最初，この物体は静止している。以下の問いに答えよ。

(1) ばねの伸びを求めよ。

静止している位置から静かに距離Aだけ下げてはなすと，物体は単振動を始めた。

(2) 振動の周期を求めよ。

(3) 物体をはなしてから，はじめて振動の中心に達するのにかかる時間を求めよ。

解きかた (1) 静止したときのばねの自然長からの伸びをℓとすると

$$mg = k\ell \qquad \ell = \frac{mg}{k} \cdots \text{答}$$

(2)の解説の前に，「ばねに物体を下げる問題」の単振動について説明します。先に種明かしをすると，このような場合，物体は**つり合いの位置を中心に単振動をします。ばねの自然長の位置が中心ではない**ことに注意しましょう。

つり合いの位置からxだけ下がった位置で，物体にはたらく合力を求めます。

ばねはつり合いの位置ですでに$\ell = \dfrac{mg}{k}$だけ伸びていることを考慮すると，

弾性力は「自然長からの伸び」に比例するので，物体にはたらく弾性力の大きさはkxではなく$k(x+\ell)$，そして重力もはたらくので物体にはたらく合力Fは

$$F = -k\left(x + \underbrace{\frac{mg}{k}}_{\ell}\right) + mg = -kx$$

←$F = -Kx$の単振動の形になっている

Fは変位xに比例した復元力なので，単振動です。このような場合，つり合いの位置を振動の中心Oとして座標をとり，$F = -kx$，$a = -\omega^2 x$として考えるのです。

解きかた (2) 周期の公式から $T = 2\pi\sqrt{\dfrac{m}{k}} \cdots$ 答

←この公式はもう3度目なので覚えましょう

物体をはなしてから振動の中心に達するまでの運動を円運動で表せば，

物体は右ページ下図のように円$\dfrac{1}{4}$周分動いたことになります。

したがって，このとき要した時間は$\dfrac{1}{4}$周期分，$\dfrac{1}{4}T$となるのです。

解きかた (3) 求める時間は $\dfrac{1}{4}T = \dfrac{\pi}{2}\sqrt{\dfrac{m}{k}} \cdots$ 答

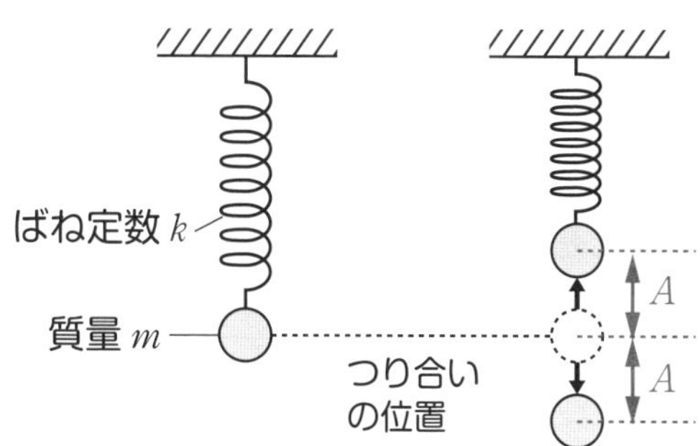

つり合いの位置から x だけ下がったときの物体にはたらく合力は

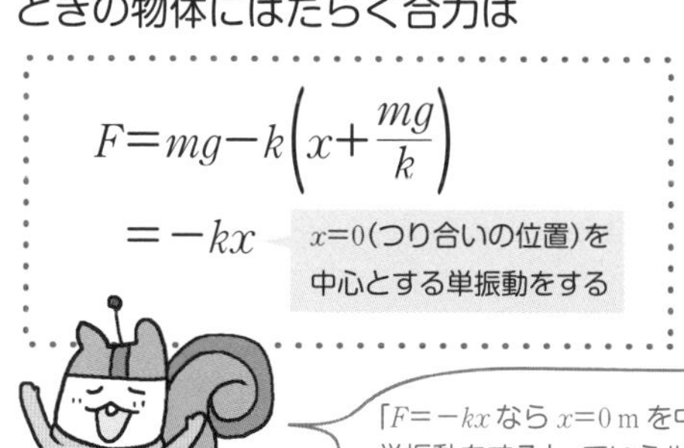

$$F=mg-k\left(x+\frac{mg}{k}\right)$$
$$=-kx$$

$x=0$(つり合いの位置)を中心とする単振動をする

(ばねの自然長) $-\frac{mg}{k}$

(つり合いの位置) 0

x

$k\left(x+\frac{mg}{k}\right)$

mg

$F=-kx$

「$F=-kx$ なら $x=0\,\mathrm{m}$ を中心とした単振動をする」っていうルールだよね

(3) 物体をはなしてから，振動の中心に達するまでの運動は円運動では，円 $\frac{1}{4}$ 周分。よって

$$\frac{1}{4}T=\frac{\pi}{2}\sqrt{\frac{m}{k}}$$

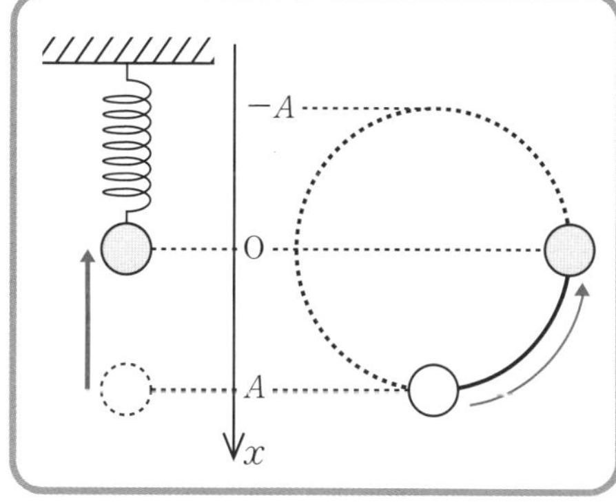

「周期 T は振幅 A によらない」というのも大事なポイントじゃ

ここまでやったら 別冊 P. 46 へ

10-4 単振動の力学的エネルギー保存則

ココをおさえよう！

力のつり合いの位置を基準とすれば，次のような力学的エネルギー保存則が成り立つ。

$$\frac{1}{2}mv^2+\frac{1}{2}kx^2=\text{(一定)}$$ **（xは力のつり合いの位置からの距離）**

ばねによる物体の単振動では力学的エネルギー保存則が成り立ちます。
つまり，弾性力を受けて単振動している物体には

$$mgh+\frac{1}{2}mv^2+\frac{1}{2}kx^2=\text{(一定)}\quad\cdots\cdots①$$ （xは自然長からの伸び）

の関係が成立します。
ここまでは今まで習った知識ですね。

実は単振動の場合，①式とは違う以下のようなエネルギー保存則の式があります。

$$\frac{1}{2}mv^2+\frac{1}{2}kx^2=\text{(一定)}\quad\cdots\cdots②$$ （xはつり合いの位置からの変位）

この式は，**力のつり合いの位置を基準と考えたときのみ成立**します。

「mghがなくなってるけどいいの？」と思った人も多いでしょう。
たしかにmghはなくなっていますが，②式は単に①式からmghを取り除いたものではありません。

①式の$\frac{1}{2}kx^2$のxは，自然長からの伸びで，
今までに勉強したものと同じ「弾性力による位置エネルギー」です。
それに対し，**②式の$\frac{1}{2}kx^2$のxは「自然長からの伸び」ではなく，**
「基準点（＝力のつり合いの位置）からの距離」です。
このようにして表した$\frac{1}{2}kx^2$は「単振動の位置エネルギー」で，弾性力による位置エネルギーと重力による位置エネルギーを合わせたものになるのです。

①式を使うと複雑になってしまう場合でも，②式を使えば，重力による位置エネルギーもすでに含まれているので，簡潔に関係式を立てられます。

普通のエネルギー保存則

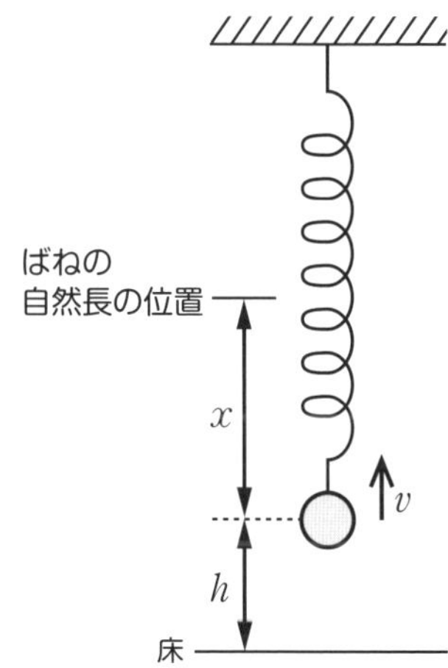

$$mgh+\frac{1}{2}mv^2+\frac{1}{2}kx^2=(一定)$$

- mgh：重力による位置エネルギー
- $\frac{1}{2}mv^2$：運動エネルギー
- $\frac{1}{2}kx^2$：弾性力による位置エネルギー

単振動のエネルギー保存則

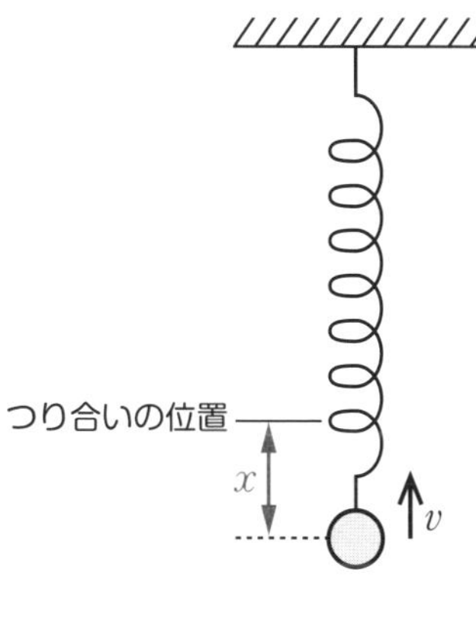

$$\frac{1}{2}mv^2+\frac{1}{2}kx^2=(一定)$$

- $\frac{1}{2}mv^2$：運動エネルギー
- $\frac{1}{2}kx^2$：重力と弾性力を合わせた位置エネルギー

x の基準の位置が違うから
$\frac{1}{2}kx^2$ の表すものが違うんじゃ

問10-3 地面に固定されたばね定数k，長さLのばねの上に質量の無視できる板をつけた。その上に質量mの物体を乗せたところ，右ページ図1のようにばねはℓだけ縮んだ。
最初物体はばねの上で静止していたが，右ページ図2のように初速vを与えたところ，単振動を始めた。この単振動の振幅をv，m，kで表せ。

力学的エネルギーの保存を考えて，振幅を求めてみましょう。

p.258の②式のエネルギー保存則を使いましょう。求める振幅をAとおきます。
つり合いの位置で初速vを与えたということは，これが振動の中心のときの速さ，つまり最大の速さになります。

解きかた 単振動では振動の端にくると物体は止まる（物体の速さは0になる）ので

$$\underbrace{\frac{1}{2}mv^2}_{\text{振動の中心にあるときのエネルギー}} = \underbrace{\frac{1}{2}kA^2}_{\text{振動の端にあるときのエネルギー}}$$

これより　$A = \boldsymbol{v\sqrt{\frac{m}{k}}}$ …答

非常に簡単に求まりましたね。

それでは今度は，p.258の①式のエネルギー保存則を使ってみましょう。

解きかた 地面の位置を高さの基準とすれば

$$\underbrace{mg(L-\ell)+\frac{1}{2}mv^2+\frac{1}{2}k\ell^2}_{\text{振動の中心にあるときのエネルギー}} = \underbrace{mg\{L-(\ell+A)\}+\frac{1}{2}k(\ell+A)^2}_{\text{振動の端にあるときのエネルギー}}$$

これより

$$\frac{1}{2}mv^2 = k\ell A + \frac{1}{2}kA^2 - mgA \quad \cdots\cdots ③$$

さらに，力のつり合いの式$mg=k\ell$より　$\ell = \frac{mg}{k}$ ……④

③，④式から　$A = \boldsymbol{v\sqrt{\frac{m}{k}}}$ …答

同じ答えになりましたが，少し計算がややこしかったですね。
同じエネルギー保存則でも，計算は明らかに②式を用いたほうがラクです。

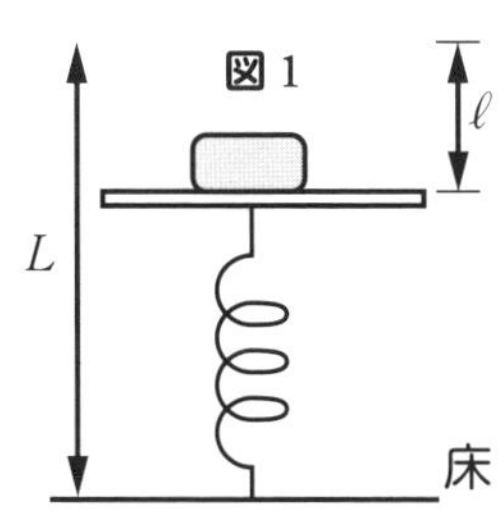

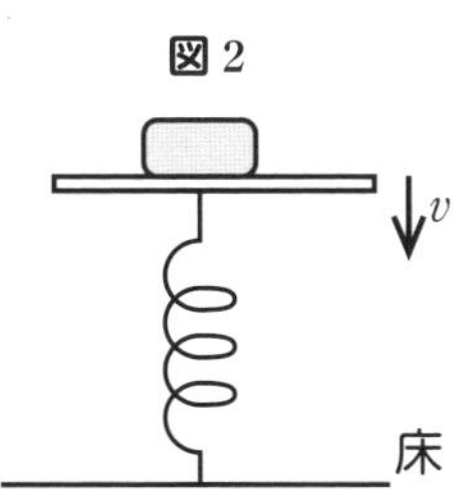

10

単振動のエネルギー保存則を使うと…

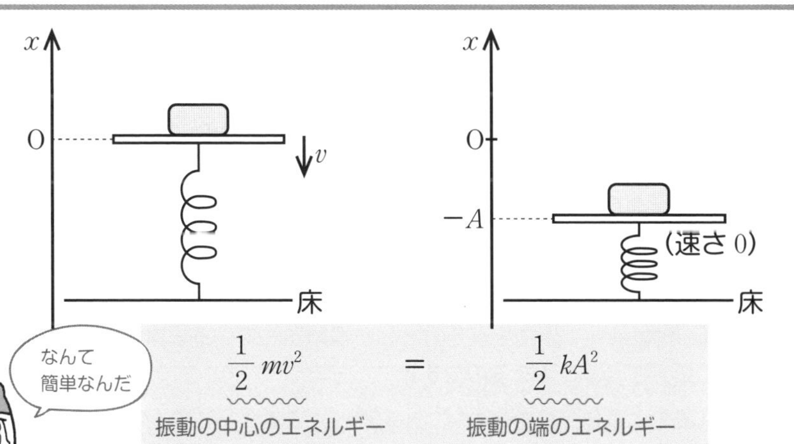

$$\frac{1}{2}mv^2 = \frac{1}{2}kA^2$$

振動の中心のエネルギー　振動の端のエネルギー

普通のエネルギー保存則を使うと…

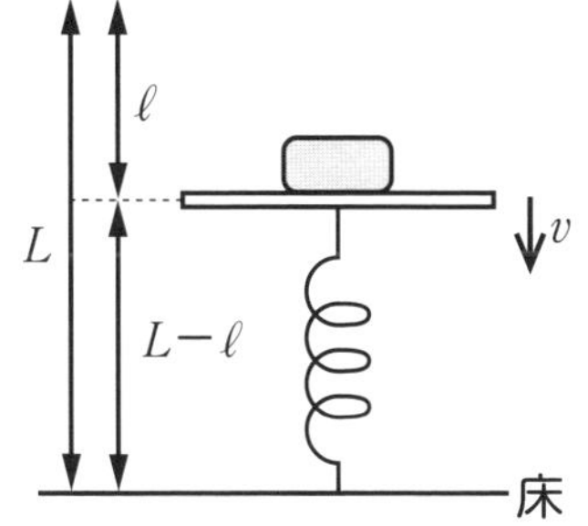

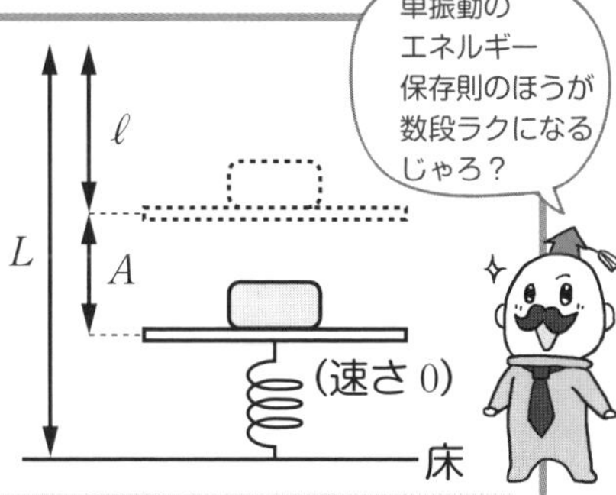

$$mg(L-\ell)+\frac{1}{2}mv^2+\frac{1}{2}k\ell^2 = mg\{L-(\ell+A)\}+\frac{1}{2}k(\ell+A)^2$$

振動の中心のエネルギー　振動の端のエネルギー

ここまでやったら
別冊 P. 47へ

10-5 振り子の単振動（単振り子）

ココをおさえよう！

振れる角度の小さい半径ℓの振り子運動は

復元力$-\dfrac{mg}{\ell}x$，周期$2\pi\sqrt{\dfrac{\ell}{g}}$の単振動とみなせる。

質量mの物体が長さℓの糸につながれて，角度の小さい振り子運動をしています。この運動も，実は単振動として表されます。

糸が鉛直方向となす角をθとすると，物体にはたらく重力の，振り子の軌道の接線方向成分は$mg\sin\theta$となりますね。
ここで, 先ほど「角度の小さい振り子運動」と仮定したことを思い出してください。
振れる角度が小さいとき，振り子の上下のゆれは無視できます。
つまり，**横方向のみの振動とみなせる**のです。

そうすると，物体は$mg\sin\theta$を復元力とした振動をしていると考えられます。
（θが限りなく小さいとこうなるのです）
右ページの図のようにx軸をとれば，$\sin\theta=\dfrac{x}{\ell}$ですから，復元力は$-\dfrac{mg}{\ell}x$となります。
ℓ，m，gは固定された値なので，これは変位に比例したもとに戻ろうとする力ですからね。
角度の小さい振り子運動は「復元力$-\dfrac{mg}{\ell}x$の単振動」と近似できるのです。
角振動数ω，周期Tも求められます。
単振動ですから$a=-\omega^2x$として運動方程式$F=ma$から

$$\underbrace{-\frac{mg}{\ell}x}_{F}=m\underbrace{(-\omega^2x)}_{a}$$

よって　$\omega=\sqrt{\dfrac{g}{\ell}}$

$\omega T=2\pi$より　$T=\dfrac{2\pi}{\omega}=2\pi\sqrt{\dfrac{\ell}{g}}$

補足　$F=-Kx$の復元力の基本形に照らし合わせると，ここでは$K=\dfrac{mg}{\ell}$ですから，単振動の角振動数ωと周期Tの公式にあてはめてもいいです。

$$\omega=\sqrt{\frac{K}{m}}=\sqrt{\frac{g}{\ell}} \qquad T=2\pi\sqrt{\frac{m}{K}}=2\pi\sqrt{\frac{\ell}{g}}$$

振り子の単振動

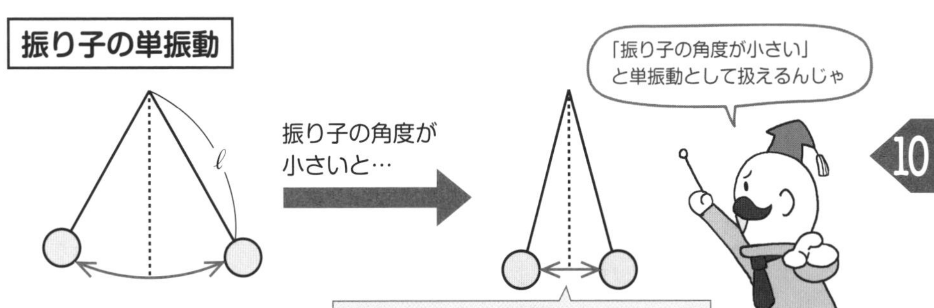

重力の分解を考えると

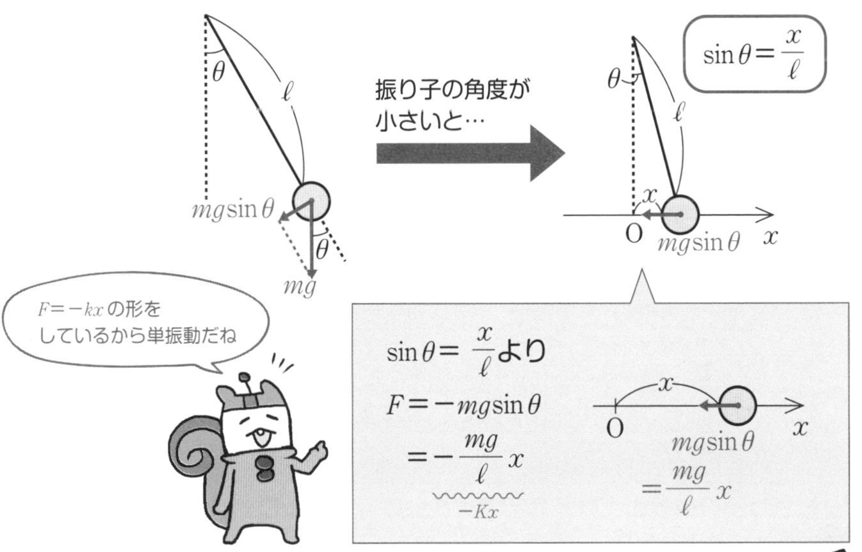

単振動なので加速度 $a = -\omega^2 x$ となるから
運動方程式 $F = ma$ より

$$\underbrace{-\frac{mg}{\ell}x}_{F} = m\underbrace{(-\omega^2 x)}_{a}$$

よって　$\omega = \sqrt{\frac{g}{\ell}}$

$\omega T = 2\pi$ より　$T = 2\pi\sqrt{\frac{\ell}{g}}$

ここまでやったら
別冊 P. 49へ

ハカセの宇宙一キビしいチェック!!

理解できたものに，☑チェックをつけよう。

- ☐ 復元力がどんな力かをイメージできる。
- ☐ 単振動は$F=-Kx$で表される運動である。
- ☐ 単振動の変位，速度，加速度の3つの関係式をすべて書くことができる。
- ☐ 円運動を真横から見ると，物体は単振動しているように見える。
- ☐ 振動の中心における速度と加速度，振動の両端における速度と加速度を，すべて頭に入れた。
- ☐ 角振動数と周期の式を自分の手で導くことができる。
- ☐ 単振動の問題を解くうえで大切な3つのステップを理解した。
- ☐ 単振動の問題で「物体がこの位置からこの位置まで移動するのに要する時間は？」と問われたときに，単振動を円運動に変換して考えることができる。
- ☐ 普通の力学的エネルギー保存則と，単振動の力学的エネルギー保存則の違いを理解した。
- ☐ 単振り子の運動を，自分の手で単振動に近似することができる。

Chapter

11

波の性質（その1）

11–1 波のイメージ
11–2 y-xグラフ
11–3 y-tグラフ
11–4 振動数と周期
11–5 波長と波の速さと振動数
11–6 横波と縦波
11–7 波の式

Chapter 11 波の性質（その1）

はじめに

ここからは，波動について勉強していきます。
まずは，波動の基本である波の性質について学んでいくのですが，
そもそも「波」とは一体どんなものなのでしょうか？

ピンと張ったロープの端っこをゆらすと，ロープが山の形になり，
それがどんどん伝わっていきますね。
ゆらしているのは端っこだけなのに，不思議なことに，そのゆれがロープ上を
伝わっていきます。
このような，ゆれなどの変化が，ある物体を通して次々に伝わっていく現象を
波と呼ぶのです。

「波は力学よりもわかりにくい」という人も多いですが，そういう人の大半は
おそらく，「波」というものがイメージできていないのだと思います。
イメージがしっかりできれば，波だって難しくありませんよ。

このChapterでは「波をイメージする」ということを念頭に置いて，
波の性質を学んでいきます。

この章で勉強すること

まず，波がどのようなものかイメージできるようになりましょう。
そのあとで，波長や振動数などの波についての用語や，縦波と横波という2つの
波についての勉強をします。

波…ゆれなどの変化が，ある物体を通して次々に伝わっていく現象。

例 ロープをゆらす。

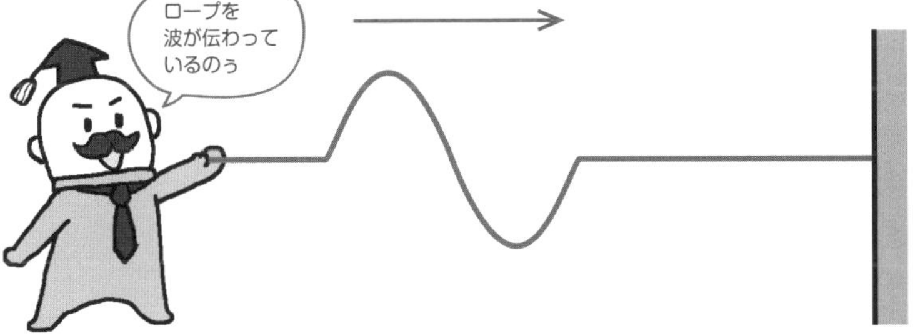

ロープを
波が伝わって
いるのぅ

例 ばねを押す。

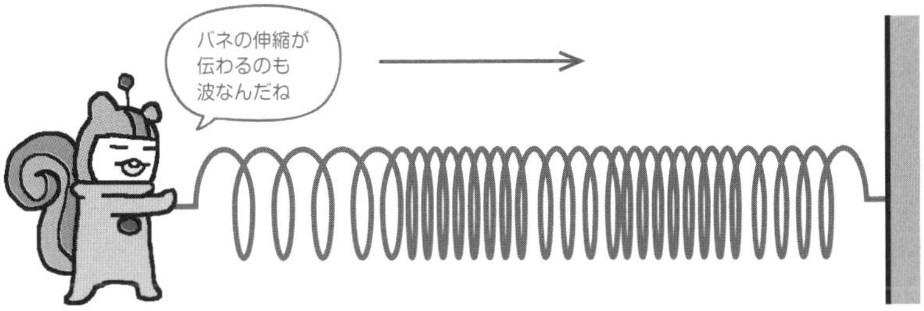

バネの伸縮が
伝わるのも
波なんだね

「波のイメージ」を
明確に持てば
大丈夫じゃ

波かぁ
難しそうだなぁ

Let's study!!

11-1　波のイメージ

ココをおさえよう！

波とは，振動や変化が，周りに次々に伝わっていく現象である。

いよいよ波について勉強していくわけですが，まずはその「波」が
一体どんなものかを理解するところから始めたいと思います。

ロープの一端を壁にくっつけ，もう一端をハカセが持っています。
ハカセがロープを上下に1回ゆらすと，ロープが山と谷のような形になり，
ロープ上を伝わっていきますね。
みなさんも縄跳びの縄で同じようなことをやったことがあるでしょう。
ロープ上にできた山と谷は，時間とともに横へ，横へと伝わっていきます。
つまり「ハカセが端っこで作ったゆれが，ロープ上を伝わっていく」という
現象が起きていることになりますね。

このような，振動や変化が，周りに次々に伝わっていく現象が「波」なのです。

ちなみに，波を伝える物体や物質のことを**媒質**と呼んだりします。
上の例では，ロープが媒質ですね。
また，波が発生する場所を**波源**といいます。
ここではハカセの手の位置が波源ですね。
ハカセの手の振動が波を発生させ，
発生した波が媒質であるロープを伝わっていくのです。
ハカセの手（波源）の振動の数だけ，波は発生します。

その様子をしっかりイメージしてくださいね。

ロープを
ゆらすと…

時間とともに
波が進んでいくぞぃ

生きてるみたい！

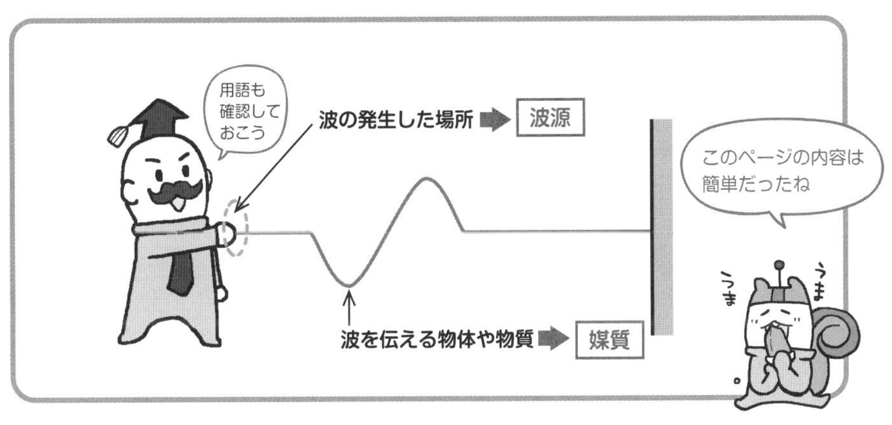

では今度は，ロープ上のある1点だけに注目してみましょう。
右ページの図のように，ロープ上の点Pの位置にリスが乗っています。

波が点Pを通過すると，それに合わせて点P上のリスは上下に振動しますね。
つまり，**ロープ上の1点だけを見れば，その点は振動しているだけ**ということです。

「1点だけで見ればただ振動しているだけなのに，全体で見ると波が進む」
というのが，ちょっとわかりづらいところかもしれませんね。

もっとイメージを明確にしてもらうために，
野球場などで起こるウェーブを想像してみましょう。
横一列に人がたくさん座っており，左端の人から順に隣の人の動きを見て，
立ち上がり，そして座る，という動作をします。
つまり，左の人が立ち上がったのを見て自分も立ち上がり，
さらに自分が立ち上がったのを見て右の人も立ち上がるということです。
左の人が座れば自分も座り，さらに自分が座れば右の人も座ります。
このような動作をすると，自然と波の形が生まれますね。
これは，左端の人の動きが，次々と右の人に伝わっていくからです。
1人に注目すれば，その人は立って座ることしかしていませんが，
全体で見れば波が進んでいるように見えます。

ロープの波でも，同じように考えられます。
ロープの各点が「隣の点が上に（下に）動き始めたから，
オレも上に（下に）振動するぞ」といって，波が伝わるのです。

「各点では振動しているだけでも，全体として見ると，波が進む」
ということのイメージをつかめましたか？

波が進む⇒ロープの１点に注目すると上下に振動するだけ！

野球場のウェーブでイメージ！

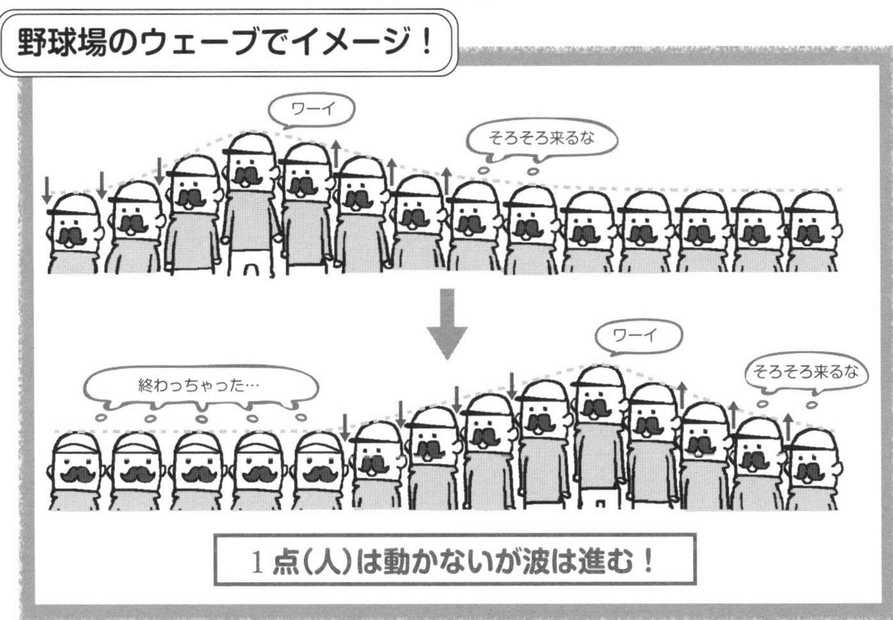

11-2 y-xグラフ

ココをおさえよう！

ある時刻で，波がどんな形をしているかを表したグラフを y-x グラフという。
つまり，波を撮った写真に x 軸と y 軸を付け加えたもの。

波の動きを簡潔に表すものとして，グラフが用いられます。
波を表すグラフには **y-x グラフ**と **y-t グラフ**の２種類があります。
この２種類のグラフの違いを理解することが，「波動」の重要なポイントです！

ここでは，まず y-x グラフのほうを説明していきます。

「ある時刻で，波がどのような形をしているか」を表すグラフが y-x グラフです。
いわば，**波を写真で撮ったようなもの**です。

11-1 でやった，ハカセがゆらしたロープを例にして考えてみましょう。
例えば，ハカセが作った波が時刻 t で右ページ上図のようになっていたとします。
その瞬間に，リスが波を写真に収めます。
そうすると，リスが撮った写真に写っているのは「時刻 t における波」ですね。
この写真を使い，ハカセの位置を原点として x 軸と y 軸をとってみましょう。
これで，y-x グラフの完成です。

x 軸は波の進行方向，y 軸は媒質が振動する方向にとるのが普通です。
y-x グラフは時間 t を固定したグラフであることに注意しましょう。

y-x グラフを見るうえで，必要な言葉を補足しましょう。
波の高さのことを**振幅**と呼びます（右ページの図は振幅が３ m の波ですね）。
また，波の１つのカタマリの長さを**波長**といいます（右ページの図は波長が６ m の波です）。

y-x グラフからは，**振幅**と**波長**を読み取ることができるということです（波長については 11-5 でしっかり説明します）。
y-x グラフの見かたに慣れておきましょう。

11

ある時刻 t の波

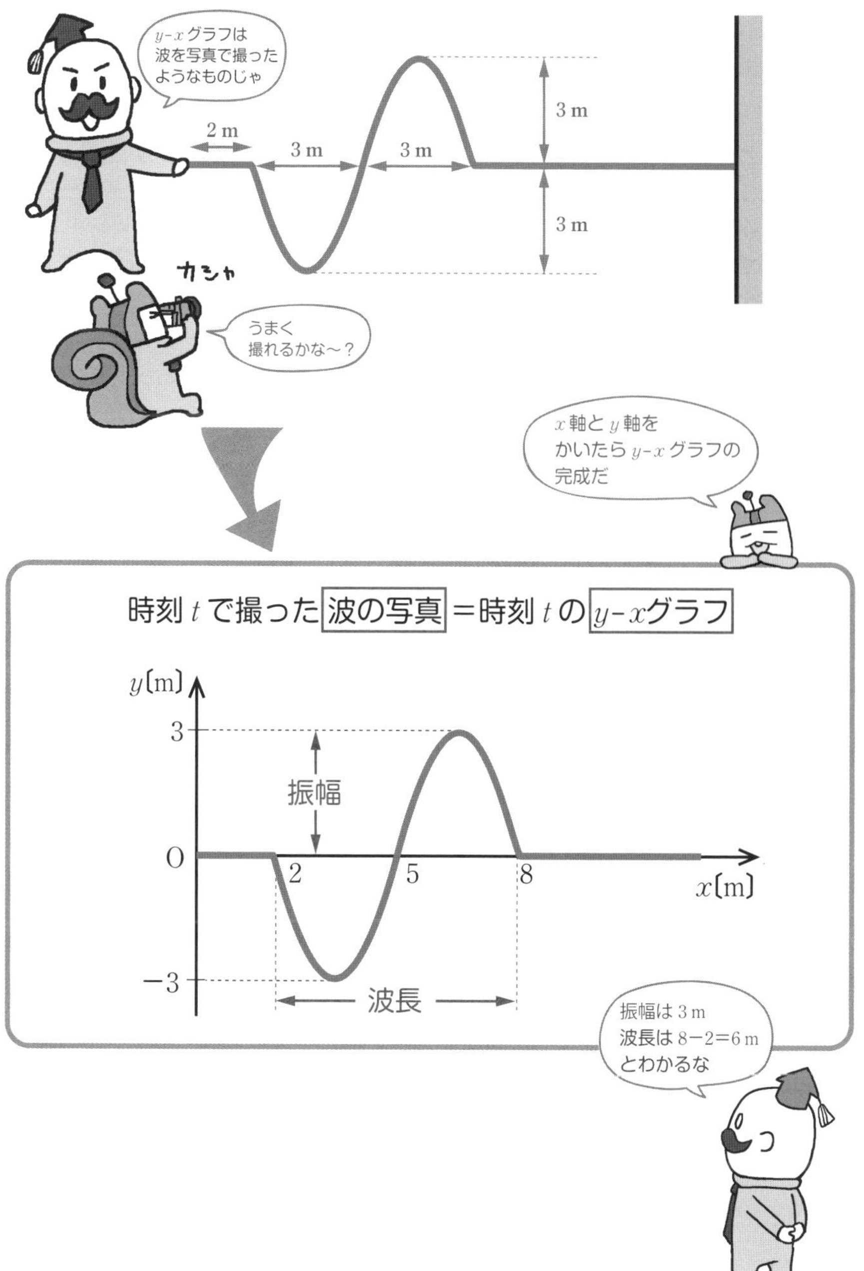

y-x グラフは
波を写真で撮った
ようなものじゃ
2 m
3 m
3 m
3 m
3 m
カシャ
うまく
撮れるかな～？
x 軸と y 軸を
かいたら y-x グラフの
完成だ
時刻 t で撮った 波の写真 ＝時刻 t の y-xグラフ
y〔m〕
3
振幅
0
2
5
8
x〔m〕
−3
波長
振幅は 3 m
波長は 8−2=6 m
とわかるな

11-3 y-tグラフ

ココをおさえよう！

ロープの上に乗ったリスの振動を表すグラフをy-tグラフという。
（媒質上のある1点が，時間とともにどのように振動するかを表す）

今度は，y-tグラフについて説明していきます。
右ページの図のように，ロープの上にリスが乗っています。
波がロープ上を進むと，リスは上下に振動しますね。
y-tグラフは「リスが時間とともにどんな振動をするか」を表したグラフなのです。
つまり，y-xグラフがある時刻での波全体の形を表すグラフであるのに対し，
y-tグラフは，ある1点での振動の時間変化を表すグラフなのです。

ロープ上にx軸をとり，$x=8$ mの位置にリスが乗っています。
2 m/sの速さで動く波長8 m，振幅2 mの波が，
時刻$t=0$ sのときにリスのところに到着し，時刻$t=4$ sで通り過ぎたとします。

リス（$x=8$ mの地点）のゆれ（高さ）の時間変化を追うと，右ページ下のようなグラフで表されますね。このグラフが「$x=8$ mにおけるy-tグラフ」なのです。
媒質（ロープ）の1点が1回振動するのにかかる時間を**周期**といいます（11-4でちゃんと説明します）。
y-tグラフで見ると，$t=0$ s～4 sで1回振動していますから，
この波の周期は4 sということです。
y-tグラフからは，**振幅**と**周期**が読み取れるのです。

11-2，11-3では，2つのグラフについて説明しました。
y-xグラフは時間tを固定して，ある時刻tのときの波の形を表しています（波の写真のイメージです）。
y-tグラフでは位置xを固定して着目し，横軸をtにして，あるxでの波の高さの時間変化を追っています（1点にいるリスの振動の時間変化でしたね）。

2つのグラフは違うものであることをしっかり意識しましょう！

ロープの1点(リス)の振動に着目

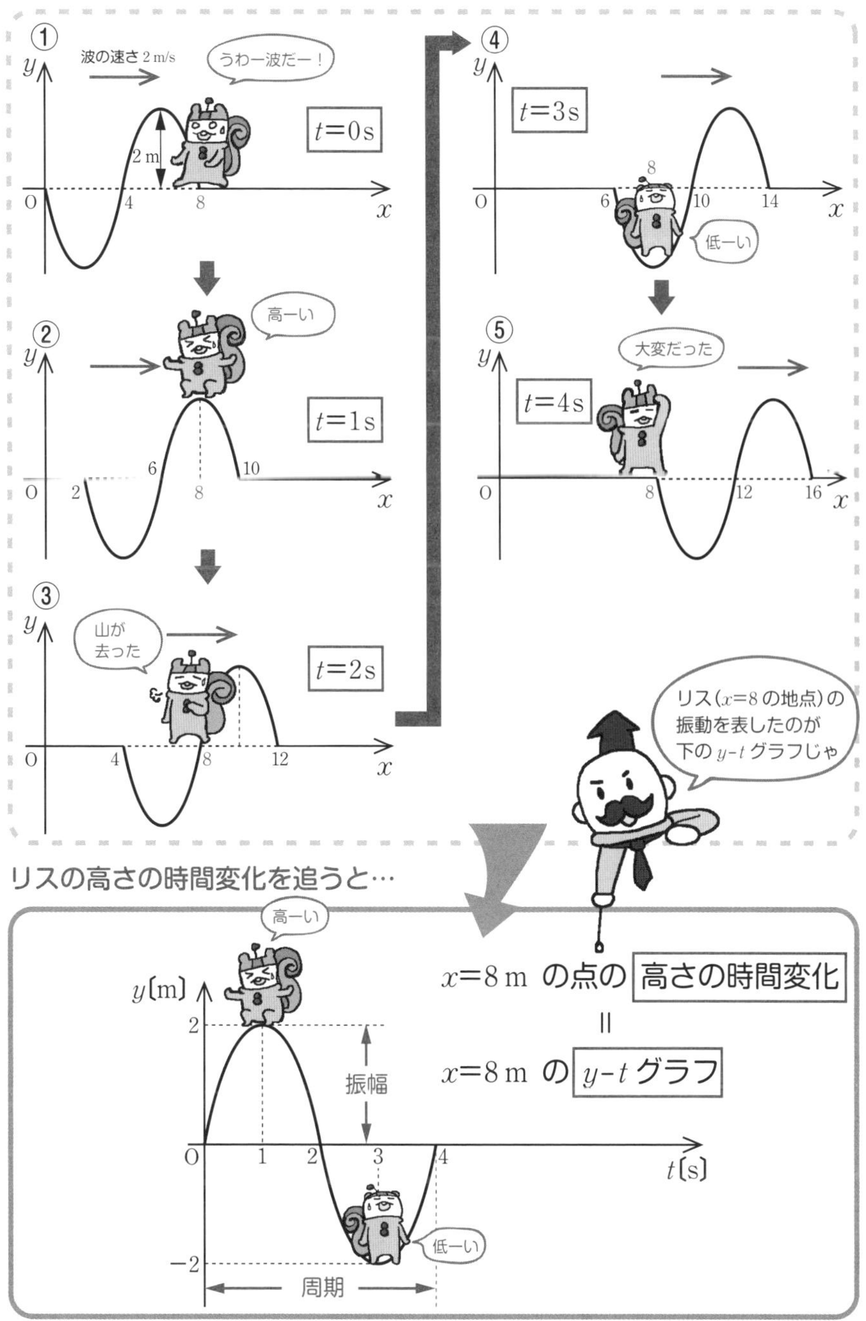

11-4 振動数と周期

ココをおさえよう！

振動数…媒質が1秒間（単位時間）に振動する回数。
周期…媒質が1回振動するのにかかる時間。
振動数 f と周期 T の間には「$T=\dfrac{1}{f}$」という関係がある。

ここからは連続した波を考えていきましょう。
前ページまでの1つの波が連続している状況を想像してくださいね。

ロープ上の1点にリスが乗っており，連続した波にゆらされています。
振動数は「ロープの上に乗ったリスが**1秒間に何回振動したか**」を表す回数です。
例えば，1秒間にリスが3回振動したら，この波の振動数は3 Hzです。
単位のHzは**ヘルツ**と読みます。
逆に，振動数が3 Hzだったら，その波の上に乗ったリスは，
1秒間に3回振動するんだな，と考えることができますね。

周期は「ロープの上に乗ったリスが**1回振動するのにかかる時間**」のことです。
1秒間で2回振動したら，1回振動するのには $1\div2=0.50$〔s〕かかるので，
周期は0.50 sです。

振動数を f，周期を T として，f と T の関係を求めてみましょう。
振動数の定義から，ロープの上に乗っているリスは1秒間で f 回振動しますね。
1秒間に f 回振動するということは，1回振動するのにかかる秒数は $\dfrac{1}{f}$〔s〕ということです（$f=2$ なら1回振動するのに0.5秒，$f=10$ なら1回振動するのに0.1秒）。
さて，1回振動するのにかかる秒数，これは周期 T そのものです。
よって $T=\dfrac{1}{f}$ もしくは $f=\dfrac{1}{T}$ という関係式が成り立つのです。

補足 $f=\dfrac{1}{T}$ より〔Hz〕=〔1/s〕です。また $fT=1$ も成立します。

この関係式は非常によく使うので，ぜひ頭に入れておいてください。
「$f=2$ Hzなら周期 T はいくつかな？」とか「$T=0.25$ sなら振動数 f はいくつかな？」などと具体的な数字を入れて f と T の関係をイメージしましょう。

11

振動数 …媒質が1秒間に振動する回数(単位はHz(ヘルツ))。

例 1秒間に3回振動する波(3Hzの波)

周期 …媒質が1回振動するのにかかる時間。

例 周期0.5sの波

振動数 f と周期 T の関係 ある波の振動数が f, 周期が T とすると…

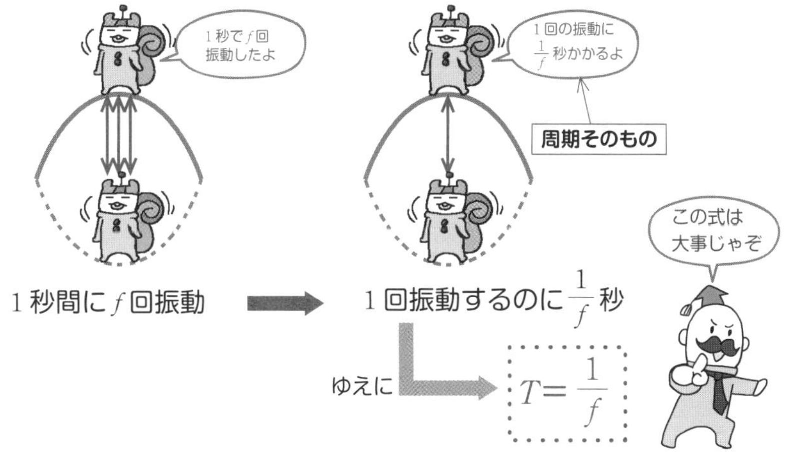

11-5 波長と波の速さと振動数

ココをおさえよう！

波で，ある山（谷）から隣の山（谷）までの距離を波長と呼ぶ。
波長λ，振動数f，速さvの波において，以下の関係式が成り立つ。

$$v=f\lambda$$

今度は，**波長**について勉強します。

右ページ上図では，連続した波ができていますね。
この波をよく見てみると，図の点線で囲まれた山と谷が1つずつある部分を
1つの単位として，それが連続して波ができていることがわかりますか？
この波の1つのカタマリの長さを波長と呼び，λ（ラムダ）を用いて表されます。

連続した波を考えると，波長というのは，
隣り合う山と山（谷と谷）の間の距離と同じです。
波長をλで表すと，1つの山（あるいは谷）の長さは$\dfrac{\lambda}{2}$，
さらには，山（あるいは谷）を半分にしたものの長さは$\dfrac{\lambda}{4}$となります。

次に媒質の振動と波の移動距離についてイメージしましょう。
リスがロープ上の点Pにおり，連続した波の先頭がリスのもとに届いたとします。
リスが1回上下に振動する（1つの波を越える）と，
1つの波のカタマリがリスの後ろにいきます。
つまり波は1波長分，つまりλだけ進んだということですね。
リスが2回振動すると，波は2波長分，つまり2λ進み，
リスが3回振動すると，波は3波長分，つまり3λ進むというわけです。

媒質の振動と波の移動距離についてイメージできましたか？
「連続した波が進んでいる」といわれると，難しく感じるかもしれませんが，
「1つの波のカタマリが進む」，「その波の後ろに，同じ形の別の波が続いている」
と考えれば，イメージしやすいですよね。
波の進む様子は1波長分を1つのカタマリとして考えましょう。

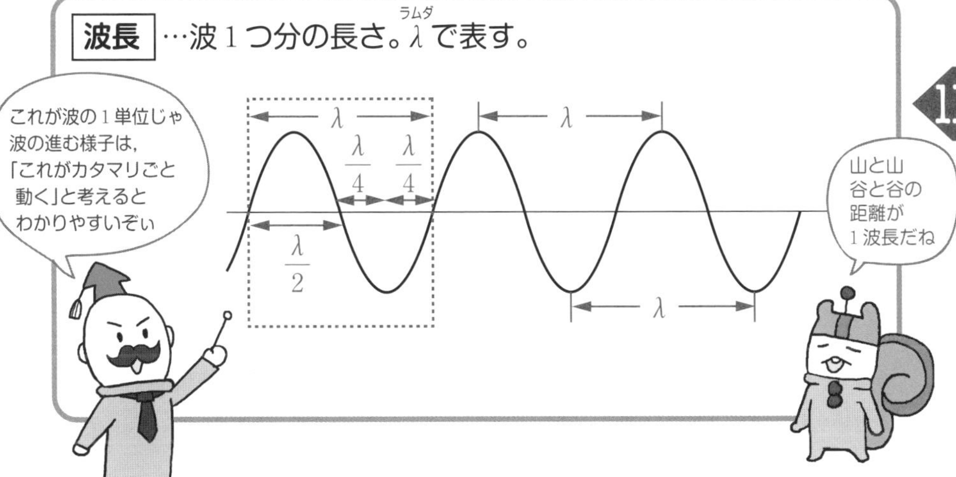

媒質の振動と波の移動距離

波を1つ
越えたよ

P

波長1つ分
波は進んだ

波を3つ
越えたよ

P

波長3つ分
波は進んだ

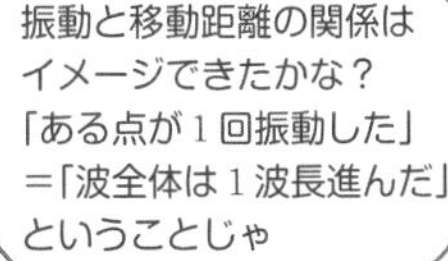

さて，媒質の振動と波長の関係をもう少し掘り下げます。
速さv〔m/s〕で進む，振動数f〔Hz〕，波長λ〔m〕の連続する波がリスに届いたとします。
ここから1秒間に起こるできごとを想像してみましょう。

振動数がfなのですから，リスは1秒の間にf回振動します。
リスがf回振動すると，f個の波のカタマリを越えたことになりますから，
f個の波がリスの後ろにいきます。
つまり，波は$f\lambda$だけ進んだということです（先ほどの説明とまったく同じですね）。
これは1秒間のできごとなので，**波は1秒間に$f\lambda$〔m〕だけ進む**ということです。

1秒間に進む距離，というのは波の速さv〔m/s〕のことですから

$$\boldsymbol{v=f\lambda} \quad \cdots\cdots①$$

という関係式が成立するのです。

今度は1つの波がリスを通り過ぎる状況を考えます。
波の周期をT〔s〕，波の速さをv〔m/s〕としましょう。
周期Tということはリスが1回振動するのにかかる時間がT秒ということです。
1回振動すると，波は1波長分進むのですから，T秒で波は1波長進むのです。
波長をλ〔m〕とすると

$$\boldsymbol{vT=\lambda} \quad \cdots\cdots②$$

①は1秒間の波の進む様子，②はT秒間（1回振動する間）の波の進む様子を
それぞれ表した式です。
ただの文字式として見ると，難しく感じてしまいますから，
波の進む様子の時間変化をイメージしましょう。
①式も②式も波動を学習するうえでとても重要な式ですので，
しっかり理解したあとは，暗記して使えるようにしてください。

また②÷①をすると，先ほどp.276で説明した$T=\dfrac{1}{f}$も確認できますね。

では，p.282から，ここまで解説してきたことを使って問題を解いてみましょう。

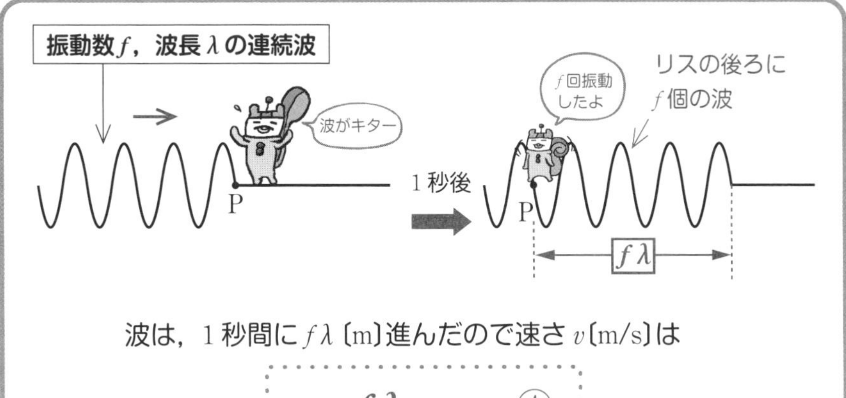

波は，1秒間に$f\lambda$〔m〕進んだので速さv〔m/s〕は

$$v=f\lambda \quad \cdots\cdots①$$

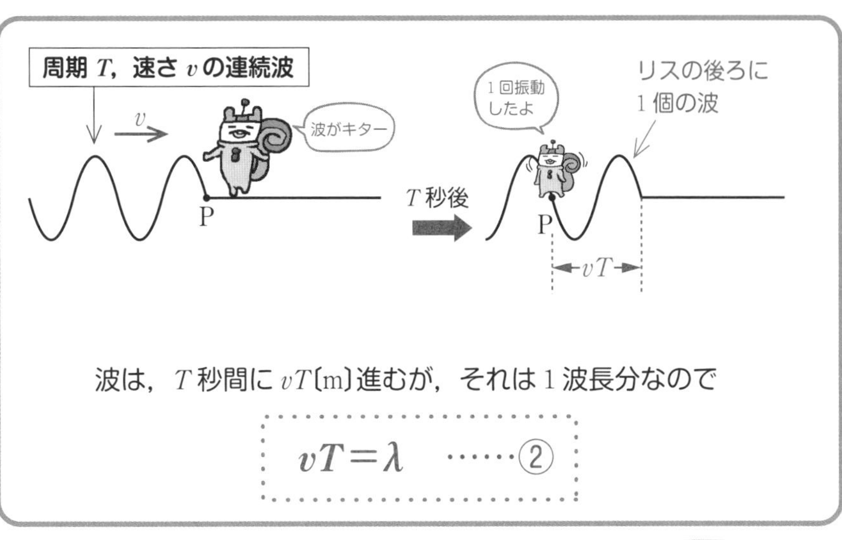

波は，T秒間にvT〔m〕進むが，それは1波長分なので

$$vT=\lambda \quad \cdots\cdots②$$

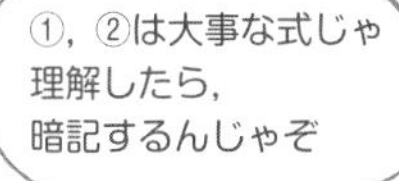

問11-1 右ページの図は時刻$t=0$ sでの，ある波のy-xグラフである。
この波は速さ4.0 m/sでx軸正方向に進んでいる。以下の問いに答えよ。
(1) 波長λを求めよ。 (2) 振動数fを求めよ。
(3) 周期Tを求めよ。
(4) $t=0.25$ sにおけるy-xグラフを$0 \leqq x \leqq 3.0$の範囲でかけ。
(5) $x=2.0$ mにおけるy-tグラフを$0 \leqq t \leqq 1.0$の範囲でかけ。

与えられたグラフはy-xグラフですから，波の写真を撮ったものですね。

解きかた (1) 波長は1つの波のカタマリだから，グラフより $\boldsymbol{\lambda = 2.0\ \mathrm{m}}$ …答

(2)，(3)は公式を使えば解ける問題です。
波のグラフの問題でよく使う公式は次の3つです。おさらいしましょう。

① $f=\dfrac{1}{T}$ $\left(T=\dfrac{1}{f},\ fT=1\right)$ ←p.276参照
② $v=f\lambda$ ←p.280参照
③ $vT=\lambda$ ←p.280参照

これらの公式は成り立つ理由を理解したうえで，暗記してしまいましょう。

解きかた (2) $v=f\lambda$より$f=\dfrac{v}{\lambda}$なので

$$f=\frac{4.0}{2.0}=\mathbf{2.0\ Hz}$$ …答

(3) $T=\dfrac{1}{f}$より $T=\dfrac{1}{2.0}=\mathbf{0.50\ s}$ …答

(4)は公式では解けません。問題で与えられたグラフは$t=0$ sの波の写真(y-xグラフ)なので，この0.25秒後の波の写真(y-xグラフ)を想像しなければいけないのです。
右ページのいちばん上のグラフの波は，4.0 m/sで進むので，
0.25秒間に進む距離は$4.0 \times 0.25 = 1.0$ mです。
よって，もとの波を1.0 m進ませた波が答えです(右ページ下図の赤い波)。

(4)を，解説を読んでもわからない人は，波のイメージが不足しています。
もう一度今までのところを読み直して，波の進むイメージを強化しましょう。

問 11-1

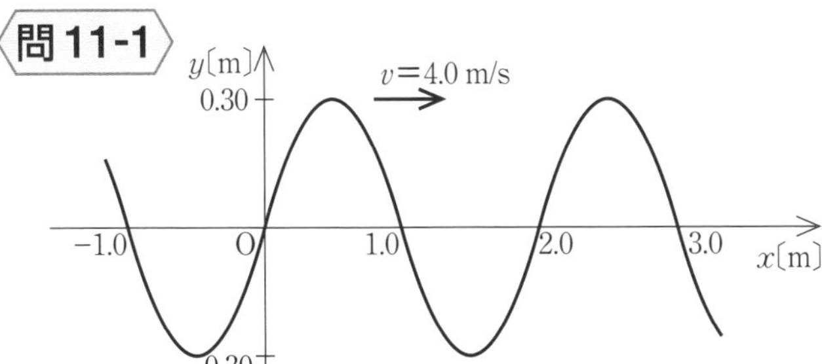

(1)　1 波長は 1 つの波のカタマリ

$\lambda = 2.0$ m

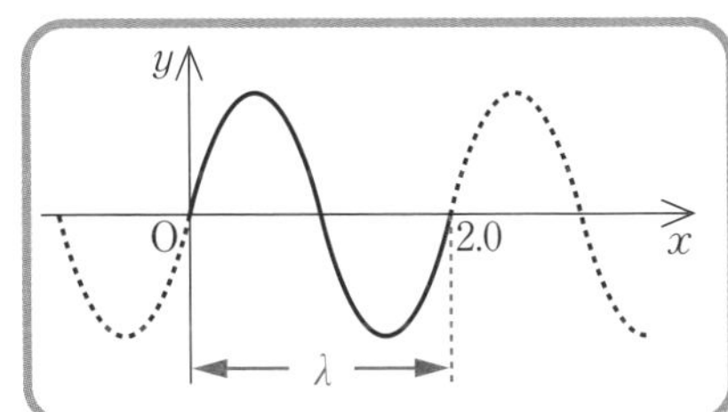

(2)，(3)

波の重要公式

① $f = \dfrac{1}{T}\left(T = \dfrac{1}{f},\ fT = 1\right)$

② $v = f\lambda$

③ $vT = \lambda$

(2)，(3)は
この公式で
すぐ解けるね

(4)　波の速さは 4.0 m/s なので，$t=0.25$ s では
$4.0 \times 0.25 = 1.0$ m だけ，波は進む
もとのグラフを 1.0 m だけ進めればよい

黒いグラフが $t=0$s
赤いグラフが $t=0.25$s
の y-x グラフだね

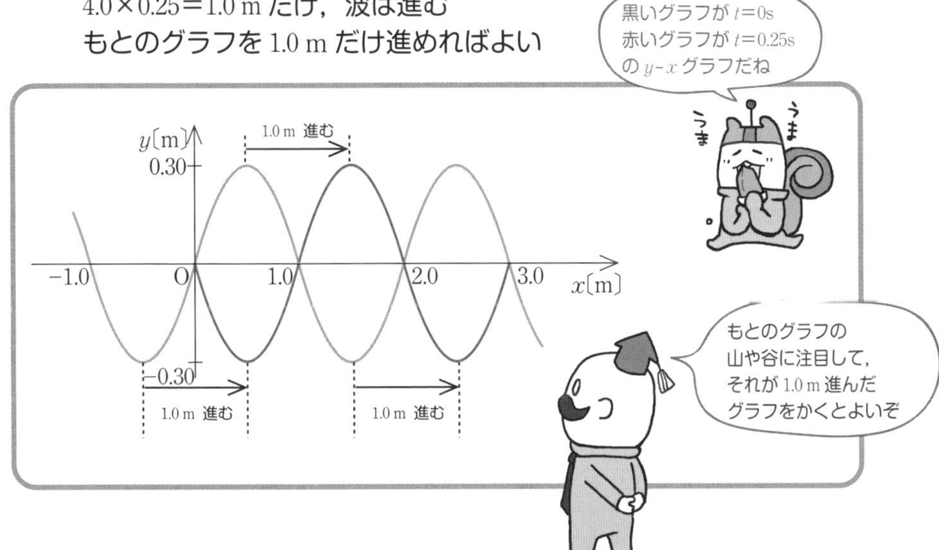

残るは(5)です。
y–tグラフをかくのですから，1点の振動の時間変化を追います。
$x=2.0$ mにリスを置いて，リスの動きを追っていきましょう。

問題文で与えられた$t=0$ sでのy–xグラフから，
$x=2.0$ mにおける$t=0$ sでの波の変位は0ですね。

ここで，$t=0$ sでのy–xグラフをわずかに右にずらしてみましょう。
（波は右方向に動くため，）こうすると波がこのあとどのように動くかわかります。
$x=2.0$ mに置いたリスは少し下に沈みますね。
つまり$x=2.0$ mにおいて，時間が少し経つと媒質はまずマイナス方向に振動するということです。
振幅は0.30 m，周期は(3)より0.50 sとわかっているので，
y–tグラフはこれでかけます。

① $t=0$ sで$y=0$ m　**【はじめの位置】**
② $t=0$ sの直後はマイナス方向の変位　**【$t>0$におけるその点の初動】**
③ 振幅0.30 m　**【振幅　⇒　yの最大値・最小値】**
④ 周期0.50 s　**【周期　⇒　媒質がもとの位置に戻るまでの時間】**

を満たす波が，求める$x=2.0$ mにおけるy–tグラフです（右ページ下図）。
$0 \leqq t \leqq 1.0$の範囲でかくのですから，2周期分になりますね。

ここで使った「y–xグラフをちょっとだけずらす」というテクニックは，
どちらの方向に媒質が振動するのかを知るうえで非常に重要なものです。
ぜひ使えるようになってください。

問11-1（つづき）

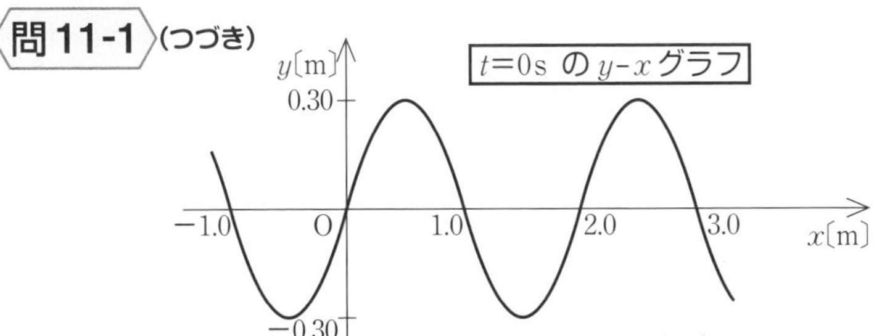

(5)　t=0s の y-x グラフを，進行方向に少しだけずらして時間が少し経ったときのグラフを表す。

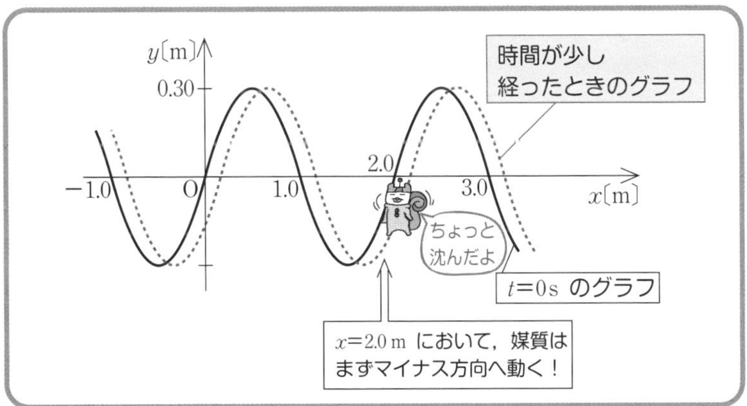

左ページの①～④に記した情報から
x =2.0 m の y-t グラフ（$0 \leqq t \leqq 1.0$）は下図の赤い部分。

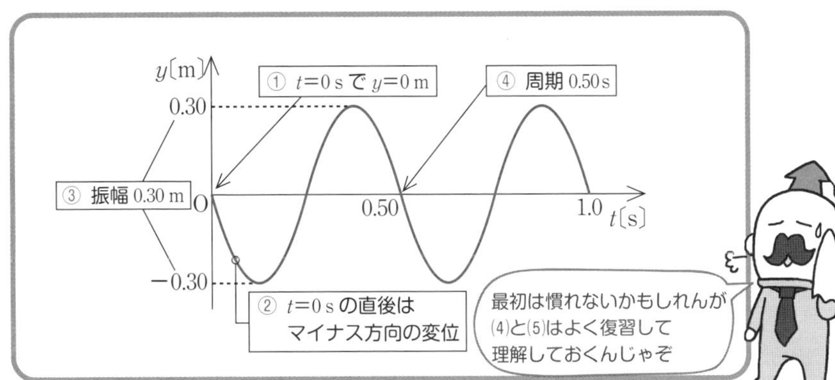

ここまでやったら
別冊 P. 50 へ

11-6 横波と縦波

ココをおさえよう！

横波…媒質が波の進行方向と垂直に振動する波のこと（ひもを伝わる波，地震のS波など）。

縦波…媒質が波の進行方向と平行に振動する波のこと（音波，地震のP波など）。

波には**横波**と**縦波**の2種類があります。

ロープにできる波を考えてみましょう。
ハカセがロープをゆらすと，波は右に進みますが，
ロープの上に乗っているリスは上下に振動していますね。
つまり，この波は，進行方向と垂直に振動しているといえます。
このような，**波の進行方向と垂直に媒質が振動する波を横波**といいます。
横波の例としては，この他に地震のS波などが挙げられます。

今度は，たくさんのばねを，粘土でつないで右ページ下図のように長くします。
その1つの粘土の上にリスを乗せます。
このばねを横から押し引きすると，ばねが密集したり，広がったりを
繰り返しながら，右に伝わっていきます。
このとき，リス（媒質）は，左右にゆれますね。
このような，**波の進行方向と平行に媒質が振動する波を縦波**といいます。
縦波は媒質が散らばったり，密集したりを繰り返すので**疎密波**とも呼ばれます。
縦波の例としては，この他に音波や地震のP波が挙げられます。

音波は縦波なのに，横波のようなグラフを表示することが多いです。
縦波は「波の進行方向」と「媒質の振動」の2つが同方向で，
様子がわかりにくいため，「波の進行方向」と「媒質の振動」を分けて
横波のように表示しているのです。

p.288では，どのように縦波を横波表示しているのかという点について
くわしく説明していきます。

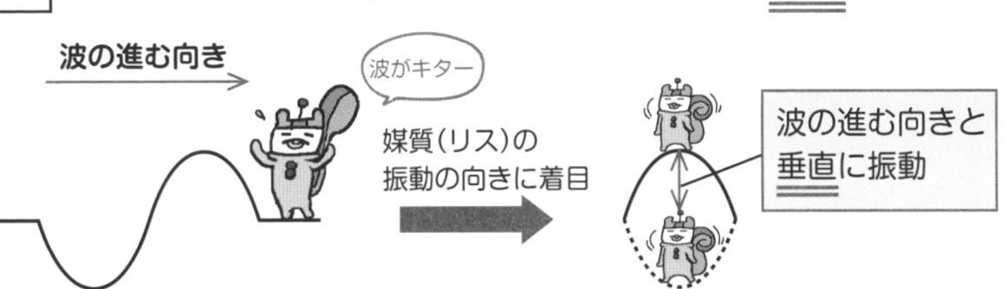

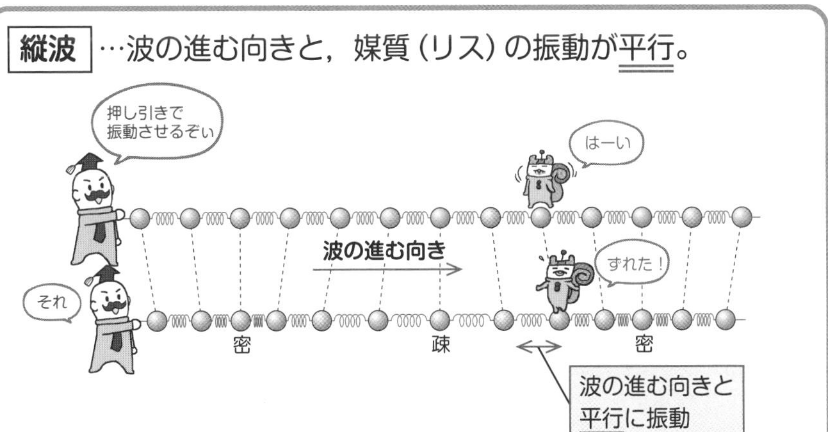

縦波は波の様子が見えにくい

媒質(リス)の振動を上下の方向に表して
縦波を横波表示する!!

縦波を横波のように
表す方法を次ページで
見ていくぞい

さて，縦波を「波の進行方向」と「媒質の振動」を分けて
横波と同様に表示する方法について説明していきましょう。

縦波を横波表示で表す際には，**縦波の x 方向への変位を，**
横波の y 方向への変位に変換して表します。
その変換のしかたを説明していきましょう。

右ページの〔A〕の状態は伸び縮みしていない普通の状態のばねで，
等間隔に a ～ l まで印をつけてあります。

ばねを前後に振動させ周期 T の縦波を発生させたあと，
ある瞬間の写真を撮ったものが〔B〕です。
〔B〕ではばねが集まっているところ（密のところ）と，
ばねが広がっているところ（疎のところ）があるのがわかりますね。

〔B〕の状態の媒質（ばね）の各点のもとの位置とのずれ（変位）を見ると，
　a，b，h，i，j はもとの位置より右（進行方向）へ動き，
　c，g，k は動かず，
　d，e，f，l はもとの位置より左（進行方向と逆）へ動いているのがわかります。
そのずれを，y 方向へと変換したのが横波表示です。
進行方向を正とし，進行方向へのずれは y の正方向，
進行方向と逆のずれは y の負の方向としているのです。
しっかりと右ページの図を見て理解してくださいね。

そして〔B〕から $\dfrac{T}{4}$ 秒後，つまり $\dfrac{1}{4}$ 周期後の波の写真が〔C〕です。
〔B〕と同様に，もとの位置からのずれ（変位）を y 方向に変換したものが
横波表示となっています。
〔B〕の波より〔C〕の波が $\dfrac{1}{4}$ 波長だけ進んでいるのがわかりますね。

これで横波と縦波については終了です。
この項以外は，波は横波として，すべてイメージしてかまいません。
音波などの縦波も，横波としてイメージしたほうがわかりやすいですからね。

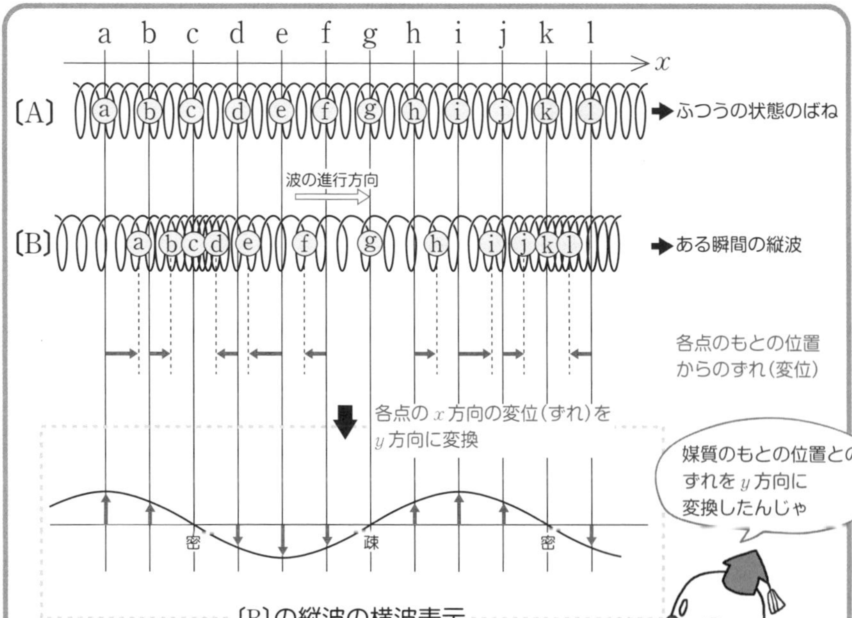

a b c d e f g h i j k l

x

〔A〕 ➡ふつうの状態のばね

波の進行方向

〔B〕 ➡ある瞬間の縦波

各点のもとの位置からのずれ(変位)

各点の x 方向の変位(ずれ)を y 方向に変換

密 疎 密

〔B〕の縦波の横波表示

媒質のもとの位置とのずれを y 方向に変換したんじゃ

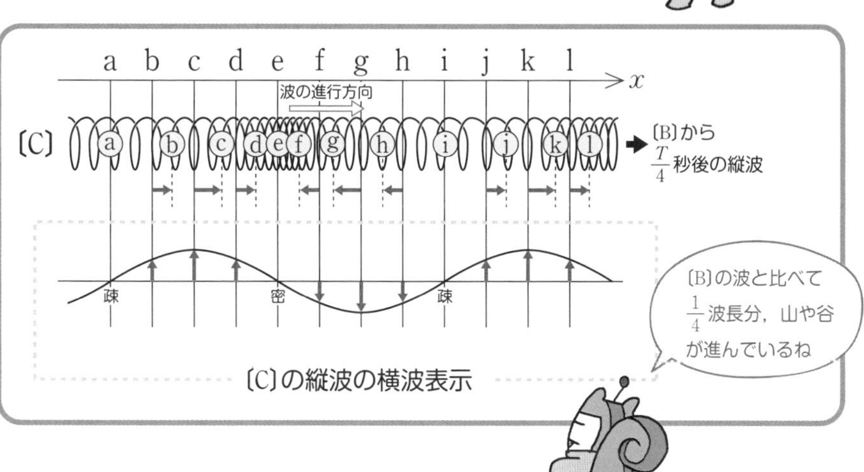

ここまでやったら 別冊 p.54へ

11-7 波の式

ココをおさえよう！

波の式を求める手順

① 原点における波の高さ（変位）yの式を求める。

② 位置xには $\dfrac{x}{v}$ 秒遅れて，原点（$x=0$）の波が届くと考える。

p.290～293の目標は「いつ，どこで，波がどれくらいの高さなのかを求める式を作る」ということです。位置xと時間tを含んだ式で，波の高さyを表す式を作るのです。少し難しいので「波はよくわからない…」という人は，飛ばしてかまいません。

ロープの一端を壁にくっつけ，もう一端をハカセが持っています。
ハカセは手を単振動させ，周期Tで振幅Aの連続した波を正確に作っています。
ハカセの手もとが波の原点ということです。

ハカセの手もと（原点）だけに注目すると，ハカセは手を単振動させているのですから，手の高さ（原点の高さ）yの時間変化の式は，次のように表されます。

$$y = A\sin\omega t$$

これは単振動の変位を表す式でωは単振動で出てきたものと同じです。
（単振動のところではyではなくxで変位を表していました）
周期をTとすると，$\omega T=2\pi$でしたよね？（1周期で$360°=2\pi$回る）
これより$\omega=\dfrac{2\pi}{T}$ですから，yは次のように表されます。

$$y = A\sin\frac{2\pi}{T}t$$

あまり難しいと嘆かずに，tに0，$\dfrac{T}{4}$，$\dfrac{T}{2}$，$\dfrac{3}{4}T$，Tなどを代入してみましょう。

$$\left(\begin{array}{ll} t=0\text{のとき} & y=A\sin 0=0 \\ t=\dfrac{T}{4}\text{のとき} & y=A\sin\dfrac{\pi}{2}=A \\ t=\dfrac{T}{2}\text{のとき} & y=A\sin\pi=0 \\ t=\dfrac{3}{4}T\text{のとき} & y=A\sin\dfrac{3}{2}\pi=-A \\ t=T\text{のとき} & y=A\sin 2\pi=0 \end{array}\right)$$

yが　0　→　A　→　0　→　$-A$　→　0　と変化し，
ハカセの手（原点）が周期Tで単振動している様子がよくわかりますね。

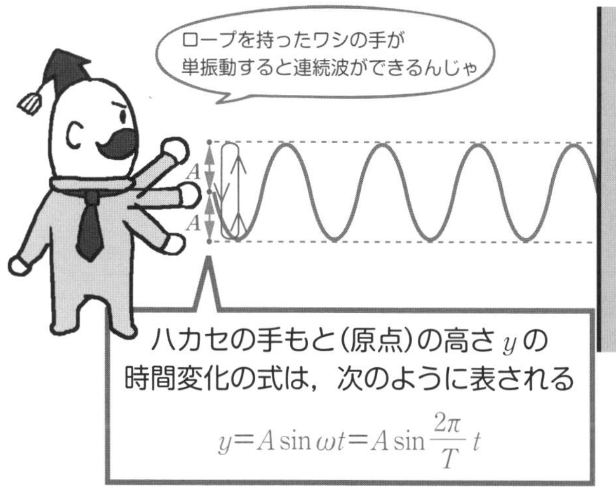

t に 0，$\frac{T}{4}$，$\frac{T}{2}$，$\frac{3}{4}T$，T を入れると単振動とわかる！

$t=\frac{T}{4}$

A

$A\sin\frac{2\pi}{T}\underset{\frac{T}{4}}{t}=A$

$t=0$，T

0

$A\sin\frac{2\pi}{T}\underset{0,\,T}{t}=0$

$t=\frac{T}{2}$

0

$A\sin\frac{2\pi}{T}\underset{\frac{T}{2}}{t}=0$

$t=\frac{3}{4}T$

$-A$

$A\sin\frac{2\pi}{T}\underset{\frac{3}{4}T}{t}=-A$

さて，波は時間とともに移動していくものでした。
原点で発生した波が5秒後に位置xに届くとすると，
位置xでは5秒遅れで原点の波が再現されることになります。
$t=0$で原点の波の高さ（ハカセの手の高さ）が10 mだったとすると，
$t=5$で位置xでの波の高さは10 m
$t=1$で原点の波の高さ（ハカセの手の高さ）が7 mだったとすると，
$t=6$で位置xでの波の高さは7 m
といった具合に，発生した波は，違う場所に何秒かずれて伝わるのです。

p.290では，原点（$x=0$）の波の高さyの時間変化の式を説明しました。
$y=A\sin\frac{2\pi}{T}t$でしたね。
違う場所では，この原点の波が何秒かずれて再現されるだけです。
波の速さがvのとき，位置xに原点の波が届くのは$\frac{x}{v}$秒後です。
$t=0$で原点の波の高さが$y=A$とすると，
$t=\frac{x}{v}$で位置xの波の高さが$y=A$になります。

ここで位置xに主眼を移すと，**「位置xでは$\frac{x}{v}$秒前の原点の波が再現されている」**
ということになりますね。
なので，位置xにおける波の高さyの時間変化の式は次のようになります。

$$y=A\sin\frac{2\pi}{T}\left(t-\frac{x}{v}\right)\cdots\cdots①$$

（原点の波の式の最後のtを，$\left(t-\frac{x}{v}\right)$にしただけです）

tに具体的な数字を入れると，イメージしやすいかもしれません。
$t=2$を①式に入れて考えてみましょう。
$t=2$のときの位置xにおける波の高さyは，$t=2-\frac{x}{v}$のときの原点における波の高さyと同じということを①式は表しています。

「原点の波の高さyの時間変化の式がわかれば，それがずれて伝わるだけ」と理解しましょう。

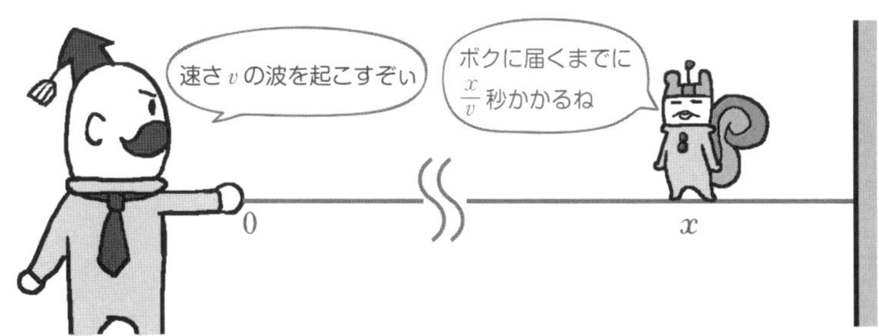

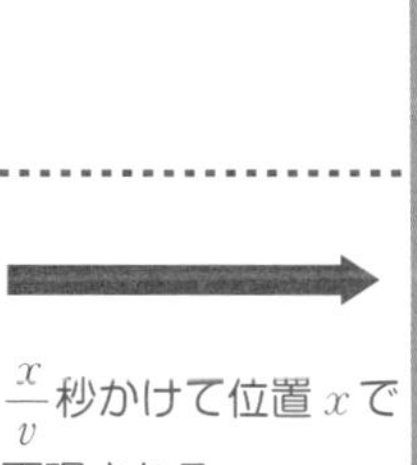

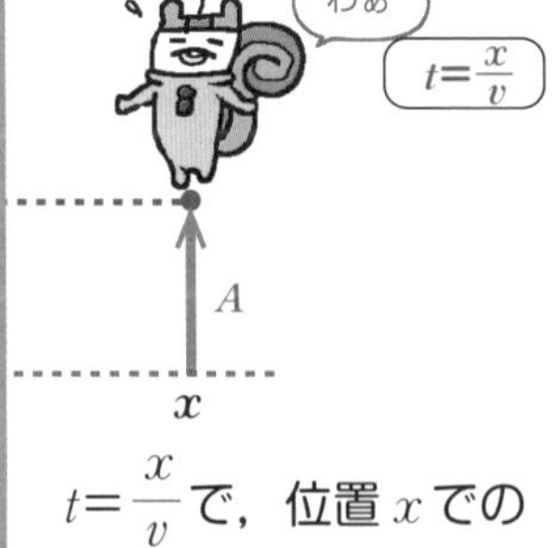

$t=0$ で原点の高さが $y=A$ とすると…

$t=\dfrac{x}{v}$ で，位置 x での高さが $y=A$

リスは気づいた

位置 x にいるボクのところの高さは $\dfrac{x}{v}$ 秒前の原点の高さ，そのものだ！

原点での高さ y の式　：$y=A\sin\dfrac{2\pi}{T}\boxed{t}$

$\dfrac{x}{v}$ 秒前なので

位置 x での高さ y の式：$y=A\sin\dfrac{2\pi}{T}\boxed{\left(t-\dfrac{x}{v}\right)}$

t に具体的な数値を入れるとイメージしやすいぞい
$t=2$ とすると，“位置 x での $t=2$ の高さ y”は
“$t=2-\dfrac{x}{v}$ のときの原点の高さ”になるということじゃ

ここまでやったら 別冊 p.55へ

理解できたものに，☑チェックをつけよう。

- [ ] 波を伝える物体や物質のことを媒質，波が発生する場所を波源と呼ぶ。
- [ ] 全体として見れば波が進んでいるように見えるが，媒質の各点は振動しているということをイメージできる(野球場のウェーブ)。
- [ ] 波のy-xグラフは，ある時刻における波の形を表すグラフである(波を写真に撮ったようなもの)。
- [ ] 波のy-tグラフは，媒質上のある1点が時間とともにどのように振動するかを表したグラフである(ロープの上のリスの運動を表したもの)。
- [ ] 振動数と周期の意味と，$T=\frac{1}{f}$ の関係式を理解した。
- [ ] 波を見て，どこからどこまでの長さがλ，$\frac{\lambda}{2}$，$\frac{\lambda}{4}$ なのかがわかる。
- [ ] $v=f\lambda$の関係式を使いこなせる。
- [ ] y-xグラフ中のある1点に着目したy-tグラフをかくことができる。
- [ ] 横波と縦波の違いを理解した。
- [ ] 縦波の横波表示のしかたを理解した。
- [ ] 縦波のy-xグラフから，疎の部分と密の部分を読み取ることができる。
- [ ] 波の式は，①$x=0$でのy-tグラフをかき，②$x=0$での振動が，位置xには $\frac{x}{v}$ 秒後に届く，と考えて立てる。

Chapter

12

波の性質（その2）

波の性質（その2）

はじめに

Chapter11でやった波の性質は理解できましたか？

Chapter12では，Chapter11で説明しきれなかった波の性質を紹介します。
例えば「波がぶつかったらどうなるの？」，「波が端までいったらどうなるの？」というようなことです。

それから，「弦の振動」と「気柱の振動」についても考えていきます。
ギターの弦をはじいたとき，弦は振動しますよね。
この弦の振動も，波の一種です。
また，ビンの口のところにフーっと息を吹きかけると，低い音が鳴りますよね。
実は，この現象にも波が関係しています。

このように，身近なところにも波が関わっている現象がたくさんあります。
それらの現象を解き明かしていきましょう。

この章で勉強すること

まず，波の基本性質である重ね合わせの原理を学びます。
その重ね合わせの原理を使いながら，固定端反射と自由端反射，
それから定在波を説明していきます。

最後には具体的に「弦の振動」と「気柱の振動」を扱います。

波はぶつかるとどうなる？

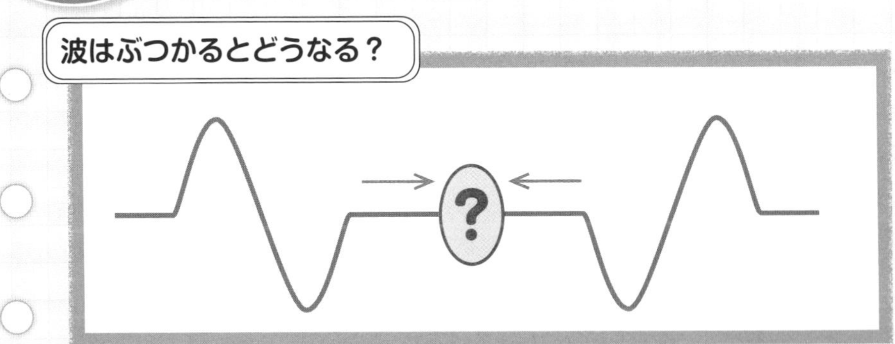

波が端までいくとどうなる？

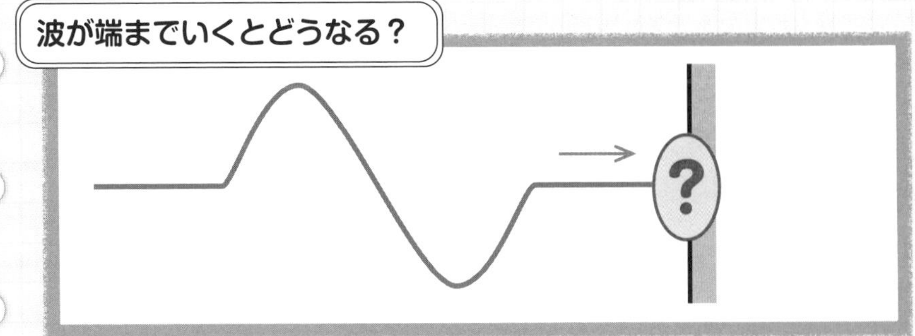

弦の振動

気柱の振動

12-1 重ね合わせの原理

ココをおさえよう！

複数の波が重なってできた波の高さは，それぞれの波の高さの和で表される。
この原理を「重ね合わせの原理」と呼ぶ。

「波と波がぶつかったらどうなるんだろう？」
リスは疑問に思い，右ページの図のように，リスは波A，ハカセは波Bを発生させ，ぶつけてみることにしました。

波と波が衝突すると，右ページの図の赤色の波のような
「それぞれの波の高さを足し合わせた高さの波」が発生します。
3つ以上の波がぶつかる場合でも同じです。

このように，**いくつかの波が重なってできた波の高さが，それぞれの波の高さの和で表される原理**を，**（波の）重ね合わせの原理**と呼びます。
また，重ね合わせの原理により合成された波のことを**合成波**と呼びます。

例えば，波Aと波Bのある部分の高さがそれぞれ3 cmと5 cmであったとすれば，
重なり合った波の，その部分の高さは3＋5＝8 cmとなります。
高さがマイナスである波の場合でも考えかたは同じです。
＋4 cmの高さの波と，－6 cmの高さの波では，
合成波の高さは4＋（－6）＝－2 cmとなります。
波の重なり合っているすべての部分に対して，この原理は成り立ちます。

また，「波は重なり合うともとの形を失ってしまう」と思われがちですが，違います！
それぞれの波は独立して進んでいるだけですので，
波の重なりが終われば，再びもとの波の形に戻ります。
重なり合ったからといって，なくなることもありません。

ということは，一度重なったとしても，重なりが終わったあと，
リスが作った波はそのままの形でハカセのもとに届き，
ハカセの作った波はそのままの形でリスのもとに届くというわけです。

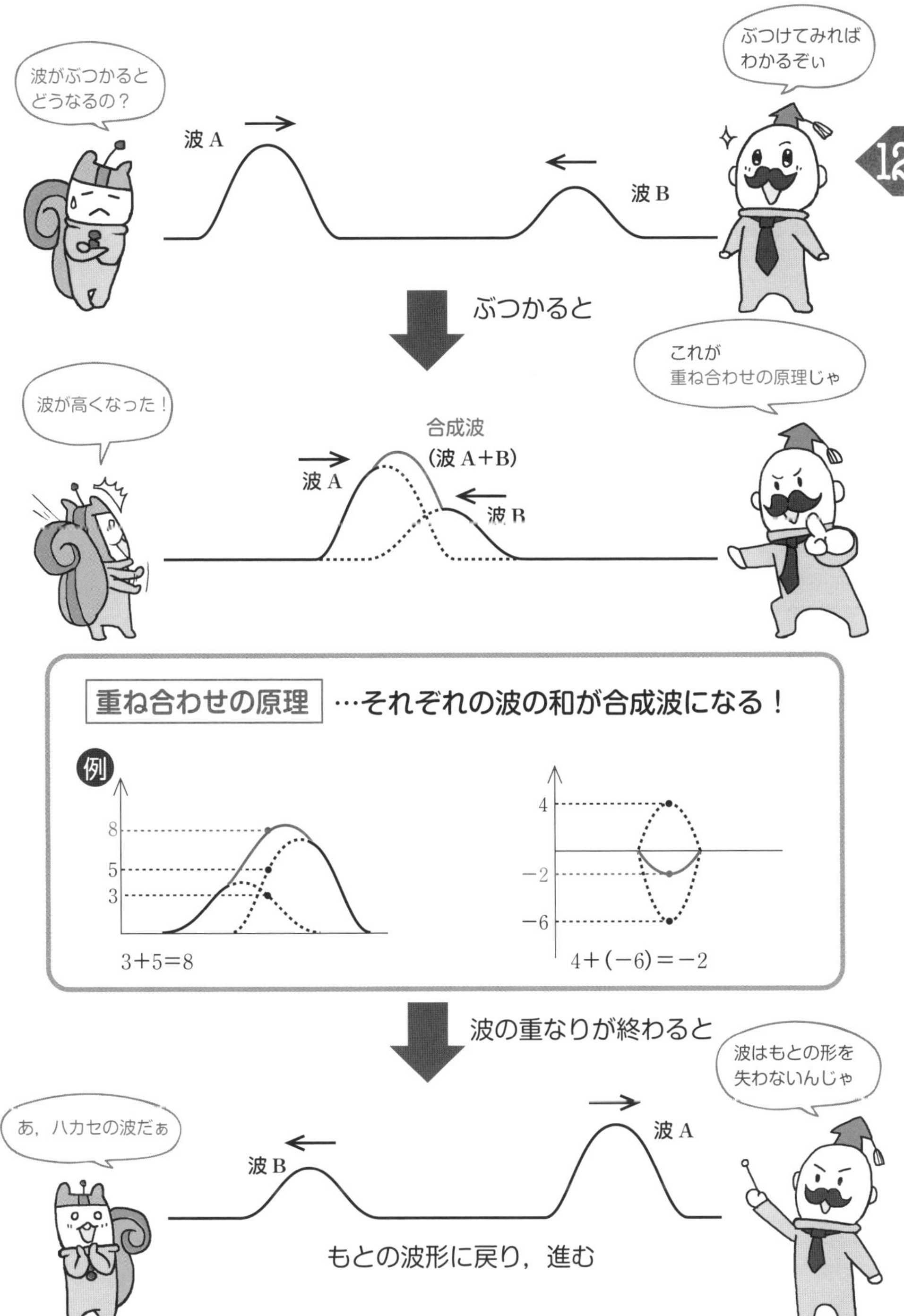

波がぶつかると どうなるの？
ぶつけてみれば わかるぞぃ
波A
波B
12
ぶつかると
これが 重ね合わせの原理じゃ
波が高くなった！
合成波
(波A+B)
波A
波B
重ね合わせの原理 …それぞれの波の和が合成波になる！
例
8
5
3
3+5=8
4
−2
−6
4+(−6)=−2
波の重なりが終わると
波はもとの形を 失わないんじゃ
あ，ハカセの波だぁ
波A
波B
もとの波形に戻り，進む

12-2 自由端反射と固定端反射

ココをおさえよう！

自由端反射の場合…反射波は入射波と同じ。
固定端反射の場合…反射波は入射波の正負を反転させたもの。

またまたリスが疑問に思っているようです。
今度は「端っこまで到達した波はどうなっちゃうの？」と考え込んでいます。

端っこまで到達した波は，壁に当たったボールがはね返されるのと同じように，
今度は逆方向へ進みます。この現象は**反射**と呼ばれます。

波の反射には，**反射する点が固定されていない自由端反射**（じゆうたんはんしゃ）と，
反射する点が固定されている固定端反射（こていたんはんしゃ）の２種類があります。

２つの反射の違いは「反射した波が反転しているかどうか」という点です。
自由端反射の場合，入射した波は反転せず，反射波は入射波と同じものになります。
“山”で入射した波は，“山”で反射され，
“谷”で入射した波は，“谷”で反射されるというわけです。

固定端反射の場合，入射した波は反転するので，
反射波は入射波の高さを反転させたものとなります。
つまり，固定端では“山”で入射した波は“谷”で反射され，
“谷”で入射した波は“山”で反射されるというわけです。

自由端反射なのか固定端反射なのかは，問題文で与えられますので，
読み落とさないようにしましょう。

波が端っこまでいって
壁にぶつかったら
どうなるんだろう？

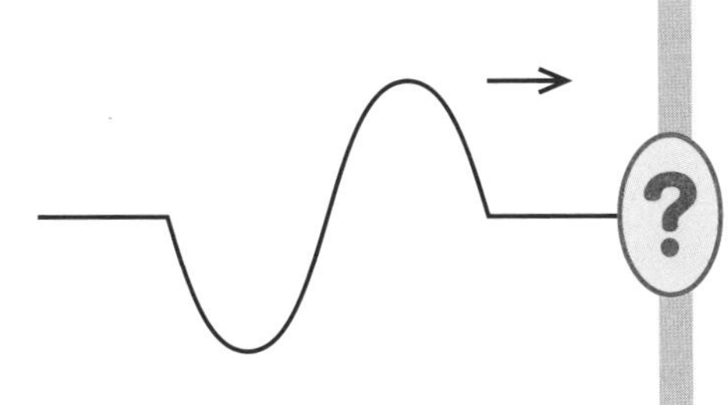

自由端反射

ぶつかった（入射した）波は，
そのままの形で反射される。

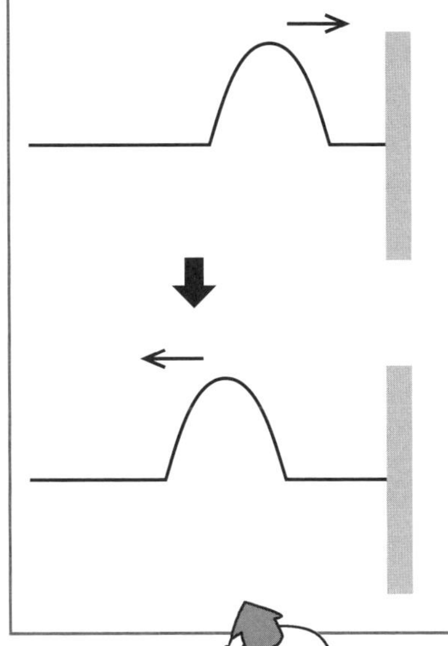

固定端反射

ぶつかった（入射した）波は，
反転した形で反射される。

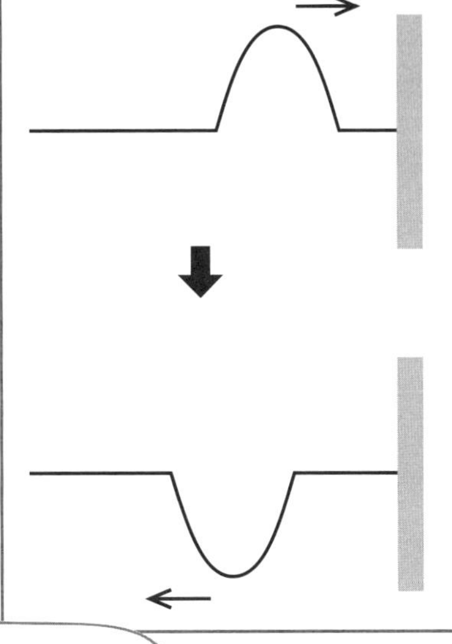

反射には，自由端反射と
固定端反射の 2 つがある
読み落としのないようにな

さて，次の目標は「反射した波をかけるようになる」ことです。

そこでオススメなのが「スタンプを押す」という考えかたです。
この考えかたを使うと，反射波がとても簡単にかけてしまうんです。
波がすべて反射し終わると，どのようになっているのか，
自由端反射と固定端反射の場合で分けて考えてみましょう。

自由端反射の場合から見ていきます。
まず，ロープの端っこ，壁のところにスタンプを置きます。
そして，波が壁に届いても，いきなり反射波をかこうとせずに
波がそのままスタンプの上を進み続けているとして，スタンプ上に波をかきます。
そして，スタンプをそのまま折り返すようにポンと押せば，反射波になるんです。
簡単でしょう？

固定端反射の場合は，ちょっと変わったスタンプを考えます。
どんなスタンプかというと，**かいた波が上下逆さまになっちゃうスタンプ**です。
波が壁に届いたら，続けてスタンプの上に波をかくのですが，
スタンプ上では波の上下を逆さまにしましょう。
それをポンと押してあげれば，これが固定端の反射波になります。

確認のために右ページの図で，自由端反射，固定端反射の
それぞれの反射波の進みかたを見てみましょう。
入射した波は，谷が山より前にある形で進行していました。
自由端反射の場合，反射波は入射波と同じように，
谷が山より前にある形で進行しています。
固定端反射の場合は，反射波は山が谷より前にある形で進行しています。
これは，それぞれの反射の特徴を表していますね。

このようにスタンプで簡単に表せる反射波ですが，1つ注意点があります。
それは，**波全体が反射し終わるまでは，入射波と反射波は混在している**
ということです。
p.304からその説明をしていきましょう。

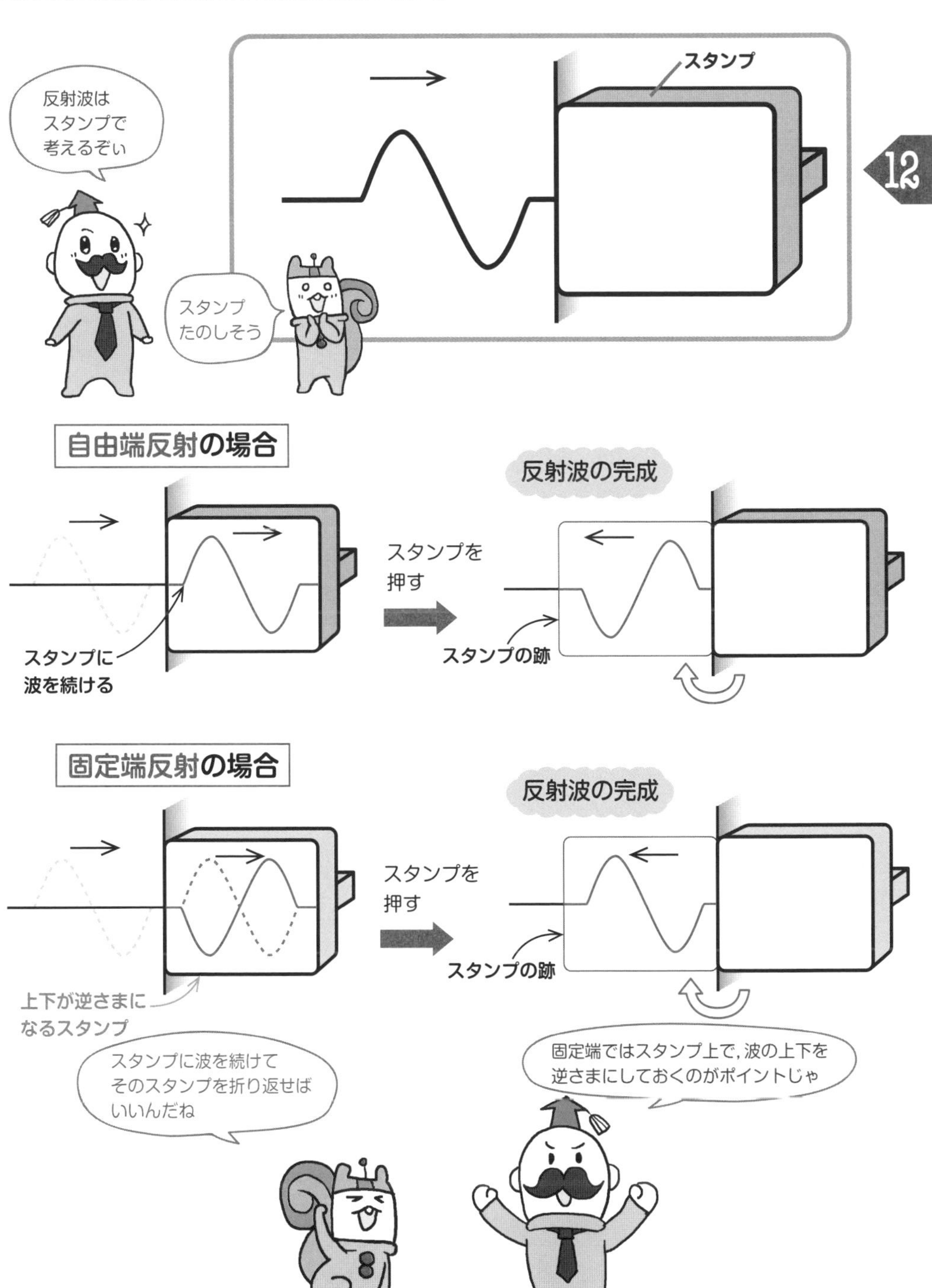
反射波は
スタンプで
考えるぞい
スタンプ
スタンプ
たのしそう
自由端反射の場合
反射波の完成
スタンプを
押す
スタンプに
波を続ける
スタンプの跡
固定端反射の場合
反射波の完成
スタンプを
押す
上下が逆さまに
なるスタンプ
スタンプの跡
スタンプに波を続けて
そのスタンプを折り返せば
いいんだね
固定端ではスタンプ上で，波の上下を
逆さまにしておくのがポイントじゃ

今度は，波全体が反射し終わっていない状況，
つまり，スタンプの上に波の一部だけが乗っている場合を考えましょう。
このとき，スタンプを押すと，反射波と入射波が混じりますよね。
この状況で実際に観察される波は，**入射波と反射波の2つの波が，重ね合わせの原理により足し合わされたものになる**のです。

反射波を考慮した波の作図の方法をまとめると以下の①～③になります。

① 反射点に置いたスタンプの上に，仮想的な波をかく。
（固定端反射の場合は，スタンプ上の波を上下逆さまに）
② 壁を軸として，パタンとスタンプを押す。
③ 入射波と反射波が重なった部分は，その高さを足し合わせて，合成波をかく。

では，実際に確認してみましょう。

右ページ上図のような，x軸正方向に速さ3 m/sで進む波が，
自由端反射する場合を考えます。
この状態から1秒経過後の波形はどうなるでしょうか？

1つ1つ手順を確認しながら作図していきましょう。
1秒経過後，波は$3 \times 1 = 3$ m進みます。

① スタンプ上に，波を3 mだけ平行移動させましょう。
（今回は自由端反射ですから，波を上下逆さまにする必要はありません）
② 壁を軸として，スタンプをパタンと押します。
③ 反射波と入射波が重なった部分を足し合わせると，求める波形が完成します。

このようにして考えれば波の反射は簡単ですよ。
別冊の問題で固定端反射の場合も考えてみましょう。

反射波を考慮した波の作図の手順

① 反射点に置いたスタンプの上に，仮想的な波をかく。（固定端反射の場合，スタンプ上の波を上下逆さまに）

② 壁を軸として，パタンとスタンプを押す。

③ 入射波と反射波が重なった部分は，高さを足し合わせて合成波をかく。

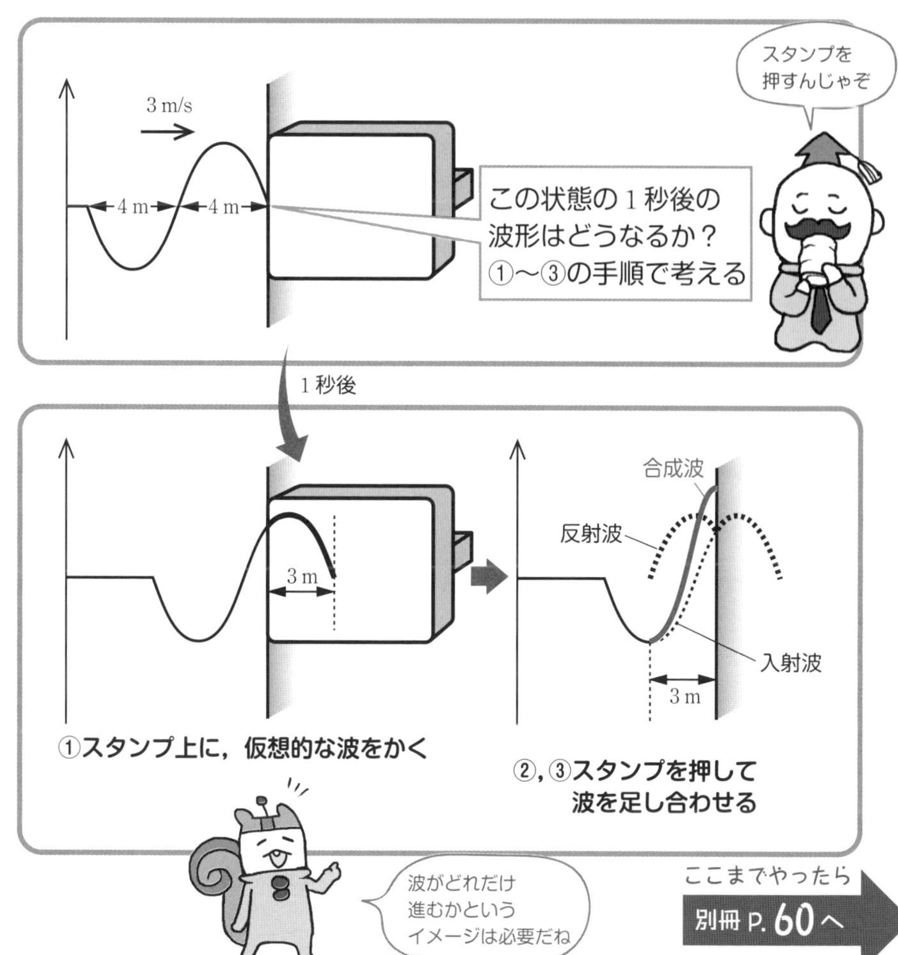

ここまでやったら
別冊 P. 60 へ

12

12-3 定在波

ココをおさえよう！

- **一定の位置で振動する波のことを定在波と呼ぶ。**
- **2つの同じ波が逆向きに進むと，波の重ね合わせの原理により定在波が発生する。**

ここでは「互いに逆向きに同じ速さで進む2つの連続波が重なり合うと，
どんな波が現れるのか」ということを考えていきます。
連続波を扱いますので，それぞれの波が進むイメージをしながら読んでください。

右ページの図は，右向きに進む波A（黒い実線）と，左向きに進む波B（黒い点線）が波の重ね合わせの原理により，合成波（赤い実線）を作る様子を表しています。
波の周期をTとし，それぞれ4分の1周期ごとの変化を図示しています。
4分の1波長ごとに，媒質にa～iまでの区切りをつけましたので，
波Aも波Bもそれぞれ4分の1波長ごとに進行しているのを確認できますね。

合成波を見ると，振幅は時間とともに変化しているのがわかりますが，
$t=\dfrac{T}{2}$では消えてしまうなど，その場で振動しているだけで，
進んでいないように見えます。
この合成波のような，**一定の位置で振動し，**
進んでいないように見える波のことを定在波といいます。

定在波には，まったく振動しない点といちばん振幅が大きくなる点があります。
定在波のまったく振動しない点を節（ふし）と呼びます。
それに対し，**定在波の中でいちばん振幅が大きくなる点のことを，腹（はら）と呼びます**。
右ページではa，c，e，g，iは振幅が最大なので腹，
b，d，f，hは振動しないので節ということになります。

a～iは4分の1波長ごとに区切ったものですから，定在波の腹と腹の間隔は2分の1波長，節と節の間隔も2分の1波長，腹と節の間隔は4分の1波長となります。
定在波の問題で，「腹（や節）の位置をすべて答えよ」と聞かれたときは，
腹（や節）の位置を1つ見つけることができれば，あとは2分の1波長ずつ答えればよいのです。

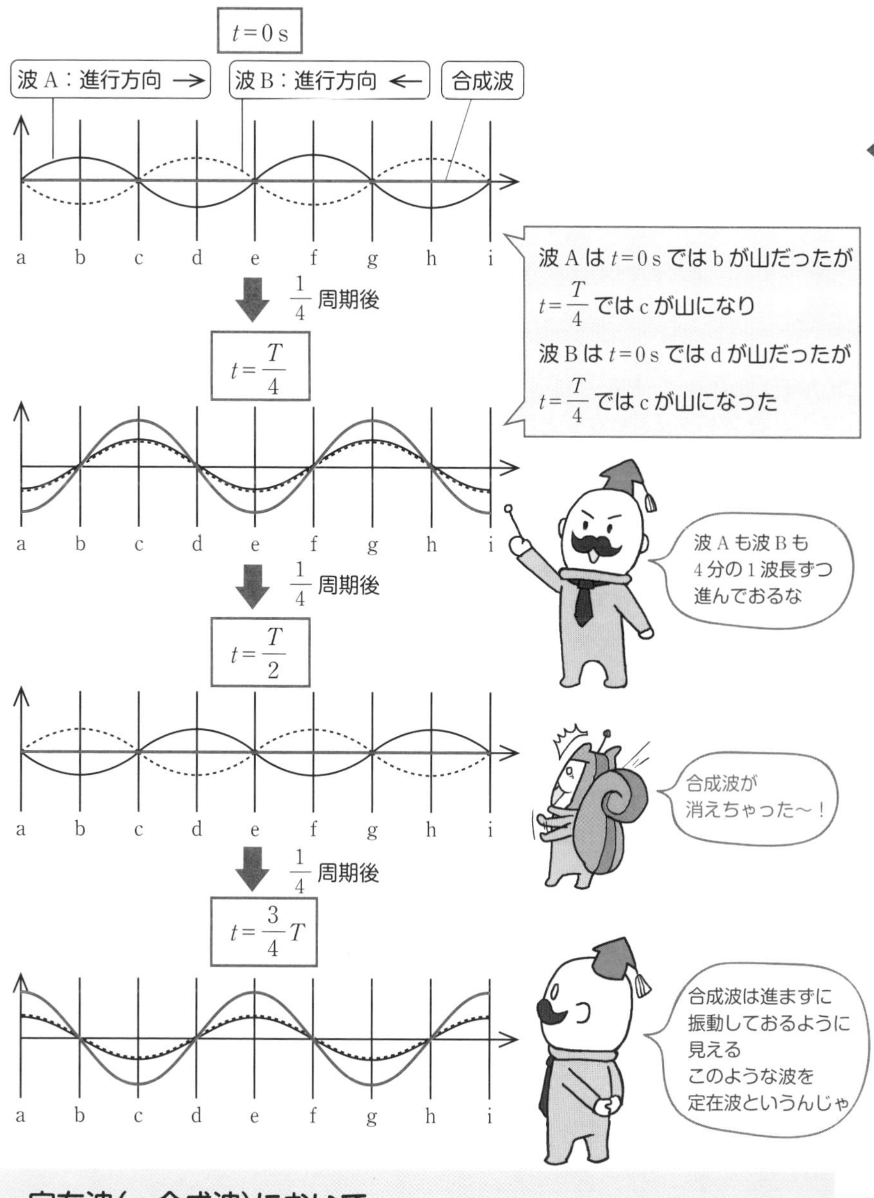

定在波（＝合成波）において

a，c，e，g，i は振幅が最大　⇒　腹

b，d，f，h は振動しない　⇒　節（ふし）

腹と腹の間隔は 2 分の 1 波長，腹と節の間隔は 4 分の 1 波長 !!

定在波は「2つの同じ波が逆向きに進む」ことにより発生します。
ということは，「入射波と反射波」という，同じ形で逆向きに進む波が作られる反射という現象は，定在波を発生させるシチュエーションの1つですね。

しかし，自由端反射の場合と固定端反射の場合では，定在波のできかたが異なります。それぞれの場合を見ていきましょう。

自由端反射の場合，反射波は，上下逆さまにはなりません。
（そのままスタンプをパタンと押すのでしたね）
ということは，**反射点では，反射波と入射波は必ず同じ高さ**になります。
もし，反射点に山のてっぺんがきたならば，反射波と入射波の合成波の変位は最大となりますね。つまり，自由端反射では，
反射点が腹（いちばん振幅が大きくなる点）の定在波ができるのです。

固定端反射の場合はどうでしょうか。
固定端の場合，反射波は，上下逆さまになります。
（上下逆さまになるスタンプを押すのでしたね）
ですから，**反射点での入射波と反射波の変位は，ちょうど正負が逆**になります。
ということは，**反射点での合成波の変位は必ず0**になりますね。つまり，
固定端反射では，反射点が節（まったく振動しない点）の定在波ができるのです。

まとめるとこうなります。

- **自由端反射では，反射点で入射波と反射波が強め合うので，反射点は腹**
- **固定端反射では，反射点で入射波と反射波が打ち消し合うので，反射点は節**

定在波の問題では，腹あるいは節の数を求めさせることが多いです。
p.306で説明した通り，1か所でも腹，あるいは節の位置が特定できれば，あとは隣り合う腹と腹（節と節）の距離が2分の1波長であることを使って，求めることができます。
そのあたりをp.310で確認していきましょう。

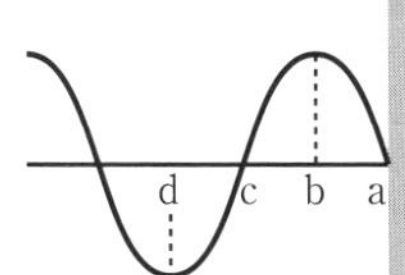

このあとに起こる反射でできる定在波の様子を，自由端反射と固定端反射の 2 つで見ていこう

反射では定在波ができるぞい

12

自由端反射の場合

合成波（定在波）

反射波の向き

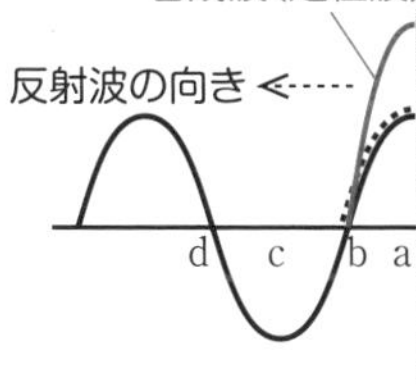

入射波の向き

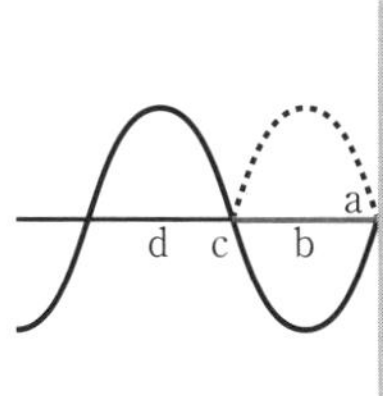

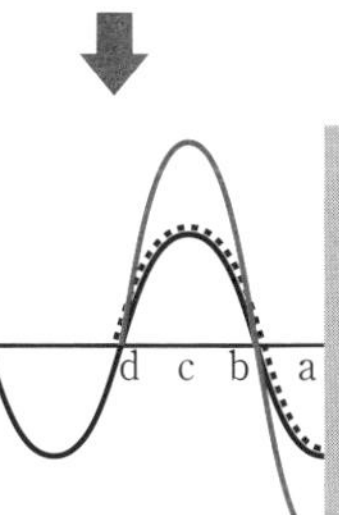

反射点（a）が腹，b が節！
c は腹，d は節になる
（腹（や節）は 2 分の 1 波長ごと）

固定端反射の場合

合成波（定在波）

入射波の向き

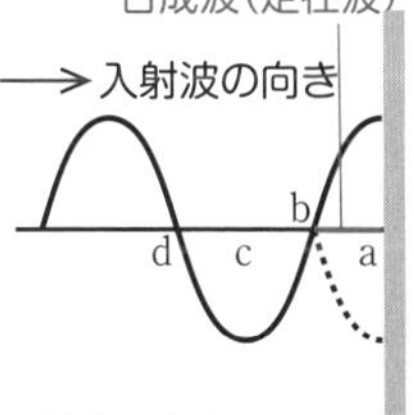

反射波の向き

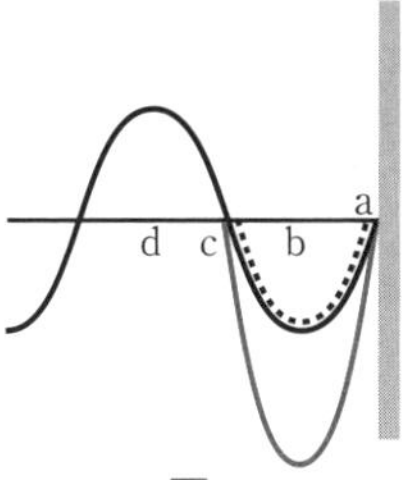

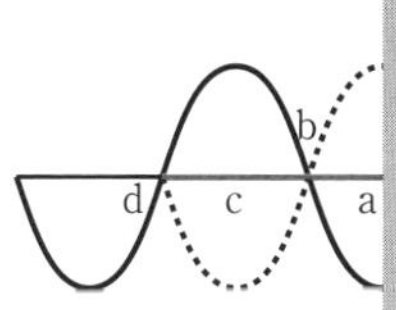

反射点に注目して，あとは 2 分の 1 波長ごとだね

反射点（a）が節，b が腹！
c は節，d は腹になる
（腹（や節）は 2 分の 1 波長ごと）

問12-1 x軸正方向に進む波長4 cmの波が，点A（$x=12$ cm）で自由端反射され，定在波を作っている。区間OA(端も含む)に含まれる腹の数と節の数を，それぞれ求めよ。

自由端反射ですから，反射点である点Aは腹となります。
また，波長が4 cmであることから，隣り合う腹と腹の距離である2分の1波長は$4\div2=2$ cmになりますね。
これをもとに，定在波を図示すれば，右ページの図のようになります。

解きかた 右ページの図から，OA間にある腹の数と節の数はそれぞれ

腹の数…**7つ**

節の数…**6つ** …答

問12-2 x軸正方向に進む波長6 cmの波が，点A（$x=15$ cm）で固定端反射され，定在波を作っている。区間OA(端も含む)に含まれる腹の数と節の数を，それぞれ求めよ。

今度は固定端の場合です。
固定端ということは，反射点である点Aは節となります。
また，波長が6 cmであることから，隣り合う節と節の距離である2分の1波長は$6\div2=3$ cmになりますね。
これをもとに定在波を図示すれば，右ページの図のようになります。

解きかた 右ページの図から，OA間にある腹の数と節の数はそれぞれ

腹の数…**5つ**

節の数…**6つ** …答

どうでしょうか？ 1つ1つを理解していれば簡単でしたね。

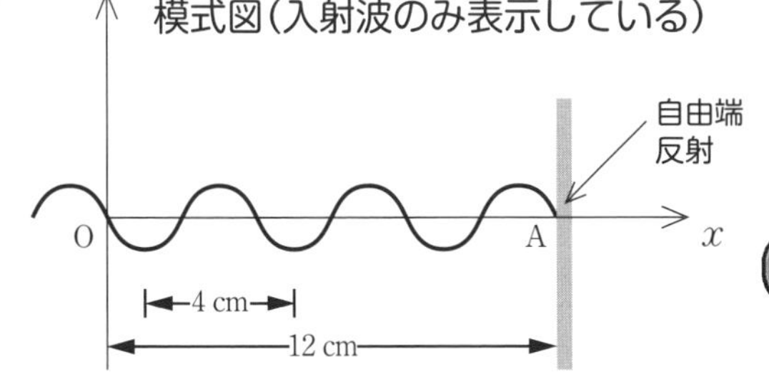

自由端反射だから
A は腹だね

12

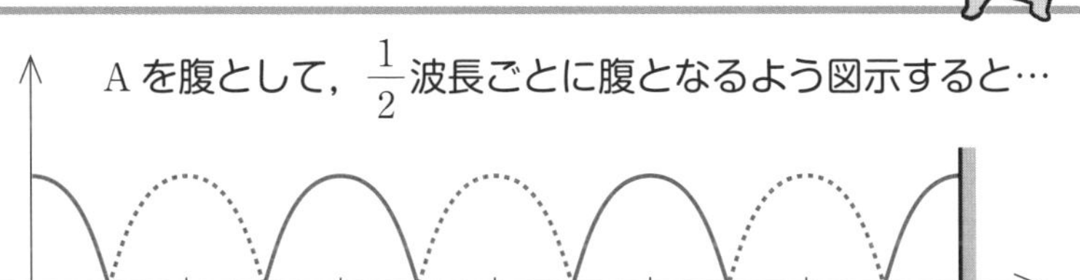

A を腹として，$\frac{1}{2}$波長ごとに腹となるよう図示すると…

（x=12，10，8，6，4，2，0 cm の 7 つが腹
x=11，9，7，5，3，1 cm の 6 つが節）

固定端反射だから
A は節じゃ

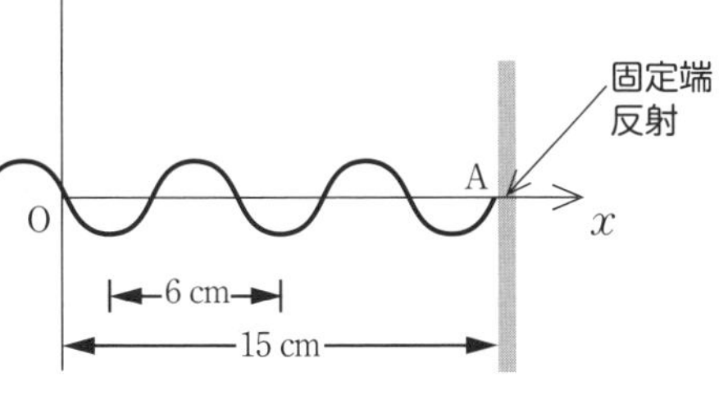

A を節として，$\frac{1}{2}$波長ごとに節となるよう図示すると…

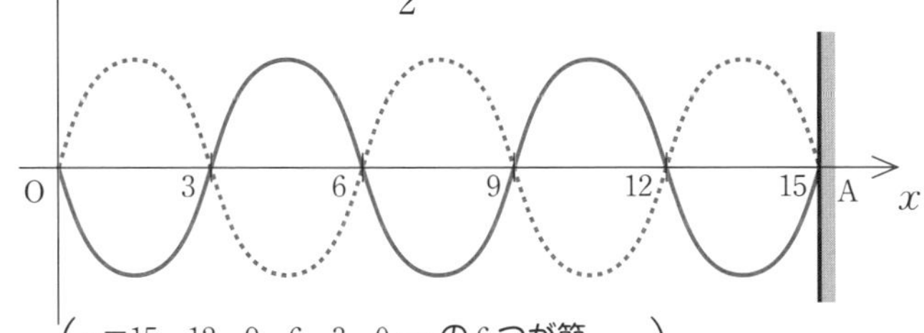

（x=15，12，9，6，3，0 cm の 6 つが節
x=13.5，10.5，7.5，4.5，1.5 cm の 5 つが腹）

12-4 弦にできる定在波

ココをおさえよう！

弦の振動において，腹が1つの振動を基本振動，腹がn個の振動をn倍振動と呼ぶ。

弦を伝わる波の速さは $v=\sqrt{\dfrac{S}{\rho}}$〔m/s〕

（S〔N〕は弦の張力，ρ〔kg/m〕は線密度）

ギターの弦をはじくと，弦は振動します。
実はこの弦の振動は，弦を伝わる波が端で反射して，さらに反対側で反射して，ということを繰り返してできた定在波なのです。
このような，弦をはじいたときなどに現れる振動を**固有振動**と呼び，
そのときの振動数を**固有振動数**と呼びます。

振動のさせかたによって，弦にできる定在波の形は変わってきます。
どう変わるのかというと「おイモの個数」が変わるのです。
弦にできる定在波は，弦の両端が必ず節になるので，おイモの形ができるのですね。
右ページ上図のような**おイモ1個の振動は，基本振動と呼ばれます**。
そして，おイモ2個のものを2倍振動，おイモ3個のものを3倍振動，
おイモがn個ある振動をn倍振動と呼ぶのです。

弦の振動では「おイモが何個あるか」ということに注目する必要があります。
定在波では，隣り合う節と節の距離が2分の1波長ということでした(p.306)
から，おイモ1個は，弦にできる定在波の，2分の1波長分の長さということです。
（おイモは「節→腹→節」で1セットですから）

具体的に，基本振動を考えていきましょう。基本振動ではおイモが1個です。
弦の長さ全体が，定在波の2分の1波長分の長さということです。
弦を伝わる定在波の波長をλ，弦の長さをℓとすれば

$\ell=\dfrac{\lambda}{2}$，すなわち$\lambda=2\ell$となります。

3倍振動の場合は，おイモが3個ですから，2分の1波長が3つです。
弦の長さℓは，$\ell=\dfrac{\lambda}{2}\times3$，つまり$\lambda=\dfrac{2}{3}\ell$と表せます。
おイモと波長と弦の長さの関係をしっかり理解しましょう。

弦の振動(定在波)の種類

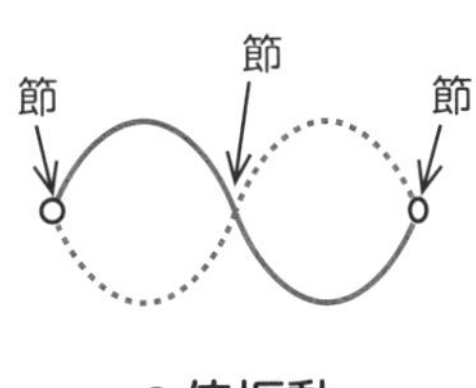

Point

弦の振動は  の数に注目！

おイモ 1 つが，定在波の 2 分の 1 波長を表す！

弦の長さを ℓ として…

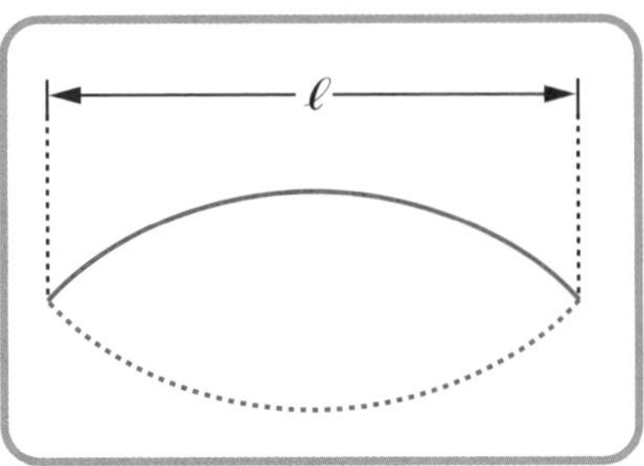

基本振動ではおイモが 1 つ

$$\ell=\frac{\lambda}{2}\times1=\frac{\lambda}{2}$$

$$\lambda=2\ell$$

3 倍振動ではおイモが 3 つ

$$\ell=\frac{\lambda}{2}\times3=\frac{3}{2}\lambda$$

$$\lambda=\frac{2}{3}\ell$$

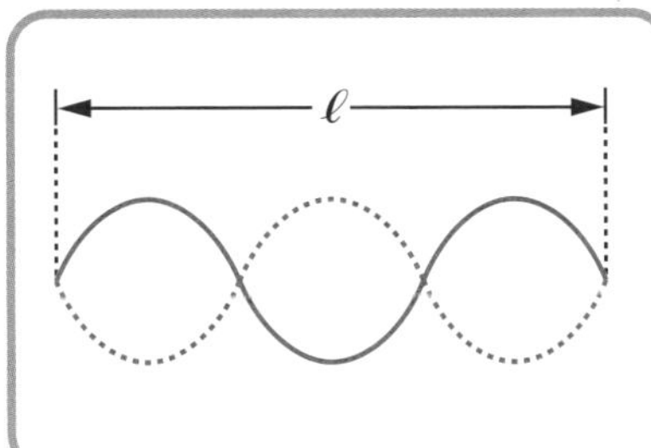

弦を伝わる波の速さは $v=\sqrt{\dfrac{S}{\rho}}$ と表されます。

S〔N〕は弦の張力，$\overset{ロー}{\rho}$〔kg/m〕は線密度を表します。

この関係式は，覚えておく式です。

「振動しているだけ(定在波)なのに,速さがあるの？」なんていわないでくださいね。弦では反射が起こるから定在波が発生しているので，見えないけれど波は動いているのです。進んでいないように“見える”のが定在波でしたね(p.306)。

弦の張力は，弦がどれくらいの力で引っ張られているかで決まります。

例えば，力Fで引っ張られていたら$S=F$，質量mの物体が弦の端に吊り下げられていたら，弦には重力mgがはたらくので$S=mg$となります。

線密度ρは，弦の単位長さあたりの質量を表す物理量で，問題文で与えられます。

波の速さの式といえば，もう1つありましたね。そう，$v=f\lambda$です。

$f=\dfrac{v}{\lambda}$ となるので，$v=\sqrt{\dfrac{S}{\rho}}$ を使って，振動数を求めると，次のようになります。

おイモの数が違うので，λが変化することに注意しましょう。

基本振動…$f=\dfrac{v}{\lambda}=\sqrt{\dfrac{S}{\rho}}\div \underbrace{2\ell}_{\lambda}=\dfrac{1}{2\ell}\sqrt{\dfrac{S}{\rho}}=f_0$

2倍振動…$f=\dfrac{v}{\lambda}=\sqrt{\dfrac{S}{\rho}}\div \underbrace{\ell}_{\lambda}=\dfrac{1}{\ell}\sqrt{\dfrac{S}{\rho}}=2f_0$

n倍振動…$f=\dfrac{v}{\lambda}=\sqrt{\dfrac{S}{\rho}}\div \underbrace{\dfrac{2\ell}{n}}_{\lambda}=\dfrac{n}{2\ell}\sqrt{\dfrac{S}{\rho}}=nf_0$

つまり，**n倍振動の振動数は，基本振動の振動数のn倍**ということです。

弦の振動では，次の3点を頭に入れましょう。

- 「おイモの個数×2分の1波長＝弦の長さ」として，弦の長さで波長を表す。
- $v=f\lambda$，$v=\sqrt{\dfrac{S}{\rho}}$ の関係式を使って，必要な物理量を求める。
- n倍振動の振動数は，基本振動の振動数のn倍。

弦を伝わる波の速さ v

$$v=\sqrt{\frac{S}{\rho}} \cdots\cdots ①$$ （S は弦にはたらく張力，ρ は弦の線密度）

もう 1 つの波の速さの式

$$v=f\lambda \cdots\cdots ②$$

②式より $f=\frac{v}{\lambda}$，①式と連立すると…

〈基本振動の振動数〉

$$f=\frac{v}{\lambda}=\sqrt{\frac{S}{\rho}}\div\underbrace{2\ell}_{\lambda}$$

$$=\frac{1}{2\ell}\sqrt{\frac{S}{\rho}}=\underline{\underline{f_0}}$$

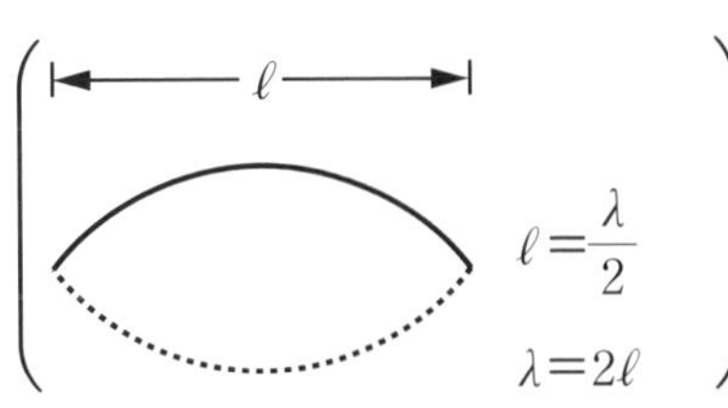

〈2 倍振動の振動数〉

$$f=\frac{v}{\lambda}=\sqrt{\frac{S}{\rho}}\div\underbrace{\ell}_{\lambda}$$

$$=\frac{1}{\ell}\sqrt{\frac{S}{\rho}}=\underline{\underline{2f_0}}$$

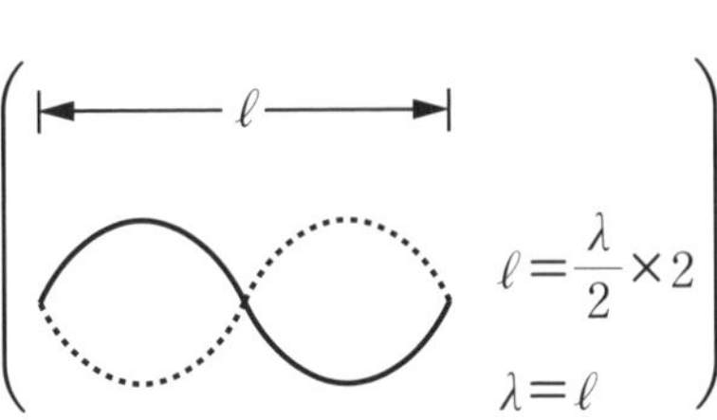

〈n 倍振動の振動数〉

$$f=\frac{v}{\lambda}=\sqrt{\frac{S}{\rho}}\div\underbrace{\frac{2\ell}{n}}_{\lambda}$$

$$=\frac{n}{2\ell}\sqrt{\frac{S}{\rho}}=\underline{\underline{nf_0}}$$

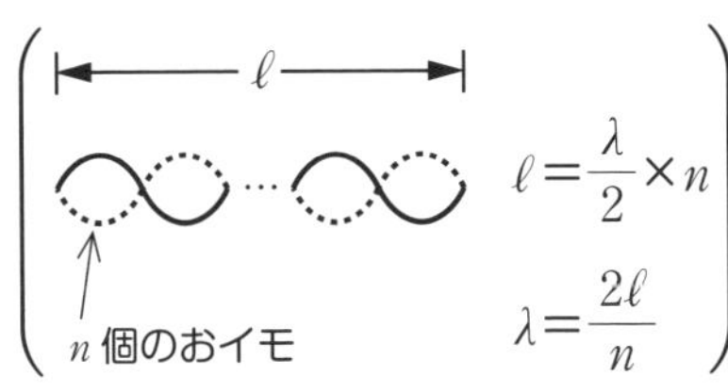

〈問12-3〉 右ページの図のように，長さ0.25 mの弦に質量2.0 kgのおもりが吊るされている。この弦をある振動数で振動させたところ，腹の数が5個の振動が観察された。弦の線密度を4.9×10^{-4} kg/m，重力加速度を9.8 m/s^{2}として，以下の問いに答えよ。

(1) この振動の波長を求めよ。

(2) 弦を伝わる波の速さを求めよ。

(3) この振動の振動数を求めよ。

求める波長をλ〔m〕とします。
5倍振動ですから，おイモが5個できていることになりますね。
「おイモ5個$\left(\dfrac{\lambda}{2}\text{が5個}\right)$の長さ＝弦の長さ」ですからこうなります。

解きかた (1) $\dfrac{\lambda}{2} \times 5 = 0.25$

$\lambda = \mathbf{0.10\ m}$ …答

続いて$v = \sqrt{\dfrac{S}{\rho}}$を使って速さを求めましょう。
問題文より，$\rho = 4.9 \times 10^{-4}$ kg/mですね。
また，おもりには弦の張力S〔N〕と重力(2.0×9.8) Nがはたらいています。
おもりについての力のつり合いより，Sと重力は等しいので，
波の速さはこうなります。

解きかた (2) $v = \sqrt{\dfrac{2.0 \times 9.8}{4.9 \times 10^{-4}}} = \mathbf{2.0 \times 10^2\ m/s}$ …答

最後は簡単です。λとvを求めてあるので，波の基本式$v = f\lambda$を用いましょう。

解きかた (3) $v = f\lambda$より

$f = \dfrac{v}{\lambda} = \dfrac{2.0 \times 10^2}{0.10} = \mathbf{2.0 \times 10^3\ Hz}$ …答

「弦の長さから波長を導き，$v = f\lambda$，$v = \sqrt{\dfrac{S}{\rho}}$の2つの関係式を使う」
このことを頭に入れておけば，弦の問題は簡単に解けてしまいますよ。

問 12-3

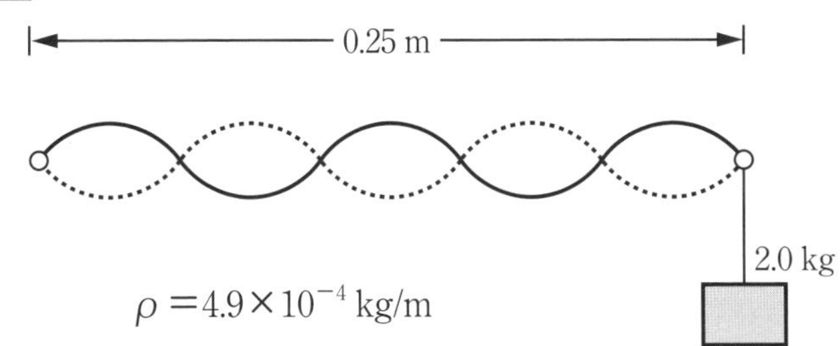

(1) おイモ が 5 個の振動なので

$$\underbrace{\frac{\lambda}{2}\times 5}_{\text{おイモが 5 個}} = \underbrace{0.25}_{\text{弦の長さ}} \qquad \lambda = \underline{\underline{0.10\ \mathrm{m}}}$$

(2) おもりに関する力のつり合いより

$S = mg$

$S = (2.0\times 9.8)\,\mathrm{N}$

$v=\sqrt{\dfrac{S}{\rho}}$ より

$$v=\sqrt{\frac{2.0\times 9.8}{4.9\times 10^{-4}}} = \underline{\underline{2.0\times 10^{2}\ \mathrm{m/s}}}$$

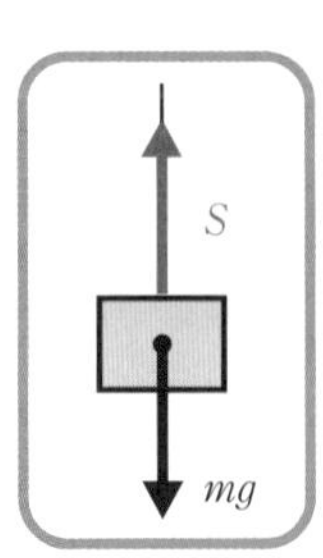

(3) $v = f\lambda$ より

$$f=\frac{v}{\lambda}=\frac{2.0\times 10^{2}}{0.10}=\underline{\underline{2.0\times 10^{3}\ \mathrm{Hz}}}$$

ここまでやったら
別冊 P. 61 へ

12-5 気柱にできる定在波

ココをおさえよう！

閉管（片側が閉じている管）では，一端が腹，一端が節の定在波ができ，開管（両側が開いている管）では，両端が腹の定在波ができる。

ビンに息を吹きかけると，「ボー」と音が鳴ることがありますよね。
これはなぜ起こるかというと，ビンの中の空気が振動することで定在波が発生し，基本振動，倍振動など固有振動となり**共鳴**しているからです。

このように物体が固有振動数に等しい周期的な力を受け取り大きく振動する現象を共振といい，このビンのように音をともなう共振の場合を共鳴といいます。

しかし，「空気が振動する」というのは，ちょっとイメージしづらいですね。
パイプに息を吹きかけて，音が「ボー」と鳴っている状況を考えます。
パイプの中に空気の粒があるとイメージしてみましょう。

パイプに息を吹きかけると，入り口近くの空気はパイプの中に押し込まれます。
そうすると，満員電車のように，真ん中付近に空気が密集しますね。
密集した空気は「狭いよ！」と，押し返され，パイプの外に出て行きますが
再び息に押し込まれて…ということが，気柱の中で起きています。
つまり，**気柱の振動は，弦のような横波ではなく，縦波**なのです。
この空気の振動を，11-6でやったように，横波で表現してあげると，
定在波になっているのです。
こういう定在波ができているときに音が「ボー」と鳴るのですね。
気柱の振動のイメージは伝わりましたか？

気柱の振動は，器によって２種類の振動を考えます。
一方が閉じて一方が開いている閉管の気柱の振動，
両側が開いている開管の気柱の振動の２種類です。
それぞれの気柱内で，どのように定在波ができているのかを見ていきましょう。

気柱の中の振動をイメージする

●イメージ（空気の粒の動き）　●縦波の横波表示

①

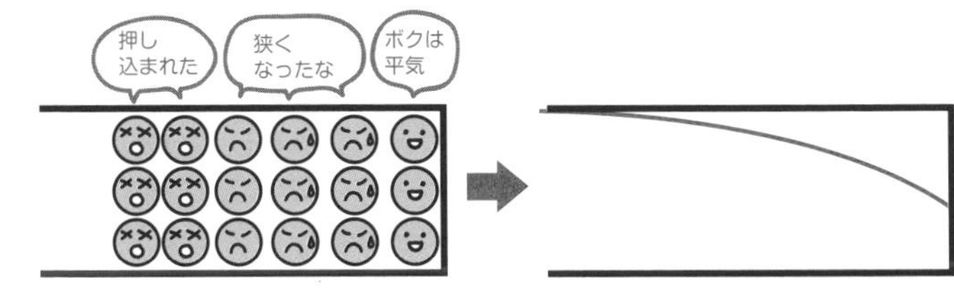

②

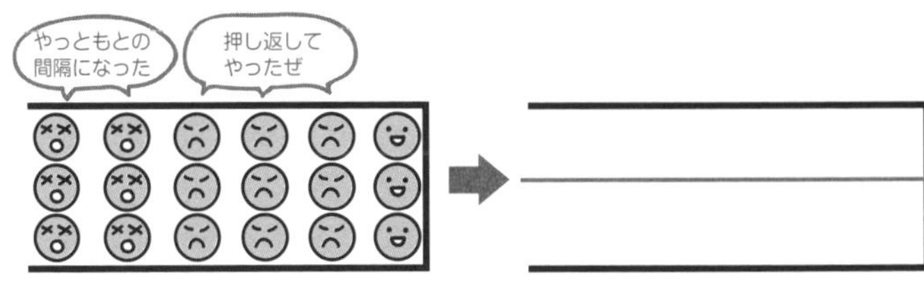

③

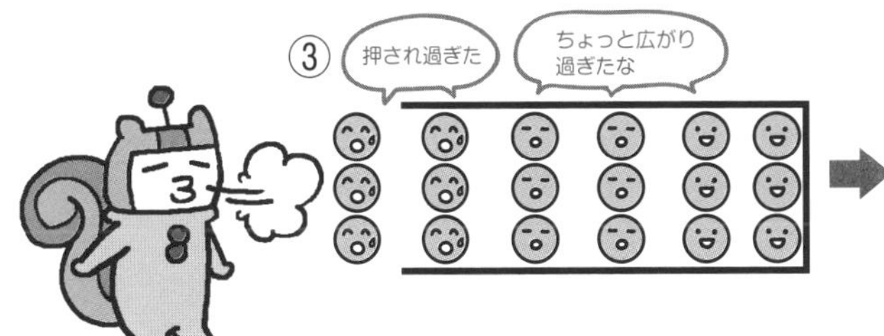

（①→②→③→②→①→②→……と繰り返される）

イメージできたかのぅ？
縦波の横波表示については
p.288 をチェックじゃ

まず閉管の場合です。閉管では，底がふさがれていますから，空気は底の部分では，
「壁があるから動けない！」といい，動くことができません。
つまり，底の部分では一切空気は振動しないため，**底は定在波の節**となるのです。
口の部分では空気は大きく動くことができるので，**口は定在波の腹**となります。
「口が腹で，底が節」ということに注意すれば，閉管における基本振動は
右ページの図のような「おイモ半分」の振動になります。
「管の長さ＝おイモ半分の長さ」です。
おイモ1個は $\frac{\lambda}{2}$ なので，$\frac{\lambda}{2}\times\frac{1}{2}=\ell$，すなわち$\lambda=4\ell$となります。

閉管では，口が腹で底が節と決まっているので，
基本振動の次は3倍振動に飛んでしまいます。そして，5倍，7倍，…と続きます。

今度は開管の場合です。
管の両側が開いていますので，両端が腹の定在波ができることになります。
そうすると，開管の基本振動は右ページの図のようになります。
おイモ半分が2つありますから，おイモ1個分の長さに相当します。
つまり，開管の基本振動では「管の長さ＝おイモ1個の長さ」です。
よって，$\frac{\lambda}{2}=\ell$，よって$\lambda=2\ell$となります。
以下，2倍，3倍，…，と続いていきます。

閉管と開管，2つの場合を紹介しました。

ここで補足です。

ここでは，管の口のところに腹ができるものとして扱いましたが，
実際に腹ができるのは，口よりわずかに外側なのです。
この誤差のことを**開口端補正**と呼びます。
開口端補正を考える問題は別冊に載せておきましたので，
一度解いてみてください。

●閉管にできる定在波

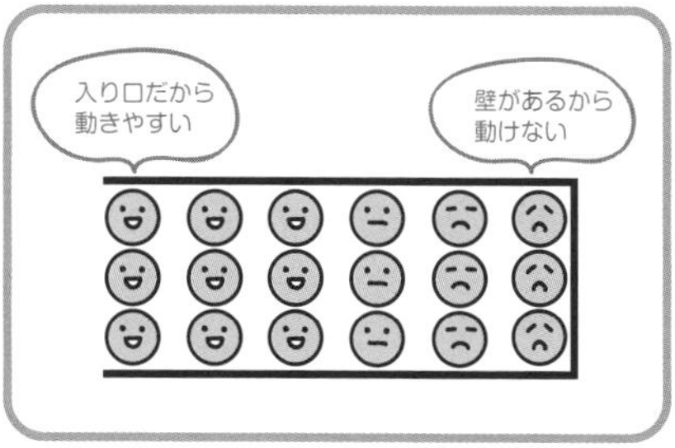

入り口だから
動きやすい

壁があるから
動けない

口の部分は腹
底の部分は節
の定在波

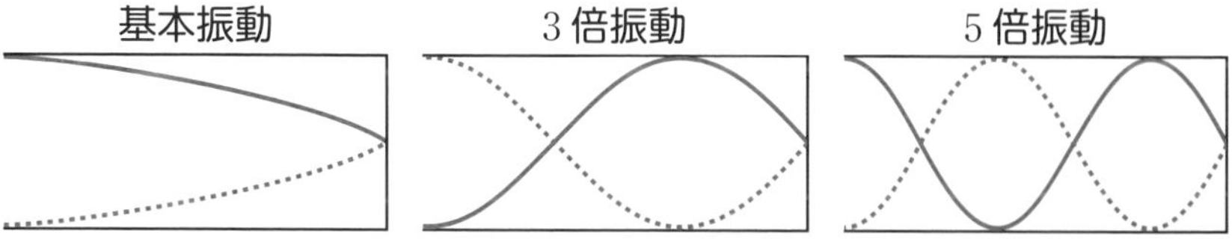

基本振動　3 倍振動　5 倍振動

●開管にできる定在波

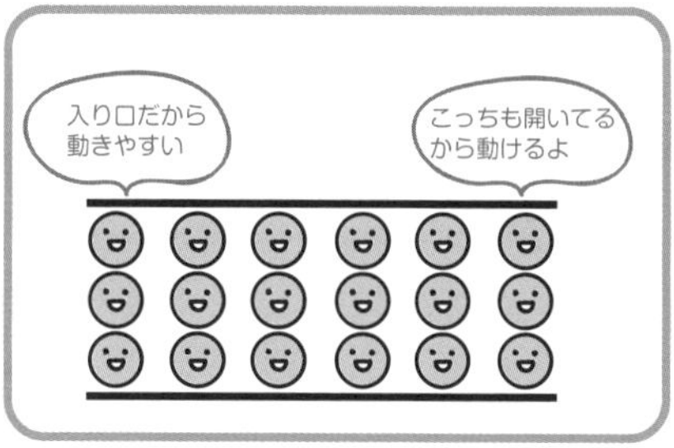

おイモ半分が基本振動で，
3 倍，5 倍と続くんだね

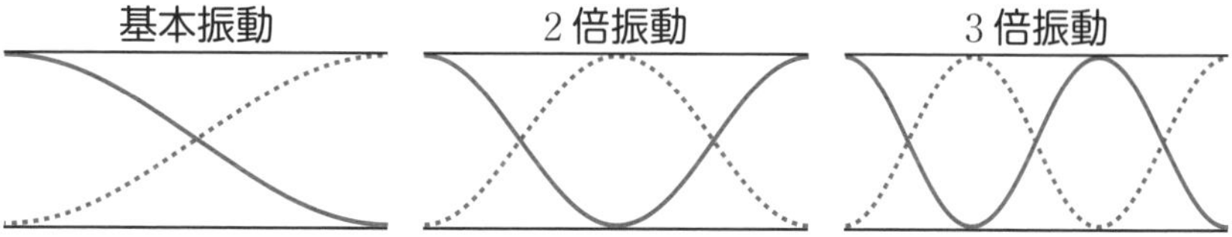

入り口だから
動きやすい

こっちも開いてる
から動けるよ

両端が腹の定在波

基本振動　2 倍振動　3 倍振動

開口端補正

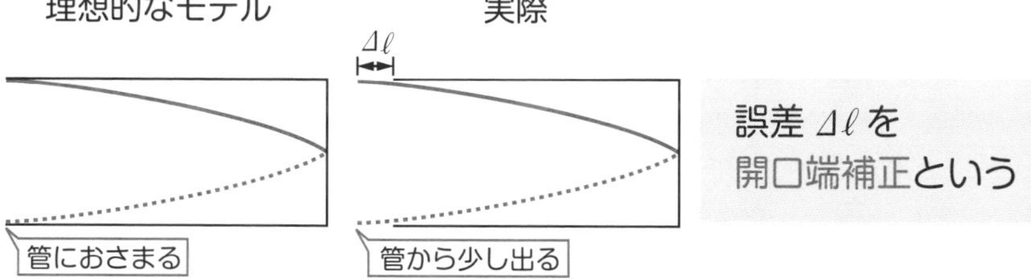

〈問12-4〉 ピストンが中に入っている管の口のところでスピーカーを鳴らす。
ピストンが口から10 cmにあるときに共鳴が起こり，管内に基本振動ができた。
音速を340 m/sとし，以下の問いに答えよ。ただし開口端補正は無視する。

(1) 基本振動の波長を求めよ。
(2) スピーカーの振動数を求めよ。
(3) ピストンをゆっくり引いていくと，ある位置で再び共鳴が起こった。
その位置は，口から何cmのところか。

ピストンが底の役目をするので，閉管と考えられますね。
閉管における基本振動の様子を図示すれば，右ページの図のようになります。
管の口からピストンまでの距離は10 cm＝0.10 m，波長をλとして考えましょう。

解きかた (1) 右ページの図より $\frac{\lambda}{4}=0.10$

よって $\lambda=$ **0.40 m** …答

(2)ではスピーカーの振動数を問われていますが，共鳴が起きているので，
スピーカーの振動数と，管内の基本振動の振動数は同じです。
ですから，基本振動の振動数を求めればいいのです。
そこで，$v=f\lambda$の関係を使って振動数fを求めましょう。
ここでのvは，音が空気中を伝わる速さ，音速のことです。

解きかた (2) $v=f\lambda$より求める振動数は

$$f=\frac{v}{\lambda}=\frac{340}{0.40}=\mathbf{8.5\times10^2\ Hz}$$ …答

(3)ではスピーカーの音は変えていないので，波長は変わりません。
ですから，閉管における次の固有振動である3倍振動が起こったと考えましょう。
3倍振動は，右ページの図のように，ピストンを基本振動の位置から
半波長分移動させた位置で起こります。

解きかた (3) (1)より$\lambda=0.40$ mなので，半波長分ピストンを動かして
3倍振動が起こったとすると

$$0.10+0.40\div2=0.30\ \text{m}=\mathbf{30\ cm}$$ …答

問 12-4

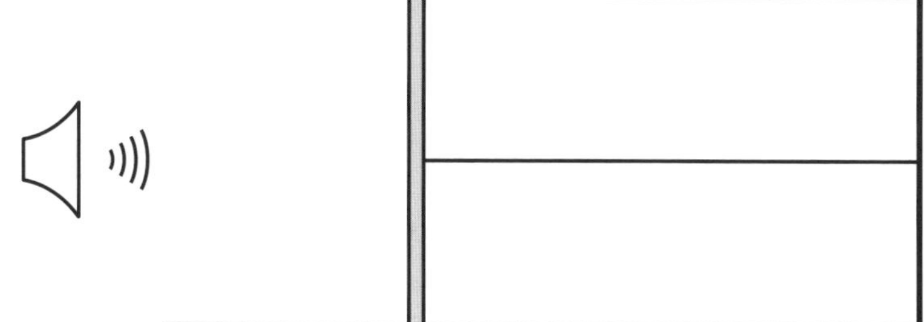

(1)　閉管の基本振動は
おイモ半分なので

$$\frac{\lambda}{2}\times\frac{1}{2}=0.10$$

$$\lambda=\underline{\underline{0.40\ \mathrm{m}}}$$

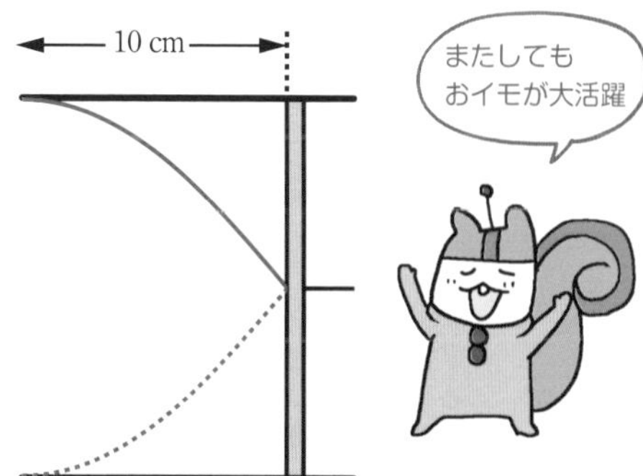

またしても
おイモが大活躍

(3)　閉管では基本振動の次に起こるのは 3 倍振動。
半波長分ピストンを動かすので，下図より　$\underline{\underline{30\ \mathrm{cm}}}$

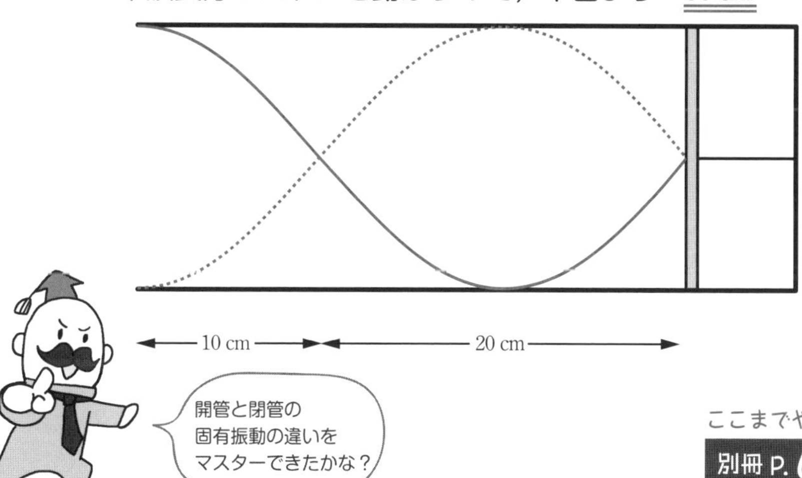

開管と閉管の
固有振動の違いを
マスターできたかな？

ここまでやったら
別冊 P. 62 へ

12-6 うなり

ココをおさえよう！

うなりの振動数f_0は　$f_0=|f_1-f_2|$

振動数が少しだけ異なる2つの音を同時に発生させると，
ウォーンウォーンと音が大きくなったり小さくなったりして聞こえます。
これは**うなり**と呼ばれる現象です。
学校の授業で2つのおんさを鳴らして，
うなりを聞いたことがある人も多いのではないでしょうか？

1つの音の振動数をf_1，もう1つの音の振動数をf_2とすると
うなりの音の振動数f_0は

$$f_0=|f_1-f_2|$$

で表されます。

問12-5　ある振動数fのおんさと，振動数410 Hzのおんさを同時に鳴らしたところ，うなりが3秒間に6回聞こえた。続いて振動数fの同じおんさと，振動数415 Hzのおんさを同時に鳴らしたところ，うなりが4秒間に12回聞こえた。振動数fはいくらか？

解きかた　410 Hzのおんさと同時に鳴らしたときのうなりの振動数は
3秒間に6回なので，$6\div3=2$ Hzだから，うなりの振動数の式より

$$2=|410-f|$$

$f=408$，または412 Hz　……①

415Hzのおんさと同時に鳴らしたときのうなりの振動数は
4秒間に12回なので，$12\div4=3$ Hzだから

$$3=|415-f|$$

$f=412$，または418 Hz　……②

①，②より　**$f=412$ Hz** …答

うなり … 振動数の少しだけ異なる 2 つの音を鳴らしたときに発生するウォーンウォーンという音が聞こえる現象。

うなりの式 … うなりを発生させた 2 つの音の振動数を f_1, f_2 とすると，うなりの振動数 f_0 は

$$f_0 = |f_1 - f_2|$$

ここまでやったら
別冊 P. 63 へ

理解できたものに，☑チェックをつけよう。

- [ ] 重ね合わせの原理を利用して，合成波をかくことができる。
- [ ] 自由端反射と固定端反射の違いを理解した。
- [ ] スタンプを使った反射波のかきかたをマスターした。
- [ ] 定在波がどのようにしてできるかを理解した。
- [ ] 定在波の腹と節の位置を特定することができる。
- [ ] 反射による定在波の場合，自由端反射では反射点は腹，固定端反射では反射点は節となる。
- [ ] 弦にできる定在波において，おイモの個数を使って波の波長を求めることができる。
- [ ] 張力S，線密度ρの弦を伝わる波の速さは$v=\sqrt{\dfrac{S}{\rho}}$である。
- [ ] 「空気が互いに押し合い，振動している」という気柱にできる定在波のイメージがつかめた。
- [ ] 閉管は一方が閉じている管で，開管は両側が開いている管である。
- [ ] 開口端補正は，管の口より少し外側に腹ができてしまうことである。
- [ ] うなりの振動数は$f_0=|f_1-f_2|$で表される。

Chapter

13

ドップラー効果

ドップラー効果

はじめに

救急車が近づいてくるときと，去っていくときでは，サイレンの音の高さが違って聞こえますよね。去っていくときのほうが低く聞こえるでしょう。

また，自転車に乗っているときに，踏切の警報音が鳴るとどうでしょうか。
踏切に近づくときと比べ，踏切から遠ざかるときのほうが
警報音が低く聞こえるはずです。

このような，同じ音を聞いているはずなのに，違う高さに聞こえてしまう現象を
ドップラー効果といいます。実は，これも波が関係している現象です。
ドップラー効果は波の中でも頻出項目なので，ぜひ得意分野になってくださいね。

ドップラー効果は耳に飛び込んでくる，波の数が大事になります。
ですので，ここでは波のキャラクター“波くん”を登場させます。
この“波くん”は1波長を表しています。
「“波くん”が1秒間にどれだけ，自分たちの耳に飛び込んでくるか」を
イメージしてくださいね。

この章で勉強すること

ドップラー効果の原理を波のキャラクターを使って説明し，
斜め方向のドップラー効果や，風があるときのドップラー効果などに
話を広げていきます。

宇宙一
わかりやすい
ハカセの
Introduction

ピーポー
ピーポー
ピーポー
ピーポー

救急車が
通り過ぎると
音の高さが
変わるぞい

あれ？
音が低くなった

カーン
カーン

あれ？
警報音が
低くなった

ギリギリ
セーフ
怖かった…

これらはドップラー効果と呼ばれる現象 !!

13-1 ドップラー効果とは？

ココをおさえよう！

音源，あるいはそれを聞く人（観測者）が動いていると，音源が出す音の振動数とは異なる振動数の音が聞こえる現象を，ドップラー効果という。

振動数fの値が大きい音は高く聞こえ，fの値が小さい音は低く聞こえます。
（400 Hzの音と250 Hzの音では，400 Hzの音のほうが高く聞こえます）

ハカセが立ち止まって，振動数fの音を聞いています。
この状況の1秒を切り取って，“波くん”の様子を考えてみましょう。
振動数fなので，1秒間に音源からf個の“波くん”が発生しています。
波は音源から続いているので，
ハカセの耳にも1秒間にf個の“波くん”が届きます。
つまり，**「振動数fの音を聞く＝1秒間にf個の“波くん”が耳に入ってくる」**
ということです。
この，耳に入ってくる“波くん”の個数のイメージはとても大事です。
1秒間に入ってくる“波くん”の個数fが多いと音が高いのですよ。

救急車が近づいてくるときと，去っていくときで
サイレンの音の高さが違って聞こえるのが，**ドップラー効果**でしたが，
その理由は「1秒間に観測者の耳に入る“波くん”の個数」が，
音源や観測者が動くことで変化してしまうからなのです。

ドップラー効果には，大きく分けて次の2種類があります。

- **音源（音を発する側）が動くパターン**
- **観測者（音を聞く側）が動くパターン**

この2つで観測者の耳に入ってくる“波くん”の数がどう変わってくるかを
13-2から見ていきましょう。

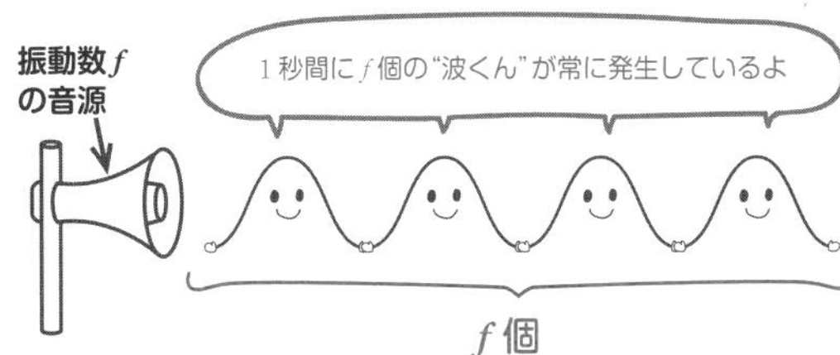

大事な考えかた

振動数fの音を聞く＝1秒間にf個の"波くん"が耳に入る

13-2 音源が動くドップラー効果

ココをおさえよう！

振動数f_0の音源が，速さv_Sで近づくときに観測される振動数fは

$$f=\frac{c}{c-v_S}f_0 \quad \left(\text{遠ざかる場合は}\quad f=\frac{c}{c+v_S}f_0\right)$$

ここでは，音源が動く場合のドップラー効果（救急車の例）について考えます。
音源が発する音の振動数をf_0〔Hz〕とします。
このとき，音源は1秒間にf_0個の“波くん”を生み出しますね。

まずは音源が止まっている状態で，音を鳴らしている状況を考えましょう。
音速をc〔m/s〕とします。音速というのは波の速さのことですから，
1秒間を切り取ると，最初に発された“波くん”はc〔m〕進み，
1秒後には音源からc〔m〕までの間に，f_0個の“波くん”がいることになります。
ということは，“波くん”1個分の幅は，$\lambda=\frac{c}{f_0}$〔m〕と表すことができますね。

今度は音源が速さv_Sで走りながら，音を発しているとします。
1秒間を切り取ると，最初に発された波くんはc〔m〕進みます。
1秒後にf_0個目の“波くん”を発し終わるまでに，音源は距離v_Sだけ動くので，
距離$c-v_S$の間に，f_0個の“波くん”がいることになりますよね。
このとき，“波くん”1個分の幅，すなわち波長は$\lambda'=\frac{c-v_S}{f_0}$となって短くなります。
止まって発した音と，走りながら発した音では，波長が変わってしまいました。
この波長の違いが音の高低の違いの原因になるのです。続きはp.334で説明します。

ここで疑問に思っている人もいるかもしれないので補足です。
音源がv_Sで走りながら発されても，音の速さは$c+v_S$とはならずにcのままです。
（先頭の“波くん”はc〔m〕しか進んでいませんね）
これは，音が空気の振動なので，
空気に伝わった瞬間に音源の影響を受けなくなるためです。
空気を速さcのベルトコンベアー，音を荷物に例えるとわかりやすいですよ。
止まってベルトコンベアーに荷物を乗せても，走りながらベルトコンベアーに
荷物を乗せても，荷物の進む速さはcで同じになりますね。そんなイメージです。

静止した音源が音を発した1秒後

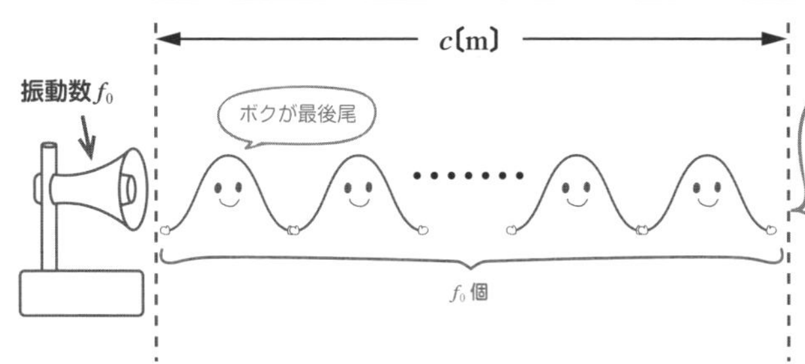

速さ v_S〔m/s〕で走る音源が音を発した1秒後

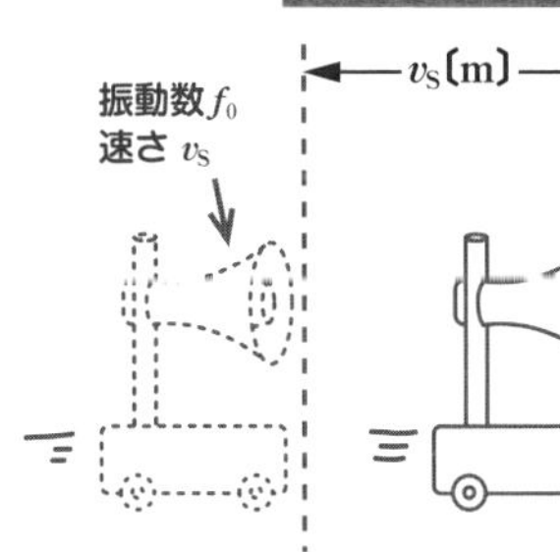

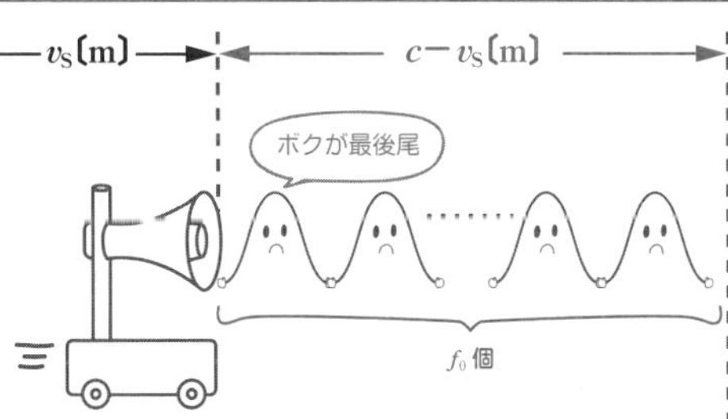

静止の場合

$$c=f_0\lambda \qquad \lambda=\frac{c}{f_0}$$

c〔m〕に f_0 個の"波くん"

速さ v_S で音源が走る場合

$$c-v_S=f_0\lambda' \qquad \lambda'=\frac{c-v_S}{f_0}$$

$c-v_S$〔m〕に f_0 個の"波くん"

補足

音の速さ c〔m/s〕は音源の速さ v_S に関係ない。
→空気をベルトコンベアー，音を荷物と考えるとよい。

今度は観測者を中心に，音が耳に入っていく様子を見ていきましょう。
まず，音源が止まって振動数 f_0 の波を発しているときです。
音の速さは c〔m/s〕ですから，ハカセの前方 c〔m〕にいる“波くん”が1秒の間にハカセの耳に入ります。
その数は f_0 個ですから，ハカセの聞く音の振動数は f_0 です。
音源は止まっているから，そのままの音が聞こえるのは当然のことですね。

続いては，音源が近づきながら振動数 f_0 の波を発している場合です。
音の速さは c〔m/s〕で変わりませんから，
ハカセの前方 c〔m〕にいる“波くん”が1秒の間にハカセの耳に入ります。
この数は f_0 個ではありません。波長は短くなっているので，
f_0 個より多くの“波くん”が c〔m〕の中に含まれるのです。
近づいている場合のほうが，1秒間により多くの“波くん”が耳に入るのですね。
その数を f 個として，f を比の計算で求めましょう。

p.332から，$c-v_S$〔m〕に f_0 個の“波くん”が入っているので，
c〔m〕に入る“波くん”の個数 f は次のように求められます。

$$\underbrace{c-v_S}_{c-v_S\text{〔m〕に}} : \underbrace{f_0}_{f_0\text{個}} = \underbrace{c}_{c\text{〔m〕に}} : \underbrace{f}_{f\text{個}}$$

$$(c-v_S)f = cf_0$$

よって　$f=\dfrac{c}{c-v_S}f_0$　となります。

ハカセの耳に1秒間に入る“波くん”の個数は $\dfrac{c}{c-v_S}f_0$ 個，
つまり，振動数 f_0 の音を発し，速さ v_S で近づく音源の音は，
観測者（ハカセ）にとっては $\dfrac{c}{c-v_S}f_0$ の振動数に聞こえるというわけですね。

補足　また，p.332で“波くん”1個分の長さ，つまり波長は $\lambda'=\dfrac{c-v_S}{f_0}$ と説明しました。
音の速さは c で変わらないので，波の基本式 $v=f\lambda'$ にあてはめて
f を求めることも可能です。

$$f=\frac{v}{\lambda'}=c\div\frac{c-v_S}{f_0}=\frac{c}{c-v_S}f_0$$

・音源（振動数 f_0）が止まっている場合

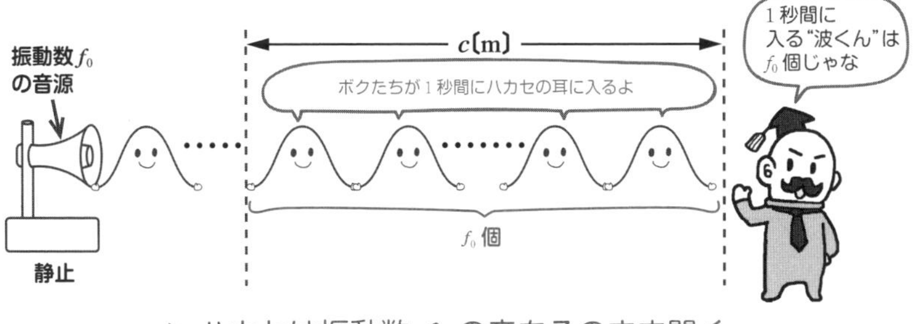

⟶ ハカセは振動数 f_0 の音をそのまま聞く

・音源（振動数 f_0）が速さ v_S〔m/s〕で近づく場合

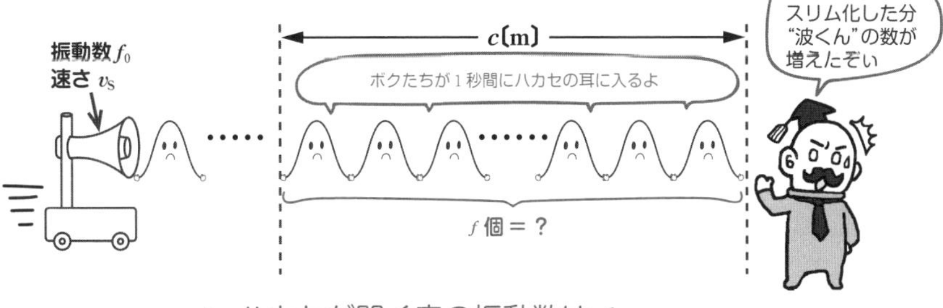

⟶ ハカセが聞く音の振動数は f

⬇ f の値を比から求める

p.333 では $c-v_S$〔m〕に f_0 個の波があったので

$$\underbrace{c-v_S}_{c-v_S\text{〔m〕に}} : \underbrace{f_0}_{f_0\text{ 個}} = \underbrace{c}_{c\text{〔m〕に}} : \underbrace{f}_{f\text{ 個}}$$

$$f=\frac{c}{c-v_S}f_0$$

音源が遠ざかる場合もまったく同様に考えればOKです。
速さv_Sで遠ざかる音源が1秒間音を発すると，音源も距離v_Sだけ動いてしまうので，距離$c+v_S$の間に，f_0個の“波くん”がいることになります。

そうすると，この波の波長は$\lambda'' = \dfrac{c+v_S}{f_0}$となり，もとの波長より長くなります。

ハカセに視点を移しましょう。
音の速さはc〔m/s〕なので，ハカセの前c〔m〕にいる“波くん”が1秒の間にハカセの耳に入ります。
この“波くん”の個数f個が，ハカセの聞く音の振動数fです。
$c+v_S$〔m〕にf_0個の“波くん”が入っているので，
c〔m〕に入る“波くん”の個数fは，次のように比の計算ができます。

$$\underbrace{c+v_S}_{c+v_S\text{〔m〕に}} : \underbrace{f_0}_{f_0\text{個}} = \underbrace{c}_{c\text{〔m〕に}} : \underbrace{f}_{f\text{個}}$$

$$(c+v_S)f = cf_0$$

よって　$f = \dfrac{c}{c+v_S}f_0$　となります。

また，“波くん”1個分の長さ，つまり波長は$\lambda'' = \dfrac{c+v_S}{f_0}$
音の速さはcで変わらないので，波の基本式$v = f\lambda''$にあてはめてfを求めることも可能です。

$$f = \frac{v}{\lambda''} = c \div \frac{c+v_S}{f_0} = \frac{c}{c+v_S}f_0$$

救急車が近づいてくるときと，去っていくときで音の高さが変わるドップラー効果の原理がわかりましたか？

近づくとき：$f = \dfrac{c}{c-v_S}f_0$　　　**遠ざかるとき：**$f = \dfrac{c}{c+v_S}f_0$

と形はほぼ同じで分母の$-v_S$と$+v_S$が違うだけです。
原理を理解したうえで式の形は覚えてしまいましょう。
救急車が自分の前を通り過ぎた経験から，近づくときは音が高く，遠ざかるときは音が低くなるというのはわかりますね。
分母が小さければfは大きく（音が高く），分母が大きければfは小さく（音が低く）なるのですから，近づくときが$-v_S$，遠ざかるときが$+v_S$なのです。

音源が観測者から遠ざかる場合

速さ v_S〔m/s〕で遠ざかる音源が音を発した 1 秒後

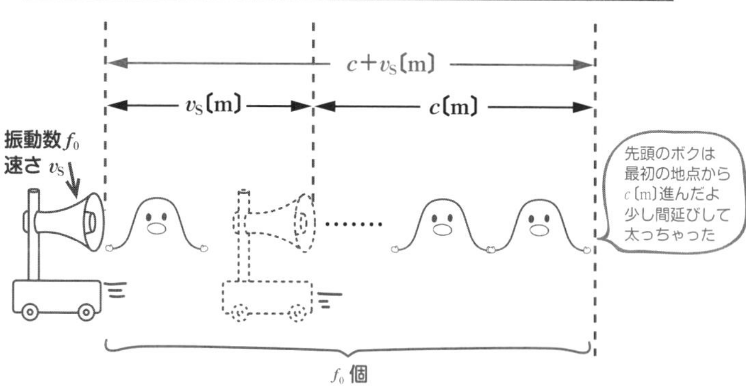

ハカセ(観測者)に視点を移すと…

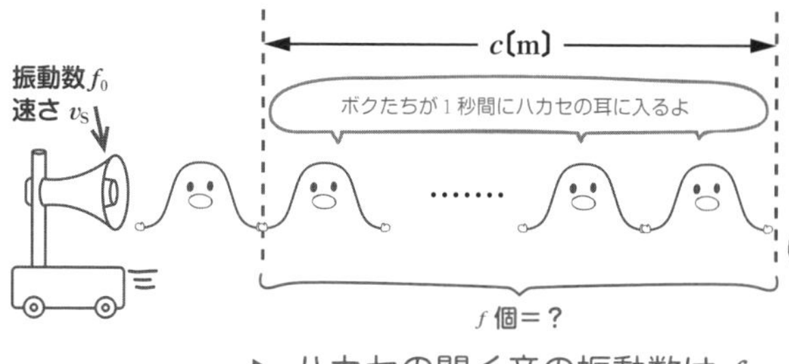

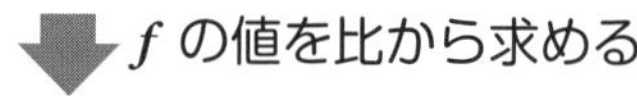

f の値を比から求める

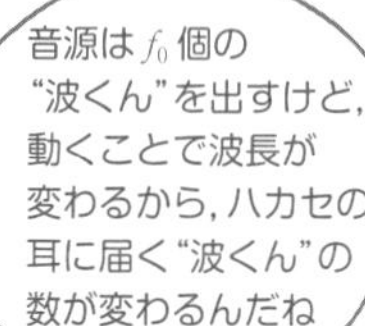

$c+v_S$〔m〕に f_0 個の波があったので

$$c+v_S : f_0 = c : f$$

（$c+v_S$〔m〕に　f_0 個　c〔m〕に　f 個）

$$f=\frac{c}{c+v_S}f_0$$

ここまでやったら
別冊 P. 64 へ

13-3 観測者が動くドップラー効果

ココをおさえよう！

振動数 f_0 の音源に，速さ v_O で近づく人が聞く音の振動数 f は

$$f=\frac{c+v_O}{c}f_0 \quad \left(\text{遠ざかる場合は}\quad f=\frac{c-v_O}{c}f_0\right)$$

今度は，観測者が動くパターンのドップラー効果について考えていきます。

まずは観測者（ハカセ）が静止している場合のおさらいです。
音源から聞こえる振動数 f_0〔Hz〕の音をハカセが聞いています。
このとき，1秒間にハカセの耳に届く“波くん”について考えましょう。
音の速さは c〔m/s〕なので，ハカセの前方 c〔m〕にいる“波くん”が
1秒の間にハカセの耳に入ります。その数は f_0 個です。
ハカセの耳には，1秒間に f_0 個の“波くん”が入ってくるのですね。

では観測者（ハカセ）が速さ v_O〔m/s〕で
音源に近づく場合はどうなるでしょうか？
また，1秒間にハカセの耳に届く“波くん”について考えます。
止まっている場合はハカセの前方 c〔m〕にあった“波くん”が入ってきましたが，
ハカセが v_O〔m/s〕で近づくので，1秒間に v_O〔m〕の分だけ余計に，
止まっている場合よりも多くの“波くん”を聞きにいくことになります。
1秒間に耳に入ってくる“波くん”の個数を f 個として，f を比で計算しましょう。

$$\underbrace{c}_{c\text{〔m〕に}} : \underbrace{f_0}_{f_0\text{個}} = \underbrace{c+v_O}_{c+v_O\text{〔m〕に}} : \underbrace{f}_{f\text{個}}$$

$$cf=(c+v_O)f_0$$

よって　$f=\dfrac{c+v_O}{c}f_0$　となります。

音源に近づいて，より多くの“波くん”を耳に入れにいくので，
ハカセには，f_0 より高い振動数 $f=\dfrac{c+v_O}{c}f_0$ の音として聞こえるのです。

13

・観測者(ハカセ)が静止している場合

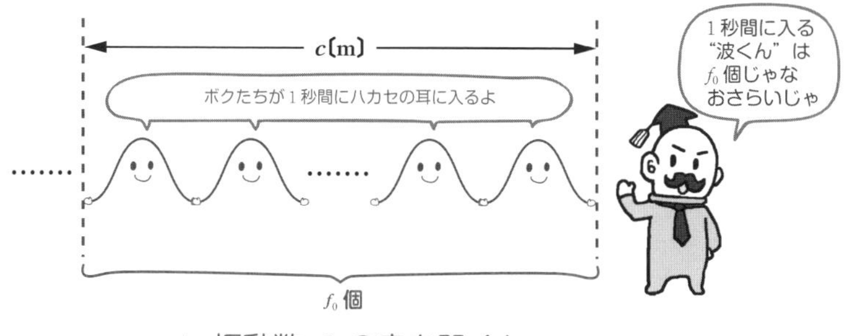

→ 振動数 f_0 の音を聞く！

・観測者(ハカセ)が音源に向かって動く場合

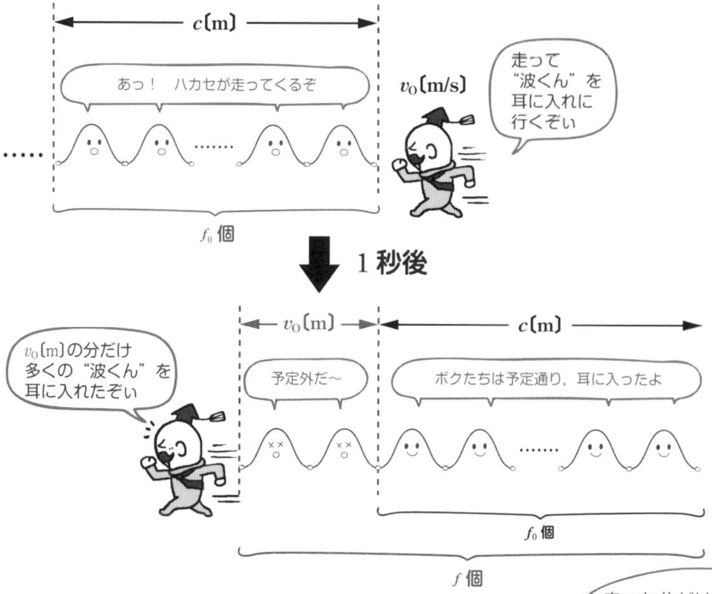

c〔m〕

あっ！　ハカセが走ってくるぞ

v_O〔m/s〕

走って“波くん”を耳に入れに行くぞい

f_0個

1秒後

v_O〔m〕　c〔m〕

v_O〔m〕の分だけ多くの“波くん”を耳に入れたぞい

予定外だ～

ボクたちは予定通り，耳に入ったよ

f_0個

f個

→ 振動数が変わる(fの音を聞く)！

走った分だけ，多くの“波くん”が耳に入るから，音は高くなるんだね

比の計算より

$$c : f_0 = c + v_O : f$$

c〔m〕に　f_0個　$c+v_O$〔m〕に　f個

$$f = \frac{c + v_O}{c} f_0$$

観測者が音源から遠ざかる場合も同様に考えましょう。

ハカセが速さv_0〔m/s〕で音源から遠ざかるとします。
この場合の1秒間にハカセの耳に届く“波くん”について考えます。
止まっている場合はハカセの前方c〔m〕にあった“波くん”が入ってきますが，
v_0〔m/s〕で遠ざかるので**1秒間にv_0〔m〕の長さの分だけ“波くん”から逃れる**ことになります。
止まっている場合よりもハカセの耳に届く“波くん”の数は少なくなるのです。
この“波くん”の個数をf個として，fを比で計算しましょう。

$$\underbrace{c}_{c\text{〔m〕に}} : \underbrace{f_0}_{f_0\text{個}} = \underbrace{c - v_0}_{c - v_0\text{〔m〕に}} : \underbrace{f}_{f\text{個}}$$

$$cf = (c - v_0) f_0$$

よって　$f = \dfrac{c - v_0}{c} f_0$　となります。

音源から遠ざかり，耳に入る“波くん”が少なくなるので
ハカセには，f_0より低い振動数$f = \dfrac{c - v_0}{c} f_0$の音として聞こえるのです。

観測者が近づく場合と，遠ざかる場合のドップラー効果の原理もわかりましたね。

近づくとき：$f = \dfrac{c + v_0}{c} f_0$　　　**遠ざかるとき：$f = \dfrac{c - v_0}{c} f_0$**

と形はほぼ同じで分子の$+v_0$と$-v_0$が違うだけです。
原理を理解したうえで式の形は覚えてしまいましょう。

近づくときのほうが“波くん”をたくさん耳に入れにいくので，高音となるため，
分子が$+v_0$になると覚えておけば大丈夫です。
イメージをしっかり持ちましょう。

・観測者が音源から遠ざかる場合

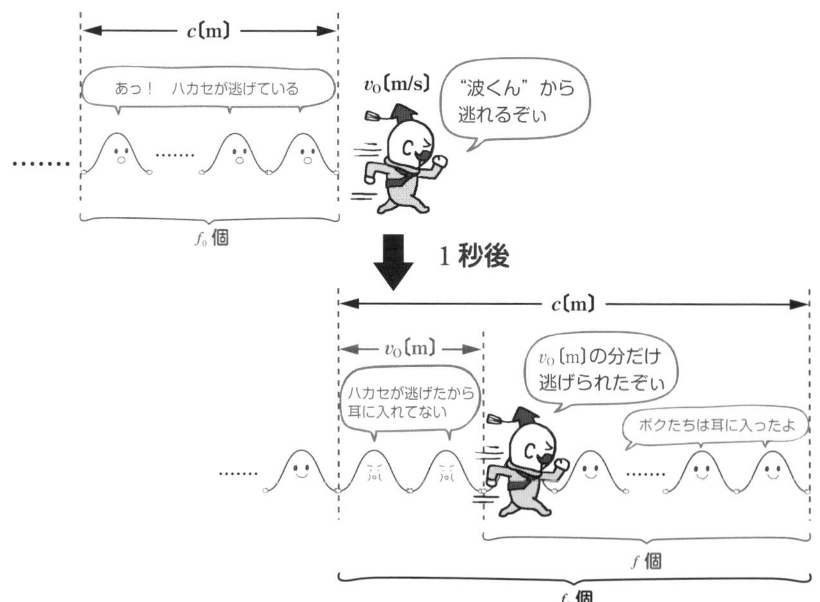

→ 振動数が変わる（fの音を聞く）！

ここまで，音源が動く場合と，観測者が動く場合の
2種類のドップラー効果の説明をしました。
2種類の式は1つの式にまとめることができます。

$$\boldsymbol{f=\frac{c\pm v_{\mathrm{O}}}{c\pm v_{\mathrm{S}}}f_0}$$

（f_0：音源の振動数，c：音速，v_{O}：観測者の速さ，v_{S}：音源の速さ，
観測者が近づく（遠ざかる）場合$+v_{\mathrm{O}}$（$-v_{\mathrm{O}}$），
音源が近づく（遠ざかる）場合$-v_{\mathrm{S}}$（$+v_{\mathrm{S}}$）となる）

この式は使うことが多いので，暗記しておいたほうがいいでしょう。
ですが，式だけ覚えるのはナンセンスです。
しっかりイメージをしましょう。

例えば振動数f_0の音を出す音源が速さv_{S}で近づき，
観測者も速さv_{O}で音源に近づくとき，観測者が聞く音の振動数fは

$$f=\frac{c+v_{\mathrm{O}}}{c-v_{\mathrm{S}}}f_0$$

これは，音源が近づくから波長が短くなり（1つの“波くん”が縮まり），
しかも観測者が，縮まった波くんを聞きにいくから，たくさんの“波くん”が
1秒間に耳に入るので，音が高い（fが大きくなるような式になる）のです。

音源も観測者も遠ざかる場合，波長が長くなり（1つの“波くん”が間延びして），
しかも観測者は“波くん”から逃げるので，1秒間に耳に入る“波くん”の数が
少なくなり，音が低い（fが小さくなるような式になる）のです。

$$f=\frac{c-v_{\mathrm{O}}}{c+v_{\mathrm{S}}}f_0$$

大切なのは「どのようにして上の式が導かれたかを理解すること」と
「しっかり現象をイメージすること」です。
それらができたうえで，公式を覚えるようにしましょう。

ドップラー効果の式をまとめると

$$f=\frac{c\pm v_{\mathrm{O}}}{c\pm v_{\mathrm{S}}}f_0$$

（f_0：音源の振動数，c：音速，v_{O}：観測者の速さ，v_{S}：音源の速さ）

例 音源も観測者も近づく場合 ⇒ $f=\dfrac{c+v_{\mathrm{O}}}{c-v_{\mathrm{S}}}f_0$

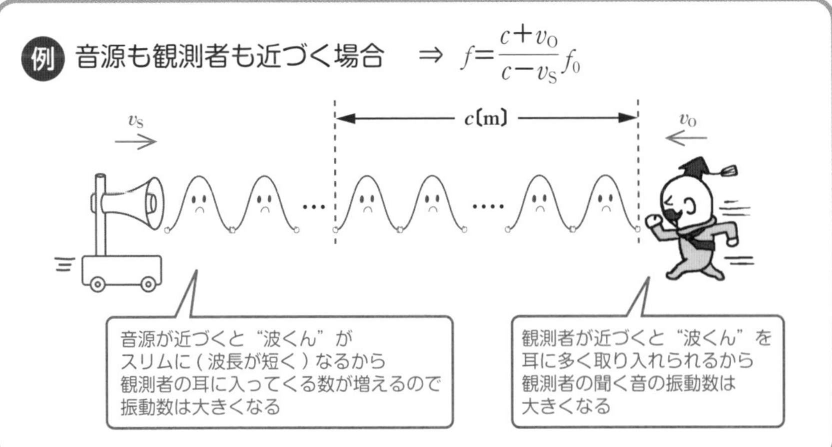

例 音源も観測者も遠ざかる場合 ⇒ $f=\dfrac{c-v_{\mathrm{O}}}{c+v_{\mathrm{S}}}f_0$

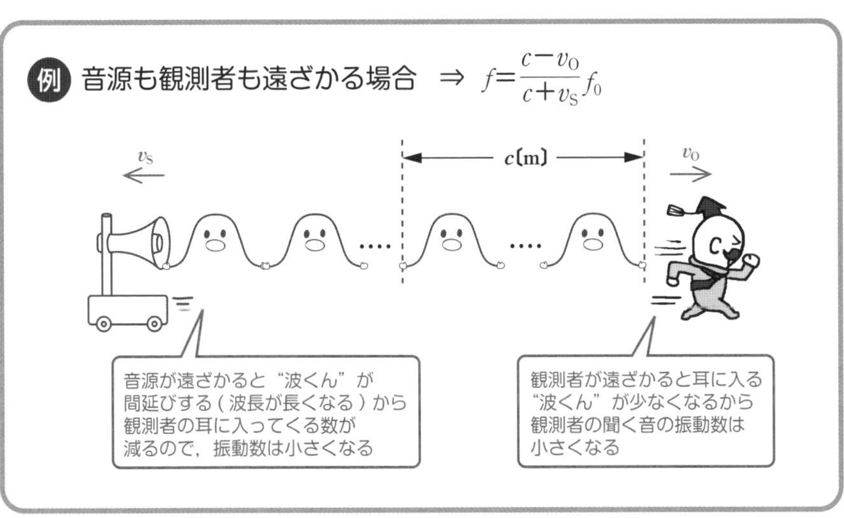

問13-1　振動数600 Hzの音を発する音源がある。右ページの図のように，音源が右方向に速さ40 m/sで，観測者が左方向に速さ10 m/sで動いている。
このとき，観測者が観測する音の振動数を求めよ。
ただし，音速は340 m/sとする。

ドップラー効果の問題では次の2点が大事です。

① 公式：$f=\dfrac{c \pm v_O}{c \pm v_S}f_0$を覚えておく（**人 v_O が上（分子），音源 v_S が下（分母）**）
② ①の公式を
近づくときは音が高くなるように（**f が大きく**なるように），
遠ざかるときは音が低くなるように（**f が小さく**なるように）する。

音源にしても観測者にしても
近づく場合は高い音（f の値が大きい），遠ざかる場合は低い音（f の値が小さい）
となることを覚えておきましょう。

今回，音源は観測者に近づき，観測者も音源に近づいています。
どちらも近づいているので，ドップラー効果の式：$f=\dfrac{c \pm v_O}{c \pm v_S}f_0$
において，f を大きな値にするために
分子を大きく（「$+v_O$」），分母を小さく（「$-v_S$」）する必要があります。

解きかた　観測者が観測する音の振動数を f とすれば，ドップラー効果の式より

$$f=\frac{c+v_O}{c-v_S}f_0=\frac{340+10}{340-40}\times 600$$

$$=\underline{\underline{700\ \mathrm{Hz}}}\ \cdots 答$$

観測者にとっては，振動数700 Hzの音が聞こえるというわけですね。

ドップラー効果の問題の解きかたがわかりましたか？
慣れてしまえばとても簡単ですよ。

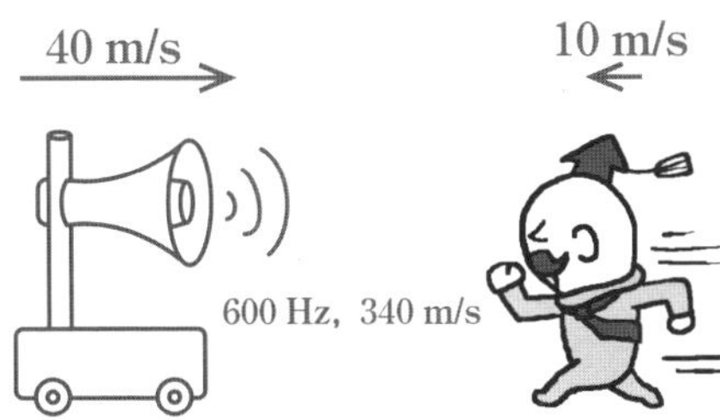

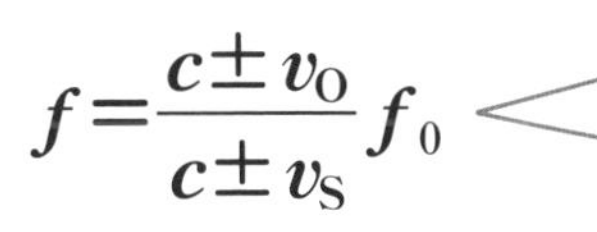

$$f=\frac{c\pm v_{\mathrm{O}}}{c\pm v_{\mathrm{S}}}f_0$$

Point② 「近づく」,「遠ざかる」を公式に反映。

「近づく」 ➡ 「fを大きく」

「遠ざかる」 ➡ 「fを小さく」

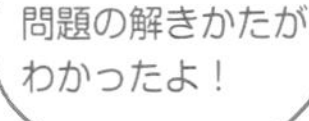

音源が近づく ➡ 分母を$-v_{\mathrm{S}}$に。

観測者が近づく ➡ 分子を$+v_{\mathrm{O}}$に。

$$f=\frac{c+v_{\mathrm{O}}}{c-v_{\mathrm{S}}}f_0=\frac{340+10}{340-40}\times600=\underline{\underline{700\ \mathrm{Hz}}}$$

13-4 斜め方向のドップラー効果

ココをおさえよう！

**音源と観測者が，一直線上になっている速度成分を考えて
ドップラー効果の式を使う。**

13-2，13-3でやったドップラー効果は，
音源と観測者が一直線上を動くというシチュエーションでした。
ここでは，音源と観測者が一直線上を動かない場合を考えていきます。
でも，特に難しいことはないので，怖がらないで大丈夫ですよ。

一直線上を動かないというのは，音源が観測者に対して斜めに移動したり，
観測者が音源に対して斜めに移動したりする場合です。

このような場合，どうすればいいかというと，**ハカセと音源を線で結び，
その直線上の速度の成分**を考えればよいのです。

右ページ上図のように，音源がハカセに対して速さv_Sで斜めに移動しているとします。
音源とハカセを線で結び，音源の進む向きと，結んだ線がなす角をθとすれば，
音源のハカセ方向の速さは，$v_S\cos\theta$と分解できますよね。
このとき音源は**ハカセに速さ $v_S\cos\theta$で近づいている**ということになります。
これを音源が動く場合のドップラー効果の式にあてはめれば，
ハカセが聞く音の振動数は

$$f=\frac{c}{c-v_S\cos\theta}f_0$$

ハカセが音源から速さv_Oで移動する場合も同じです。
ハカセの進む方向と，ハカセと音源を結んだ線がなす角をθとすると，
ハカセは音源から速さ $v_O\cos\theta$で遠ざかっているということになりますね。
そうすると，ハカセが聞く音の振動数は

$$f=\frac{c-v_O\cos\theta}{c}f_0$$

今までのドップラー効果がわかっていれば，特に難しいことはなかったですね。

音源が観測者に対して，斜めに移動する場合

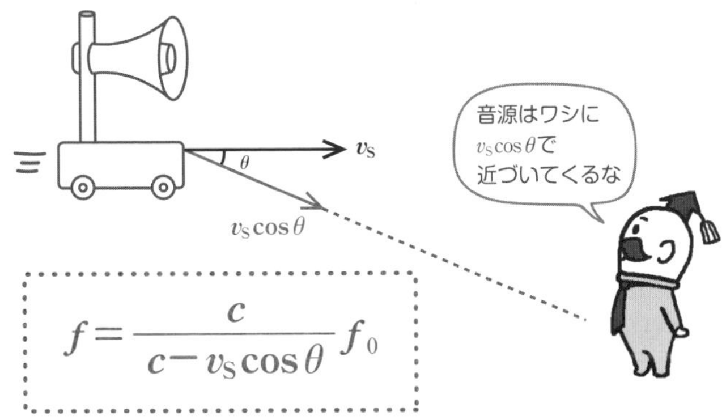

観測者が音源に対して，斜めに移動する場合

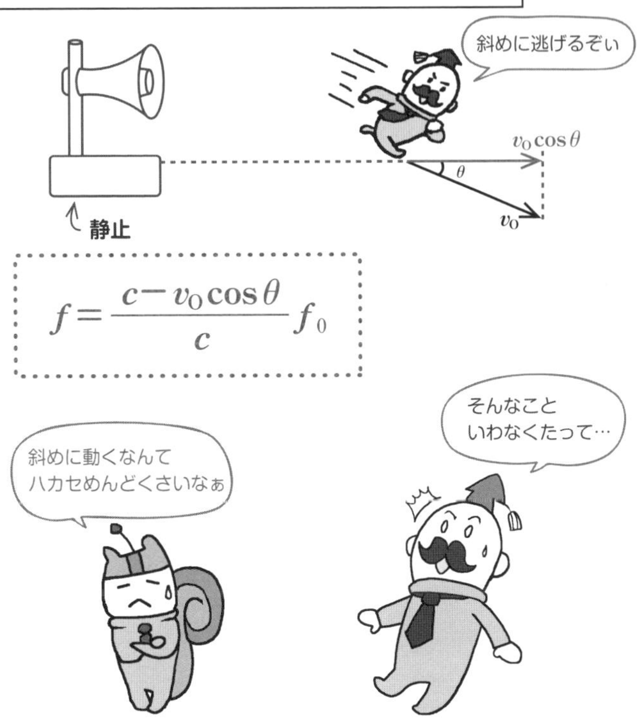

13-5 風が吹いているときのドップラー効果

ココをおさえよう！

音速を c，風の速さを w とすると，実際に音が伝わる速さは
音と風が同じ向きに進むとき　$c+w$
音と風が逆向きに進むとき　$c-w$

ここでは，風が吹いているときのドップラー効果を考えます。
音は空気の振動によって伝わるのでした。
風が吹いている場合，音を伝える空気が丸ごと移動してしまうので，
音速が変化してしまいます。
（p.332で，空気の振動を速さ c〔m/s〕のベルトコンベアーで例えましたが，
そのベルトコンベアーの速さが変わってしまうのです）

右ページ真ん中の図のように，**速さ c の音が速さ w の風に乗って同じ向きに進んだら，音が伝わる速さは $c+w$ になる**のです。
音の進む向きと風の向きが逆であった場合，音が伝わる速さは $c-w$ となります。

このように，風が吹いている場合は，風速の影響を考慮して
音が伝わる速さを考える必要があります。
といってもドップラー効果の式　$f=\dfrac{c\pm v_O}{c\pm v_S}f_0$　の c の部分を
$c+w$ や $c-w$ に変えればいいだけなので，
ここまでを理解してきた人には簡単です。

例えば，風が音源から観測者のほうに w〔m/s〕で吹いており，
振動数 f_0 の音を出す音源が観測者に速さ v_S〔m/s〕で近づいている場合，
音の速さを c〔m/s〕とすると，観測者の聞く音の振動数 f はこうなります。

$$f=\frac{c+w}{c+w-v_S}f_0$$

「音の速さ自体が $c+w$ に変わった」と考えれば，難しくありませんね。

別冊で問題にチャレンジしてみましょう。

13

風が吹いていないとき

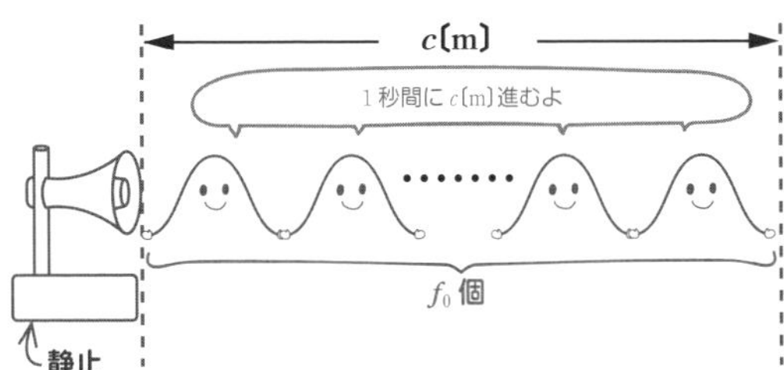

w〔m/s〕の追い風が吹くとき

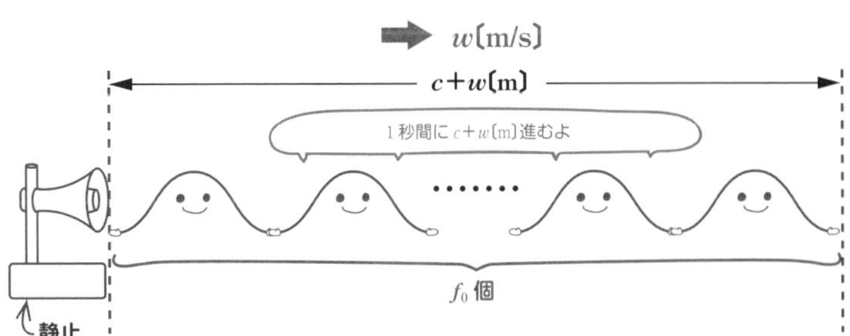

w〔m/s〕の向かい風が吹くとき

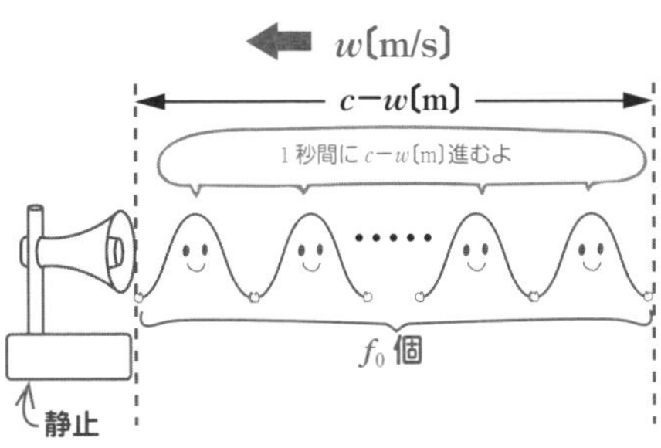

風の分だけ進む
距離が変わるんだね

いままで c だったところを
$c+w$ や $c-w$ に置き換えるだけじゃ
別冊で確認しよう

ここまでやったら

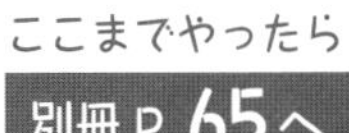

理解できたものに，☑チェックをつけよう。

- [ ] 救急車が近づくときと遠ざかるときでサイレンの音の高さが違って聞こえるように，観測者や音源が動くことで音の高さが違って聞こえる現象をドップラー効果という。
- [ ] 音源が動く場合，音源から出た波は押し縮められ(または間延びする)，波長が変わってしまうため，観測者が1秒間に耳にする波の個数が変わってしまう。
- [ ] 観測者が動く場合，止まっているときよりも多くの(または少ない)波を耳にするため，聞こえる振動数が変化する。
- [ ] 波くんを使ったドップラー効果の公式を導く過程を理解した。
- [ ] ドップラー効果の式は，分母が音源の速さ，分子が観測者の速さを音速に加算または減算する。
- [ ] ドップラー効果の公式で，音源と観測者の進む向きによって記号の正負を正しく変えられる。
- [ ] 斜め方向のドップラー効果では，観測者と音源を直線で結び，直線方向の成分だけを考える。
- [ ] 風が吹いている場合は，音速に風速を足したもの(逆向きに吹いていたら引いたもの)が実際に観測される音速となる。

Chapter

14

レンズ

14–1 レンズとは？
14–2 凸レンズ
14–3 凹レンズ
14–4 レンズの公式

Chapter 14 レンズ

はじめに

メガネや虫メガネ，望遠鏡などにはレンズが使われていますね。
Chapter14では，そのレンズについて学びます。
中学生のときにも，レンズについては学んだので，なじみはありますよね。

レンズには以下のような公式が存在します。

$$\frac{1}{a}+\frac{1}{b}=\frac{1}{f}$$

aはレンズと物体との距離，bはレンズと像との距離，fは焦点距離を表します。

この章では，レンズの性質を学びながら，上の公式を導いていきます。

レンズは覚えることがとても少ない項目ですから，
ぜひマスターして入試で得点源にできるようになってくださいね。

この章で勉強すること

まず，凸レンズと凹レンズの性質を別々に説明します。
そのあと，それをレンズの公式としてまとめていきます。

これらの道具にはレンズが使われている。

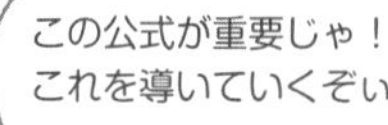

レンズの公式

$$\frac{1}{a}+\frac{1}{b}=\frac{1}{f}$$

14-1　レンズとは？

ココをおさえよう！

レンズの基本性質

- ある1点から出た光がレンズを通過すると，通過した光は必ずある1点を通る。
- レンズによって光が集められる点には，もとの光源が映る。
- 光軸に平行な光はすべて，レンズを通過後，ある1点（焦点）を通る。

まず「レンズとは何か」というところから入りたいと思います。
レンズとは「**ある1点から出た光がレンズに入射したとき，**
入射した光が屈折して必ずある1点を通るように設計された透明体」
のことを指します（凹レンズではみかけ上，1点を通るように見える）。

例えば，右ページ上図の点Aが光源となり，光が四方八方に出ているとしましょう。
点Aから出た光がレンズを通過すると，
通過した光は，必ずある1点A′を通る，というわけなんです。

この**光が集まる点A′には，もとの光源があるように見えます**。
つまり，レンズの向こう側の点A′に，点Aがあるように見えるのです。

また，レンズの中心を通り，レンズに垂直な軸を**光軸**といいます。
光軸に平行な光がレンズに入射すると，光は光軸上の1点を通るとわかっています。
この点を**焦点**と呼びます。**焦点はレンズの前後に1つずつあります**。

これらのレンズの3つの基本的な知識

- **ある1点から出た光がレンズを通過すると，通過した光は必ずある1点を通る。**
- **レンズによって光が集められる点には，もとの光源が映る。**
- **光軸に平行な光はすべて，レンズを通過後，焦点を通る。**

を頭に入れておきましょう。

これらは，あまりにも基本的であるため説明されないことも多いですが，
レンズを勉強するうえでとても大切な知識なので，覚えておきましょう。

14

レンズ … ある 1 点から出た光がレンズに入射したとき，入射した光が，屈折して必ずある 1 点を通るように設計された透明体。

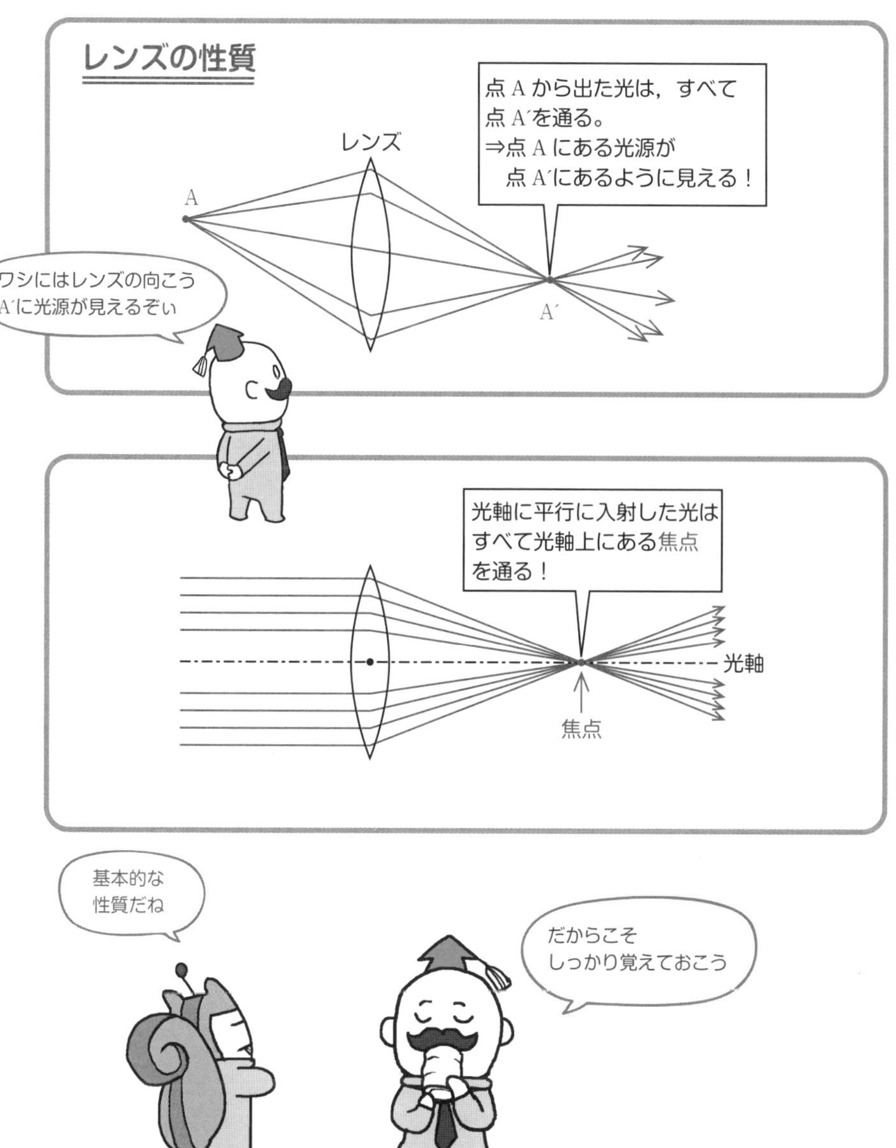

14-2 凸レンズ

ココをおさえよう！

凸レンズを通る光の進みかた

① レンズの中心を通る光は直進する。
② 光軸に平行な光は，レンズを通過後，焦点を通る。
③ レンズ手前の焦点を通る光は，レンズを通過後，光軸に平行に進む。

レンズには「凸レンズ」と「凹レンズ」の2種類があります。
ここでは，凸レンズについて扱います。

凸レンズは「光を集める」性質を持つレンズです。

14-1で説明したように，ある1点から出た光がレンズを通過すると，
光はすべて，ある1点を通ります。

ここで，ある1点から出た光が
・「レンズの中心を通る場合」
・「光軸に平行に入射する場合」
・「焦点を通ってからレンズに入射する場合」
の特別な3つの場合を考えます。
すると，凸レンズは以下の性質を持つことがわかったのです。

① レンズの中心を通る光は直進する。
② 光軸に平行な光は，レンズを通過後，焦点を通る。
③ レンズ手前の焦点を通る光は，レンズを通過後，光軸に平行に進む。

これらの性質を使って，物体の像がどの位置にできるかを知ることができます。

凸レンズの 3 つの性質

① レンズの中心を通る光は直進する。

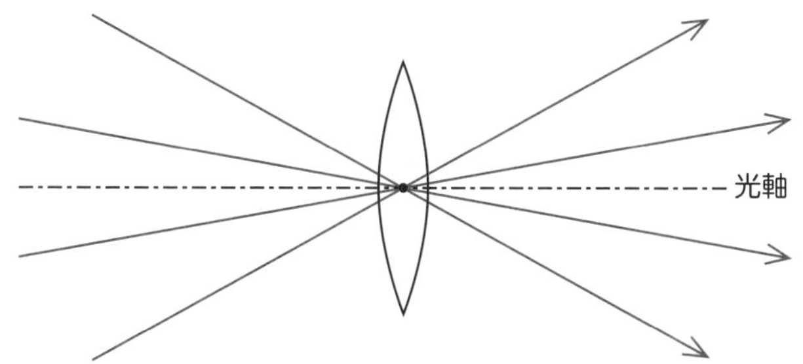

② 光軸に平行な光は，レンズを通過後，焦点を通る。

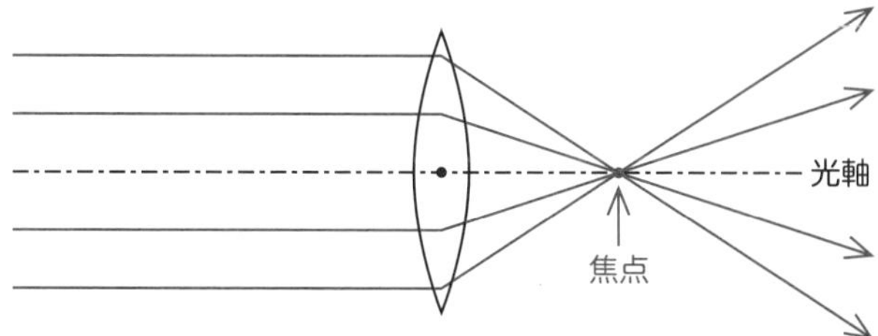

③ 焦点を通る光は，レンズを通過後，光軸に平行に進む。

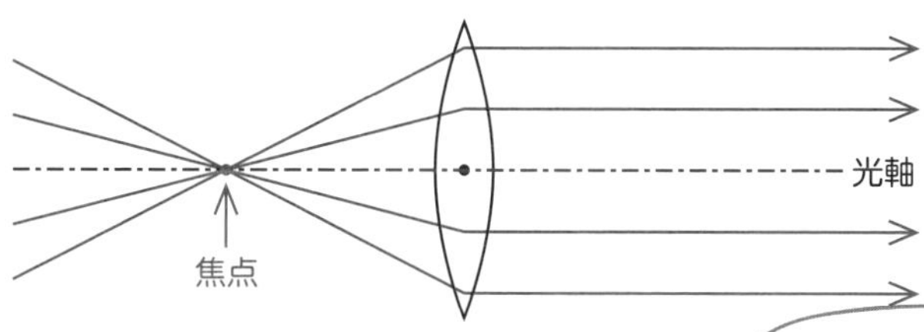

①〜③の3つの性質を使い，凸レンズによってできる像を考えましょう。

まず，物体が焦点の外側にある場合を考えてみます。

① レンズの中心を通る光は直進する。
② 光軸に平行な光は，レンズを通過後，焦点を通る。
③ レンズ手前の焦点を通る光は，レンズを通過後，光軸に平行に進む。

これらの3つの光線を図示すると，右ページ上図のような倒立した像ができます。

また，この像は実際に光が集まってできた像ですよね。
このような，**実際に光が集まってできる像のことを実像といいます**。

次に，焦点の内側に物体を置いた場合はどうでしょうか。

先ほどと同じように3つの性質を使って考えてみても，3本の線は交わりません。
ところが，この3本の線を逆向きに伸ばしてみると，
レンズの前方で交わっています。
つまり，**焦点の内側に物体を置いた場合はレンズの前方に正立した像ができる**のです。

この像は，実際に光が集まってできているわけではありません。
この像は，あくまで仮想的な線で結ばれてできたものですからね。
このような，**実際に光が集まってできていない像は虚像と呼ばれます**。

実像は実際に光が集まってできるのでスクリーンなどに投影することができます。
虚像は投影することができません。
虫メガネで物を見ると大きく見えますが，虫メガネに白紙をくっつけても大きな像は投影できませんね。これは虚像だからです。

また，物体が焦点の上にあるときは，実像も虚像もできません。
レンズの前方でも後方でも光が交わらなくなるためです。

焦点の外側に物体がある場合

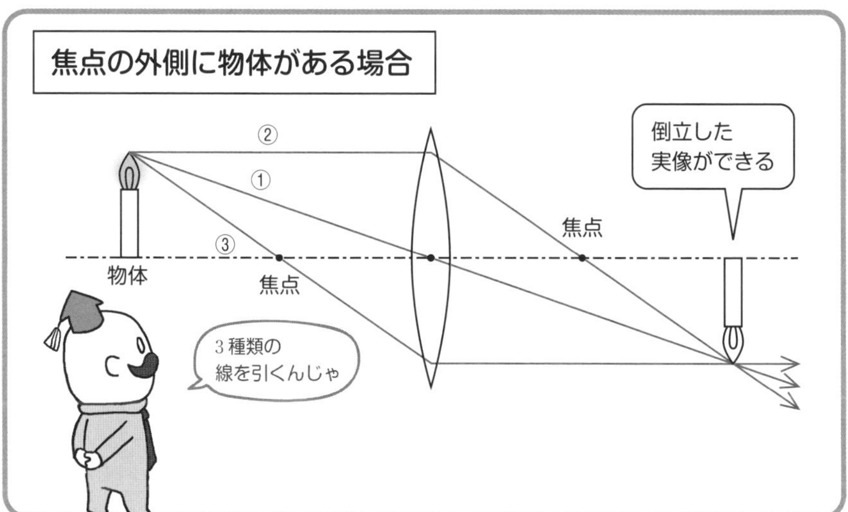

焦点の内側に物体がある場合

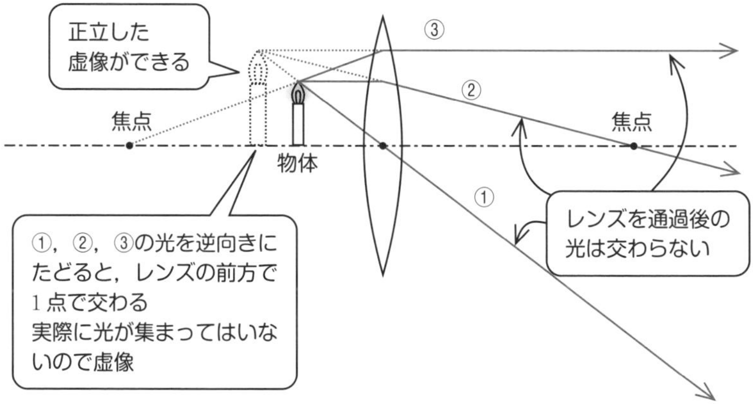

正立した
虚像ができる

③
②
焦点
焦点
物体
①

①，②，③の光を逆向きにたどると，レンズの前方で1点で交わる
実際に光が集まってはいないので虚像

レンズを通過後の
光は交わらない

物体が焦点の内側のときは，
実際に光は集まらないから
虚像なのかぁ！

14

14-3 凹レンズ

ココをおさえよう！

凹レンズを通る光の進みかた

① レンズの中心を通る光は直進する。
② 光軸に平行な光は，レンズを通過後，手前の焦点から出てきたように進む。
③ レンズ後方の焦点に向かって進む光は，光軸に平行に進む。

凹レンズは「光を拡散させる」性質を持つレンズです。

凹レンズについても

・「レンズの中心を通る場合」
・「光軸に平行に入射する場合」
・「レンズ後方の焦点に向かってレンズに入射する場合」

という特別な3つの場合の光の経路を考えてみます。
そうすると，凹レンズについては，以下のような性質があることがわかりました。

① レンズの中心を通る光は直進する。
② 光軸に平行な光は，レンズを通過後，手前の焦点から出てきたように進む。
③ レンズ後方の焦点に向かって進む光は，光軸に平行に進む。

「レンズを通過した光は必ずある1点を通るっていっていたのに，
凹レンズの場合その点がないじゃないか」と疑問に思うかもしれません。
ですが，凹レンズの場合でも，そのような点は存在します。
どこに存在するかというと，レンズの手前です。

レンズによって折れ曲がった光を，レンズの手前側に延長してみると，その延長線が1点で交わります。
凹レンズの場合，ここに像ができるのです。

凹レンズでは，物体がどこにあろうと，できる像はすべて虚像になります。

14

凹レンズの性質

① レンズの中心を通る光は直進する。

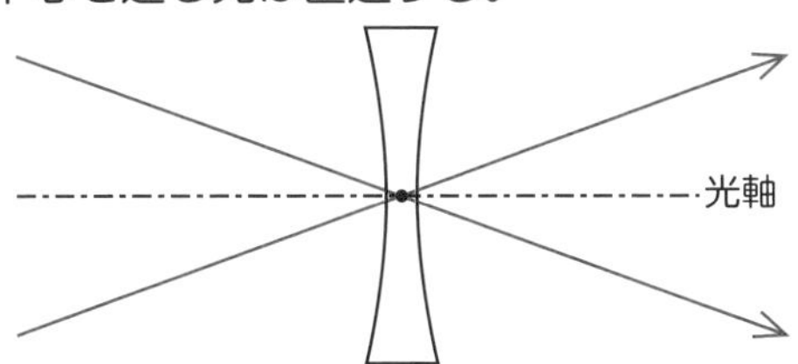

② 光軸に平行な光は，レンズを通過後，手前の焦点から出てきたように進む。

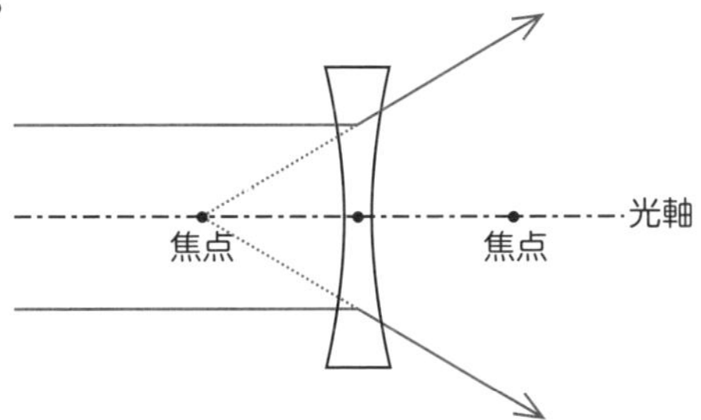

③ レンズ後方の焦点に向かって進む光は，レンズを通過後，光軸に平行に進む。

光軸
焦点
焦点

この３つの進みかたは覚えておくんじゃよ

凹レンズでは，レンズの手前に虚像ができる。

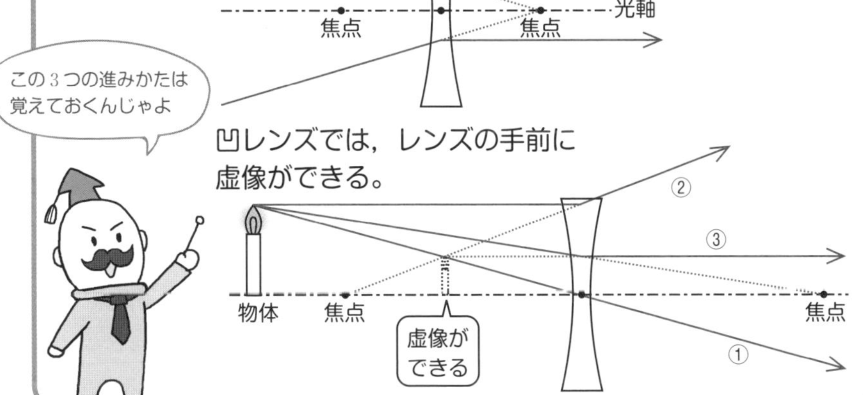

ここまでやったら
別冊 P. 66 へ

14-4 レンズの公式

ココをおさえよう！

レンズの公式 $\dfrac{1}{a}+\dfrac{1}{b}=\dfrac{1}{f}$

（a：レンズと物体との距離　b：レンズと像との距離　f：焦点距離）

ただし，実像のとき：$b>0$　虚像のとき：$b<0$

凸レンズのとき：$f>0$　凹レンズのとき$f<0$

「レンズと物体との距離，レンズと像との距離，そしてレンズと焦点との距離（焦点距離といいます）の間には，どんな関係があるか」これが14-4のテーマです。レンズと物体との距離をa，レンズと像との距離をb，焦点距離をfとします。

(1) 凸レンズの場合

(a) 物体が焦点の外側にあるとき（$a>f$のとき）

まずは，14-2で学んだ光の進みかた①，②を，物体の先端部分に使って，像の位置を特定しましょう。

すると，右ページ上図のように灰色の部分が相似な1組の三角形（△ABC∽△A′B′C）と，赤い斜線の引かれた相似なもう1組の三角形（△CDF∽△A′B′F）が現れます。

物体の大きさをℓ，像の大きさをℓ'とすれば

$$\triangle \mathrm{ABC} \backsim \triangle \mathrm{A'B'C} \rightarrow \ell : \ell' = a : b$$

$$\triangle \mathrm{CDF} \backsim \triangle \mathrm{A'B'F} \rightarrow \ell : \ell' = f : (b-f)$$

これらをまとめれば

両辺をbで割る

$$a : b = f : (b-f) \iff \frac{b}{a}=\frac{b-f}{f} \iff \frac{1}{a}=\frac{1}{f}-\frac{1}{b}$$

$$\iff \frac{1}{a}+\frac{1}{b}=\frac{1}{f} \quad \cdots\cdots Ⓐ$$

(b) 物体が焦点の内側にあるとき（$a<f$のとき）

(a)と同様に考えると，2組の相似な三角形が現れるので，それらの相似より

両辺をbで割る

$$a : b = f : (b+f) \iff \frac{b}{a}=\frac{b+f}{f} \iff \frac{1}{a}=\frac{1}{f}+\frac{1}{b}$$

$$\iff \frac{1}{a}+\frac{1}{(-b)}=\frac{1}{f} \quad \cdots\cdots Ⓑ$$

(1)　凸レンズの場合

(a)　物体が焦点の外側にあるとき

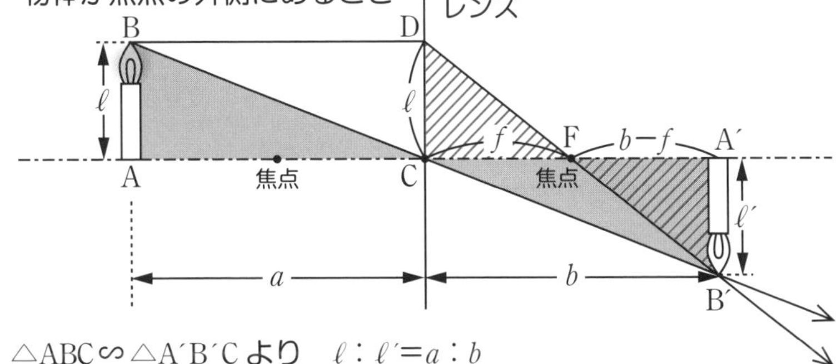

$\triangle ABC \backsim \triangle A'B'C$ より　$\ell : \ell' = a : b$

$\triangle CDF \backsim \triangle A'B'F$ より　$\ell : \ell' = f : (b-f)$

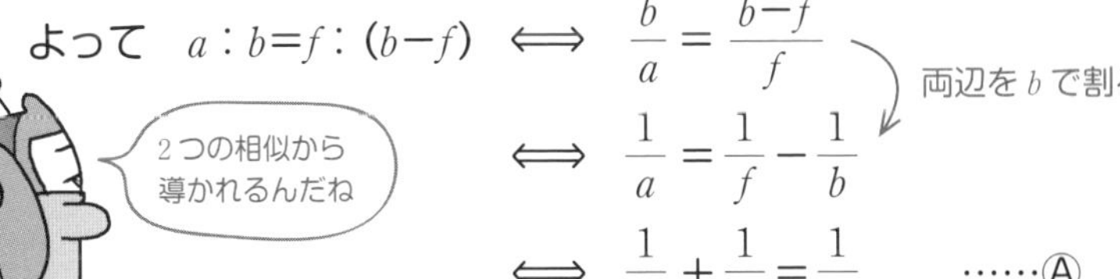

よって　$a : b = f : (b-f) \iff \dfrac{b}{a} = \dfrac{b-f}{f}$　（両辺を b で割る）

$\iff \dfrac{1}{a} = \dfrac{1}{f} - \dfrac{1}{b}$

$\iff \dfrac{1}{a} + \dfrac{1}{b} = \dfrac{1}{f}$　……Ⓐ

(b)　物体が焦点の内側にあるとき

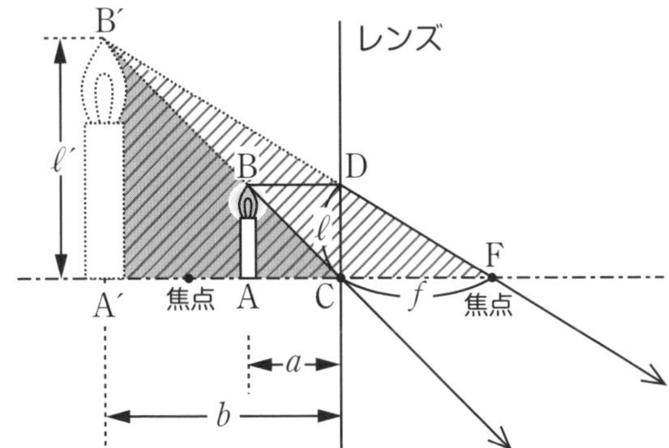

$\triangle ABC \backsim \triangle A'B'C$ より　$\ell : \ell' = a : b$

$\triangle CDF \backsim \triangle A'B'F$ より　$\ell : \ell' = f : (b+f)$

よって　$a : b = f : (b+f) \iff \dfrac{b}{a} = \dfrac{b+f}{f}$　（両辺を b で割る）

$\iff \dfrac{1}{a} = \dfrac{1}{f} + \dfrac{1}{b}$

$\iff \dfrac{1}{a} + \dfrac{1}{(-b)} = \dfrac{1}{f}$　……Ⓑ

(2) 凹レンズの場合

14-3で学んだ光の進みかた①，②を使って，虚像の位置を特定しましょう。
そうすると，例によって，相似な三角形が現れ

両辺をbで割る

$$a : b = f : (f-b) \iff \frac{b}{a} = \frac{f-b}{f} \iff \frac{1}{a} = \frac{1}{b} - \frac{1}{f}$$

$$\iff \frac{1}{a} + \frac{1}{(-b)} = \frac{1}{(-f)} \cdots\cdots ©$$

となります。

Ⓐ，Ⓑ，©式を見ると，符号以外の形はすべて同じです。
そこで，次のように対応させてしまえば，すべてを1つの式として表せます。

レンズの公式

$$\frac{1}{a} + \frac{1}{b} = \frac{1}{f}$$

ただし，

実像のとき → $b > 0$，虚像のとき → $b < 0$
凸レンズのとき → $f > 0$，凹レンズのとき → $f < 0$

これが有名なレンズの公式です。
この公式は，三角形の相似を使って導けるのですね。

また，**できた像が物体の何倍の大きさなのかを表す数値，すなわち倍率は**

$$\frac{\ell'}{\ell} = \left|\frac{b}{a}\right|$$

で表すことができます。

(2) 凹レンズの場合

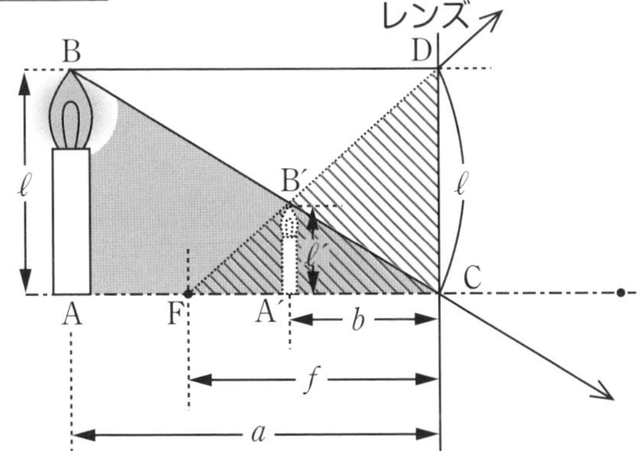

$\triangle ABC \backsim \triangle A'B'C$ より　$\ell : \ell' = a : b$
$\triangle CDF \backsim \triangle A'B'F$ より　$\ell : \ell' = f : (f-b)$

よって　$a : b = f : (f-b) \iff \dfrac{b}{a} = \dfrac{f-b}{f}$

両辺を b で割る

$\iff \dfrac{1}{a} = \dfrac{1}{b} - \dfrac{1}{f}$

$\iff \dfrac{1}{a} + \dfrac{1}{(-b)} = \dfrac{1}{(-f)}$ ……Ⓒ

Ⓐ, Ⓑ, Ⓒをまとめると…

レンズの公式

結局はこれを覚えて使えればいいのか

$$\frac{1}{a} + \frac{1}{b} = \frac{1}{f}$$

（ただし，実像のとき→$b>0$，虚像のとき→$b<0$
凸レンズのとき→$f>0$，凹レンズのとき→$f<0$）

倍率は $\left|\dfrac{b}{a}\right|$

ちゃんとそれぞれのレンズの作図のしかたも覚えんといかんぞ！

ここまでやったら 別冊 P. 67へ

理解できたものに，☑チェックをつけよう。

- [ ] 光軸に平行な光がレンズに入射すると，光は光軸上のある1点に集まる。この点を焦点と呼ぶ。
- [ ] 凸レンズを通る光の3つの性質を理解した。
- [ ] 凹レンズを通る光の3つの性質を理解した。
- [ ] レンズを通る光の3つの性質を用いて，像の位置を作図で求めることができる。
- [ ] 実際に光が集まってできる像を実像という。
- [ ] 実際に光が集まってできていない像を虚像という。
- [ ] 凸レンズでは，焦点の外側に物体があると実像，内側に物体があると虚像ができる。
- [ ] レンズの公式 $\frac{1}{a}+\frac{1}{b}=\frac{1}{f}$ を覚えた。
- [ ] レンズの公式を三角形の相似を用いて導くことができる。
- [ ] レンズの公式において，実像では$b>0$，虚像では$b<0$，凸レンズでは$f>0$，凹レンズでは$f<0$である。
- [ ] 像の倍率は$\left|\frac{b}{a}\right|$で表される。

Chapter

15

光の反射と屈折

Chapter 15 光の反射と屈折

はじめに

鏡に光を当てると，光ははね返されますよね。
この現象は**反射**と呼ばれます。

水を張った水槽の中に光を入射させると，
光は水面を境にカクンと折れ曲がります。
この現象は**屈折**と呼ばれます。

Chapter15では，これらの現象について考えていきます。
反射と屈折は，どのような仕組みで起こっているのか，
曲がる角度には何か法則性があるのかなど，
いろいろな角度から反射と屈折を見ていきましょう。

この章で勉強すること

まず，ホイヘンスの原理を紹介します。
そして，その原理に基づいて反射と屈折の仕組みを考え，さらに，屈折率と入射角，屈折角の関係を導いていきます。
後半では，全反射や光の分散についても扱います。

反射

光は反射するね

リスめ…
光で
遊んで
おるな？

屈折

光を屈折
させるぞぃ

ワシだって
遊び
たい

光が折れ
曲がった！

反射や屈折に，どんな法則性があるか
学んでいきましょう！

15-1 ホイヘンスの原理

ココをおさえよう！

ホイヘンスの原理とは，ある瞬間の波面の各点が新たな波源となり，そこから新たな波（素元波）が生じ，その共通接線が次の波面になるという原理である。

今まではロープなどで，直線的な波を扱ってきましたが，
ここでは平面的な広がりを持つ波を扱っていきますよ。
波のない水面に指を“ちょん”とつけると，指を中心に円状の波面が広がりますね。
波面は，**波の山や谷のように，波の中で同じ高さの部分を結んでできています。**
同じ高さの部分を結ぶことで，円形波になるのがイメージできますね。

さて，円形波はどんどん大きな円になって広がっていきますね。なぜでしょうか？
（「そんなの当たり前じゃん」で片づけてしまっては，物理ではありませんよ）
ここで出てくるのが**ホイヘンスの原理**です。

ホイヘンスの原理を簡単に説明すると，**「波面はたくさんの点でできており，その点はすべて新たな波源となる」**という考えです。
つまり，波面の各点から円状の波が発生し，波面が広がり，またその波面の各点から円状の波が発生し……と繰り返されることで，どんどん大きな円になっていくということです。
波面の各点から発せられる波は**素元波**と呼ばれます。
素元波を図示して，波の広がりかたを見ていきましょう。

1つの波面があり（図1），その波面がたくさんの点でできているとします（図2）。
各点から円状の波が発生し（図3），その波の接線が次の波面となります（図4）。
波面が円形に広がりましたね。
これがホイヘンスの原理による，波の広がりかたです。

「1つの円をかいてから，その円に針を刺してたくさんの同じ半径の円をかく」ということを，コンパスを使って自分でやってみましょう。たくさん針を刺して，無数に円をかくと，接線が次の波面になると納得できます。

ホイヘンスの原理 … 波面はたくさんの点でできており，
その点はすべて新たな波源となる！

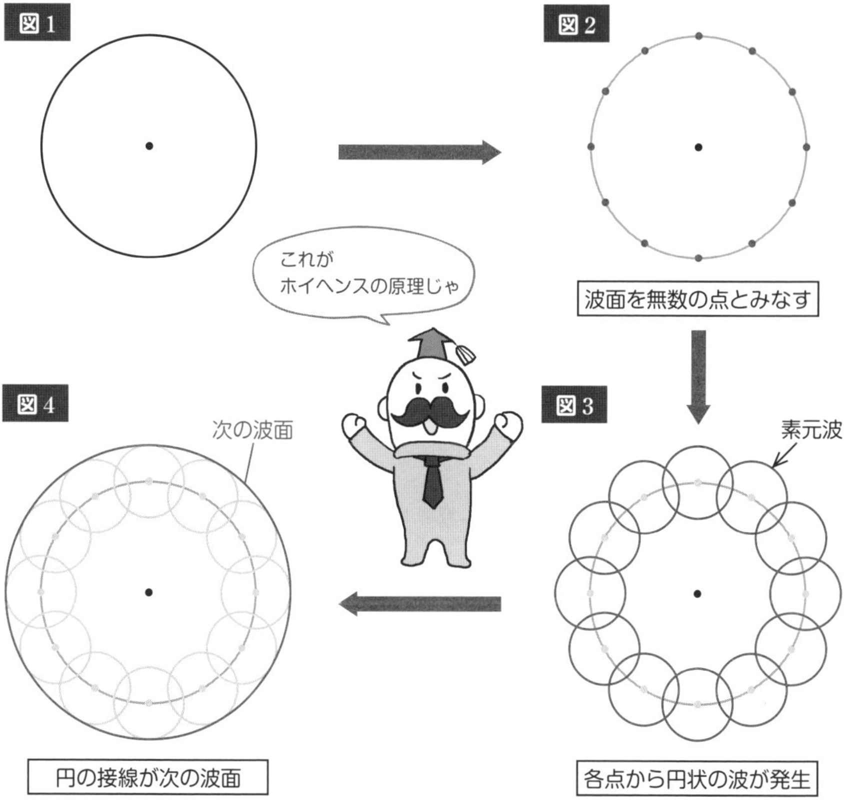

図1

図2

波面を無数の点とみなす

これが
ホイヘンスの原理じゃ

図3

素元波

各点から円状の波が発生

図4

次の波面

円の接線が次の波面

先ほどは円形波でしたが，次は直線状の波面（平面波）の進みかたを見てみましょう。
波のない水面に棒を落とすと，直線状の波が真っすぐに進んでいきます。
これもホイヘンスの原理で作図してみましょう。
平面波の波面がたくさんの点でできており，各点から出る素元波をかきます（図1）。
その接線が，次の平面波になるのです（図2）。

波面が素元波の波源になり，素元波の接線が，次の瞬間の波の波面となるという，
ホイヘンスの原理の考えかたを理解しましょう。

ホイヘンスの原理を使って**回折**という現象を説明することができます。
回折とは，**波が障害物を過ぎると障害物の後ろに回り込んで広がる現象**です。
壁と壁との間の狭いすき間ABに向かって進む平面波を考えます。
波がただ真っすぐに進むなら，ABを通ったあとは，波の横幅はABになるはずです。
しかし，波はABを通ったあと，ABの幅より広がります。これが回折です。

すき間ABに入り込んだ波に，ホイヘンスの原理を使ってみると，
すき間ABの端から発生している円形の素元波は，壁の後ろにも到達しています。
右ページ下図のように，素元波に共通する接線をかいてあげると，
波面が壁の後ろにまで及んでいることがわかりますね。
すき間を通った波が，波源となることで広がっていくというわけです。

ホイヘンスの原理は，波の進みかたの基本となるものです。
水面に生じる波で説明しましたが，光でも，音でも，波であればなんでも
ホイヘンスの原理にしたがって進行しますので，理解しておいてくださいね。

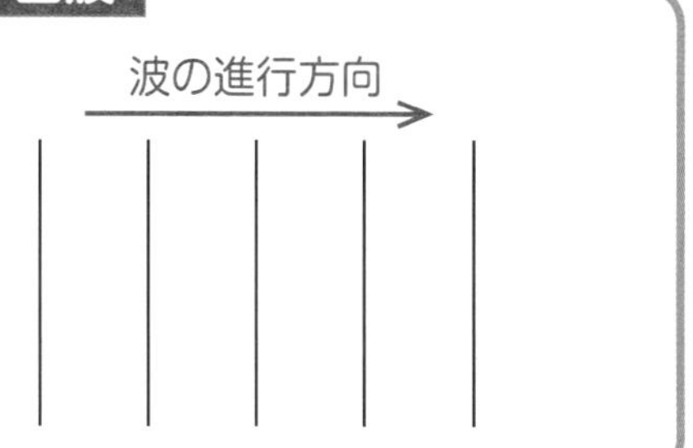

15

平面波におけるホイヘンスの原理

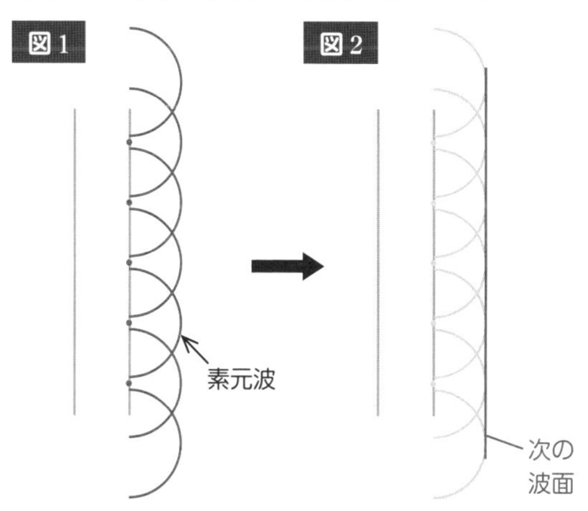

回折 波が障害物の後ろに回り込んで進む現象。

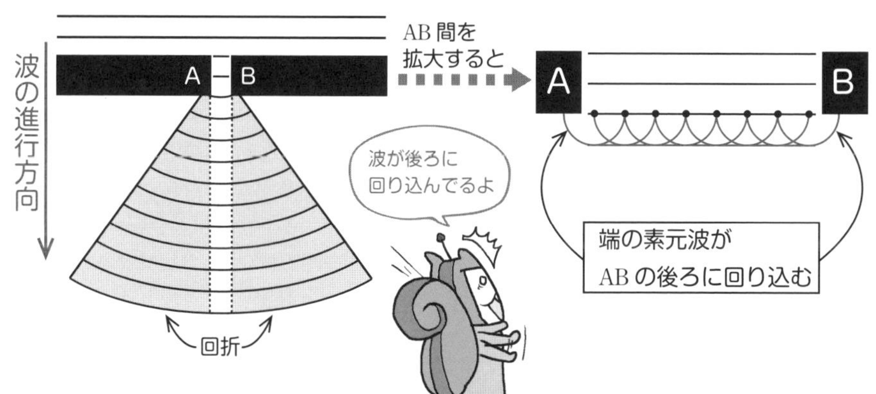

15-2 反射の法則

ココをおさえよう！

入射角$\boldsymbol{\theta}_1$と反射角$\boldsymbol{\theta}_2$の間には以下の関係が成り立つ。

$$\boldsymbol{\theta}_1 = \boldsymbol{\theta}_2$$

15-2から15-5では，光の反射や屈折についての話をしていきます。

鏡に光を当てると光は反射されますよね。
この**反射**という現象には，一体どんな法則性があるのでしょうか。

光が反射面に入射する角度（入射角）をθ_1，反射する角度（反射角）をθ_2とします。
入射角と反射角は反射面に垂直に引かれた線（法線）との角度で表します。
水平面との角度ではないので注意しましょう。

入射角と反射角の間には以下の関係が成り立ちます。

$$\theta_1 = \theta_2$$

つまり，**反射角と入射角は等しいということです。**
この法則を，**反射の法則**といいます。

15-3では，光の屈折について説明していきます。
光の速さは真空中では$c = 3.0 \times 10^8$m/sと，ものすごく速く，普段は進む様子はまったく見えませんが，想像力をはたらかせて，光の進む様子をイメージしてください。

反射の法則

入射角(θ_1)と反射角(θ_2)は等しい

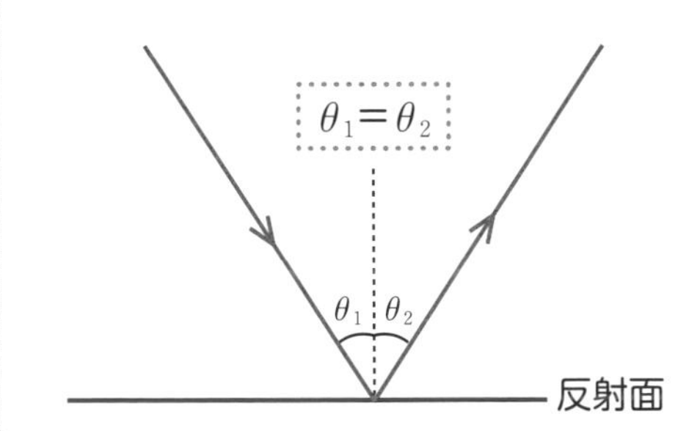
$\theta_1 = \theta_2$
θ_1
θ_2
反射面

これは簡単だね

入射角，反射角の
とりかたに注意じゃ

次ページから屈折を
扱うぞぃ

このページみたく
簡単だといいなぁ
うま
うま

15-3 屈折の法則

ココをおさえよう！

屈折率 n_1 の媒質 I，屈折率 n_2 の媒質 II において

$$n_1 v_1 = n_2 v_2$$

$$n_1 \lambda_1 = n_2 \lambda_2$$

$$n_1 \sin\theta_1 = n_2 \sin\theta_2$$

空気中から水中へと光が進むとき，水面に垂直に入射すると光はそのまま進みます。
しかし，水面に斜めに入射するときは，空気と水の境目で折れ曲がります。
このような，**2つの媒質の境目で，波の進行方向が変わる現象**を**屈折**といいます。
このときの媒質の境目に垂直に引かれた線（法線）と作る角度を**屈折角**といいます。

屈折が起こる理由は，空気中と水中で光の速さが異なるからです。
（水中のほうが，遅くなります）
光の速さが異なると，なぜ屈折が起こるのか，
ホイヘンスの原理を用いて説明していきますね。
右ページでは光線の進む様子を拡大して，平面波として扱っています。
空気中での光の速さをv_1，水中での光の速さをv_2とします（$v_1 > v_2$です）。
図1では波面A_1A_2上の点A_1，A_2から，半径v_1tの素元波をかき，その素元波の共通接線が波面B_1B_2になっています。波面B_1B_2は波面A_1A_2のt秒後の姿ということです。
このように光が進行して，点B_1で光は水面に届いたということです。

図1のt秒後が，図2です。
点B_1は水中なので，光の速さがv_2に変わるため，半径v_2tの素元波をかきます。
点B_2ではまだ空気中なので，半径v_1tの素元波をかきます。
2つの素元波の接線が波面C_1C_2になります。光の軌道が変わりましたね。

そのt秒後が図3です。
光は水中に入ったので点C_1，点C_2を中心に半径v_2tの素元波をかき，
2つの素元波の接線が次の波面D_1D_2になります。
その後，点線のように光は進みます。屈折しているのがわかりますね。

このように，媒質の違いにより光（波）の速さが変わることで，屈折は起こるのです。

屈折 …2つの媒質の境目で波の進行方向が変わる現象。

屈折の原理をホイヘンスの原理で説明

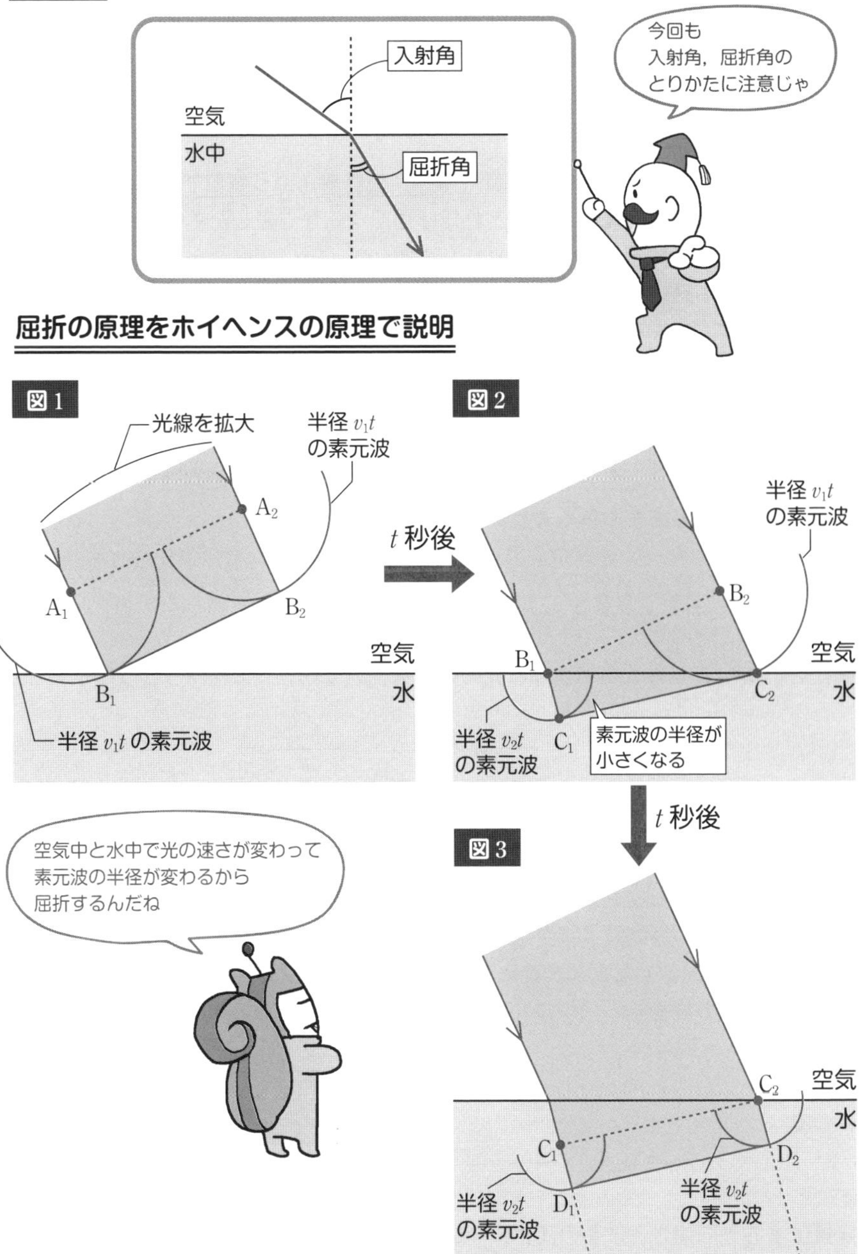

さて，媒質によって光（波）の速さが変わることで，
媒質の変わり目で屈折が起こるということがわかりましたね。

屈折を考えるときに大事になるのが，**（絶対）屈折率**という数値です。
屈折率とは，媒質中で光の速さがどれだけ遅くなるかを表したもので，
ガラスや水など，物質ごとに値が異なります。
光の速さが最も速い“真空”の屈折率を1とし，光が遅くなる媒質ほど屈折率は大きくなります（“水”の屈折率は1.3程度，“ダイヤモンド”の屈折率は2.4程度）。

真空中の光の速さをc，屈折率n_1の媒質Ⅰ中における光の速さをv_1とすると

$$\boldsymbol{c = n_1 v_1} \qquad \cdots\cdots①$$

①式を言葉で説明すると**「媒質Ⅰ中で遅くなってしまった光の速さv_1を，n_1倍すると真空中の光の速さになるよ」**ということです。
問題文で「屈折率n_1の媒質中の光の速さはいくらか。ただし真空中の光の速さをcとする」などと問われたら，①式から$v_1 = \dfrac{c}{n_1}$とすぐに答えられますね。

また屈折率n_2の媒質Ⅱ中における光の速さをv_2とすると，①式からこうなります。

$$(c=)\ \boldsymbol{n_1 v_1 = n_2 v_2} \qquad \cdots\cdots②$$

光の進む様子は直線で表されることが多いですが，ここで振動しながら進む光の様子を想像しましょう。そして，波の基本式$v = f\lambda$と屈折について考えます。
p.268で説明した通り，振動の数だけ波は発生します。
そして何の理由もなく波が消えることはないので，**途中で違う媒質に入ったからといって，光波の振動数fは変化することはありません。**
すなわち，**媒質が変わると光の速さが変わるのは，波長λが変化するため**なのです。
媒質Ⅰ中の光の波長をλ_1，媒質Ⅱ中の光の波長をλ_2とすると，波の基本式より
$(c = f\lambda)$，$v_1 = f\lambda_1$，$v_2 = f\lambda_2$なので，②式に代入して

$$(f\lambda=)\ n_1 f\lambda_1 = n_2 f\lambda_2 \qquad \cdots\cdots②'$$

よって

$$(\lambda=)\ \boldsymbol{n_1 \lambda_1 = n_2 \lambda_2} \qquad \cdots\cdots③$$

媒質による光の速さと波長の変化については，
屈折率を使った①～③式を必ず理解して使えるようにしましょうね。

屈折率と光の速さ

真空中の光の速さを c

屈折率 $n_1(>1)$ の媒質Ⅰ中の光の速さを v_1 とすると

真空
(屈折率 1)
光の速さ c
媒質Ⅰ
(屈折率 n_1)
光の速さ v_1

$$c = n_1 v_1 \quad \cdots\cdots ①$$

媒質Ⅰ中では遅くなるから n_1 倍するんだね

さらに屈折率 n_2 の媒質Ⅱ中の光の速さを v_2 とすると

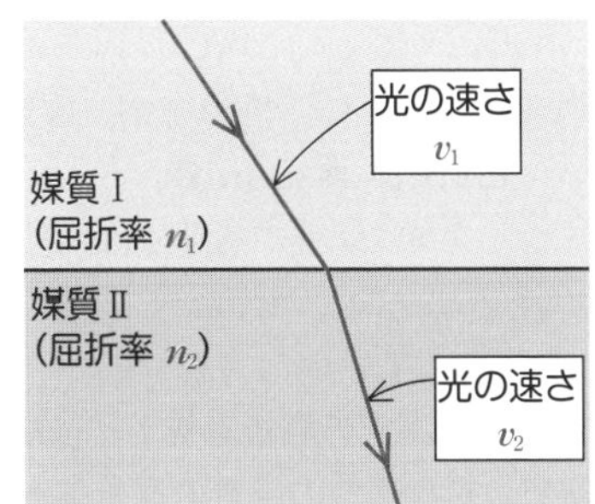

$$(c=)\, n_1 v_1 = n_2 v_2 \quad \cdots\cdots ②$$

屈折率と光の波長

光が振動しながら，媒質Ⅰ→媒質Ⅱへ進む様子を表すと

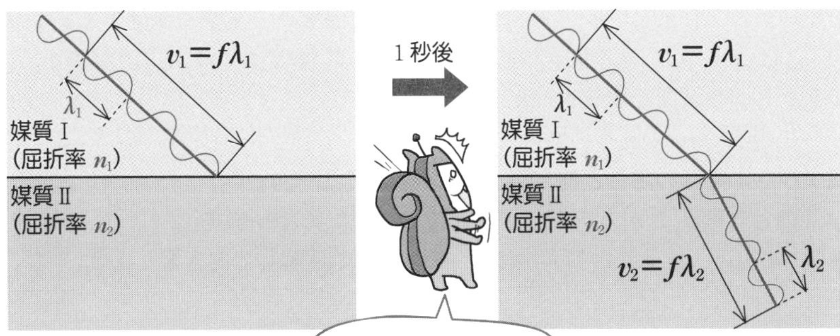

波長が変わるから光の速さが変わるんだね

②式より

$$(f\lambda=)\, n_1 f\lambda_1 = n_2 f\lambda_2$$

よって

$$(\lambda=)\, n_1\lambda_1 = n_2\lambda_2 \quad \cdots\cdots ③$$

①，②，③式はすべて重要じゃぞ

屈折率と屈折のしかたについて，右ページで確認しましょう。
屈折率の小さい媒質から，屈折率の大きい媒質に光が入射すると，
屈折角は入射角より小さくなります。
（空気中から水中に光が入射したときはこうなりますね）
逆に屈折率の大きい媒質から，屈折率の小さい媒質に光が入射すると，
屈折角は入射角より大きくなります。
折れ曲がりかたを，頭に入れておきましょう。

このとき媒質Ⅰの屈折率をn_1，媒質Ⅱの屈折率をn_2とすると

$$\boldsymbol{n_1 \sin\theta_1 = n_2 \sin\theta_2} \quad \cdots\cdots ④$$

が成立します（成立する理由は別冊p.68の問題で確認しましょう）。

ここまでは真空の屈折率を1とした，絶対屈折率の話をしましたが，
真空ではない2つの媒質の屈折率を比べる**相対屈折率**という数値もあり，
次のように表されます。

媒質Ⅰに対する媒質Ⅱの相対屈折率：$\boldsymbol{n_{12} = \dfrac{n_2}{n_1}}$

絶対屈折率は真空との比較なので，必ず1より大きくなりましたが，
相対屈折率は，1より大きくなることも，小さくなることもあります。
“n_{12}”といわれたら，（絶対）屈折率n_1の媒質Ⅰから（絶対）屈折率n_2の媒質Ⅱへと
光が進んでいる状態を考えましょう。
$n_{12}>1$のときは$n_1<n_2$なので，
空気中から水中への場合と同じ屈折のしかたになります。
$n_{12}<1$のときは$n_1>n_2$なので，逆の屈折のしかたになります。
屈折のしかたと“n_{12}と1との大小関係”をセットで理解しておきましょう。

単に「屈折率」といわれたときは，絶対屈折率を指しています。
相対屈折率のときは「媒質Ⅰに対する媒質Ⅱの屈折率」などと書かれます。
用語の違いを確認しておきましょう。

屈折のしかたと，入射角・屈折角

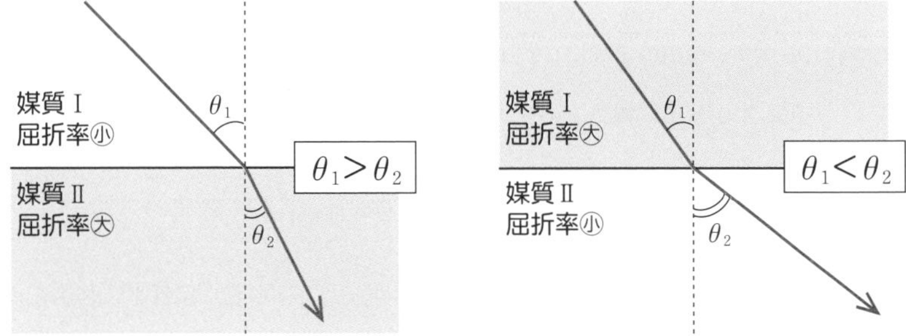

媒質Ⅰの屈折率を n_1，媒質Ⅱの屈折率を n_2 とすると

$$n_1 \sin\theta_1 = n_2 \sin\theta_2 \quad \cdots\cdots④$$

相対屈折率

…真空ではない2つの媒質の屈折率を比べる数値。

媒質Ⅰに対する媒質Ⅱの屈折率：$n_{12} = \dfrac{n_2}{n_1}$

$n_{12} > 1\,(n_1 < n_2)$ のとき

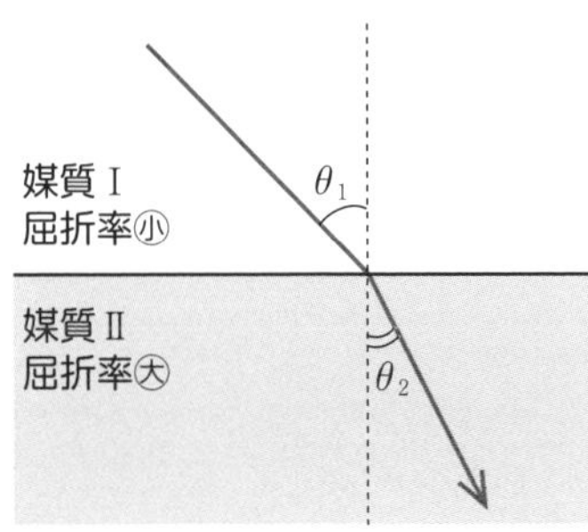

$0 < n_{12} < 1\,(n_1 > n_2)$ のとき

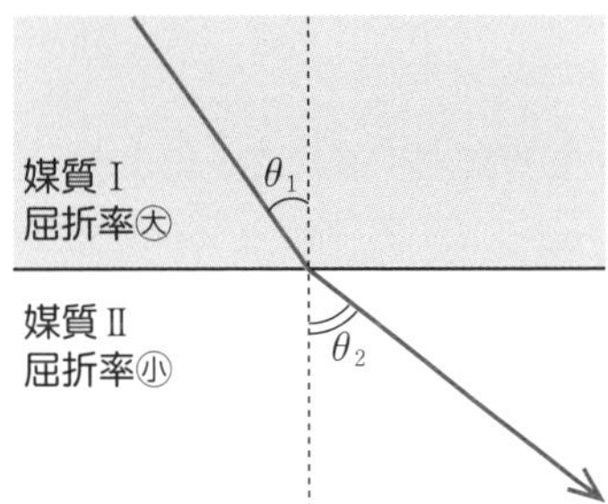

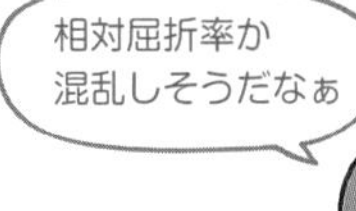

〈問15-1〉 右ページの図のように，2つの媒質Ⅰ，Ⅱが接しており，光が境界面から30°で入射したとする。媒質Ⅰの屈折率を $\frac{2}{\sqrt{3}}$，媒質Ⅱの屈折率を2として，以下の問いに答えよ。ただし，$\sqrt{3}=1.73$とする。

(1) 媒質Ⅰに対する媒質Ⅱの屈折率はいくらか。

(2) 屈折角の大きさを求めよ。

(3) 媒質Ⅰにおける波の波長が1.0 cmだったとすると，媒質Ⅱにおける波の波長はいくらか。

(1)は先ほど学んだばかりですね。

解きかた (1) 媒質Ⅰに対する媒質Ⅱの屈折率n_{12}は

$$n_{12}=\frac{n_2}{n_1}=2\div\frac{2}{\sqrt{3}}=\sqrt{3}=\underline{\underline{1.73}}\cdots 答$$

(2)は角度の表しかたに注意しましょう。入射角は30°ではありません。
媒質の境目に垂直に引かれた線（法線）と作る角ですから，入射角は60°です。
あとは，屈折に関する公式，$n_1\sin\theta_1=n_2\sin\theta_2$を使いましょう。

解きかた (2) 屈折角をθとすると，屈折の法則より

$$\frac{2}{\sqrt{3}}\sin60^\circ=2\sin\theta$$

$$\sin\theta=\frac{1}{2}\qquad \theta=\underline{\underline{30^\circ}}\cdots 答$$

(3)は屈折に関する公式，$\boldsymbol{n_1\lambda_1=n_2\lambda_2}$を用いれば簡単です。

解きかた (3) 媒質Ⅱにおける波の波長をλとすると，屈折の法則より

$$\underbrace{\frac{2}{\sqrt{3}}}_{n_1}\cdot\underbrace{1.0}_{\lambda_1}=\underbrace{2}_{n_2}\cdot\underbrace{\lambda}_{\lambda_2}$$

$$\lambda=\frac{1.0}{\sqrt{3}}=\frac{\sqrt{3}}{3}\fallingdotseq\underline{\underline{0.58\ \mathrm{cm}}}\cdots 答$$

2つの異なる媒質に光が入射する問題では，屈折に関する3つの公式

$\boldsymbol{n_1\sin\theta_1=n_2\sin\theta_2}$

$\boldsymbol{n_1v_1=n_2v_2}$

$\boldsymbol{n_1\lambda_1=n_2\lambda_2}$

を使いこなして問題を解きましょう。

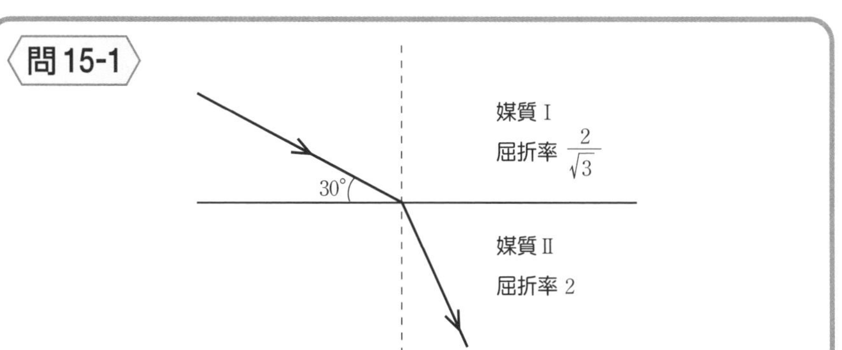

(1) $n_{12}=\dfrac{n_2}{n_1}=2\div\dfrac{2}{\sqrt{3}}=\sqrt{3}=\underline{\underline{1.73}}$ …答

(2) 入射角は 60° であることに注意して

$$\frac{2}{\sqrt{3}}\underbrace{\sin 60^\circ}_{\frac{\sqrt{3}}{2}}=2\sin\theta$$

$$\sin\theta=\frac{1}{2}$$

$$\theta=\underline{\underline{30^\circ}}$$ …答

入射角はこっち！
60°
30°
θ

(3) 屈折率と波長の関係より

$$\underbrace{\frac{2}{\sqrt{3}}\cdot 1.0}_{n_1\lambda_1}=\underbrace{2\cdot\lambda}_{n_2\lambda_2}$$

$$\lambda=\frac{1.0}{\sqrt{3}}\fallingdotseq\underline{\underline{0.58\ \mathrm{cm}}}$$ …答

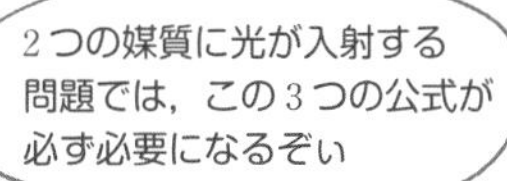

$$n_1\sin\theta_1=n_2\sin\theta_2$$
$$n_1v_1=n_2v_2$$
$$n_1\lambda_1=n_2\lambda_2$$

ここまでやったら
別冊 P. 68 へ

15-4 全反射

ココをおさえよう！

$n_1 > n_2$のとき，入射角がある角度θ_Cになると屈折角が90°になる。この現象を全反射といい，全反射が起こるときの入射角θ_Cを臨界角と呼ぶ。

入射角を大きくしていくと，屈折角も大きくなっていきます。
$n_1 > n_2$の場合，入射角よりも屈折角が大きく，光（波）は上に向かって折れ曲がります。
そして入射角がある角度になると，屈折角が90°になり，
もう一方の媒質には一切光が入らないという現象が起こります。
この現象を**全反射**といいます。
全反射が起こるときの入射角θ_Cは**臨界角**と呼ばれます。

屈折の法則を使えば

$$n_1 \sin\theta_C = n_2 \sin 90° \ (= n_2)$$

となります。

例えば，媒質Ⅰの屈折率が2，媒質Ⅱの屈折率が$\sqrt{3}$であったときの，臨界角を求めてみましょう。
全反射は，媒質Ⅰから媒質Ⅱへと光が進むときに起こり

$$2\sin\theta_C = \sqrt{3}\sin 90°$$

$$\Longleftrightarrow \quad \sin\theta_C = \frac{\sqrt{3}}{2}$$

$$\Longleftrightarrow \quad \theta_C = 60°$$

よって，臨界角は60°であることがわかりました。

臨界角を超えて光を入射させようとすると，光はすべて反射してしまいます。
屈折率が大きい媒質から小さい媒質へ光が入射する際には，
全反射が起こることを覚えておきましょう。

全反射 …屈折角が 90° になり，もう一方の媒質に光が入らない現象。

$n_1 > n_2$ で入射角を大きくしていくと…

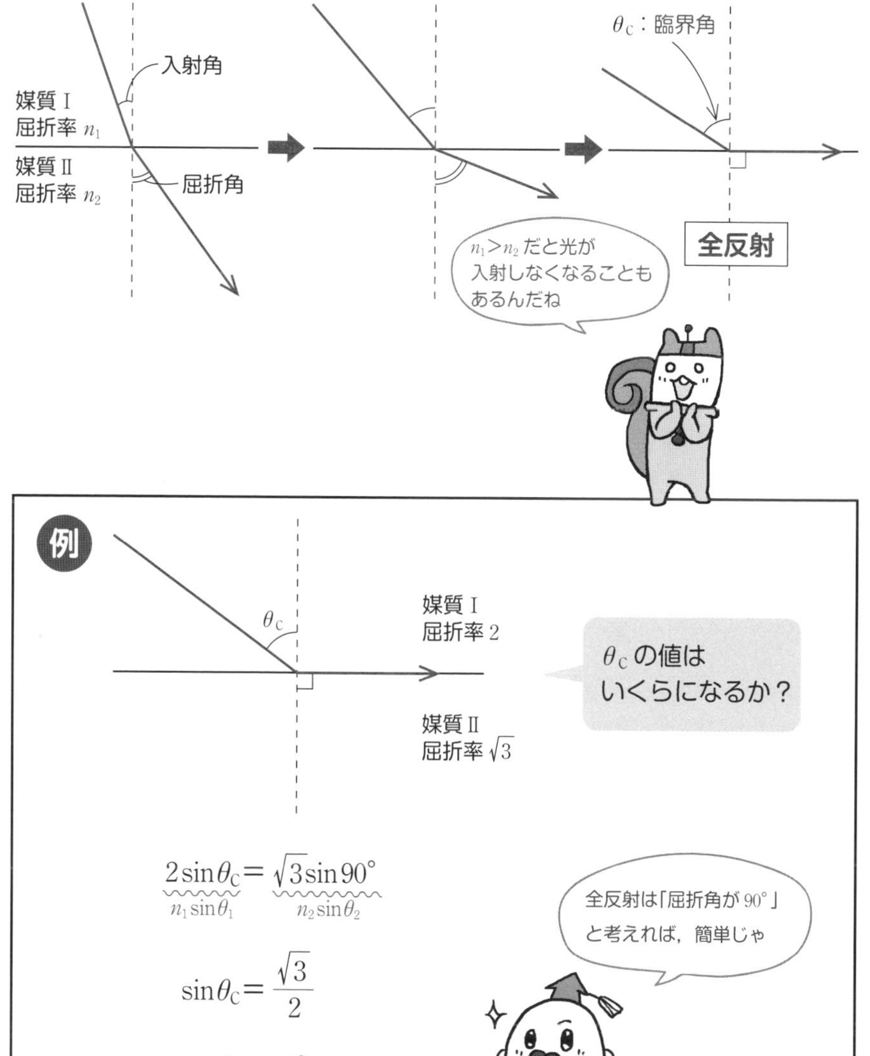

$$\underbrace{2\sin\theta_C}_{n_1\sin\theta_1} = \underbrace{\sqrt{3}\sin 90^\circ}_{n_2\sin\theta_2}$$

$$\sin\theta_C = \frac{\sqrt{3}}{2}$$

$$\theta_C = \underline{\underline{60^\circ}}$$

ここまでやったら
別冊 P. 70 へ

15-5 光の分散

ココをおさえよう！

プリズムに白色光を通したときに，光が色によって分離される現象を光の分散という。

夕暮れの赤い光や，信号の青い光など，身の回りには様々な色の光が存在します。なぜ色が異なるかというと，波長が異なるからです。

人間の目に見える光の範囲を可視光線といい，赤，橙，黄，緑，青，藍，紫の7色で表現されます（これは日本独自の分類のしかたですが）。虹の7色ですね。**波長は赤い光に近づくほど長く，紫の光に近づくほど短い**という関係があります。可視光線より波長が長いものを赤外線，短いものを紫外線といい，どちらも人間の目には見えません。

私たちが普段目にする太陽光などは，白色光と呼ばれます。これは様々な波長の光が混ざった，白色に見える光です（白い単一の光というわけではありません）。この白色光をプリズム（と呼ばれるガラスや水晶でできた物体）に通すと何が起こるでしょうか。

光の種類で比べると，**波長が短い光ほど屈折率が大きいという性質があります**。（この理由の説明は大学物理の範囲なので，今はただ覚えてください）
白色光をプリズムに入射させると，波長の異なる光は屈折する角度が異なるため，白色光は，様々な色に分離され，スクリーン上に広がります。
この現象を**（光の）分散**といいます。

波長の短いものほど屈折率が大きいので，紫に近い光は大きく曲げられ，逆に赤に近い光はあまり曲げられません。
そうすると，右ページの図のように白色光を入射させた場合，赤い光が上方に，紫の光が下方に分離されることになりますね。

「赤い光に近いほど波長が長くて屈折率が小さく，紫の光に近づくほど波長が短くて屈折率が大きい」という事実は覚えておきましょう。
「にんじんは赤くて長くて曲がりにくい」と覚えれば，赤い光は波長が長く，屈折率が小さいということを頭に入れておけますね。

光の色と波長 …赤い光は波長が長く，紫の光は波長が短い。

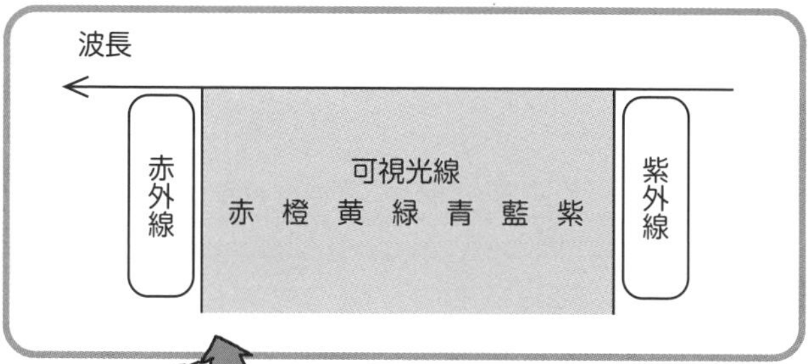

波長 ←

赤外線	可視光線 赤　橙　黄　緑　青　藍　紫	紫外線

虹の7色と同じじゃな

赤や紫の光より波長が長かったり短かったりするから赤外線，紫外線っていうんだね！

光の分散

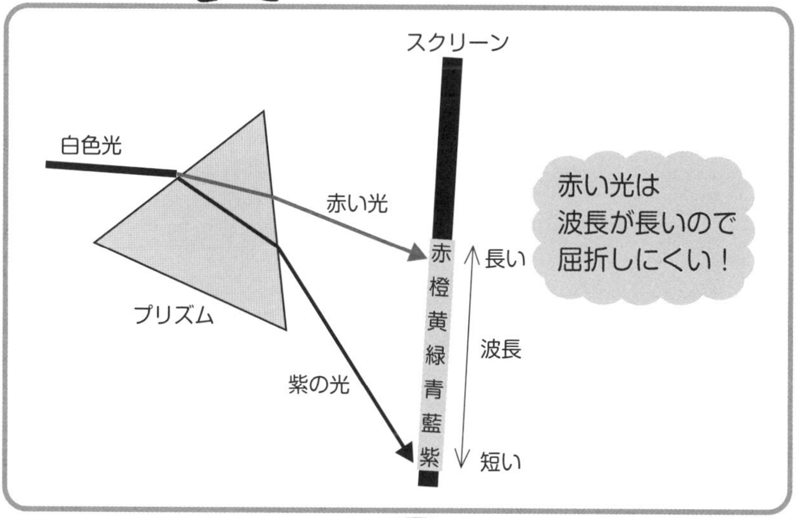

スクリーン

白色光

赤い光

プリズム

紫の光

赤 橙 黄 緑 青 藍 紫

長い ↑ 波長 ↓ 短い

赤い光は波長が長いので屈折しにくい！

ここまでやったら 別冊 P. 71へ

理解できたものに，☑チェックをつけよう。

- [ ] 「波面はたくさんの点でできており，その点はすべて新たな波源となる」という原理をホイヘンスの原理と呼ぶ。
- [ ] ホイヘンスの原理を用いて波面をかくことができる。
- [ ] 波が障害物の後ろに回り込み広がる現象を回折と呼ぶ。
- [ ] 反射角と入射角は等しい(反射の法則)。
- [ ] 2つの媒質の境目で，波の進行方向が変わる現象を屈折という。
- [ ] 「媒質の中で遅くなった光の速さをn倍すると真空中の光速になる」このnの値を(絶対)屈折率と呼ぶ。
- [ ] $n_1\sin\theta_1=n_2\sin\theta_2$の関係を屈折の法則と呼ぶ。
- [ ] 媒質Ⅰに対する媒質Ⅱの相対屈折率は$\dfrac{n_2}{n_1}$で表される。
- [ ] 屈折角が大きくなり，光が入射しなくなる現象を全反射という。
- [ ] 入射角が臨界角のときは，屈折の法則で$\theta_2=90°$とする。
- [ ] プリズムを通った白色光が様々な色の光に分離される現象を光の分散と呼ぶ。
- [ ] 赤い光に近づくほど波長が長く，屈折しにくい。

Chapter

16

波の干渉

Chapter 16 波の干渉

はじめに

波の分野で頻出なのが，Chapter16で扱う干渉です。

波の干渉というのは，波どうしが強め合ったり弱め合ったりする現象で，
身近な例としては，シャボン玉の表面が様々な色に見えることなどが挙げられます。
このシャボン玉の例は「薄膜による干渉」といわれます。

干渉は入試でよく問われる分野ですが，計算式が複雑になったり，
イメージしづらい現象であったりして，なかなか理解するのが大変です。

この本では「なんだ，干渉って簡単じゃん」と思えるように，
なるべく噛み砕いて教えていきますので安心してくださいね。

この章で勉強すること

干渉とはどんな現象なのかをまず説明し，そのうえで干渉が起こる条件を確認していきます。
有名なヤングの実験も扱います。
さらに，ニュートンリングや回折格子など，
入試でよく扱われる干渉のシチュエーションを個別に見ていきます。

干渉に関係するもの

薄膜の干渉

シャボン玉の色って
キレイだなぁ…

シャボン玉が
色づいて見えるのは
薄膜の干渉という
現象じゃ

ニュートンリング

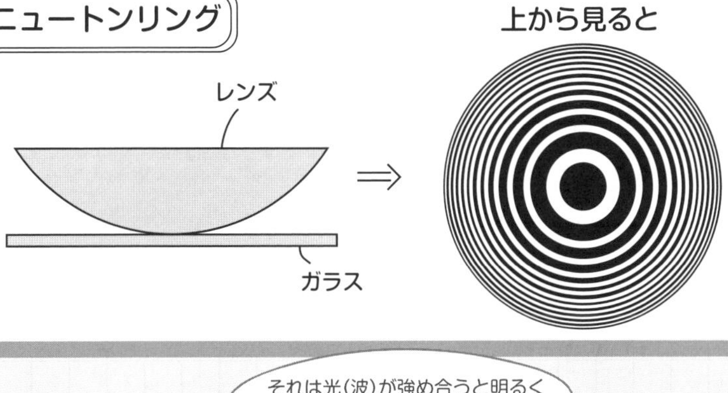

上から見ると

レンズ

ガラス

それは光(波)が強め合うと明るく
弱め合うと暗くなるからじゃ
これが干渉というものじゃよ

なんで明暗の
しましまに見えるの?

16-1 干渉とは？

ココをおさえよう！

2つの波が強め合ったり弱め合ったりする現象を干渉という。
具体的には
- **同じ状態の波どうしが重なると強め合う。**
- **波長が半分ずれていると弱め合う。**

干渉では，2つの波の関係を調べます。
重なり合った波どうしは，お互いに強め合ったり弱め合ったりします。
（波の**重ね合わせの原理**はp.298で説明しましたね）
このように，**波どうしが強め合ったり弱め合ったりする現象を，干渉と呼びます**。

右ページの図が，干渉のシンプルなイメージです。
この図がいいたいことは，つまりはこういうことです。

観測する点に届いた2つの波が
「山と山」,「谷と谷」のように同じ状態（同位相）だと強め合う
「山と谷」のように逆の状態（逆位相）だと弱め合う

実は，干渉ってたったこれだけのことなんです。全然難しくないでしょう？

位相というのは波の状態を指す言葉で，
「山と山」や「谷と谷」など，状態が同じの2つの波を**同位相**，
「山と谷」など，逆の状態の2つの波を**逆位相**といいます。
位相という言葉は，多くの高校生はよくわからないと思いますが，
同じ状態なら同位相，逆の状態なら逆位相と考えておけば大丈夫です。

干渉では，光の強め合い，弱め合いをメインに扱います。
光が強め合う場合は明るく見え，弱め合う場合は暗くなると認識しましょう。

干渉 …波どうしが強め合ったり弱め合ったりする現象。

干渉のイメージ

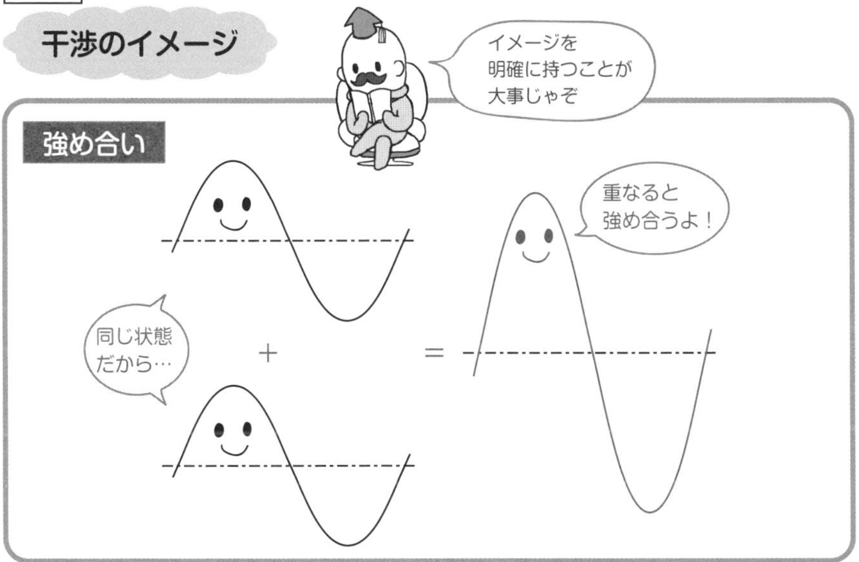

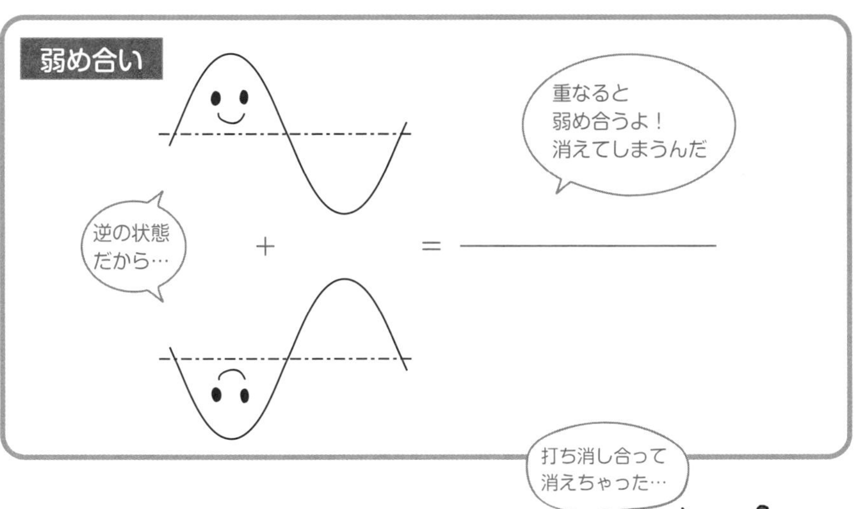

打ち消し合って
消えちゃった…

16-2 干渉条件

ココをおさえよう！

波源S_1，S_2が同じ状態（同位相）のとき，点Pで波が強め合う，または弱め合う条件は

強め合う：$|S_1P-S_2P|=m\lambda$ （$m=0, 1, 2, \cdots\cdots$）

弱め合う：$|S_1P-S_2P|=\left(m+\frac{1}{2}\right)\lambda$ （$m=0, 1, 2, \cdots\cdots$）

右ページ上図のように，2つの波源S_1，S_2から，波長・振動数・振幅が同じ波が出ています。
S_1，S_2は常に同じ状態（同位相）の波源とします。
つまり，S_1が山を発生させているときはS_2も山を発生させており，
S_1が谷を発生させているときは，S_2も谷を発生させているということです。

しかし，観測点では2つの波が同じ状態（同位相）だとは限りません。
S_1からの距離とS_2からの距離が異なれば，届く波の状態は異なりますからね。
同じ状態の2つの波（同位相の波）が届く観測点であれば強め合うし，
逆の状態の2つの波（逆位相の波）が届く観測点であれば弱め合います。
強め合い，弱め合いが，どんな観測点で起こるのか，見ていきましょう。

(1) 観測点Pに同じ状態（同位相）の波が届き，強め合うときに成り立つ式
2つの波源から観測点Pまでの経路の差が，波長の整数倍のとき，観測点Pには同じ状態（同位相）の2つの波が届き，強め合います。式で表すとこうなります。

$$|S_1P-S_2P|=m\lambda \quad (m=0, 1, 2, \cdots\cdots)$$

（絶対値がつくのは，S_1PとS_2Pのどちらが長い場合も成立するからです）

S_1P上に$S_2P=S_2'P$となる点S_2'をとると

$$S_1P-S_2P=S_1P-S_2'P=S_1S_2'$$

S_1S_2'が経路の差S_1P-S_2Pと同じということです。

S_1とS_2の状態が同じなので，距離S_1S_2'（$=S_1P-S_2P$）に整数個分の波長$m\lambda$が含まれれば，S_2'とS_2の波の状態が同じになります。
あとは同じ長さの経路$S_2P=S_2'P$なので，点Pに届く2つの波の状態は同じ（同位相）になり，点Pでは強め合いが起こるというわけです。

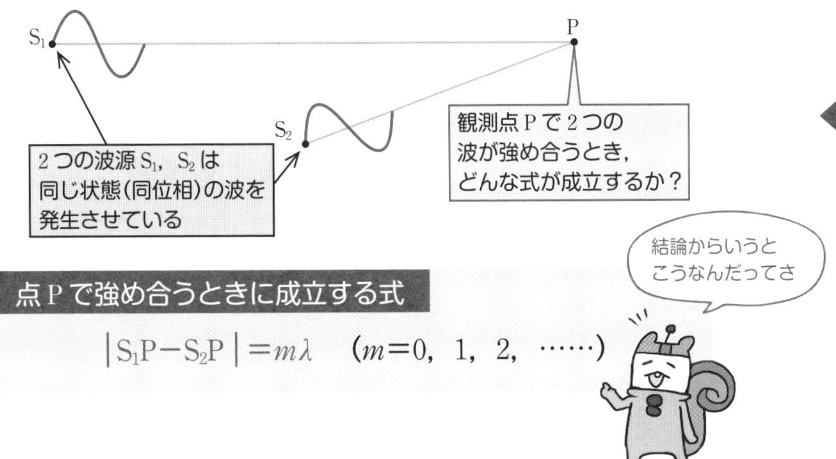

点 P で強め合うときに成立する式

$$|S_1P - S_2P| = m\lambda \quad (m = 0,\ 1,\ 2,\ \cdots\cdots)$$

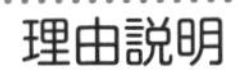

理由説明

$S_2P = S_2'P$ となる点 S_2' を S_1P 上にとると…

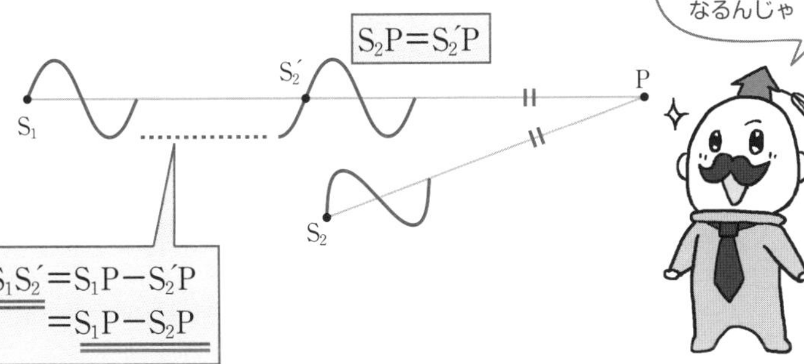

S_1S_2' を切りとって…

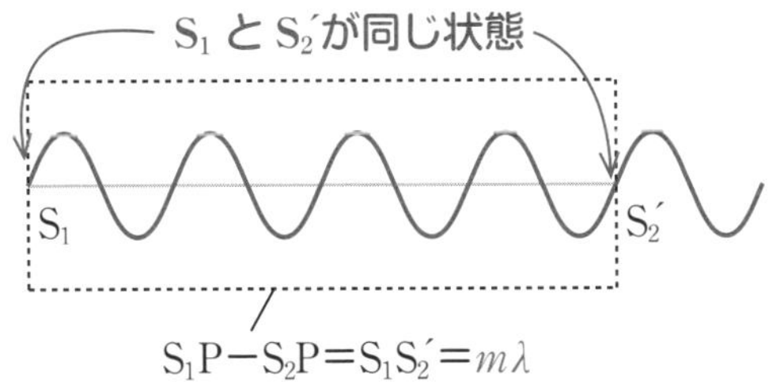

⑵ 観測点Pに逆の状態（逆位相）の波が届き，弱め合うときに成り立つ式
2つの波源から観測点Pまでの経路の差が，（波長の整数倍＋半波長）のとき，
観測点Pには逆の状態（逆位相）の2つの波が届き，弱め合います。
式で表すとこうなります。

$$|S_1P - S_2P| = \left(m + \frac{1}{2}\right)\lambda \quad (m = 0,\ 1,\ 2,\ \cdots\cdots)$$

（絶対値がつくのは，S_1P と S_2P のどちらが長い場合も成立するからです）

S_1P 上に $S_2P = S_2'P$ となる点 S_2' をとると

$$S_1P - S_2P = S_1P - S_2'P = S_1S_2'$$

S_1S_2' が経路の差と同じということです。

S_1 と S_2 の状態が同じなので，距離 S_1S_2'（$= S_1P - S_2P$）に $\left(\text{整数} + \frac{1}{2}\right)$ 個分の波長が含まれれば，S_2' と S_2 の波の状態が逆になります。
あとは同じ長さの経路 $S_2P = S_2'P$ をたどるので，点Pに届く2つの波の状態は逆（逆位相）になり，点Pでは弱め合いが起こるというわけです。

2つの波源から，観測点Pまでの経路の差の絶対値が，波長の整数倍なら強め合い，整数倍＋半波長なら弱め合うということでした。簡単でしょう？

以上は，波源 S_1 と S_2 の波が同じ状態（同位相）の場合の干渉条件です。

波源 S_1 と S_2 の状態が逆（逆位相）の場合はこうなります。

強め合う： $|S_1P - S_2P| = \left(m + \frac{1}{2}\right)\lambda \quad (m = 0,\ 1,\ 2,\ \cdots\cdots)$

弱め合う： $|S_1P - S_2P| = m\lambda \quad (m = 0,\ 1,\ 2,\ \cdots\cdots)$

波源の状態が逆になれば，条件も変わるということです。
理屈は同じなのでわかりますね。

重要な点は，「2つの光の経路の差の中に含まれる波が，ぴったり整数個になるか，半波長分があふれているかどうか」ということです。
2つの光の経路の差に注目して，強め合うか弱め合うかを判断しましょう！

点 P で弱め合うときに成立する式

$$|S_1P-S_2P|=\left(m+\frac{1}{2}\right)\lambda \quad (m=0,\ 1,\ 2,\ \cdots\cdots)$$

理由説明

$S_2P=S_2'P$ となる点 S_2' を S_1P 上にとると…

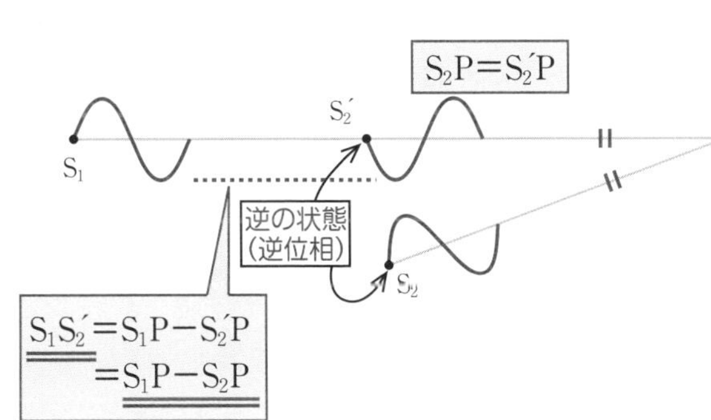

S_1S_2' を切りとって…

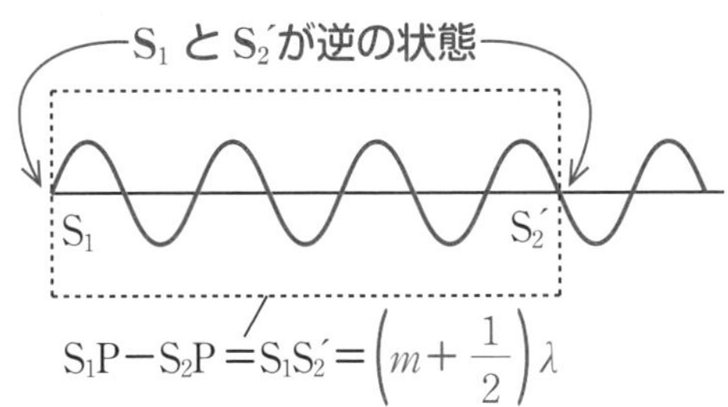

波源 S_1 と S_2 が逆の状態(逆位相)のとき

強め合い：$|S_1P-S_2P|=\left(m+\frac{1}{2}\right)\lambda$

弱め合い：$|S_1P-S_2P|=m\lambda$ $(m=0,\ 1,\ 2,\ \cdots\cdots)$

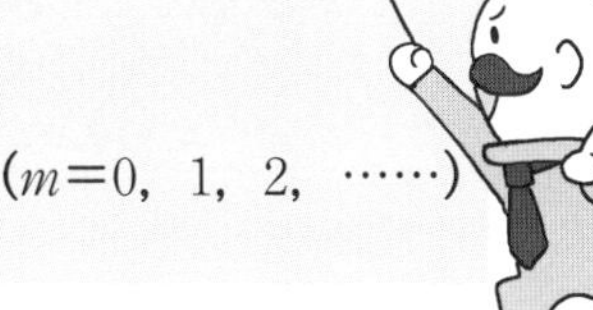

〈問16-1〉 2つの波源S_1，S_2から波長6 cmの波が同位相で発生しており，右ページの図のような点P，点Qで波を観測したとする。
(1) 点Pでは，2つの波は強め合うか，それとも弱め合うか。
(2) 点Qでは，2つの波は強め合うか，それとも弱め合うか。

波が強め合うか弱め合うかを確かめるには，経路の差の中に含まれる波がぴったり整数個か，波半分があぶれているかを調べればよいということでした。
同位相ということなので，S_1とS_2からは状態が同じ波が発生しています。

〈解きかた〉 (1) $S_1P=40\text{cm}$，$S_2P=22\text{ cm}$なので，経路差は

$$|S_1P-S_2P|=18\text{ cm}$$

波長は6 cmなので，経路差が波長の3倍（→整数倍）となっているから

点Pでは2つの波は強め合う …答

(2) $S_1Q=25\text{ cm}$，$S_2Q=16\text{ cm}$なので，経路差は

$$|S_1Q-S_2Q|=9\text{ cm}$$

波長は6 cmなので，経路差が波長1個半の長さとなっているから

点Qでは2つの波は弱め合う …答

どうですか？　簡単ですよね？
この「経路の差が波の整数倍か，整数倍＋半波長か」というのが，
波の干渉の基本の考えかたですので，しっかり使えるようにしましょう。

問16-1

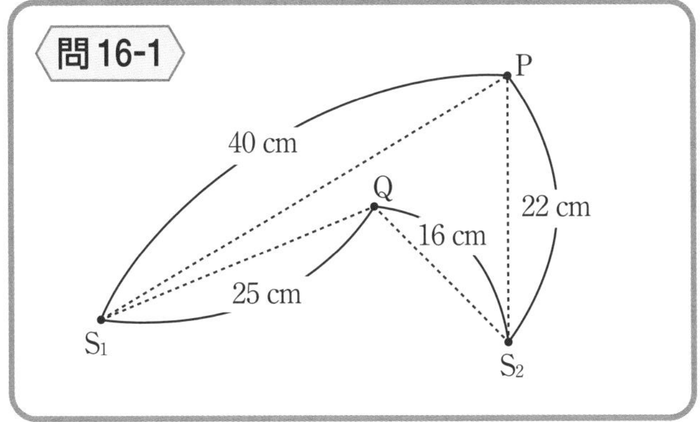

Point それぞれの経路の差に注目！

(1) $|S_1P - S_2P| = |40 - 22| = 18\ \mathrm{cm}$

波長は 6 cm なので，経路差は 3 波長分である

よって　点 P では 2 つの波は強め合う　…答

(2) $|S_1Q - S_2Q| = |25 - 16| = 9\ \mathrm{cm}$

波長は 6 cm なので，経路差は波長 1 個半分に等しい

よって　点 Q では 2 つの波は弱め合う　…答

経路の差を計算するんだね簡単じゃん！

もし，S_1 と S_2 が逆位相なら，点 P では弱め合い，点 Q では強め合いになるぞ

ここまでやったら
別冊 P. 72 へ

16-3 ヤングの実験

ココをおさえよう！

スクリーン上の点Pが

明線となる条件：$\dfrac{x_m d}{\ell}=m\lambda$

暗線となる条件：$\dfrac{x_m d}{\ell}=\left(m+\dfrac{1}{2}\right)\lambda$

$(m=0,\ 1,\ 2,\ \cdots\cdots)$

明線（暗線）の間隔：$\Delta x=\dfrac{\ell\lambda}{d}$

干渉という現象に深く関わったヤングという学者がいます。
ヤングは「ヤングの実験」と呼ばれる有名な実験を行いました。
それは一体どんな実験だったのでしょうか。

ヤングは右ページ上図のような装置を使って実験を行いました。
スリットS_0に光を入射させると，光は回折してどんどん広がり，
広がった波が今度はスリットS_1とS_2に入っていきます。
（S_0の位置はS_1とS_2の真ん中です）
そうすると，スリットS_1，S_2で再び回折した光が干渉し，
スクリーン上に等間隔の明暗のしまを作ります。
（しまの明るい部分を**明線**，暗い部分を**暗線**といいます）

16-2で学んだ干渉条件を使って，スクリーン上のどの位置に明線ができるかを考えてみましょう。

スクリーン上にできた明線は，これらの光が干渉して強め合った光です。
S_1とS_2はもともと同じ光でしたから，同じ状態（同位相）の光と考えられます。
したがって，スクリーン上のある点Pに明線ができていたとすると

$$|S_1P-S_2P|=m\lambda \quad \cdots\cdots①$$

という関係が成り立ちますね。

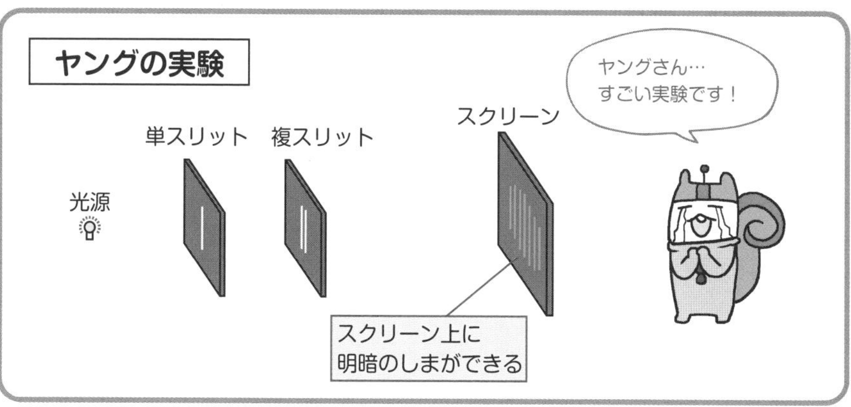

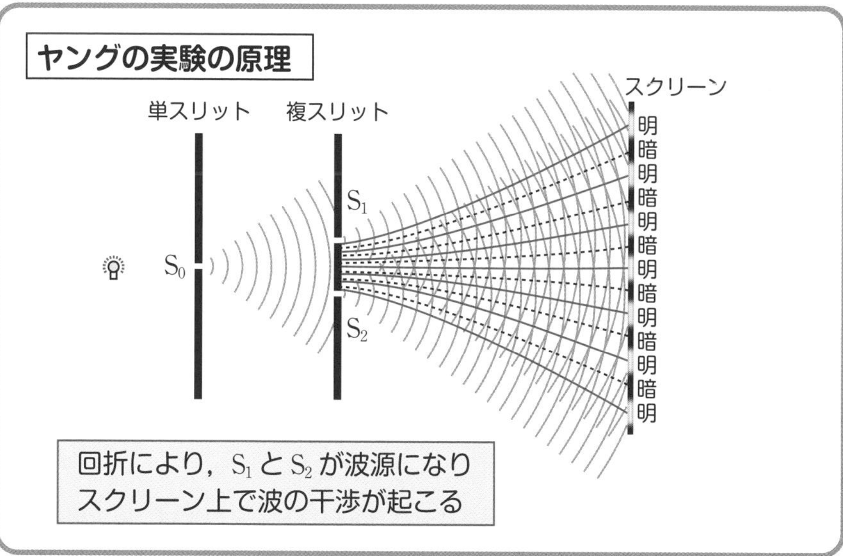

スクリーン上の，ある点 P において

$$|S_1P-S_2P|=m\lambda \quad \cdots\cdots ① \quad (m=0,\ 1,\ 2,\ \cdots\cdots)$$

のとき，明線ができる。

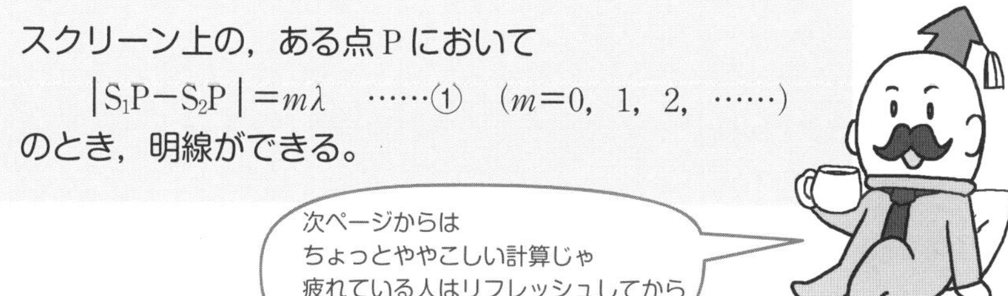

スリットS_1, S_2の間隔をd, 2つ目のスリットとスクリーンとの距離をℓ,
スクリーンの真ん中からm番目の明線の位置をx_m (>0) とすると

$$S_1P=\sqrt{\ell^2+\left(x_m-\frac{d}{2}\right)^2}=\ell\left\{1+\underset{\sim\sim\sim}{\frac{\left(x_m-\frac{d}{2}\right)^2}{\ell^2}}\right\}^{\frac{1}{2}} \quad \cdots\cdots②$$

$$S_2P=\sqrt{\ell^2+\left(x_m+\frac{d}{2}\right)^2}=\ell\left\{1+\underset{\sim\sim\sim}{\frac{\left(x_m+\frac{d}{2}\right)^2}{\ell^2}}\right\}^{\frac{1}{2}} \quad \cdots\cdots③$$

(〰〰の形を作ったのが，あとから重要になりますよ)

②，③式において，ℓはdやx_mよりもずっと大きいので，次のように考えられます。

$$\frac{\left(x_m-\frac{d}{2}\right)^2}{\ell^2}\ll 1,\quad \frac{\left(x_m+\frac{d}{2}\right)^2}{\ell^2}\ll 1$$

ここで，$\alpha\ll 1$のときに使える近似式$(1+\underset{\sim}{\alpha})^n \fallingdotseq 1+n\underset{\sim}{\alpha}$ を②，③式に使うと

$$②式\fallingdotseq \ell\left\{1+\frac{1}{2}\cdot\underset{\sim\sim\sim}{\frac{\left(x_m-\frac{d}{2}\right)^2}{\ell^2}}\right\}$$

$$③式\fallingdotseq \ell\left\{1+\frac{1}{2}\cdot\underset{\sim\sim\sim}{\frac{\left(x_m+\frac{d}{2}\right)^2}{\ell^2}}\right\}$$

(この近似式は入試では問題文で与えられることがほとんどですが，説明の流れを覚えておかないと問題は解けないので，覚えておくことをオススメします)

したがって，経路差$|S_1P-S_2P|$は以下のような簡単な式になります。

$$|S_1P-S_2P|\fallingdotseq\left|\ell\left\{1+\frac{1}{2}\cdot\frac{\left(x_m-\frac{d}{2}\right)^2}{\ell^2}\right\}-\ell\left\{1+\frac{1}{2}\cdot\frac{\left(x_m+\frac{d}{2}\right)^2}{\ell^2}\right\}\right|=\frac{x_md}{\ell}$$

したがって，①式は $\dfrac{x_md}{\ell}=m\lambda$ ……①′

となり，これよりm番目の明線の位置は $x_m=\dfrac{\ell\lambda}{d}\cdot m$ ……④

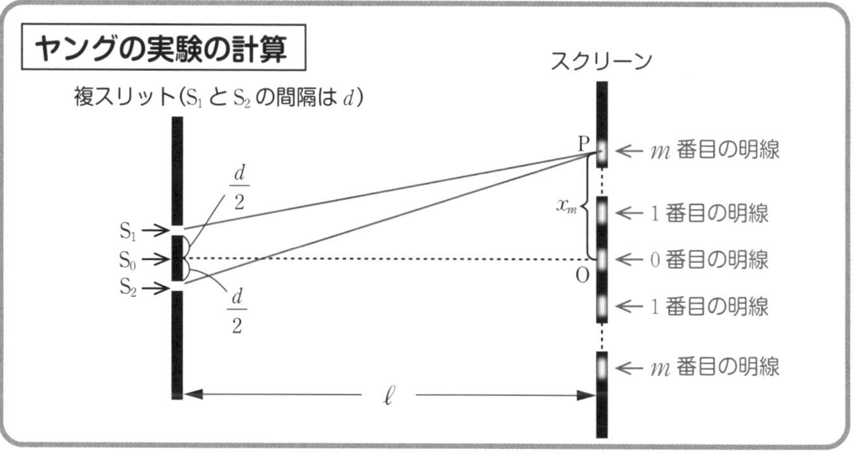

$$\mathrm{S_1P}=\sqrt{\ell^2+\left(x_m-\frac{d}{2}\right)^2}=\ell\left\{1+\frac{\left(x_m-\frac{d}{2}\right)^2}{\ell^2}\right\}^{\frac{1}{2}}\quad\cdots\cdots②$$

Point 1
この形への式変形

$$\mathrm{S_2P}=\sqrt{\ell^2+\left(x_m+\frac{d}{2}\right)^2}=\ell\left\{1+\frac{\left(x_m+\frac{d}{2}\right)^2}{\ell^2}\right\}^{\frac{1}{2}}\quad\cdots\cdots③$$

$\dfrac{\left(x_m-\frac{d}{2}\right)^2}{\ell^2}\ll1,\ \dfrac{\left(x_m+\frac{d}{2}\right)^2}{\ell^2}\ll1$ より，$\alpha\ll1$ のときに使える近似式

$$(1+\alpha)^n\fallingdotseq1+n\alpha$$

Point 2
この近似式を使う

を②，③式に用いて

$$\mathrm{S_1P}\fallingdotseq\ell\left\{1+\frac{1}{2}\cdot\frac{\left(x_m-\frac{d}{2}\right)^2}{\ell^2}\right\},\quad \mathrm{S_2P}\fallingdotseq\ell\left\{1+\frac{1}{2}\cdot\frac{\left(x_m+\frac{d}{2}\right)^2}{\ell^2}\right\}$$

$$|\mathrm{S_1P}-\mathrm{S_2P}|\fallingdotseq\left|\ell\left\{\frac{1}{2}\cdot\left(\frac{-x_md}{\ell^2}\right)\right\}-\ell\left(\frac{1}{2}\cdot\frac{x_md}{\ell^2}\right)\right|$$

$$=\left|-\frac{x_md}{\ell}\right|=\frac{x_md}{\ell}$$

Point 3
結果の式を頭に入れておく

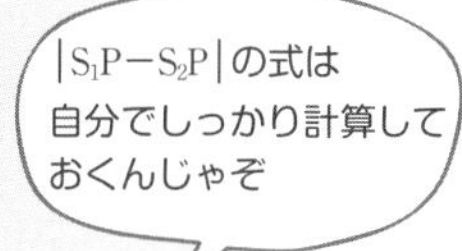

よって，$\dfrac{x_md}{\ell}=m\lambda\quad(m=0,\ 1,\ 2,\ \cdots)\quad\cdots\cdots①'$ のときスクリーン上で光は強め合う。

④式で，$m=1$としたら，スクリーンの真ん中から1番目の明線の位置を表します。
なお，$m=0$とすると，スクリーンの中央の明線を表します。
スクリーン中央はS_1とS_2から等距離なので，
同じ状態（同位相）の波が届き，強め合うのですね。

明線と明線の間隔は$m+1$番目の明線とm番目の明線の間の距離ということなので

$$\Delta x = x_{m+1} - x_m = \frac{\ell\lambda}{d}\cdot(m+1) - \frac{\ell\lambda}{d}\cdot m = \frac{\ell\lambda}{d}$$

となります。

明線と明線の間には，光が弱め合ってできる暗線も存在します。
暗線の条件は，①′式を参考にして

$$\frac{x_m d}{\ell} = \left(m+\frac{1}{2}\right)\lambda$$

となるので，暗線のできる位置は

$$x_m = \frac{\ell\lambda}{d}\cdot\left(m+\frac{1}{2}\right)$$

となります。

明線も暗線もどちらも間隔は　$\Delta x = \dfrac{\ell\lambda}{d}$　なので，

明線と暗線の間も等間隔　$\dfrac{\Delta x}{2} = \dfrac{\ell\lambda}{2d}$　になります。

明線と明線の間隔

$$x_m = \frac{\ell\lambda}{d}\cdot m$$

$$\begin{aligned}\Delta x &= x_{m+1} - x_m \\ &= \frac{\ell\lambda}{d}\cdot(m+1) - \frac{\ell\lambda}{d}\cdot m \\ &= \underline{\underline{\frac{\ell\lambda}{d}}}\end{aligned}$$

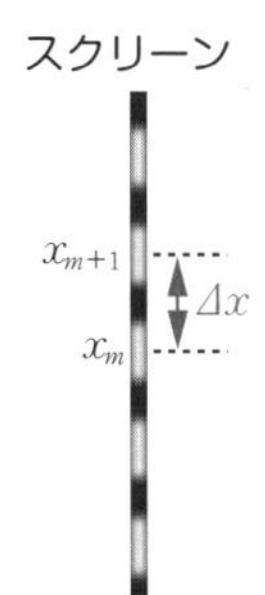

暗線の条件

p.402 の①′式を参考にして

$$\frac{x_m d}{\ell} = \left(m + \frac{1}{2}\right)\lambda \quad (m=0,\ 1,\ 2,\ \cdots\cdots)$$

のとき，スクリーン上に暗線が現れる。

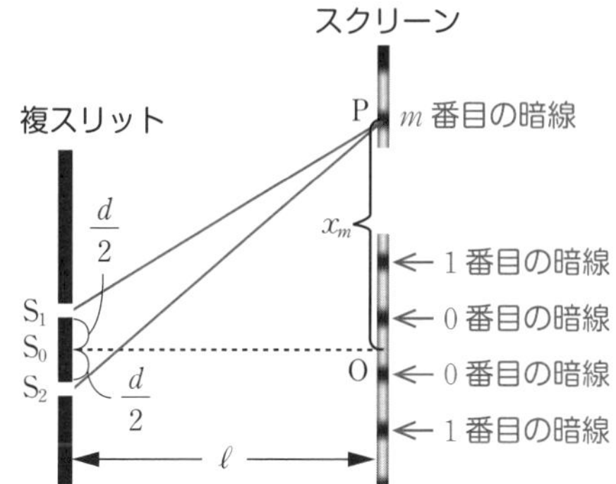

ヤングの実験は大変だったけど理解できたかの？

原理はよくわかったけどあとは導出のときの式変形の流れを覚えなきゃ

ここまでやったら
別冊 P. 73 へ

16-4 回折格子

ココをおさえよう！

回折格子によって回折した光が強め合う条件は
$$d\sin\theta = m\lambda \quad (m=0,\ 1,\ 2,\ \cdots\cdots)$$

回折格子とは，**ガラスに1 cmあたり数百本以上の平行な溝が刻まれた道具**です。凹んでいる溝の部分を通ると乱反射するため，光は溝と溝の間の狭いすき間しか通過できないのですが，このすき間が非常に狭いため，光は回折し，広がります。そして，回折した光どうしが干渉して，スクリーン上に明線を作ります。
右ページ上図のように回折格子から何本かの強め合った光が伸び，スクリーンに届きます。

どのような理由で干渉が起こるのかを，回折格子の拡大図で見ていきましょう。
右ページ真ん中の図の回折格子を通った隣り合う2つの光は，角度θの方向に進み，スクリーン上でm番目の明線を作ります。
回折格子の溝と溝の距離に対して，スクリーンまでの距離はとても長いので，角度θの方向に進む光は，どれも平行であるとみなします。
回折格子の溝と溝の間の距離をd（**格子定数**と呼びます）とします。

今までと同様，2つの光の経路の差が波長の整数倍であれば，スクリーン上で2つの光（波）が同じ状態（同位相）になるため，光（波）は強め合い，明線ができます。
（隣り合う光が強め合えば，すべての光が強め合います）
図では経路の差はBB′ですからBB′の中に，ちょうど整数個の波が入っていればよいですね。その条件はこうなります。

$$d\sin\theta = m\lambda \quad (m=0,\ 1,\ 2,\ \cdots\cdots) \quad \cdots\cdots①$$

mは，その明線がスクリーンの中央から何番目の線かということを表しています。

隣り合う光が強め合うということは，その隣の光も強め合い，さらにその隣の光も…と，すべての光が強め合い，スクリーン上でm番目の明線を作ります。

明線の逆の暗線の条件は，以下のようになります。

$$d\sin\theta = \left(m + \frac{1}{2}\right)\lambda \quad (m=0,\ 1,\ 2,\ \cdots\cdots) \quad \cdots\cdots②$$

このとき，隣り合う光は逆の状態（逆位相）なので，お互いに弱め合います。

回折格子による干渉

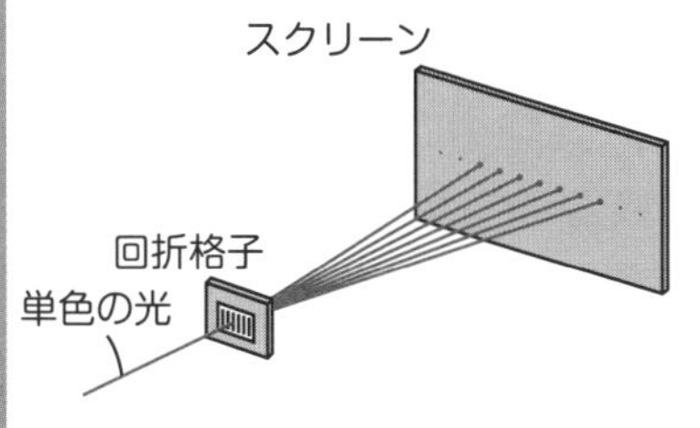

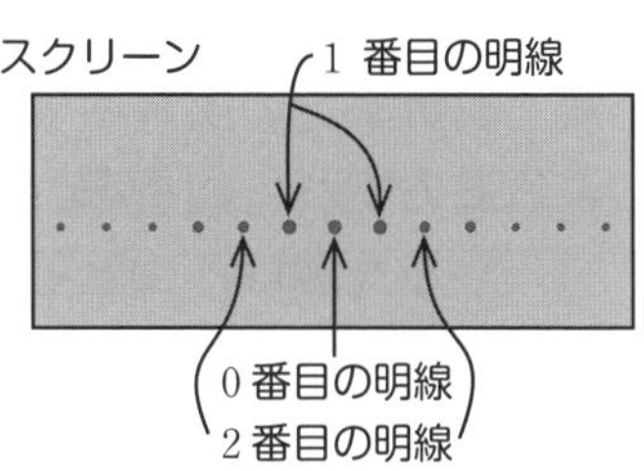

右図の点 A，点 B′で，光(波)が同じ状態(同位相)なら，スクリーン上でも同じ状態(同位相)になり，強め合う(明線ができる)。

2 つの光の経路差は

$$BB' = d\sin\theta$$

よって，強め合いの条件は

$$d\sin\theta = m\lambda \quad (m=0,\ 1,\ 2,\ \cdots\cdots)$$

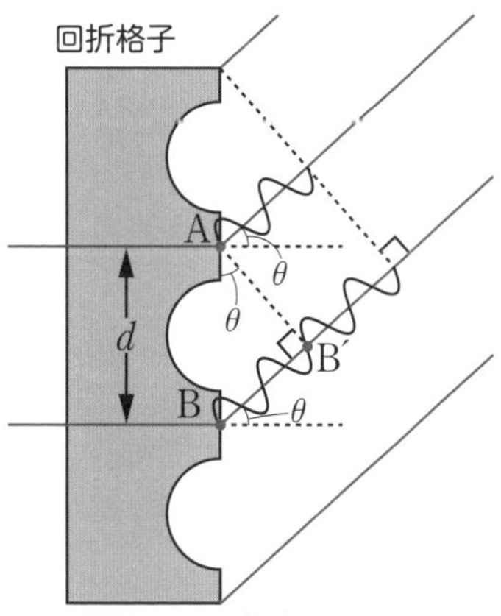

※図は m=2 の場合。

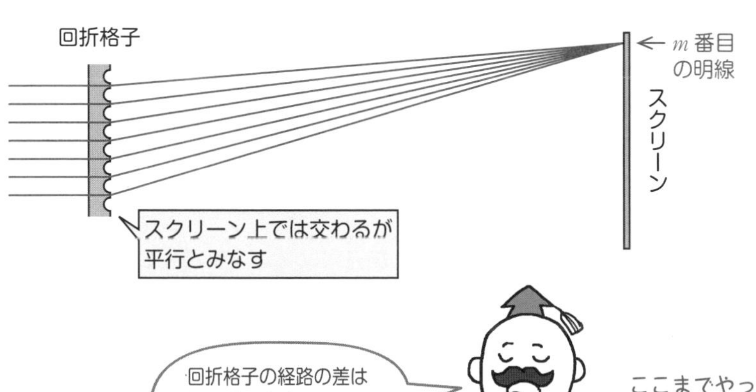

回折格子の経路の差は
ヤングの実験より
簡単だったじゃろ？

ここまでやったら
別冊 P. 74 へ

16-5 光に関する性質

ココをおさえよう！

光学距離：屈折率 n の媒質中の距離 ℓ は，真空中の距離 $n\ell$ に相当。
反射による波のずれ：屈折率が小さい媒質から大きい媒質にぶつかった波は，山と谷が反転する。

(1) 光学距離

屈折率 n の媒質中では，真空中に比べて光の進みやすさ（速さ）が $\frac{1}{n}$ 倍になります。
光をハカセに置き換えてイメージしてみましょう。
屈折率2の媒質中でハカセが「100 m走ろう！」と全力で走りました。
「もう100 m走ったころだ。やめよう。あー，疲れた」
しかし，屈折率2の媒質中では，進みやすさが $\frac{1}{2}$ 倍になってしまう（進みにくい）ので，媒質の外から見たリスには，ハカセが $100\times\frac{1}{2}=50$ mしか進んでいないように見えるのです。
そうすると，ハカセは「100 m進んだはずだ !!」と主張しますが，
リスは「50 mしか進んでいないよ」と，意見が食い違ってしまいました。
同じようにして，もし光がいろんな種類の媒質を進んだら，
光が実際にどれだけ進んだかがわからなくなってしまいますね。

そこで登場するのが，**光学距離**（**光路長**）という考えかたです。**光学距離とは，屈折率が異なる媒質の中で進んだ距離を，真空中で進んだ距離に換算した距離のこと**です。
具体的には，**屈折率 n の媒質の中で距離 ℓ だけ進むことは，真空中では n 倍された距離 $n\ell$ だけ進むことに相当**します。

(2) 反射による波のずれ

光は，屈折率が異なる媒質にぶつかると，一部は屈折し，一部は反射します。
媒質の屈折率の大小によって，反射された光にはある変化が生じます。
屈折率が大きい媒質から小さい媒質へぶつかるときは何も起こりません。
ところが，**屈折率が小さい媒質から大きい媒質へぶつかるときは，波が反転してしまう**のです。つまり，右ページの図のように，**山でぶつかった光が，谷となって反射される（谷でぶつかった光が山となって反射される）**というわけです。
反転するということは，**半波長分ずれた**ともいえますね。

光に関する性質

(1) 光学距離

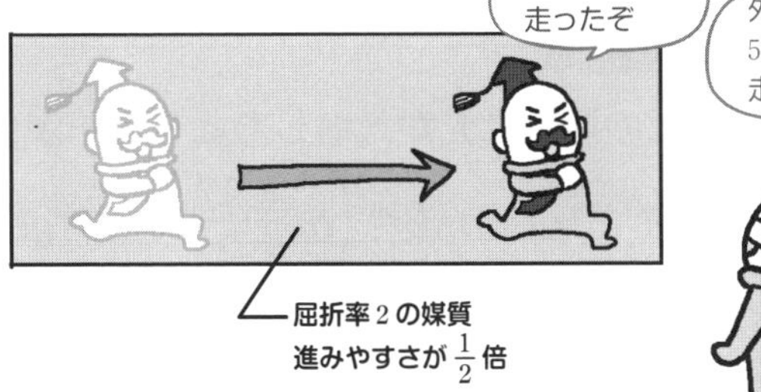

媒質により進んだ距離が違って見えるのはややこしい

➡ 真空中の距離に直せばよい！

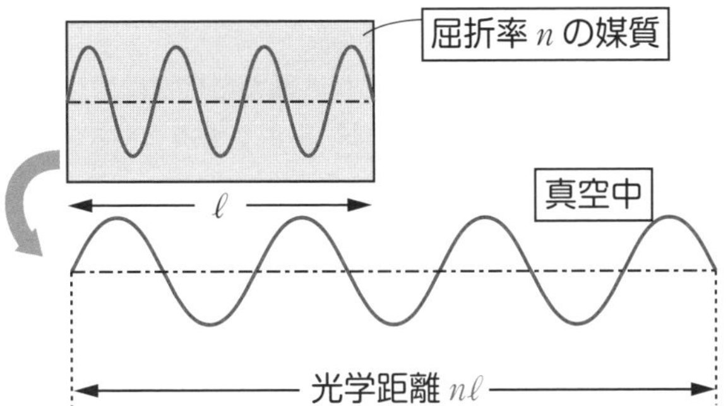

(2) 反射による波のずれ

屈折率㊗の媒質から屈折率㊅の媒質へぶつかるとき

波が反転して反射する！（逆の場合，反転しない）

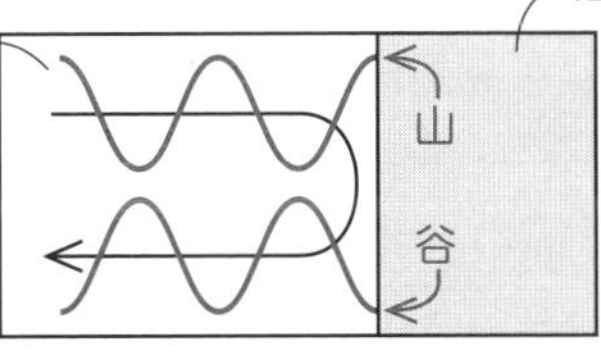

16

16-6 薄膜による干渉

ココをおさえよう！

屈折率n，厚さdの薄膜に光が入射したときの干渉条件は

強め合う条件：$2nd\cos\theta=\left(m+\dfrac{1}{2}\right)\lambda$

弱め合う条件：$2nd\cos\theta=m\lambda$

（θは屈折角，$m=0, 1, 2, \cdots\cdots$）

ここまでは，スクリーン上の観測点までの2つの光の経路差を考えましたが，
16-6から16-8ではスクリーンは登場しません。
ここからは，私たちの目に届くまでの経路の差を考えていきます。
光が強め合っていると，私たちの目には明るく見え，
光が弱め合っていると，私たちの目には暗く見えます。

シャボン玉の表面が色づいて見えるのは，
シャボン玉の膜で反射された光が干渉し合い，私たちの目に届くからです。
ここでは，シャボン玉のような**薄膜**（**薄い膜**）**による干渉**を考えてみましょう。

右ページ上図のように，薄膜に垂直に光が入射するモデルを考えると
①薄膜の上側で反射した光　②薄膜の下側で反射した光
の2種類の光が干渉することになります。
この2種類の反射光が，同じ状態（同位相）になり，強め合う条件を考えましょう。

真空よりも薄膜のほうが屈折率が大きいため，**①の反射では「波が反転し半波長分ずれる」現象が起こります**。②の反射では，波はずれません。
2種類の反射光が同じ状態（同位相）になるためには，薄膜の中に
「整数個と半波長分」だけ入っていればよいということはわかりますね。
薄膜の厚さをd，屈折率をnとして，薄膜の中で光が進んだ距離を光学距離に直すと$2nd$となりますので，光が強め合う（明線になる）条件は

$$2nd=m\lambda+\frac{1}{2}\lambda=\left(m+\frac{1}{2}\right)\lambda \quad (m=0,\ 1,\ 2,\ \cdots\cdots)$$

弱め合う（暗線になる）条件は，薄膜の中に整数個の波があればよいので

$$2nd=m\lambda \quad (m=0,\ 1,\ 2,\ \cdots\cdots)$$

薄膜による干渉

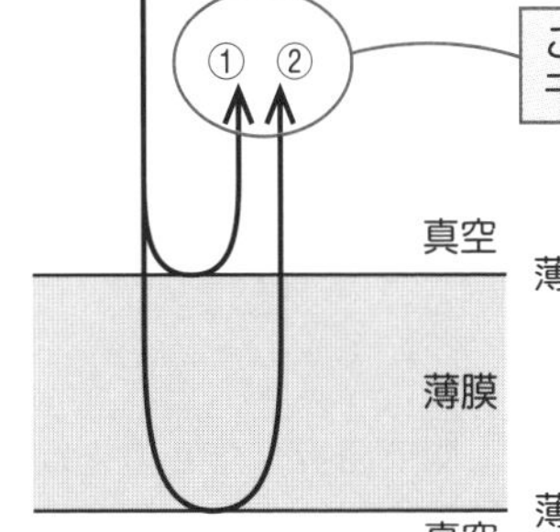

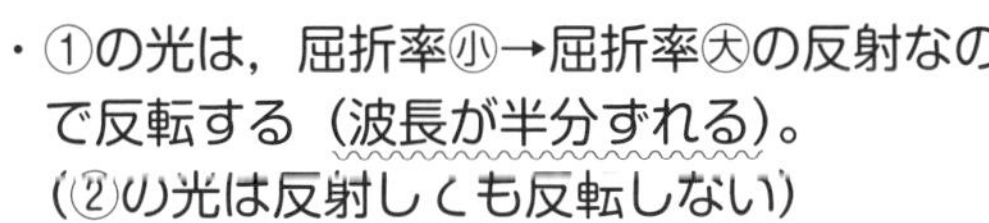

・①の光は，屈折率㊙→屈折率㊇の反射なので反転する（波長が半分ずれる）。
（②の光は反射しても反転しない）

・②の光の経路は，①の光の経路より光学距離に直すと $2nd$ だけ長い。

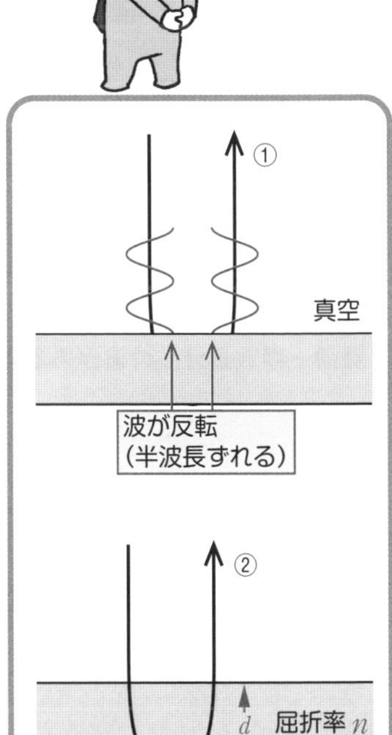

よって，①と②の光が，同じ状態(同位相)になり強め合う条件は

$$\underline{\underline{2nd}}=m\lambda+\underline{\underline{\frac{1}{2}}}\lambda=\left(m+\frac{1}{2}\right)\lambda$$

経路差の光学距離　半波長ずれるため　$(m=0,\ 1,\ 2,\ \cdots\cdots)$

①と②の光が，逆の状態(逆位相)になり弱め合う条件は

$$2nd=m\lambda \quad (m=0,\ 1,\ 2,\ \cdots\cdots)$$

①の光だけ，反射で反転してしまうから，
強め合い，弱め合いの式が
今までの干渉と異なるんじゃ

光が薄膜に対して斜めに入射した場合はどうなるのでしょうか。

右ページの図のように，同じ状態（同位相）の2本の光が平行に薄膜に入射しており，①薄膜の上側，②薄膜の下側で，それぞれ反射している状況を考えてみましょう。

2本の光は同じ時刻に，それぞれA，Bの位置にいます。
Ⅰの光が，図中のAからCに進むと同時に，薄膜の上側で屈折したⅡの光はBからDへと進みます（波面と波の進行方向は垂直なので，∠CDE＝90°となります）。

Cで反射する①の光は「屈折率が小さい媒質から大きい媒質にぶつかる」ので，半波長分ずれてしまいます。

Ⅰの光に対して，Ⅱの光は「D→E→C」という経路の分だけ長い距離を通ります。

つまり，**薄膜に斜めに入射した光が強め合う条件は「経路『D→E→C』の中に『整数個＋半波長分』の波があること」**となります。

ここで，②の光の屈折角をθとして，図のように補助線を引いてあげれば

DECの長さ＝DC′

となり，△CDC′の三角比を考えて

$$\mathbf{DC' = 2d\cos\theta}$$

これを光学距離に直すと，$2nd\cos\theta$なので，光が強め合う（明線になる）条件は

$$2nd\cos\theta = m\lambda + \frac{1}{2}\lambda = \left(m + \frac{1}{2}\right)\lambda$$

また，弱め合う（暗線になる）条件は次のようになります。

$$2nd\cos\theta = m\lambda$$

$\theta = 0°$として，垂直に入射する光を考えてあげれば，これらの式はp.410で求めた式と一致することがわかりますね。

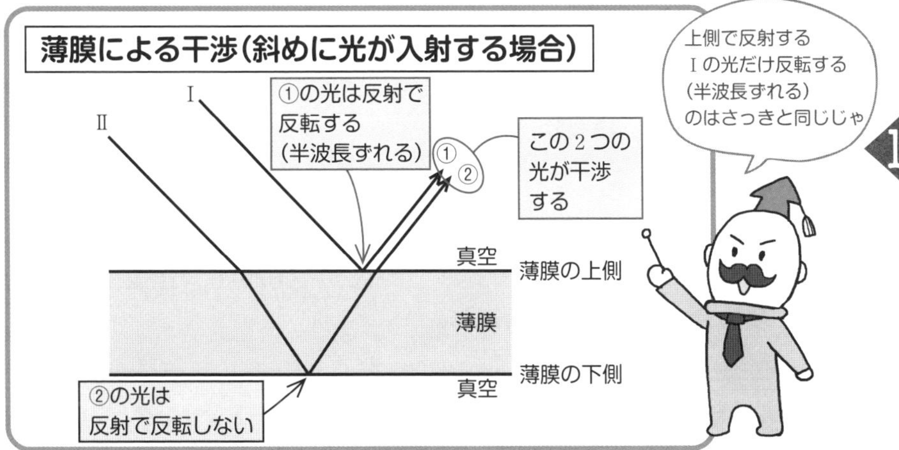

右図の D→E→C が
I と II の光の経路の差になる。

DEC の長さ＝DC′

△CDC′ で三角比を考えて

$DC' = 2d\cos\theta$

よって，光学距離を考えた経路の差は

$$2nd\cos\theta$$

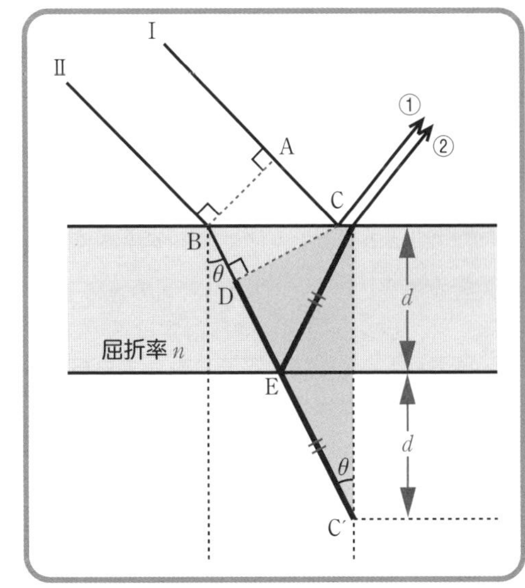

強め合う条件は

$$2nd\cos\theta = m\lambda + \frac{1}{2}\lambda$$
$$= \left(m + \frac{1}{2}\right)\lambda \quad (m = 0,\ 1,\ 2,\ \cdots\cdots)$$

弱め合う条件は

$$2nd\cos\theta = m\lambda \quad (m = 0,\ 1,\ 2,\ \cdots\cdots)$$

この作図は覚えておかないとね
$\theta = 0°$とすると p.410 の式と同じだね

ここまでやったら 別冊 P. 75へ

16-7 ニュートンリング

ココをおさえよう！

曲率半径Rのニュートンリングの干渉条件は

強め合う条件：$\dfrac{r^2}{R}=\left(m+\dfrac{1}{2}\right)\lambda$

弱め合う条件：$\dfrac{r^2}{R}=m\lambda$

$(m=0,\ 1,\ 2,\ \cdots\cdots)$

板ガラスの上に，球面を持つレンズを乗せた道具を**ニュートンリング**といいます。レンズは半径Rの球の下の部分を切り取ったもので，上から見ると真ん丸です。（この球の半径をレンズの曲率半径といいます）
これに真上から光を当てると，干渉により，同心円状の模様が見えます。

レンズの半径をRとし，レンズ中央からrだけ離れた位置に入射する光を考えます。その位置における，ガラスとレンズのすき間の距離をdとします。
右ページの図は誇張してありますが，本来dはRやrより，とても小さい（Rが数メートル，rが数ミリメートルとすると，dは数μメートルという感じ）です。

入射する光のうち，次の①，②の光の干渉を考えます。

①レンズの球面で反射する光　②レンズを通過し，ガラスで反射する光

①は反転しない反射，②は反転する反射，つまり「波が半波長分ずれる」反射です。
「一方の光が半波長分ずれている」という点では薄膜の干渉と同じなので

強め合う（明線になる）条件：$2d=\left(m+\dfrac{1}{2}\right)\lambda$　$(m=0,\ 1,\ 2,\ \cdots\cdots)$　……Ⓐ

弱め合う（暗線になる）条件：$2d=m\lambda$　$(m=0,\ 1,\ 2,\ \cdots\cdots)$　……Ⓑ

ここで，**右ページ下図のような直角三角形で，三平方の定理を使ってみる**と

$R^2=(R-d)^2+r^2$　……Ⓒ

dはR，rに比べて非常に小さいですから，d^2は無視でき，そうするとⒸ式より

$R^2=R^2-2Rd+r^2 \iff d=\dfrac{r^2}{2R}$　……Ⓓ

と，dをRとrで表すことができます。よってⒶ，Ⓑ式から干渉条件はこうなります。

強め合う（明線になる）条件：$\dfrac{r^2}{R}=\left(m+\dfrac{1}{2}\right)\lambda$

弱め合う（暗線になる）条件：$\dfrac{r^2}{R}=m\lambda$

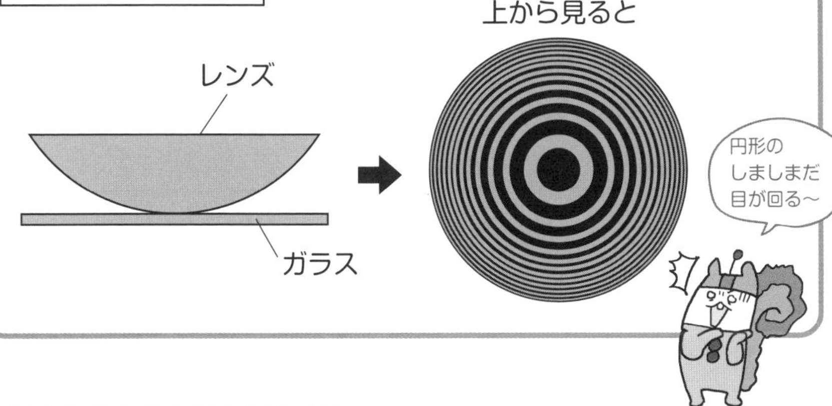

16

右図より①と②の光の経路差は $2d$

よって

強め合う条件：$2d=\left(m+\dfrac{1}{2}\right)\lambda$

弱め合う条件：$2d=m\lambda$

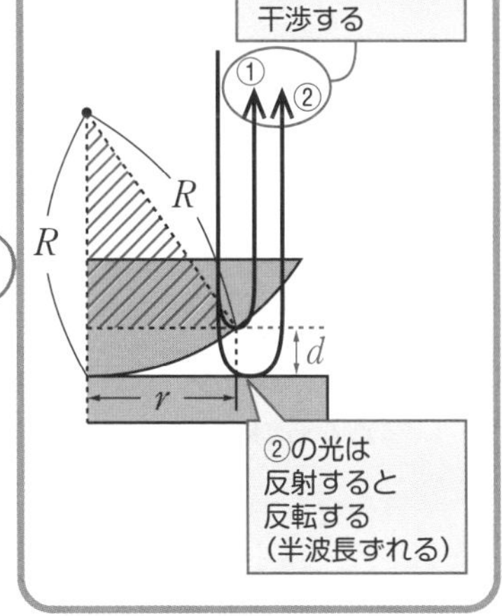

ここで，斜線部の直角三角形において

三平方の定理より

$$R^2=(R-d)^2+r^2$$

$$=R^2-2Rd+d^2+r^2$$

$d\ll R$，r より，d^2 は無視すると

$$d=\frac{r^2}{2R}$$

$2d=\dfrac{r^2}{R}$ より

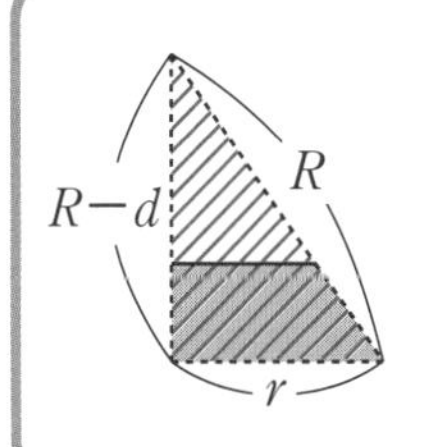

r の位置によって干渉が変わるから円形のしましまができるんじゃ

強め合う条件：$\dfrac{r^2}{R}=\left(m+\dfrac{1}{2}\right)\lambda$

弱め合う条件：$\dfrac{r^2}{R}=m\lambda$

ここまでやったら
別冊 P. 77へ

16-8 くさび形の干渉

ココをおさえよう！

角度θをなす2枚の板ガラスに入射する光の干渉条件は

強め合う条件：$2x\theta=\left(m+\frac{1}{2}\right)\lambda$

弱め合う条件：$2x\theta=m\lambda$　　$(m=0,\ 1,\ 2,\ \cdots\cdots)$

わずかに傾けて重ねた2枚の板ガラスの上から光を入射させ，上から観測すると明線と暗線の縞模様ができます。これは**くさび形の干渉**といわれる干渉です。

①上のガラスの底面で反射した光と，②下のガラスの上面で反射した光が干渉します。②の反射は，波が半波長分ずれる反射ですから，
ニュートンリングのときと同じように考えると，こうなります。

強め合う条件：$2d=\left(m+\frac{1}{2}\right)\lambda$　$(m=0,\ 1,\ 2,\ \cdots\cdots)$　……Ⓐ

弱め合う条件：$2d=m\lambda$　$(m=0,\ 1,\ 2,\ \cdots\cdots)$　……Ⓑ

2枚のガラスがなす角度をθ，ガラスの端から測った入射光の位置をxとすると

$d=x\tan\theta$　……Ⓒ

これをⒶ，Ⓑ式に代入すると

強め合う（明線になる）条件：$2x\tan\theta=\left(m+\frac{1}{2}\right)\lambda$

弱め合う（暗線になる）条件：$2x\tan\theta=m\lambda$

θがとても小さいとき，$\tan\theta\fallingdotseq\theta$と近似できる（$\theta$は弧度法）ので，こうも表せます。

強め合う（明線になる）条件：$2x\theta=\left(m+\frac{1}{2}\right)\lambda$

弱め合う（暗線になる）条件：$2x\theta=m\lambda$　　**（θが小さいとき）**

mはガラスの端から何本目の線であるかを表しています（最初の暗線，明線は$m=0$のもの）。
明線は，xが増加し，1波長分だけ経路（$2d$）が長くなったときに，再度発生するので，明線の間隔は$\Delta x=\frac{\lambda}{2\theta}$となります。
これで干渉はすべてお教えしました。それぞれの条件式をおさえておきましょう。

くさび形の干渉

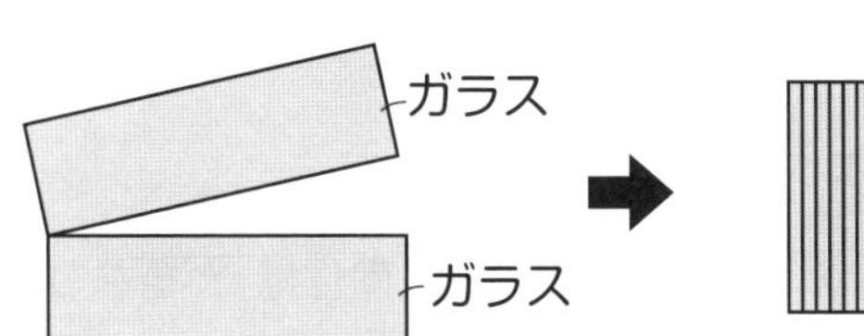

上から見ると

右図より①と②の光の経路差は $2d$

よって

強め合う条件：$2d=\left(m+\frac{1}{2}\right)\lambda$

弱め合う条件：$2d=m\lambda$

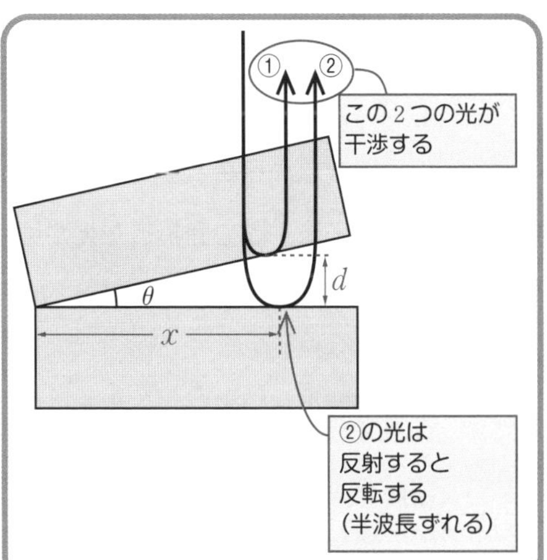

ここまではニュートンリングと同じ
違うのはここからじゃ

$d=x\tan\theta$ より

強め合う条件：$2x\tan\theta=\left(m+\frac{1}{2}\right)\lambda$

弱め合う条件：$2x\tan\theta=m\lambda$

また $\theta \fallingdotseq 0$ のとき $\tan\theta \fallingdotseq \theta$ なので

強め合う条件：$2x\theta=\left(m+\frac{1}{2}\right)\lambda$

弱め合う条件：$2x\theta=m\lambda$

ヤングの実験，回折格子
薄膜，ニュートンリング，くさび形，
5 つの干渉の経路差を
しっかり導けるようにしよう！

ここまでやったら
別冊 P. 78 へ

理解できたものに，☑チェックをつけよう。

- [ ] 「山と山」や「谷と谷」のような同じ形の波(同位相)が重なり合うと，それらの波は強め合い，明るく見える。
- [ ] 2つの波が同位相のときの強め合う条件は $|S_1P-S_2P|=m\lambda$，弱め合う条件は $|S_1P-S_2P|=\left(m+\frac{1}{2}\right)\lambda$ である(逆位相のときは条件が逆になる)。
- [ ] ヤングの実験で，「$(1+\alpha)^n \fallingdotseq 1+n\alpha$」の近似式を使って，$m$番目の明線の位置を求めることができる。
- [ ] 回折格子によって回折した光が強め合う条件は $d\sin\theta=m\lambda$ である。
- [ ] 屈折率 n の媒質中を光が距離 ℓ だけ進んだ場合，その光の光学距離は $n\ell$ で表される。
- [ ] 屈折率が小さい媒質から大きい媒質へぶつかると，波が反転する。
- [ ] 薄膜に入射角 θ で入射する光が強め合う条件 $2nd\cos\theta=\left(m+\frac{1}{2}\right)\lambda$ を，自分で導くことができる。
- [ ] ニュートンリングの強め合う条件は，$d \ll R$，r から $\frac{r^2}{R}=\left(m+\frac{1}{2}\right)\lambda$。
- [ ] くさび形の干渉の強め合う条件は，$\tan\theta \fallingdotseq \theta$ から $2x\theta=\left(m+\frac{1}{2}\right)\lambda$。

力学・波動を
まとめあげたぞぃ
やったね！

よしっ！
これで力学・波動の
本が完成じゃ
やったー!!
さっすがハカセ！
このボクでも
バッチリ理解できる
ようになりました！
これで少しは
自信がついたかな？
ボクはブツリス！
もう試験も緊張しない！
きっと！
これもみんな…
ハカセと一緒にいろんな
経験を積んだおかげです！

さっそく
タントウくんに
送ろう
ピピッ
CALL
あっ！
ハカセ校長！
原稿はできましたか
うむ
今からデータを
送るぞぃ
ありがとうございます！
この本もヒット
間違いナシですよ！
いやぁ
なんの
なんの
では…
念願の温泉に
行こうかの！
わーい！
温泉！　温泉！
カポーン

これが温泉か…
素晴らしいじゃないか！
本当だ～！
知らない星で…
最初は怖かったけど…
今はすっかり
地球のトリコ…
温泉がこんなに
いいものだったとは～
これこれ
マナーは
守るんじゃぞ
そういえば
クマ先輩は
どうしてるかな～
ハカセは
お兄さんに連絡
しないの？
うちの一族は
我が道を行くタイプが
多いからのぅ…
え～…
連絡しましょーよ！
先輩とも
話したいし！
イヤなの？
…気恥ずかしい
のじゃ！

ボクは先輩に
ブツリスになったよ！
っていいたいのに～！
ざはっ
わかった
わかった…
ふふふ
ハカセの通信機
借りますよ～
これこれ
温泉から
あがってからに
しなさい
つるっ
じゃぽん…
………
しーーーん
………

……………
ここここ
壊れちゃった!?
ごごごごご
ごめんなさい！
ハカセ！
はい…
じゃあそろそろ
星に帰ろうか
のぅ
まぁ…そんな
泣くな…
星に帰れば
直るじゃろ…
ハカセ～～
ごめんな
ざあああいい…
なぬ？
はい！
大事なもの
なので
埋めました!
持ってると落とすかも
しれないし
せっ
せっ
地球に来たときに
あずけた鍵はどこに
しまったんじゃ？

電磁気・熱・原子編につづくよ！

さくいん

装丁	名和田耕平デザイン事務所
中面デザイン	オカニワトモコ デザイン
イラスト	水谷さるころ
データ作成	株式会社四国写研
印刷所	株式会社リーブルテック
編集協力	青山　均・秋下幸恵 井上　茜・江川信恵 小椋恵梨・林千珠子 持田洋美・HA-YASU 株式会社オルタナプロ
シリーズ企画	宮﨑　純
企画・編集	藤村優也